高等职业教育本科农业类应用型教材
中国轻工业"十三五"规划立项教材
河南省"十四五"普通高等教育规划教材

应用真菌学

王德芝　刘瑞芳　主编

中国轻工业出版社

图书在版编目(CIP)数据

应用真菌学 / 王德芝，刘瑞芳主编 . —北京：中国轻工业出版社，2022.9
ISBN 978-7-5184-3976-8

Ⅰ.①应… Ⅱ.①王… ②刘… Ⅲ.①应用真菌学 Ⅳ.①Q949.32

中国版本图书馆 CIP 数据核字（2022）第 069948 号

责任编辑：江 娟 贺 娜　　责任终审：唐是雯　　整体设计：锋尚设计
策划编辑：江 娟　　　　　　责任校对：宋绿叶　　责任监印：张 可

出版发行：中国轻工业出版社（北京东长安街 6 号，邮编：100740）
印　　刷：三河市万龙印装有限公司
经　　销：各地新华书店
版　　次：2022 年 9 月第 1 版第 1 次印刷
开　　本：787×1092　1/16　印张：23.75
字　　数：575 千字
书　　号：ISBN 978-7-5184-3976-8　定价：62.00 元

邮购电话：010-65241695
发行电话：010-85119835　传真：85113293
网　　址：http://www.chlip.com.cn
Email：club@chlip.com.cn

如发现图书残缺请与我社邮购联系调换
190088J1X101ZBW

本书编写人员

主　　编　　王德芝（信阳农林学院）
　　　　　　　刘瑞芳（河南城建学院）
副 主 编　　段鸿斌（信阳农林学院）
　　　　　　　王　伟（信阳农林学院）
　　　　　　　李尽哲（信阳农林学院）
　　　　　　　刘柱明（信阳农林学院）
　　　　　　　叶兆伟（信阳农林学院）
参编人员（以姓氏笔画为序）
　　　　　　　白英豪（信阳市食品药品检验所）
　　　　　　　汪金萍（信阳农林学院）
　　　　　　　汪清美（信阳农林学院）
　　　　　　　张　广（河南科技学院）
　　　　　　　张　弛（信阳农林学院）
　　　　　　　胡延如（河南农业大学）
　　　　　　　耿　立（宁津县现代农业发展服务中心）
　　　　　　　潘　岩（信阳农林学院）

前　言

食用菌营养丰富、味道鲜美，具有极高的食用价值、药用价值、经济价值、环保价值，是目前国内外消费者公认的保健食品、食材，为此我们组织编写了本教材，教材特点如下。

1. 《应用真菌学》基于"校企合作、OBE、创新引领和实践引导"的理念编写，获批2021年河南省"十四五"普通高等教育规划教材建设项目

本教材以国家教学资源库生物技术专业微生物应用基础精品资源库线上课程建设为基础，再结合院校级资源库课程建设项目——应用真菌学（2019年精品课程）。同时，编者融入多年来高等院校应用真菌学、药用真菌学课程的教育教学改革创新实践，贯穿OBE理念和"新农科""新工科"教育教学的育人目标，以详略得当、深入浅出的方式优化教材布局和内容，在不同章节的知识点上，辅以"课程思政"内容，将"科技创新、绿色环保"的理念贯穿教材始终，使新时代的读者"寓教于乐、领会入脑"。

全书从认知食用菌的分类地位、形态结构、生长繁殖的特征知识入门，教材核心内容为食用菌的菌种生产繁育、新优特品种工厂化栽培的高产管理技术、病虫害无公害防治、食用菌产品现代化加工技术及新时代营销理念与互联网营销模式等，通过理论讲授和实训操作完成教学内容。

2. 以"学校＋企业＋院所"组建编写团队，优势互补打造优质教材

本教材由河南省高等学校教学名师、精品课程应用真菌学负责人、河南省学术技术带头人王德芝教授担任主编，同时吸纳从教多年的一线教师和企事业技术骨干参与编写。团队成员优势互补，保障了教材的科学性和实用性。

3. 以"互联网＋现代信息技术"建设配套资源，搭建"富媒体"立体教材

首先，每个章节都附有与之配套的实训音像资料，读者可以通过使用移动终端扫描与之对应的二维码，感受时效性较强的实训视频等多媒体素材；教材具有图文并茂、重点突出及技术实用的鲜明特色，通过扫描二维码，看食用菌千姿百态、万紫千红的绚丽世界（融入美图、动画、短视频、小故事等丰富多彩的知识内容），启发和培养读者的创新思维、创意设计和创业发展的能力和综合素质；方便新时期线上、线下教学使用。

通过本教材的学习，使读者增强绿色环保、大健康理念，了解食用菌高产稳产的管理新技术，普及食药同源、经济实惠的食用菌消费观。教材及时吸纳食用菌产业现代最新研究成果及行业创新发展的新理念，展现融合现代互联网、物联网的高度数字化、智能化栽培管理，降低生产成本，优化资源结构，提振食用菌产业效能的新业态，能对读者起到边学习边实践的指导作用。

本教材由王德芝、刘瑞芳主编，段鸿斌、王伟、李尽哲、刘柱明、叶兆伟担任副主编，可作为园林类、生物类、食品类、环境类、医药类相关专业教学用书，也可作为乡村振兴及相关行业、企业进行职业技能培训、食用菌（药用菌）从业人员和爱好者的参考用

书。编者力求为创新创业者掌握实用、实惠的"一技之长"而赋能,为新时代有致富梦、成功梦的奋斗者插上"智慧翅膀"。

由于时间仓促和编者学术水平有限,错误之处在所难免,欢迎同仁和广大读者批评指正。

王德芝
2022 年 6 月

目 录

第一章 绪论 (1)
- 第一节 应用真菌与大型真菌 (1)
- 第二节 食用菌的重要价值 (4)
- 第三节 食用菌产业的发展前景 (9)

第二章 食用菌的生物学特性 (14)
- 第一节 食用菌的形态学特征 (14)
- 第二节 食用菌的营养与环境条件 (25)
- 第三节 食用菌分类及命名 (32)
- 第四节 毒蘑菇简介 (35)

第三章 食用菌的菌种制作 (40)
- 第一节 菌种的概念及类型 (40)
- 第二节 菌种制作的基本设施设备 (42)
- 第三节 灭菌与消毒 (48)
- 第四节 母种的制作 (53)
- 第五节 原种及栽培种的制作 (58)
- 第六节 液体菌种制作 (60)
- 第七节 菌种复壮保藏及质量鉴别 (65)

第四章 食用菌工厂化生产设施的集成创新 (70)
- 第一节 智能化生产线设施设备 (70)
- 第二节 工厂化栽培与周年生产 (80)

第五章 食用菌的遗传变异及育种 (85)
- 第一节 食用菌的遗传变异特性 (85)
- 第二节 食用菌的引种及菌种分离 (94)
- 第三节 食用菌的主要育种途径 (102)

第六章 传统优良食用菌栽培 (115)
- 第一节 平菇 (115)
- 第二节 香菇 (121)
- 第三节 双孢菇 (133)

  第四节 草菇 …………………………………………………………（141）
  第五节 金针菇 ………………………………………………………（148）
  第六节 黑木耳 ………………………………………………………（154）
  第七节 银耳 …………………………………………………………（162）
  第八节 秀珍菇 ………………………………………………………（169）
  第九节 榆黄蘑 ………………………………………………………（173）
  第十节 黄伞菌 ………………………………………………………（177）

第七章 传统优良药用菌栽培 …………………………………………（180）
  第一节 灵芝 …………………………………………………………（180）
  第二节 天麻 …………………………………………………………（193）
  第三节 竹荪 …………………………………………………………（202）
  第四节 茯苓 …………………………………………………………（210）
  第五节 蛹虫草 ………………………………………………………（218）
  第六节 羊肚菌 ………………………………………………………（228）
  第七节 桑黄 …………………………………………………………（234）
  第八节 猴头菇 ………………………………………………………（240）
  第九节 白参菌 ………………………………………………………（245）
  第十节 榆耳 …………………………………………………………（249）

第八章 新推广的珍稀菇栽培 ……………………………………………（253）
  第一节 杏鲍菇 ………………………………………………………（253）
  第二节 茶薪菇 ………………………………………………………（258）
  第三节 鸡腿菇 ………………………………………………………（263）
  第四节 白灵菇 ………………………………………………………（269）
  第五节 真姬菇 ………………………………………………………（273）
  第六节 大球盖菇（赤松茸） ………………………………………（276）
  第七节 姬松茸 ………………………………………………………（281）
  第八节 灰树花 ………………………………………………………（286）
  第九节 滑菇 …………………………………………………………（290）
  第十节 绣球菌 ………………………………………………………（295）
  第十一节 鸡枞菌 ……………………………………………………（298）

第九章 食用菌病虫害无公害防治 ……………………………………（304）
  第一节 食用菌病虫害防治概述 ……………………………………（304）
  第二节 食用菌病虫害无公害防治 …………………………………（317）

第十章 食用菌产品加工与大健康 ……………………………………（322）
  第一节 食用菌产品加工的概述 ……………………………………（322）
  第二节 食用菌产品深加工 …………………………………………（333）

第十一章　食用菌传统营销与网络营销……………………………………………（341）
　　第一节　食用菌产品营销概述 ………………………………………………（341）
　　第二节　食用菌产品的互联网营销模式简介 ………………………………（347）
　　第三节　电子商务与食用菌的网络营销 ……………………………………（357）

参考文献……………………………………………………………………………（366）

第一章　绪论

第一节　应用真菌与大型真菌

一、真菌的概念

真菌（fungus）是指真核细胞型微生物，其具有典型的细胞核和完善的细胞器，不含叶绿素，无根、茎、叶的分化。不能进行光合作用，是真菌与植物的最大区别。

最早的生物分类系统是两界学说，在这个系统中，真菌划为植物界，是植物界的一个亚门。随着人们对生物认识水平的提高，相继提出了三界学说、四界学说和五界学说。在三界学说中，真菌仍属于植物界。在四界学说中，真菌被划为原生生物界。直到五界学说诞生以后，真菌才独立成为真菌界。

最新的真菌分类将真菌界又分为4个门，即接合菌门（Zygomycota）、担子菌门（Basidiomycota）、子囊菌门（Ascomycota）和壶菌门（Chytridiomycota），而将原半知菌亚门中的真菌划分到前3个门中。

真菌按细胞结构不同可分单细胞和多细胞两大类。单细胞真菌呈圆形或卵圆形，称酵母菌（yeast）。多细胞真菌大多长出菌丝和孢子，交织成团，称为丝状菌（filamentous fungus）和大型真菌，如霉菌（mold）、食用及药用菌（edible fungi）等。

应用真菌学主要研究具有开发应用价值的真菌。例如"酵母菌""霉菌"和"蕈菌"（大型真菌）中的某些品种。它们广泛应用于食品加工业、医药卫生业、生态环境保护、农业病虫害防治、畜禽疾病预防、中药资源开发、饲料和肥料开发等方面。

二、真菌的主要类群

真菌界在生物分类中独立为一界，是分类学上的一大进展。五界学说的优点是有纵有横，既反映了纵向的阶段系统发育，又反映了横向的分支发展，能够比较清楚地说明植物、动物和真菌的演化情况。

真菌界的主要类群包括酵母菌、霉菌和大型真菌。

食用菌属于真菌界中的大型真菌，它们种类多，分布广，与人类关系密切，在自然界中占重要地位。总之，真菌是微生物的大家族。大型真菌主要分布在担子菌门－担子菌亚门（Basidiomycotina）－担子菌纲、子囊菌门－子囊菌亚门（Ascomycotina）和子囊菌纲。

三、真菌的应用概况

（一）发酵之母——酵母菌

小小酵母本领大，发酵之母就是它。

酵母菌是单细胞真菌，并非系统演化分类的单元。目前已知有1000多种酵母菌，开发利用的只有几十个品种；根据酵母菌产生孢子（子囊孢子和担孢子）的能力，可将酵母菌分成三类：形成孢子的株系属于子囊菌和担子菌；不形成孢子但主要通过芽殖来繁殖的称为不完全真菌，或者称为"假酵母"。目前已知大部分酵母菌被分类到子囊菌门。酵母菌主要的生长环境是潮湿或液态环境，有些酵母菌也会生存在生物体内。

酵母菌可以通过出芽进行无性生殖，也可以通过形成子囊孢子进行有性生殖。无性生殖即在环境条件适宜时，从母细胞上长出一个芽，逐渐长到成熟大小后与母体分离。在营养状况不好时，一些可进行有性生殖的酵母菌会形成孢子，在条件适宜时再萌发。一些酵母菌，如假丝酵母（或称念珠菌）不能进行无性生殖。

酵母菌广泛应用在食品加工（面包、馒头、花样糕点等）、酿酒工业（啤酒、黄酒、果酒、某些白酒等）、医药保健（酵母菌系列开发的保健品、化妆品等）方面。

（二）霉菌

霉菌的种类多，其有功有过，需学后再评说。霉菌可生产柠檬酸等有机酸；可酿造酒类、酱、酱油等；可生产豆腐乳（如根霉、毛霉）等；还可生产抗生素（如青霉素、灰黄霉素等）。但霉菌也可引起发霉变质及人体和动植物体病害（如绿霉、黄曲霉、赤霉、轮枝霉、面包霉等）。

（三）大型真菌

大型真菌是菌物中形成大型子实体的一类真菌，泛指广义上的蘑菇（mushroom）或蕈菌（macrofungi），或指能形成肉质或胶质的子实体或菌核，供人们食用或药用。

大型真菌生长在基质上或地下的子实体（菇体、耳体），相对其他真菌个体比较大，足以让人们用肉眼辨识和徒手采摘。大型真菌是菌物中的一个重要类群，很多种类具有较高的营养价值和药用价值，是目前最具有开发应用前景的一类真菌。

你认识常见的食用菌类吗？例如，香菇、平菇、猴头菇、黑木耳、银耳、金针菇、羊肚菌、双孢菇、鸡腿菇、杏鲍菇、白灵菇、茶薪菇、姬松茸等。它们都是大型真菌，具有较高的营养价值，历来被列为宴席上美味佳肴的食材。

你认识常见的药用菌类吗？例如，灵芝、冬虫夏草、茯苓、马勃、竹荪、天麻、姬松茸、蛹虫草、白参菌、桑黄等，它们也都是大型真菌，都有一定的药用价值，是我国中药宝库中备受青睐的济世良药。

它们中少量为有毒的毒蘑菇，处于野生状态。从古代起，人们在采食野生蘑菇的同时便发现了毒蘑菇。世界上有记述的毒蘑菇千余种，我国目前已知近几百种，其中极毒致死的约百种，主要有毒鹅膏菌、白毒鹅膏菌和毒粉褶菌等。其毒素主要是毒伞肽（amatoxins）和毒肽（phallotoxins）两大类毒素。毒蝇鹅膏菌等含毒蝇碱（muscarine）、毒蝇母（muscimol）、麦斯卡松（muscazone）等。

四、大型真菌与食用菌

大型真菌是真菌界中的一大类群。随着科技的进步和人们的研究开发，挖掘这类真菌的资源宝库，呈现出绚丽多彩的品种和令人惊叹的价值。其中有食用和药用价值的（少数毒蘑菇除外），人们统称为食用菌。

我国食用菌种类2000多种，已有记录936种，人工驯化栽培种类超过100种，商业化栽培的有 60 多种（李玉，2013；戴玉成，2010）。

食用菌的人工栽培已经形成了食用菌产业，并且快速发展成为目前各地脱贫致富奔小康的支柱产业之一；食用菌产业是引领健康的具有广阔前景的朝阳产业。

食用菌即蕈菌类大多数属于担子菌亚门，少数属于子囊菌亚门。

1. 担子菌亚门

担子菌亚门是一群多姿多彩的高等真菌，大多为陆生的，营养方式有腐生、寄生和共生。有性生殖产生担子和担孢子是本亚门的主要特征。担子菌的无性生殖是通过菌丝断裂产生粉孢子、分生孢子或孢子芽殖，有性生殖方式为体配，有性孢子为担孢子。该亚门包括许多供食用和药用的种类和诱发植物病害的有害种类，以及多种有毒种类。

担子及担子果的特征均为分类的依据。根据担子果的有无及类型，又将担子菌亚门分为冬孢菌纲、层菌纲及腹菌纲。冬孢菌纲不产生担子果，包括锈菌目和黑粉菌目，均为侵染高等植物引起病害的寄生菌。

层菌纲形成裸露的担子果，根据其担子是否分隔，又分为有隔担子菌亚纲，主要有银耳目、木耳目；无隔担子菌亚纲，主要有多孔菌目、伞菌目。

腹菌纲形成封闭的担子果，称为被担子果，为较高级的担子菌，如鬼笔目、马勃目等。

2. 子囊菌亚门

子囊菌亚门主要特征是营养体除极少数为单细胞（如酵母菌）外，均为有隔菌丝构成的菌丝体。细胞壁由几丁质构成。有性生殖过程中形成子囊（ascus），是子囊菌有性生殖过程中进行核配和减数分裂发生的场所，在子囊中产生具有一定数目（多为 8 个，有的为 4 个、16 个或其他数目）的子囊孢子（ascospore）。

它们的形态、生活史和生活习性的差别很大，有些子囊菌的营养体为单倍体。许多子囊菌的菌丝体可以形成一定组织，如子座和菌核等结构。子囊大多产生在由菌丝形成的包被内，形成具有一定形状的子实体，称为子囊果（ascocarp）。有的子囊菌的子囊外面没有包被，是裸生的，不形成子囊果。子囊果有 4 种类型：子囊果包被是完全封闭的，没有固定的孔口称为闭囊壳（cleistothecium）；子囊果的包被有固定的孔口，称为子囊壳（perithecium）；子囊果呈盘状的称为子囊盘（apothecium）；子囊产生在子座组织内，子囊周围不另外形成真正的子囊果壁，这种内生子囊的子座称为子囊座（ascostroma），如冬虫夏草。寄生植物的子囊菌形成子囊果后，往往在病化组织的表面形成小黑粒或小黑点状的病征。

它们无性生殖产生分生孢子。许多子囊菌的无性生殖能力很强，在自然界经常看到的是它们的无性生殖阶段。由于分生孢子的形成在许多子囊菌的生活史中占很重要的位置，所以它们的无性生殖阶段也称为分生孢子阶段。有些高等子囊菌不产生分生孢子。子囊是子囊菌有性生殖产生的，其内产生子囊孢子，呈囊状结构。子囊大多呈圆筒形或棍棒形，少数为卵形或近球形，有的子囊有柄。

在子囊成熟后子囊壁大多仍然完好，少数子囊菌的子囊壁消解。有些子囊的顶部是封闭的，没有孔口，子囊孢子释放时，子囊壁消解或破裂；有的顶部有孔口或狭缝或囊盖，子囊孢子通过子囊顶部的孔口或狭缝释放。

子囊菌大都是陆生的，营养方式有腐生、寄生和共生。有许多是植物病原菌，腐生的子囊菌可以引起木材、食品、皮革的霉烂以及动植物残体的分解；有的可用于抗生素、有机酸、激素、维生素的生产和酿酒工业中；有的是食用兼药用菌（如羊肚菌、块菌）。少数子囊菌和藻类共生形成地衣，称为地衣型子囊菌。寄生的子囊菌除引起植物病害外，少数可寄生人、禽畜和昆虫体上，危害植物多引起根腐、茎腐、果（穗）腐、枝枯和叶斑等症状。子囊菌的种类虽少，但它们多为珍稀品种，例如，羊肚菌、冬虫夏草、蛹虫草、块菌等都极具开发利用价值。

第二节　食用菌的重要价值

一、食用菌的食用价值

食用菌形态优美，形状多样，营养丰富，味道鲜嫩（图1-1）。例如人们熟知的：香菇、平菇、猴头菇、黑木耳、银耳、金针菇、双孢菇、鸡腿菇、杏鲍菇、白灵菇、茶薪菇、姬松茸等，历来被美誉为"山珍美味"的好食材。营养专家也推荐"一荤一素一菇"好搭配，更保健（图1-2）。如洁白肥嫩的双孢菇，味如鸡丝的鸡油菌，鲜美脆嫩的羊肚菌，黏滑多胶的木耳，肉多味美的牛肝菌，鲜嫩可口的草菇，香气四溢的香菇，肉质细腻的口蘑，清嫩可口的竹荪，具有杏仁香味和鲍鱼风味的杏鲍菇，富含赖氨酸的金针菇等。同时，它们都是"高蛋白、低脂肪"，含丰富氨基酸、矿物质元素的美味菜肴。

(1) 金针菇　　　　　　　　　　(2) 羊肚菌

(3) 杏鲍菇　　　　　　　　　　(4) 榆黄蘑

图1-1　美味的食用菌

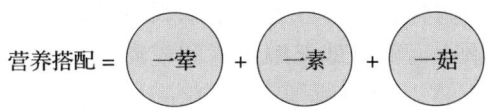

图 1-2 营养的均衡搭配

（一）食用菌的营养价值

1. 蛋白质与氨基酸

大多数食用菌都含有大量的蛋白质和氨基酸，与一般蔬菜、水果相比，食用菌中的蛋白质是相当高的，如鲜双孢菇中的蛋白质含量为 3.5%，而白萝卜只含 0.6%，大白菜只含有 1.1%。

食用菌所含氨基酸的种类也很多，无论是双孢菇、香菇，还是侧耳、羊肚菌、草菇，它们所含的氨基酸种类都有十七八种之多。

必需氨基酸在食用菌中含量高且种类齐全，无论是羊肚菌、双孢菇，还是香菇、草菇，它们都含有人体所必需的八种氨基酸，这八种必需氨基酸是赖氨酸、苏氨酸、甲硫氨酸、亮氨酸、异亮氨酸、色氨酸、苯丙氨酸和缬氨酸。金针菇中赖氨酸的含量很高，是儿童的良好营养品，有"增智菇"之称。

2. 维生素

一些食用菌含有较多的维生素。紫晶蘑富含维生素 B_1，鸡油菌含有较多的维生素 C 和胡萝卜素，蜜环菌体内也含有较多的胡萝卜素，双孢菇中含有维生素 B_1、维生素 B_2、维生素 C、维生素 K_1、泛酸、叶酸等多种维生素。

3. 脂肪

不同品种食用菌的脂肪含量占其干重的 1.1%~8.3%，平均含量 4%。一般而言，食用菌的天然粗脂肪种类齐全，包括游离脂肪酸和甘油单酯、甘油双酯、甘油三酯、甾醇、磷酸酯等。这些非饱和脂肪酸主要为亚油酸，在总脂肪酸含量中的比例为：香菇 76%、草菇 70%、双孢菇 69%，而动物脂肪中所含的大量饱和脂肪酸则可能对过多摄入的人不利。因此，食用菌中含有高比例的非饱和脂肪酸是其作为健康食品的重要因素。

4. 核酸

联合国的蛋白质顾问组建议成人摄入核酸的安全限量最高为每日 4g，而从微生物食品中摄入核酸时不能超过此限量的一半，这是因为人类缺少尿素氧化酶，不能氧化尿酸，尿酸是嘌呤碱基的难溶性代谢产物。血浆中尿酸含量高时，可导致组织和关节中的尿酸盐沉积，也可引发肾和膀胱中生成结石（引发痛风病症等）。食用菌多个品种抽样检测核酸含量没有超过日标准限量的，因此作为日常蔬菜食用时，不必限制摄入的食用菌量。

（二）食用菌的营养保健特征

评价食物的营养价值主要在蛋白质及其氨基酸组成、碳水化合物、脂肪、维生素、矿物质元素和膳食纤维六大营养要素的含量和比例。食用菌富含高蛋白质、低脂肪、低糖、无淀粉、低胆固醇、高维生素、高氨基酸、高矿物质元素及膳食纤维素，且比例平衡，结构合理。加之风味独特，是一种天然、绿色、健康食材，在国内外市场销量极大。

依据科研分析检测，人们对人工栽培食用菌多个品种营养成分大致组分的分析表明，食用菌富含天然蛋白质和碳水化合物，以及适量的天然纤维素和灰分，而脂肪含量和热值均较低。因此食用菌是提供必需氨基酸、维生素和矿质元素的优质食品。在其所含的矿质元素中，K和P的含量最丰富，食用菌子实体含有大量的维生素B_1、维生素B_2、烟酸和维生素D_{12}。与其他丝状真菌相比，食用菌的核酸含量不高，并且显著低于生长迅速的细菌的核酸含量，因此，食用菌作为日常食用是安全的。

二、食用菌的药用价值

当今人们追求食疗、保健的理念与时俱进，对健康长寿更加重视，故而择其所爱，对部分食用菌更加青睐。

大型药用菌如灵芝、茯苓、猪苓、天麻、雷丸、冬虫夏草、马勃、桑黄等都有一定的药用价值，被人们研究认可，视为珍贵中药材（图1-3）。

（1）冬虫夏草　　　　　　　（2）天麻

（3）灵芝　　　　　　　　　（4）茯苓

图1-3　珍贵的药用菌

冬虫夏草的功能是滋肺补肾、止血化痰，提高机体免疫力，老中医称它能补"命门"，也就是对机体的重要器官有滋补作用。马勃止血消肿止痛。不同颜色的灵芝有不同的药效。茯苓健脾滋补和宁心安神。猪苓常用于治疗小便不利、脚气水肿、淋浊带下等症。雷丸以驱除寸白虫为主，也能驱除蛔虫。天麻为传统中药材，天麻膏剂能滋补养生，调理机体气血；天麻酒能活血化瘀，对肢体麻木、关节疼痛有调理疗效；天麻注射液对三叉神经痛、脑血管神经性偏头痛、头晕等有一定疗效。

另一些食用菌也兼有药用价值。"食药同源"的理念驱使人们在品尝一些美味食用菌的同时，更希望它们付诸药用价值，食疗保健，有益于健康。的确很多食用菌不负众望，它们除具有较高的营养价值外，还含有丰富的药效成分，具有重要的药用价值，是食药兼优的菌种（图1-4）。

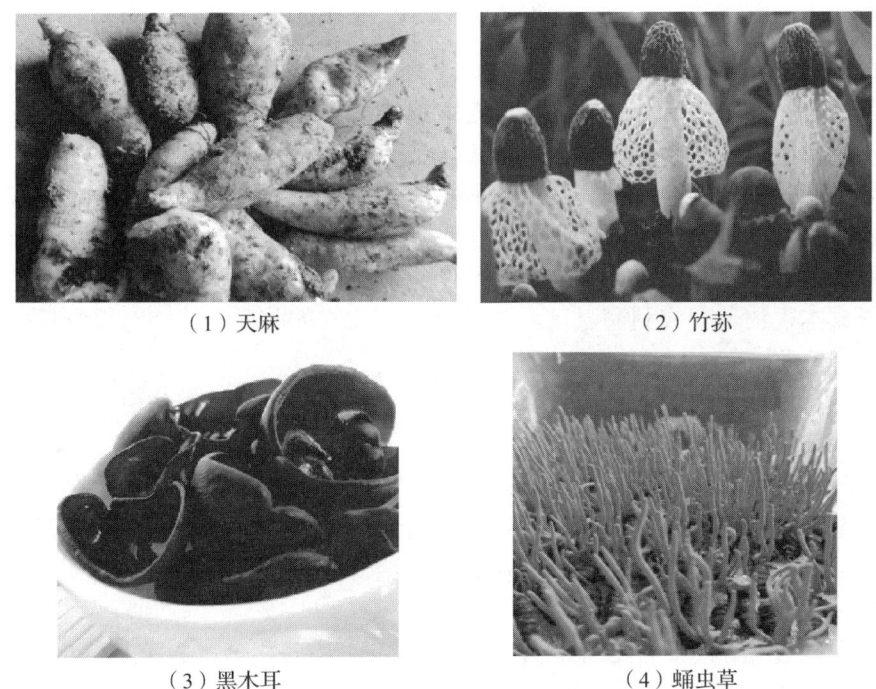

图 1-4 食药兼优的菌种

双孢菇的子实体内含有多种酶，可用于辅助治疗消化不良和高血压。香菇子实体含有大量的维生素 D，能增强人体的抗病能力。经常食用香菇，可以预防坏血病、肝硬化等多种疾病。金针菇所含的氨基酸，可预防和辅助治疗肝脏系统疾病及胃肠道溃疡，并能有效地增加儿童的身高和体重。并且，其含有的牛磺酸有益于人们的智力发育，被称为"增智菇"。富含胶质蛋白的黑木耳，有润肺清肺、降血脂、降血糖的作用，因此被作为矿业和纺织业工人的保健食品。银耳有润肺生津、滋阴养胃、益气和血、补脑强心等功效。猴头菇性平味甘，可预防和辅助治疗消化道溃疡、神经衰弱等多种疾病。许多食用菌还有一定的抗肿瘤效果，它们的抗肿瘤主要有效成分是多糖。例如，灰树花多糖、香菇多糖、蛹虫草多糖、姬松茸多糖等，对癌症病人化疗后有较好的辅助恢复作用。

它们的有效药用成分，即存在于菌丝体、子实体、菌核或孢子中的氨基酸、蛋白质、维生素、酶类、有机酸、多糖、苷类、生物碱、甾醇类及抗生素等多种物质，对人体有保健作用，对疾病有预防、抑制或调理作用。具有生理活性的主要成分是多糖类、三萜类及核苷类化合物。

不同的食用菌含有不同的药效成分。有的食用菌含有各种酶，能利尿、健脾胃、助消化；有的含有能强身滋补、清热解毒、抗病毒和抗癌等的药效成分。

正因为很多食用菌兼有药用价值，在长期食用的同时能提高机体免疫力，保护人体健康，故称其为养生药膳食品。例如香菇、猴头、灰树花、姬松茸、竹荪、羊肚菌、蛹虫草等，它们以食用为主，炒焖、蒸煮、煲汤后可以直接食用。

三、食用菌的经济价值

发展食用菌生产可改变人类的食物结构，有益身体健康；出口创汇，创造财富，对实现农业增产、农民增收具有重要意义。无论是制菌种、栽培，还是产品加工、营销都能产生利润，一般成本投入与产出利润比可达1：（2～3），效益可观。

食用菌生产如果安排合理，完全可以利用林下空地、闲散劳动力，不会与现有农业生产发生矛盾。食用菌不与人争粮、不与粮争地、不与地争肥、不与农争时。生长周期相对较短，从种植到收获一般为2～6个月，有的仅需45d就可以收获一批，是理想的短平快项目，投资成本很快就变成利润财富。在掌握栽培技术的前提下，相对投资见效快，体现出良好的经济效益。

近几年，食用菌生产成为脱贫致富产业，在国家的产业扶贫工作中承担了重任，效果显著，有目共睹。

农业农村部农村社会事业发展中心通过调研数据，解读出食用菌产业在扶贫方面的巨大潜力：对全国592个贫困县产业扶贫情况进行调研发现，其中有420个县开展了食用菌产业扶贫，形成了支柱产业。相比养殖业，食用菌产业投资小、周期短、见效快，有助于贫困区农牧民尽快实现脱贫。

现今，我国食用菌生产不仅形成了从菌种研发、培养、生产栽培，到后期产品加工、冷藏运销完整的产业链，而且产业链条正在不断延伸，产业效应也在不断放大。

四、食用菌的环保价值

我国是一个农业大国，每到收割季节，大量下脚料堆积在农村的田间地头，人们通常用作肥料、饲料、燃料或者任其烂掉，这是极大的污染和浪费。若用来栽培食用菌就会变废为宝。我国每年的农业秸秆类废料约10亿t，畜禽粪草也很多，此外还有野草杂木资源，其对食用菌来说是必需的、良好的生产原材料。而目前仅用其0.5%～0.8%栽培食用菌，而其余都成为废弃料，是很大的污染源。

食用菌生产栽培是现代生态农业的一个重要组成部分，其菌丝分解纤维素、木质素等复杂有机物的能力很强，有很强的降解吸收能力，生长发育快，在自然界的物质转化中显示着很强的优势。因此在农业生产中形成了菌物生产、植物生产和动物生产的三大格局，使人类形成了有益健康的植物蛋白、动物蛋白及菌物蛋白的饮食结构。

食用菌生产制作菌种、栽培的原料主要是农副产品，如作物秸秆、杂木屑、棉籽壳、玉米芯、麸皮、米糠等。我国每年农业的原材料资源丰富，例如作物秸秆、畜禽粪便等可利用资源很充足。有多种食用菌生产能将种植业和养殖业联系起来，形成生态资源循环利用的可持续发展模式（图1-5）。

秸秆栽培食用菌作为新兴产业，在我国近几年逐渐成熟，利用废杂木枝条规模化生产代料食用菌，可成为农村经济收入的一大支柱产业。代料栽培食用菌生产，原料主要取材于修剪果树、阔叶树、桑树杂木的枝条，玉米芯及农作物的秸秆等，且每年全国的秸秆利用率还不到千分之一。充分利用自然资源实现规模化种植，避免农村焚烧秸秆，为促进农业可持续发展开辟途径，代料栽培食用菌生产是生态循环，变废为宝，利国利民的朝阳产业，也是脱贫致富的优势产业。

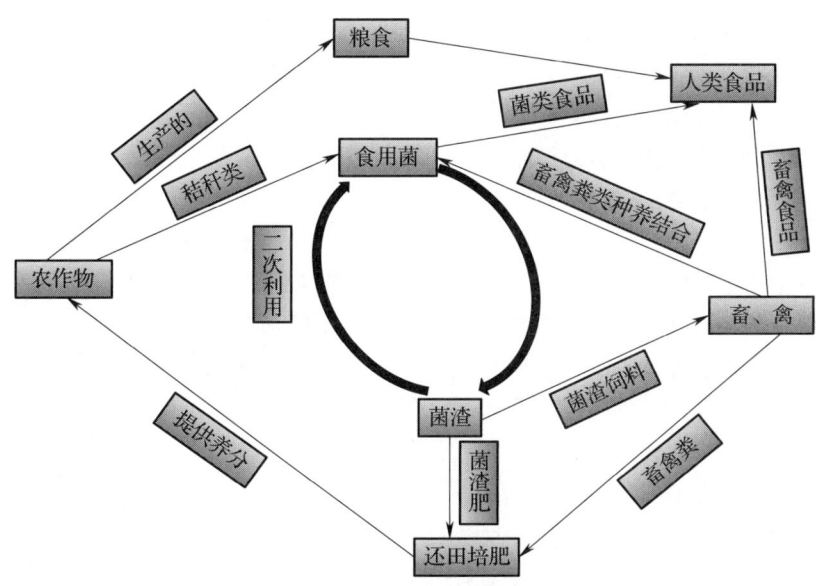

图 1-5 食用菌的环保价值

第三节 食用菌产业的发展前景

我国食用菌产业生产规模之大，产量之多，从业人员之广，稳居世界首位。其变废为宝，化害为利，兴菌成业，业兴菌旺，作为发展农业的支柱产业、朝阳产业、致富产业，为全国各地新农村的建设，赋能乡村振兴起到了巨大的推动作用。

发展食用菌生产可优化大众饮食结构；可变废为宝，充分利用自然资源；可促进农业可持续发展；对创造财富，实现农业增产、农民增收具有重要意义（图1-6）。

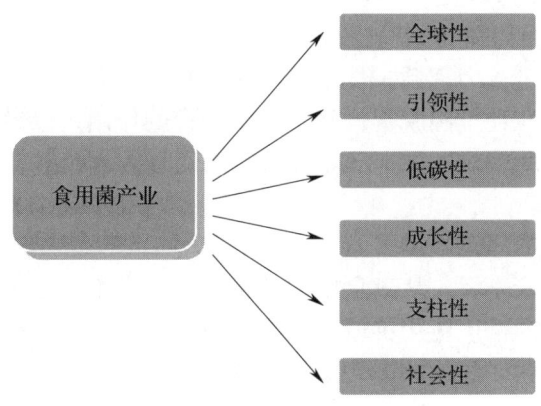

图 1-6 发展食用菌产业示意图

一、我国食用菌的生产优势

（一）自然条件优越

我国地域辽阔，气候条件复杂多样，形成了不同的土壤质地和植被，使食用菌的生态条件丰富多样,为栽培多种食用菌提供了良好的自然环境条件。我国南北气候四季分明,既有北方独特低温气候资源优势,又有南方高温气候资源;部分区域雨水充沛,可适宜不同品种食用菌的生长繁殖。合理安排可全年连续工厂化生产,污染概率小,成功率高,产品质量优良,可满足各地市场供应需求,实现经济效益。

(二)农业资源丰富

我国是一个农业大国,丘陵山区又蕴含大量的树林,农田种植区有大量的农作物秸秆(每年有5亿~10亿t)和农产品下脚料,木屑、棉籽壳、玉米芯和秸秆类都是食用菌生产的重要原料,价格便宜,资源丰富,用于栽培食用菌成本低廉。生产原料廉价易得,是我们得天独厚的优势,也是我国食用菌产品出口、占据国际市场的竞争优势。

我国林木资源开发利用也在营造食用菌生产的原料。例如,杂木树的速生林、菌草等可作为木腐菌栽培的主要原材料,实现资源永续利用;还有林果树木、森林涵养丰富资源的利用。例如,桑树枝等林木资源栽培食用菌(药用菌),在很多地域已经形成了生态循环农业,是发展食用菌的良好模式。林果的修剪枝可以用来作菌棒,发酵的猪粪和废弃菌棒又可用作林果、农田的农家肥,从而提高经济收入,实现一举三得(图1-7)。生态循环农业发展,既节约成本,又生态环保,符合新时代绿色环保理念——绿水青山就是金山银山。

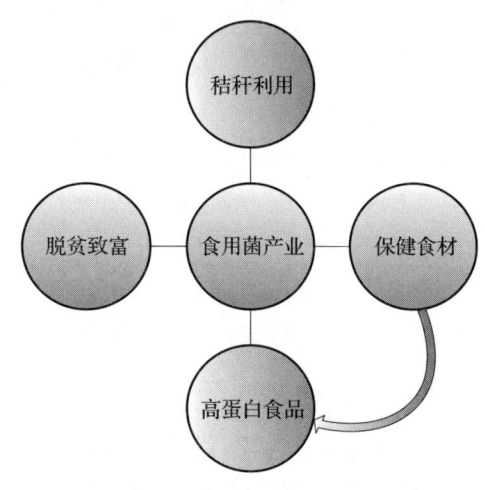

图1-7 食用菌生产一举三得示意图

(三)从业人员众多

我国人口众多,劳动力充足,从事食用菌生产的人力资源优于其他国家。据不完全统计,我国每年从事食用菌生产的人员约达2000万人,在食用菌的产业链上实现自己的致富梦,也为产业发展奠定人力资源、技术资源的基础,在发展食用菌产业中贡献智慧和力量。近几年,食用菌产业在全国脱贫攻坚工程中发挥的作用足以说明食用菌生产在脱贫致富奔小康的路上,是带动就业、稳定从业人员收入的有效途径。

(四)科技力量雄厚

我国栽培食用菌的历史悠久,广大菇农积累了丰富的生产经验。近几年有一大批科研单位、大专院校的专家学者,从事食用菌的研究和开发工作。每年有很多相关的研究成果、专利呈现,有很高的推广应用价值和经济价值,并能快速转化为实际生产力,为食用菌产业的发展、创新创业提供了技术支撑和保障。

(五)营销市场成熟

我国食用菌产业已形成了产、供、销协调发展的格局。在国家农业政策的强力推动下,各地的示范基地、示范区、产业带迅速崛起。例如,吉林国家级千亩黑木耳标准化种植示范区建设,四川绵阳千亩羊肚菌标准化种植示范区建设,河南濮阳清丰白灵菇、海鲜菇标准化种植示范基地建设等;随之带动食用菌交易大市场建设、龙头企业培育、品牌战略实施等相关配套的发展,例如,河南南阳西峡双龙镇香菇交易市场、河北随州草甸镇香菇交易市场、四川金塘镇羊肚菌交易市场的建设以及各地不同规模的交易市场日趋壮大成熟，进一步延伸了食用菌产业链条，拉动了食用菌产业的发展。

各地正在建立健全富有活力的领导监管机制和完善的社会化服务体系，宣传发动、宏观调控、因势利导、配套服务、推动发展，不断完善社会化服务体系，推进产业的发展。

如今，我国"大数据、互联网、物联网"时代的到来，为食用菌产业的产品营销助力，营销市场走向新时代、新品位、新时尚。

二、国内外菇类产品市场潜力巨大

（一）菇类产品人均消费在提高

国内市场的变化：十年前我国每年人均消费量不足400g，而日本每年人均消费量3kg。现在随着人们对食用菌食用、药用价值的认识和生活水平的不断提高，人们向往"返璞归真"回归大自然。因此，食用菌作为保健食品、有机食品、绿色食品在我国的消费潜力巨大，具有广阔的发展空间。与此同时，"一荤一素一菇"的营养平衡理念已被普遍接受，菌菇已成为菜篮子里的主打品种。

（二）菇类产品加工发展在拉动

随着科学技术的迅猛发展，菇类产品除了保鲜、干制、盐渍等传统贮藏加工方式外，新工艺加工的时尚产品不断翻新花样，如菇类即食食品、饮品等。食用菌产业的深加工又延伸出更精致、更精细的保健品、化妆品，如保健食品饮料的研制、新药物的研制。随着高科技的发展和投入，不久的将来定会有从药用菌中开发的新药物问世，治愈顽症、护佑健康。

（三）市场竞争力在增强

我国菇类产品在国际市场上的竞争力在增强，已基本占据国际市场。其中，香菇产品销售量在国际市场占首位，其他品种也在发展。我国加入世贸组织后，出口食用菌产品的大门虽然敞开了，但门槛却提高了，我们已经意识到如何提高产品质量，树立"绿色品牌"意识，创品牌，以质量抢占市场，不断引导菇农从源头——栽培环境、栽培原材料、菌种等方面注意防止产品污染，在防治杂菌和病虫害中尽量减少使用或不用化学制剂，注意产品的内在品质和营养，实施规范化、标准化、无公害化生产，提升了市场竞争力，销路在不断拓展。

在食用菌生产的产品出口创汇方面，我国是第一生产大国，产量占世界总产量75%以上。根据中国食用菌协会调查统计，近年来，我国食用菌产量快速增长，2018年食用菌总产量已经达到3712万t，总产值2938.8亿元。2021年我国食用菌的总产量和总产值能分别达到4117.5万t和3291.1亿元。

食用菌作为健康食品、保健食品在国内外市场销量逐年剧增，具有广阔的发展前景。

（四）国家农业政策在推动

1. 国家政策支持、重视"三农"问题

国家农业政策支持，扶贫脱贫扶植力度加大，"脱贫攻坚"的力度和成果举世瞩目，这些均有利于食用菌产业的发展。我国每年"中央一号文件"出台，均指向"三农"问题。同时，继续对接"乡村振兴"建设美丽乡村的号召在全国响应，各地都在抢抓机遇，积极奋战，发展支柱产业，食用菌产业乘势而上，迅猛发展。

2. 各级政府部门的强力支持和宏观调控作用在发力

各级政府部门积极为食用菌产业的发展创造条件，制定相应的配套政策，提供财力、物力的支持。同时，也在加强法制建设，进一步规范市场，加强对菌种、产品和流通领域的管理，以促进食用菌产业健康发展；进而实现食用菌产业的品种多样化、菌种优良化、资源持续化、生产规模化、质量标准化、管理严格化、加工增值化、市场网络化、菇餐大众化和贸易国际化，以确保食用菌产业持续、快速、稳定发展。

三、我国食用菌产业的发展前景

（一）我国发展食用菌产业的良好机遇

大力发展食用菌产业是贯彻落实党的扶贫政策、脱贫攻坚，促进农业生态良性循环，建立资源节约型生态农业，实现农业可持续发展的重要选择。近年来，在国家政策尤其是每年"中央一号文件"的号召引领下，在各级党委、政府的正确指引下，在各地及有关部门广大食用菌从业人员的共同努力下，食用菌产业作为农业和农村经济的新兴产业，取得了长足的进步和振兴，已在全国多个地区市、县、乡的生态高效农业建设实践中展现出巨大的发展潜力和广阔的市场前景，并且有了一定的规模和特色；成为多个地区乡村振兴的首选产业。

创建特色食用菌产业带，将食用菌生产同旅游观光、广告宣传、贸易出口融为一体，形成我国食用菌产业发展对外的门户，大大提高了食用菌国内、国际声誉。这几年来，通过食用菌产业带的发展带动，推动产业转型升级，使传统分散的以家庭为单位的食用菌生产，开始向区域性专业化生产发展，一大批食用菌生产基地正在向专业化、集约化、规模化、规范化、产业化方向发展。

（二）我国发展食用菌产业存在的问题及对策

我国食用菌事业发展虽然非常迅速，取得了可喜业绩，但与国际先进水平进行横向、纵向比较，还是有较大的差距。例如，生产资金投入不足，缺乏现代化技术和设备，转型升级步伐比较慢且地域发展不均衡；一些食用菌的品质还不能全面达到国际市场的需求。因此，为了提高食用菌产业的综合竞争力，应做好以下几方面的工作。

（1）加强国内外市场信息的分析研究，防止生产的盲目性。

（2）加大科技投入，推广先进的生产管理技术。

（3）开发各地名、优、特、新品种的选育和推广。

（4）开发食用菌栽培原料资源、新配方及新工艺。

（5）加强食用菌病虫害的无公害防治研究。

（6）加强食用菌产品的深加工研究，尤其是精细深加工研究。

（三）重视复合型人才的培养

以食用菌生产为关键环节的生态循环农业，是一个高科技行业，急需培养复合型人才。对接国家"乡村振兴"的发展战略，培养强农兴农，懂生态、懂农业技术、懂互联网的人才更是关键。但目前很多高校开设食用菌栽培等相关的课程还较少，培养的复合型人才少之又少，远不能满足新时代、新业态大背景下的产业发展需求。因此，各大研究院和企业需要对生态循环农业人才进行重点培养。

食用菌产业以农业资源为基础，以文化为灵魂（菇菌文化），以创意为手段，以产业融合为路径，通过农业与文化的融合、产品与艺术的结合、生产与生活的结合，将传统食用菌生产的第一产业业态升华为一、二、三产业高度融合的新型业态。打破生态循环农业发展的某些困局，依靠创新——技术创新、人才创新、模式创新。

食用菌产业发展永远在路上，创新是驱动力。加快食用菌产业进入现代化、信息化、智能化的发展步伐，真正实现栽培工艺精准化与栽培环境智能化。日益注重菌类品牌和菇菌饮食文化的宣传，注重国内外消费市场的培育与开拓，使我国从食用菌生产大国、出口大国和消费大国，发展成为食用菌生产、供应、销售一体化，信息化，智能化的强国。

多品种菌菇美图

丰收的香菇、花菇

地畦栽培羊肚菌

第二章　食用菌的生物学特性

第一节　食用菌的形态学特征

食用菌虽然种类繁多，形态千差万别，但不管什么类型的食用菌，都是由菌丝体和子实体两个基本部分组成（图2-1）。

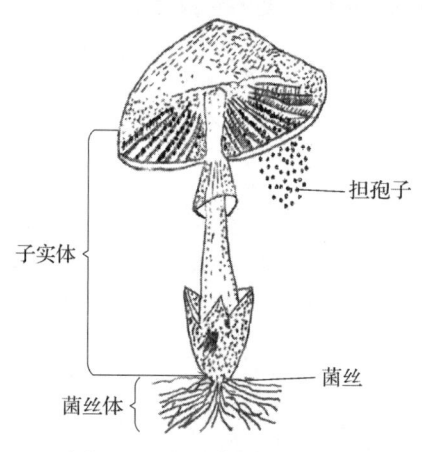

图 2-1　食用菌的形态结构

一、菌丝体

菌丝为微小的（直径6～13μm）丝状物，每一根丝状物就称为菌丝。由无数分枝的菌丝组成的集体称为菌丝体。

菌丝体是食用菌的营养器官，是食用菌的主体，其主要功能是分解基质，并从基质中摄取水分、无机物和有机物。

食用菌菌丝的构造：单根菌丝的细胞结构包括细胞壁、细胞膜、细胞质和细胞核四类。

（一）初生菌丝体

担子菌担孢子萌发后，先形成没有隔膜的多核初生菌丝，在适宜的环境条件下，很快产生多个隔膜把菌丝分隔成许多个单核细胞（图2-2，图2-3）。这种每个细胞只含有一个细胞核的菌丝体即为单核菌丝体，也称为初生菌丝体。初生菌丝体极为纤细，其染色体为单倍体。

（二）次生菌丝体

初生菌丝体发育到一定阶段后，两个单核菌丝体很快结合，细胞原生质体融合在一起，进行质配核不配，以致菌丝中每个细胞均有两个细胞核，这种双核化的菌丝体也称次生菌丝体。次生菌丝体较初生菌丝体粗壮，分枝繁茂，生长速度快。

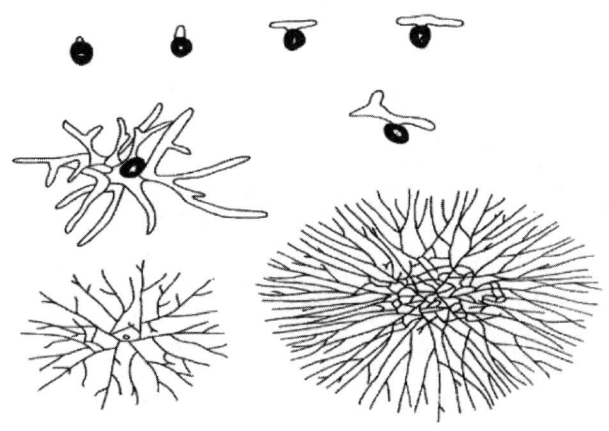

图 2-2　孢子萌发过程

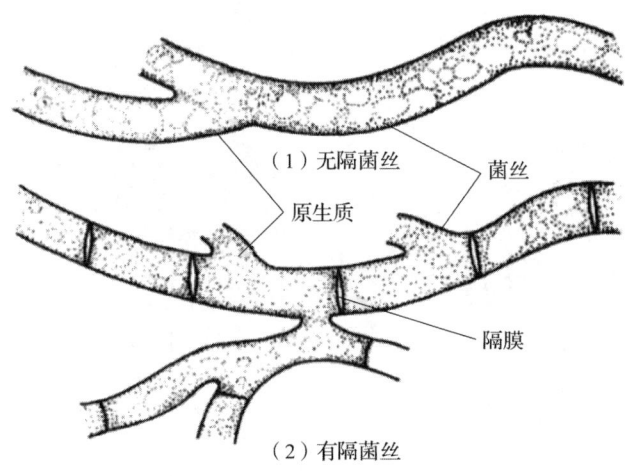

图 2-3　无隔菌丝和有隔菌丝

当二次菌丝体发育到一定的阶段，在适宜的条件下，菌丝体互相扭结成团，形成子实体原基，然后发育成子实体。这种已经组织化并有一定排列和结构的双核菌丝体可以称为三次菌丝体，或称为结实性菌丝体。

（三）基内菌丝和气生菌丝

菌丝体在生长过程中，一部分伸入培养基质内称为基内菌丝，另一部分生长在空气中称为气生菌丝（图2-4）。有些能产生无性孢子的食用菌，其无性孢子大都在气生菌丝上形成。

（四）锁状联合

锁状联合是双核菌丝细胞分裂的一种特殊形式。在香菇、平菇、银耳、黑木耳等许多常见食用菌中，双核菌丝上的横隔膜处常产生一种特征性的侧生突起，即生在两个核间的壁上出现一个极短的小分枝，形成一个钩状部分。然后两核之一移进了钩状部分，此时细胞中两个细胞核立即同时进行有丝分裂，形成子核aabb。其中一个子核b留在钩状突起内，又沿着突起转送到细胞的基部，另一个子核b则进入顶部。母核a分裂成aa后，其中一个子核a随新细胞生长方向移到顶端，和一个子核b配在一起；另一个子核a则和另

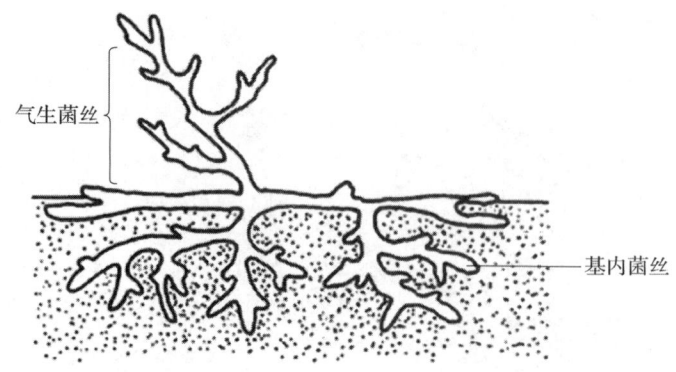

图 2-4　基内菌丝与气生菌丝

一个移来的子核 b 配合在一起。然后在细胞中间和钩状突起处分别各形成一个新隔膜。这样一个母细胞就形成了两个具有 a、b 核的双核（异核）子细胞。在两个细胞的隔膜处则残留下一个明显的突起，也就是锁状联合（图 2-5）。

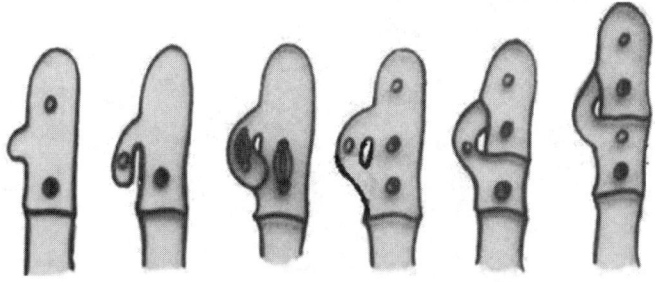

图 2-5　锁状联合的过程

（五）菌丝形成的特殊结构

食用菌的菌丝在生长发育过程中遇到了不良环境和将要繁殖时，往往相互紧密地缠结在一起，变态形成一些特殊的结构，常见的有菌丝束、菌索、菌核、菌膜等。

1. 菌丝束

大量的菌丝平行地排列在一起，组成白色、粗而略有些分枝的束状组织即为菌丝束。例如，在双孢菇的子实体基部的一些白色粗丝状物就是菌丝束，它能把基质菌丝中的养分和水分及时输送给子实体。

2. 菌索

有些食用菌如蜜环菌的菌丝体常缠结成鞋带状或绳索状的结构，这种变态组织称为菌索（图 2-6）。其颜色为白色、褐色或暗褐色，粗细长短不一，一般有分枝，并彼此联结成网状或根状。菌索表面常角质化，在不良环境中能保持休眠状态，当条件适宜时，可从

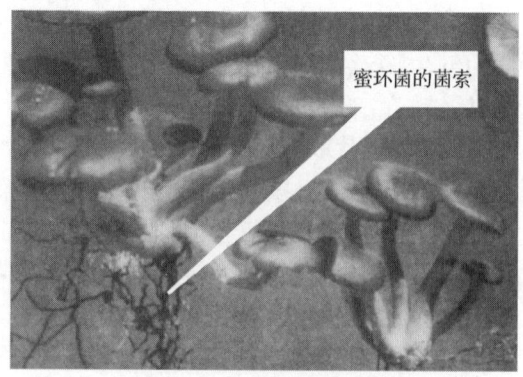

图 2-6　蜜环菌的菌索

生长点恢复生长，发育到一定的阶段再形成子实体。

3. 菌核

有些食用菌在生活过程中菌丝密集，形成球形、块状或颗粒状的组织，即为菌核。菌核质地坚硬，表面多凹凸不平，多为棕褐色至黑褐色，内部白色或粉红色，菌核内通常储存有较多的养分。它是食用菌的休眠组织，能抗御不良环境。当环境适宜时，则可萌发成营养菌丝体，例如茯苓和猪苓的药用部分就是它们的菌核（图2-7）。

图2-7　茯苓菌核

4. 菌膜

菌膜是由菌丝紧密交织而形成的一层膜。如香菇的栽培种或栽培块表面就有一层初期为白色、后期转为褐色的菌膜。在段木栽培的各种食用菌的老树皮的木质层上，也常形成一层菌膜。

二、子实体（菇体及耳体）

子实体是供人们食用的主体部分，包括千姿百态的菇体和耳体，也是食用菌产生孢子、繁殖后代的器官，只在特定的生殖阶段才能产生。属于担子菌的又称为担子果，属于子囊菌的又称为子囊果。子实体的基本组成是菌盖（pileus）、菌褶（gill）或菌管（tube）、菌柄（stipe）、菌环（annulus）、菌托（volva）、菌裙（indusium）、外菌幕（universal veil）、内菌幕（inner veil）等（图2-8）。食用菌的子实体绝大部分是伞形的，也有像黑木耳和银耳耳状的，这里以常见的伞状食用菌香菇、双孢菇等来进行说明。

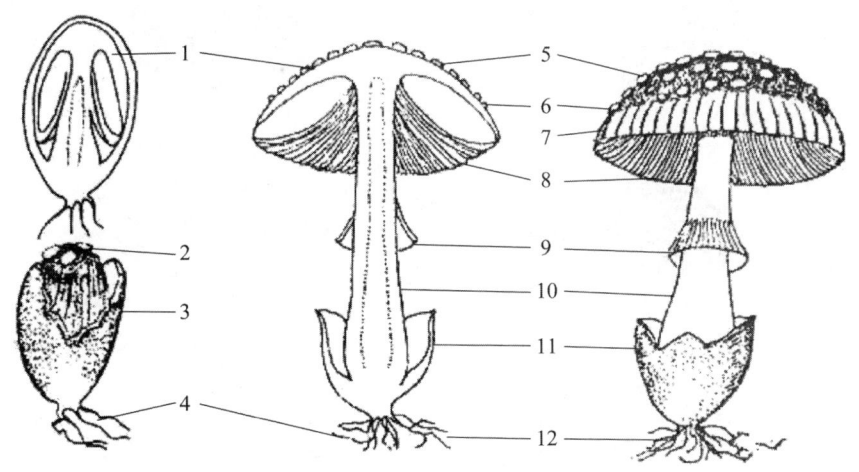

图2-8　伞状子实体的结构

1—菌肉　2，6—鳞片　3—菌托　4，12—菌丝索
5—菌盖　7—条纹　8—菌褶　9—菌环　10—菌柄　11—菌托

（一）菌盖

1. 菌盖

伞菌目食用菌的菌盖大部分呈伞形，也有各种各样形态的区分，例如半球形、斗笠形、钟形、卵形、平展形、贝壳形、漏斗形等（图2-9）。菌盖的皮层有各种各样的颜色，如白色、黄色、褐色、灰色、红色和青色等。形状和颜色是人类辨别食用菌种类的重要依据。菌盖的皮层有光滑或有黏液，有的表面具有绒毛、鳞片或晶粒状的小片（图2-10）。菌盖的大小因种而异，可分为大、中、小三种类型。一般直径5cm以下者为小型菌类；6~10cm者为中型菌类；大于10cm者为大型菌类。在栽培过程中，这不是绝对的，人为控制可以使菌盖直径增到很大。

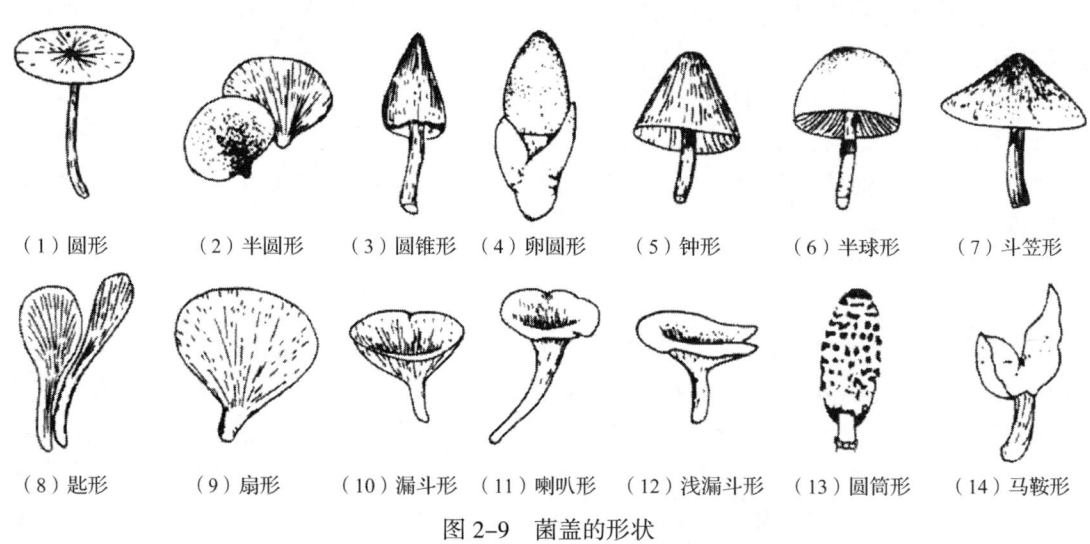

图2-9 菌盖的形状

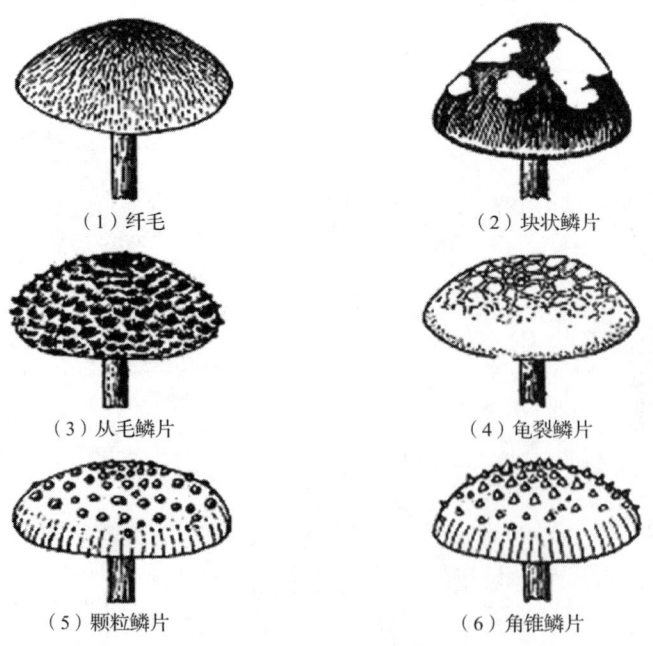

图2-10 菌盖附属物

2. 菌肉

菌肉是菌盖的实体部分，也是菇类最有食用价值的部分。大多数食用菌的菌肉是肉质的，易腐烂；少数为胶质、蜡质、革质和软骨质。菌肉一般呈白色或污白色，也有的呈淡黄色或红色。有些食用菌的菌肉受伤后则变成黄、绿、青蓝或黑色等各种颜色。有的食用菌，如乳菇类菌肉受伤后，常流出无色或有色的汁液。

3. 菌褶和菌管

菌褶或菌管由子实层或支持它的髓部组成，呈刀片状的称为菌褶，呈管状的称为菌管，生长于菌盖的下方，上面连接菌肉。菌褶与菌褶间有的有横脉连接，有的在靠近菌柄的一端互相交织成网状，有等长、褶间有横脉、不等长、网状、分杈5种类型（图2-11）。

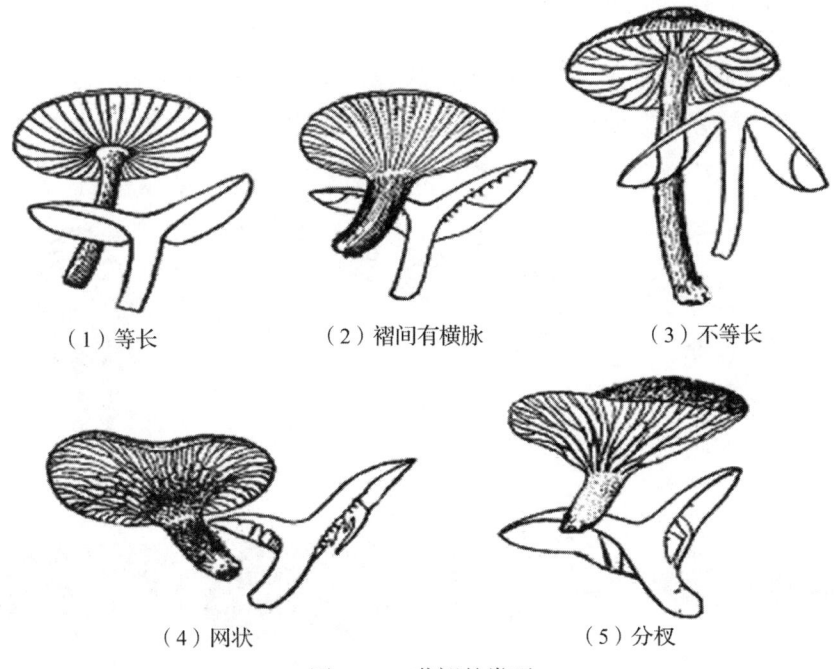

（1）等长　　（2）褶间有横脉　　（3）不等长

（4）网状　　（5）分杈

图 2-11　菌褶的类型

菌褶中央是菌髓细胞，两面着生子实层。菌褶或菌管与菌柄的连接方式，常常作为分类上的依据，大致分为以下4种类型（图2-12）。

（1）离生　菌褶与菌柄不直接相连且有一段距离，如双孢菇、草菇。

（2）弯生　菌褶与菌柄呈弯曲状连接，如香菇、口蘑。

（3）直生　菌褶与菌柄呈直角状连接，如蜜环菌、滑菇。

（4）延生　菌褶与菌柄向下延伸，如平

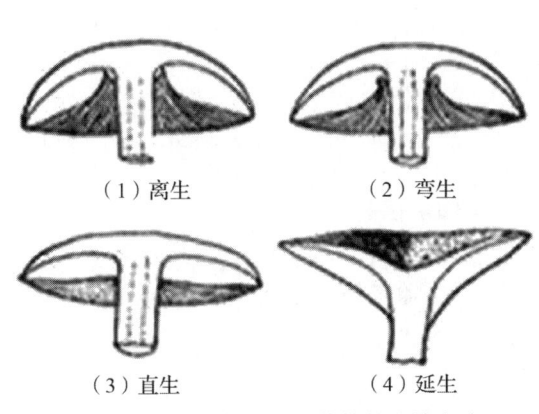

（1）离生　　（2）弯生

（3）直生　　（4）延生

图 2-12　菌柄与菌褶或菌管的连接方式

菇、凤尾菇。

（二）菌柄

菌柄又称为菇柄，是菌盖的支撑部分，也是输送水分和养料的器官。除少数食用菌无菌柄或仅具有短柄外，绝大多数种类均具有圆柱状的菌柄，但其形状、质地、表面特征以及在菌盖上着生的位置却因种类不同而异，也可随生长阶段的不同而发生一些变化。菌柄通常为肉质，也有纤维质、革质、脆骨质。菌柄有实心，如香菇，其菇柄较硬；也有空心，如金针菇；有的菌柄中央是疏松的髓质细胞，如双孢菇。菌柄的颜色多为白色、灰白色，也有其他颜色。菌柄在菌盖上着生的位置一般有以下三种形式。

（1）中生　菌柄着生于菌盖的中心，如双孢菇、草菇、乳菇。

（2）偏生　菌柄着生于菌盖的偏心处，如香菇。

（3）侧生　菌柄着生于菌盖的一侧，如平菇。

（三）菌环

子实体发育早期，菌盖边缘和菌柄间有一层包膜（即内菌膜）相连接。子实体长大时，该膜破裂，一部分留在菌柄处呈环状，此环状物称为菌环（图 2-13）。菌环着生的位置也有上、中、下之分，例如双孢菇、环柄菇、蜜环菌等。

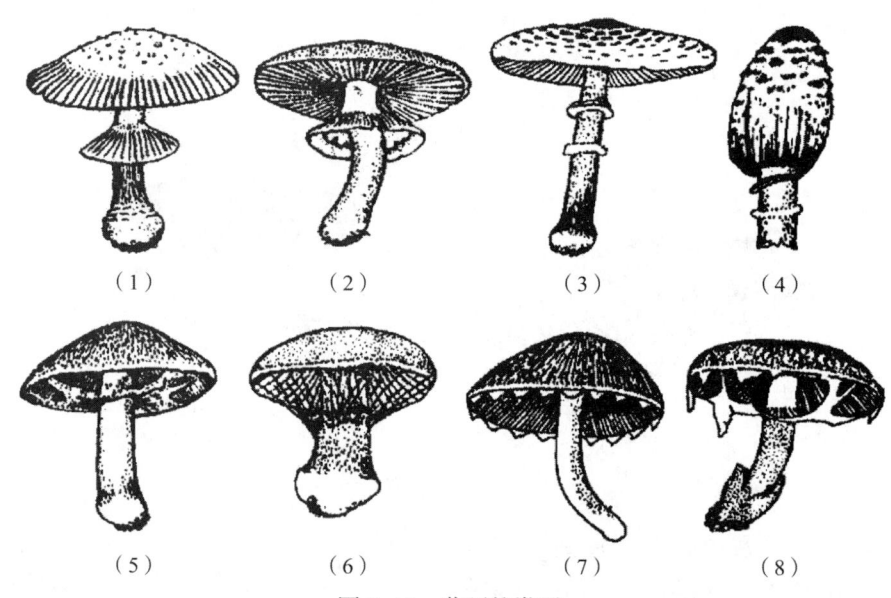

图 2-13　菌环的类型
(1)(2) 单层　(3)(4) 双层、可滑动
(5) 絮状　(6) 蛛网状　(7)(8) 破裂后附着菌盖边沿

（四）菌托

有些伞菌（如草菇）在子实体发育前期外面包裹一层菌膜，即外菌幕。当子实体长大后，菌膜随之破裂，残留在菌柄基部呈卜杯状物，称为菌托（或脚苞）。菌托有苞状、鞘状、鳞茎状、杯状等（图 2-14）。

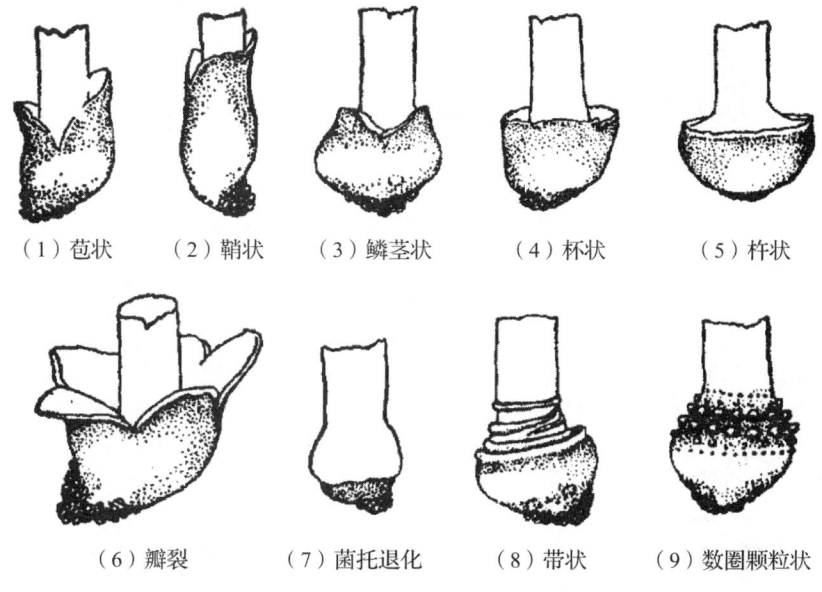

图 2-14 菌托的类型

三、各种孢子

食用菌能以营养细胞繁殖，每一段菌丝都可以发育成为一个新的菌丝体。但是其基本的繁殖体还是多种孢子，如有性孢子和无性孢子。单个孢子通常是无色透明的，当许多孢子堆积在一起时，形成孢子印，则会呈现出不同的颜色。如果将新鲜的菌盖扣在纸上 2h 后便可见纸上散落有大量的孢子，从而形成孢子印。孢子印的颜色因菌类不同而异，有白色、粉白色、奶油色、锈色、褐色、青褐色和黑色等。

（一）无性孢子

无性孢子是指不需经过两性细胞结合而产生的孢子，如分生孢子、粉孢子、芽孢子、厚垣孢子等（图 2-15）。

1. 分生孢子

分生孢子是在初生菌丝或双核菌丝的顶端或侧面形成的分生孢子梗上产生的孢子，多呈柱状或卵圆形，羊肚菌、滑菇等较多。

2. 粉孢子

粉孢子是很微小的分生孢子状的繁殖体，通常呈链状产生，如金针菇菌丝断裂能形成大量的粉孢子。

3. 芽孢子

芽孢子是菌丝细胞以出芽的方式形成的无性孢子，如银耳担孢子可以繁殖产生大量的酵母状分生孢子，通称芽孢。

4. 厚垣孢子

有些食用菌（如草菇、双孢菇和香菇）在其菌丝发育过程中能形成具有厚壁的休眠孢子，即厚垣孢子。厚垣孢子壁厚，内储养料对不良环境具有很强的抵抗力，多为圆形间生，成熟后脱离菌丝。香菇在初生菌丝或次生菌丝阶段都能产生厚垣孢子。

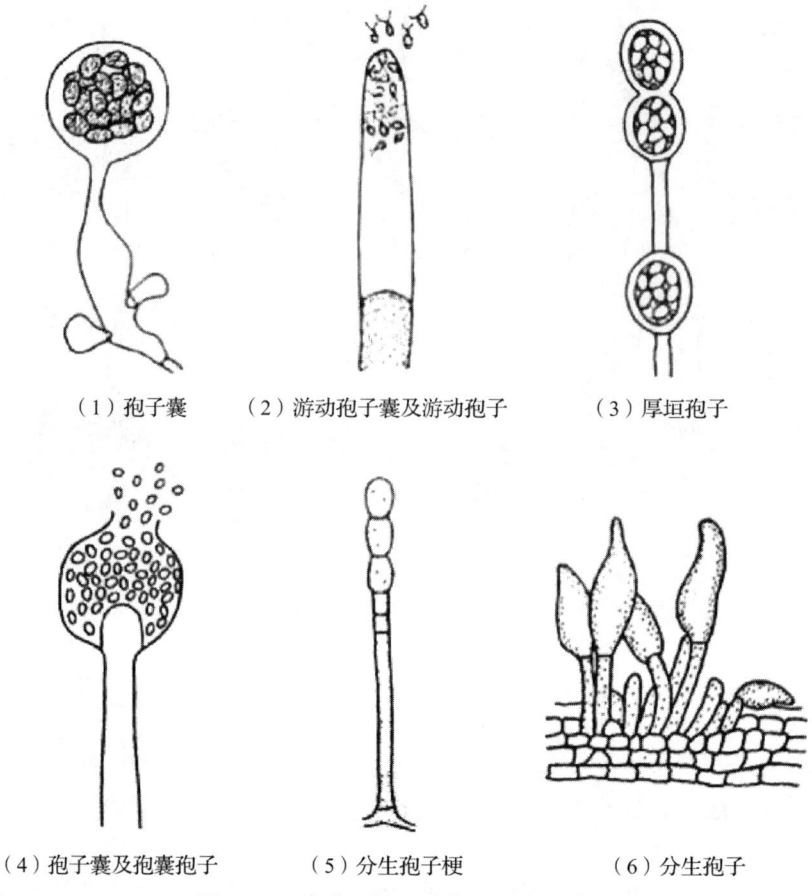

（1）孢子囊　　（2）游动孢子囊及游动孢子　　（3）厚垣孢子

（4）孢子囊及孢囊孢子　　（5）分生孢子梗　　（6）分生孢子

图 2-15　真菌无性生殖产生的孢子类型

（二）有性孢子

由两个不同的菌体或细胞结合，经过有性过程而产生的孢子为有性孢子，是基本繁殖单位（种子），抗逆性强，微小颗粒状，形状因种类而异（图 2-16），显微镜下呈无色透明，成堆时显示各种颜色，产生于次生菌丝顶端细胞。根据产生的方式不同可以分为以下两类。

1. 担孢子

担子菌类的有性孢子称为担孢子，担孢子着生在担子顶端，故称外生孢子。担孢子的形成：次生菌丝→顶孢核配→担子（$2n$）→减数分裂→担孢子（n）（图 2-17），1个担子可以形成 4 个担孢子（图 2-18）。

2. 子囊孢子

子囊菌类的食用菌有性生殖产生的孢子，为子囊孢子，子囊孢子形成于子囊内，故称为内生孢子。子囊孢子的形成：质配→核配→减数分裂→有丝分裂，1 个子囊产生 8 个子囊孢子（图 2-19）。

3. 担孢子的弹射与孢子印

孢子印是孢子按菌褶排列方式弹射散落在纸上形成的图纹，是伞菌分类鉴定的重要依据（图 2-20）。

  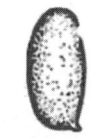   

（1）近球形　（2）卵圆形　（3）椭圆形　（4）纺锤形　（5）角形　（6）星状　（7）柠檬形

  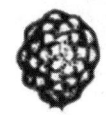 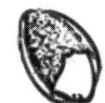   

（8）光滑　（9）具麻点　（10）具小瘤　（11）具外孢膜　（12）具网纹　（13）具刺棱　（14）具纵条棱

图 2-16　孢子的形状特征

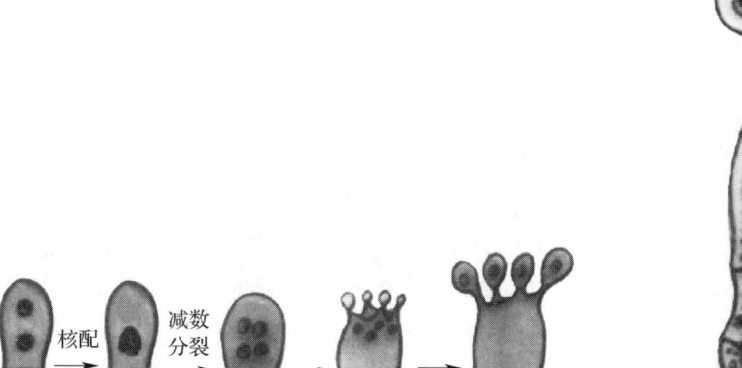

图 2-17　担孢子的形成过程

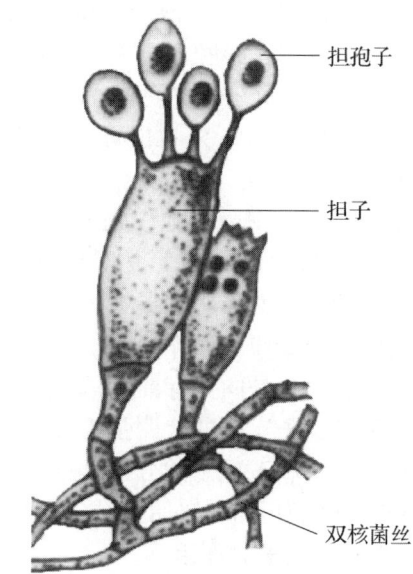

图 2-18　担子与担孢子

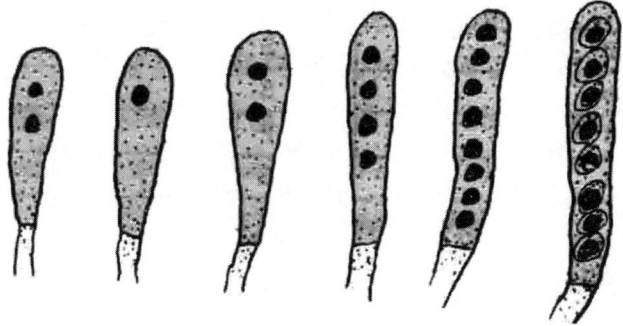

图 2-19　子囊孢子的形成

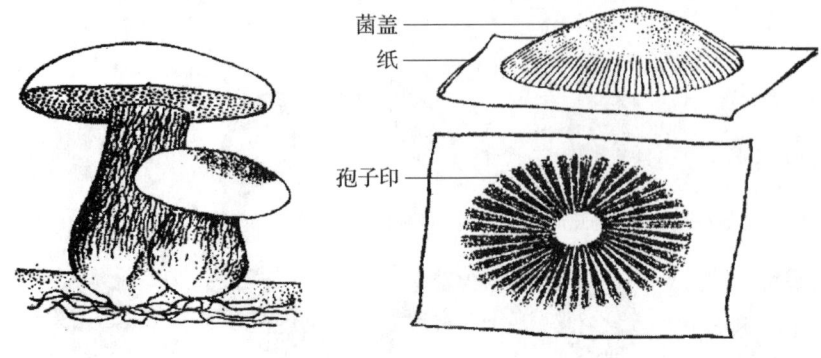

图 2-20　孢子印

不同种类的食用菌担孢子的弹射方法不同。鬼伞成熟时菌褶会自溶，墨汁状的孢子液靠雨水流散它地。腹菌目的马勃，孢子是包在被膜内的，马勃成熟时，根部菌丝萎缩，球状的菇体随风吹动，孢子也就在这滚动中不断被挤压出来。地菇属的块菌是生长在地下的，孢子封闭在腹腔内，块菌成熟时散发出特殊的香味，引诱动物来取食，这样靠动物带到别处，传播开去。竹荪的孢子则是靠昆虫传播的，子实体成熟时，产孢体会产生恶臭的黏液，即使在 10m 外也能闻到那特殊的臭味，因此它能强烈地吸引蝇类，从而帮助传播孢子。

大部分食用菌的孢子是靠自己弹射的方式传播的。根据加拿大学者布勒（Buller）等的研究（Buller，1922）发现，担孢子弹射时，先在孢子和担子小梗之间分泌出水滴，水滴在几秒钟内就膨胀到最大体积，并由于渗透压的缘故，带着孢子迅速与小梗脱离，飞散到远处。布勒研究过羊肚菌的子囊孢子释放，发现在羊肚菌菌盖凹穴里的子囊有趋光性，它们成熟时总是向光弯曲，因此子囊孢子释放时就不会射在对面壁上。他还发现羊肚菌释放孢子时，子实体的代谢强度骤然增加，以致人们能手感它所产生的热，这种热能导致空气对流，有利于孢子的分散传播。当羊肚菌的孢子大量释放时，如果把它放在耳旁，还能听到千万个孢子散发时的弹爆声呢！

（三）孢子的作用

在自然界食用菌孢子的主要作用是繁殖。食用菌的繁殖依靠其孢子萌发成菌丝体，再交汇扭结形成子实体（孢子萌发→初生菌丝→次生菌丝→菇体或耳体→孢子），完成它们的生活史或生活周期。

但在人工栽培食用菌时，不是直接收集孢子当"菌种或种子"，而是要经过人工的孢子育种工作，将收集的孢子进行多孢杂交或单孢子杂交，让其形成的菌丝体能够长出子实体（各种菇体或耳体），才能当作菌种进行栽培。这主要是有性孢子（担孢子及子囊孢子）的"识别配合"有"雌雄"或"阴阳"差异，存在着"相互识别"的随机性，所以人工栽培用孢子当"菌种或种子"有时也有随机性，有的不能及时出菇，没有稳定性不能直接当菌种。

详细内容见第五章。

第二节 食用菌的营养与环境条件

一、营养物质

食用菌生长发育所需全部营养物质均来自培养料,为此,栽培食用菌原料的营养与配方,直接影响其生物学效率。食用菌栽培的原料基质可分为主要原料和辅助原料。

主要原料包括工农业副产物下脚料(秸秆、木屑)、禽畜粪便、野草以及食用菌栽培废料等,简称为主料。它们富含纤维素、半纤维素和木质素等有机物,是食用菌生长的主要营养源。

辅助原料在培养料中所占比例较小,但对整个培养料的营养起着重要的调节与平衡作用,简称为辅料。

此外,还有覆土、其他添加剂等。

(一)主要原料

1. 菇树和耳树

菇树和耳树是木腐食用菌的营养来源,也是这些食用菌人工栽培的培养基质。

我国适于木腐菌生长的树木种类多,分布广,在实际生产中要根据树木材质、树龄和粗度以及对不同菇、耳的亲和力,选用适生树种。

2. 工农业副产品及下脚料

适于栽培食用菌的主要有稻草、麦秸、棉籽壳、玉米秸、玉米芯、木屑、大豆秸、花生壳、甘薯藤、马铃薯秧、花生藤、大豆荚、大麦草、甘薯渣、粉渣等秸秆类、饼渣类。

3. 禽畜粪便

一般多作为双孢菇、大肥菇、草菇、鸡腿菇等粪草菌的栽培主料。常用的有马粪、牛粪、猪粪、鸡粪等。

4. 野草与残树枝落叶

一般含有食用菌生长所需的营养,与其他主料配合使用效果更好。

5. 食用菌栽培废料

一般栽培过香菇、平菇、银耳、金针菇、草菇等的废料称为菌糠,仍含有大量的纤维素等有机物,可再次用它栽培食用菌,用量可达50%~80%。

下面重点介绍几种常用的主料。

(1)棉籽皮 棉籽皮也称为通用培养料或万能培养料。用棉籽皮作培养料栽培各种食用菌之所以能获得高产,究其原因有以下几点。

① 棉籽皮营养丰富全面。不但含有丰富的碳源(木质素和纤维素等),而且还含有丰富的氮源,其C/N(碳氮比)也非常适合菇类的生长发育。

② 由于棉籽皮特殊的物理性状而使透气性较好。

③ 棉籽皮含有大量的短绒,拌料后可容纳大量水分和O_2,能满足出菇时对培养料含水量的要求而获得高产。

(2)木屑 木屑是仅次于棉籽皮的优质培养料。实践证明,颗粒状的粗木屑优于细木屑;硬杂木屑优于软杂木屑;针叶树旧木屑优于新木屑。

对于大多数食用菌来讲（灰树花除外）阔叶树旧木屑均优于新木屑。需要注意的是：阔叶树的旧木屑是指在干燥通风的环境中存放时间较长的木屑或旧木材所产生的新木屑，其一定不能腐烂变质，霉变结块。

针叶树的新木屑一定要经过处理才能用于生产。处理方法一般将针叶树新木屑在露天场地堆积半年以上，在此期间应不断向上喷水，使之风吹日晒自然发酵，逐渐改善其物理及化学性状，使一些不利于菌丝生长的芳香性物质和树脂等得到分解和挥发。

如果以木屑为主料栽培食用菌须添加一些辅料才能获得高产。

（3）玉米芯　在棉籽皮、木屑缺乏地区，可采用玉米芯为主料栽培食用菌。

实践证明，玉米芯作为主料熟料栽培木腐食用菌其效果远远好于麦秸、稻草、玉米秸、棉花秸、杂草等。

其特点为：透气性好，持水力强，含氮量低，质地疏松，营养后劲不足。为此，栽培实践中应添加一定量的辅料。

玉米芯作为主料或辅料栽培食用菌，使用前可先将其粉碎成玉米粒大小，然后用1%的石灰水提前浸泡一夜，使之充分吸水并软化。

（二）辅助原料

用于增加营养，补充维生素或微量元素，改善化学、物理状态的一类物质，用量较小，一般称为辅料，常用的辅料一般有以下几种。

1. 天然有机物质

天然有机物质主要用于补充主料中有机态氮、水溶性碳水化合物及其他营养成分，如糖、米糠、麸皮、玉米粉、蚕沙、蛋白胨、酵母膏（粉）、麦芽根、大豆粉、玉米糠、高粱糠、谷壳糠等。

2. 化学含氮物质

化学含氮物质用于补充主料中的氮素营养，如尿素、硫酸铵等。

3. 无机盐

无机盐用于补充主料中的矿物质元素，调节酸碱度，改善化学、物理状态，如石膏、碳酸钙、石灰、过磷酸钙、硫酸镁等。

下面重点介绍几种常用的辅料。

（1）麸皮　麸皮是栽培各种食用菌最常用的辅料，它的作用主要是增加培养料的氮源，其蛋白质含量为11%~13%。麸皮的添加量一般为5%~20%且越新鲜越好。

（2）玉米粉　将玉米粒粉碎成米粒大小，称为玉米粉。玉米粉也是常用的辅料之一，它的作用是增加培养料的碳源和维生素。作为辅料玉米粉添加量应为2%~5%，也是越新鲜越好。高温季节可少加些，低温季节可多加些。一般来说，添加了玉米粉就没必要再添加糖类。

（3）米糠　米糠是指水稻或谷子的细米糠，也是越新鲜越好，主要作用是增加氮素。其作为辅料栽培食用菌的效果也很好，一般添加量为5%~15%。

（4）黄豆粉　将大豆粒粉碎成米粒大小，称为黄豆粉。主要补充培养料的氮源，其蛋白质含量高。作为辅料黄豆粉添加量应为2%~3%，也是越新鲜越好。高温季节可少加些，低温季节可多加些。

（5）粕饼　粕饼是指有些农副产品榨油后的下脚料，如花生饼、豆饼、芝麻饼、菜籽饼等。主要补充培养料的氮源，其蛋白质含量高，还含大量不饱和脂肪酸。但要控制添加量，一般 0.5%～2% 为宜。

（6）石灰　石灰可分为生石灰和熟石灰，我们通常用的石灰为生石灰，主要作用是调节酸碱度，添加量为 1%～3%。此外还可用轻质（$CaCO_3$），主要是对培养料的酸碱度起缓冲作用，其添加量为 1%～3%。

（7）石膏　石膏可分为生石膏和熟石膏。栽培食用菌通常用的是生石膏，添加量为 1%～3%。

（8）白糖　一般为蔗糖（双糖），主要作用是增加栽培初期的碳源，添加量应为 1%～2%。

（三）覆土

有些菌种在其生长过程中需要覆土，并且有"不覆土不出菇"的习性。常见的有双孢菇、鸡腿菇、竹荪、天麻等。此外，多数食用菌都可覆土栽培，一旦覆土，生长壮，产量高。

因此，覆土也是食用菌栽培的重要原料基质。下面以双孢菇为例说明覆土对双孢菇的发育有重要的作用。

首先，覆土能改变培养料中 CO_2 的浓度，使双孢菇的菌丝从营养生长期转入生殖生长期，形成子实体，并保持培养料的水分，有利于子实体的发育。

其次，覆土层中含有许多有益的微生物如臭味假单胞杆菌等，它们的代谢产物含有多种激素，能促进双孢菇子实体的形成。

最后，覆土层对子实体有支撑作用，能防止培养料温度、湿度的急剧变化，保护料层中菌丝的生长发育，并有机械刺激作用，能促进结菇。

（四）添加剂

添加剂是用于增温发酵、抑制杂菌或刺激生长的一类物质，主要有生物发酵剂、抑菌剂（多菌灵、克毒灵、甲基托布津）、生长调节剂（三十烷醇、萘乙酸、福菇肽）。

二、食用菌的营养类型

大型真菌是一类不含叶绿素，没有根、茎、叶分化，并依靠现成的有机物质而生活的一类菌类。它们不属于植物，而属于微生物的类群。

它们的营养方式是异养型，主要有以下几种。

（一）腐生

腐生型真菌的菌丝通过分泌各种胞外酶，将死亡的植物残体分解、同化，从中获得养分和能量。人工培养时需要配制培养基（料），大多数食用菌以腐生为主，有利于人工培养并获得高产。人工栽培食用菌大多数属于腐生型真菌，如香菇、黑木耳、平菇、金针菇、双孢菇和草菇。

根据腐生型食用菌对植物残体的嗜好性不同，可分为木腐菌和草腐菌，前者如香菇和黑木耳，后者如双孢菇和草菇。根据木腐菌对木材组分的分解能力或营养类型不同，又可将其分为白腐菌（white rot fungus）和褐腐菌（brown rot fungus）两种主要类型。白腐菌降解木质素的能力优于其降解纤维素的能力，它首先使木材中的木质素发生降解，不产生色素；褐腐菌降解木质素的能力弱于其降解纤维素的能力，它使纤维素和半纤维素首先被降解，留下褐色的木质素，使木材呈褐色粉状或蜂窝状。

（二）寄生

寄生型真菌需要从活的动植物吸取养分。有些食用菌寄生于植物体上，多数寄生在朽木上，如木腐菌。有些食用菌寄生于动物体上，如冬虫夏草、蛹虫草、蝉花等，它们是珍贵的中药材。

昆虫寄生真菌与虫体形成的复合体常被称为虫草。截至 2022 年 7 月 17 日，真菌索引（Index Fungorum）数据库（http://www.indexfungorum.org）记载了广义虫草属 587 个名称，我国现已报道虫草约 130 种，其中最具有经济价值的当属冬虫夏草。冬虫夏草为冬虫夏草菌寄生于蝙蝠蛾幼虫形成的虫菌复合体。虫体内部被菌丝充满，但保持了幼虫完整的外形，称为菌核；翌年夏天从虫体头部长出真菌的子座组织（图 2-21）。

还有一些寄生在其他真菌上的真菌，如大团囊虫草（*Elaphocordyceps ophioglossoides*）寄生在土壤大团囊菌（*Elaphomyces granulatus*）的子实体上。

图 2-21　冬虫夏草

（三）共生

共生是两种生物共同生活同时又为对方提供有利的生活条件，彼此互相受益，互相依赖。有些食用菌与植物形成难以分离的共生关系，如松乳菇与松树；有些食用菌与另一种菌形成难以分离的共生关系，如银耳与香灰菌等。在它们的人工栽培中这种共生关系非常重要，一旦缺少另一半就不能正常生长，更不能获得高产。

许多名贵食用菌和药用菌属于共生菌，如松茸、美味牛肝菌、红菇、松乳菇等。这些食用菌菌丝与植物根系形成菌根（mycorrhiza），食用菌和植物相互受益，菌根上菌丝能提高矿物质元素的溶解度，促进植物对营养物质（N、P、K）的吸收，保护植物根系免遭病原菌的侵袭，而菌丝也可以从植物中获取营养物质。菌根可分为外生菌根（ectomycorrhiza）和内生菌根（endomycorrhiza）两大类型。

外生菌根菌丝体紧密地缠绕在植物幼根表面，编织成鞘套状结构，包围在根尖外表，并向四周伸出细密的菌丝网，仅有少数菌丝在根的表皮细胞间隙蔓延，但不侵入细胞，形成"哈氏网"（hartig net），这是外生菌根的显著特征（图 2-22）。形成外生菌根的植物一般无根毛，菌根菌所形成的哈氏网菌套成为这类植物吸收水分和养分的吸收器官，并且分泌生长素，被植物所利用。与此同时，植物光合作用所形成的糖类，为菌根菌提供了营养物质。与植物形成菌根的真菌约有 30 科 99 属，常见于块菌目（Tuberales）、牛肝菌科（Boletaceae）及红菇属（*Russula*）、口蘑属（*Tricholoma*）、鹅膏菌属（*Amanita*），与菌类形成菌根的植物主要是裸子植物和被子植物。

内生菌根菌丝体主要分布在根的皮层细胞间和细胞内，不改变根的形态，共生植物仍保留着根毛，不像外生菌根那样具有菌丝鞘套，通常在根系表面看不到密集的菌丝。

食用菌为异养型，以腐生为主，占大多数，少数为寄生或共生。

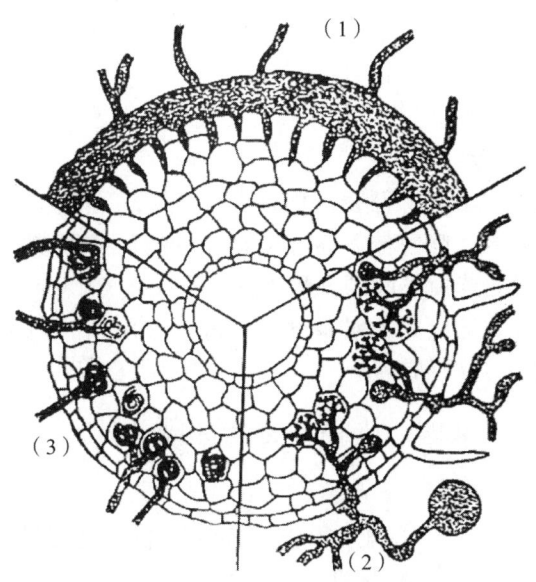

图 2-22 三种菌根横切面示意图
（1）外生菌根 （2）丛枝状根毛内生根菌 （3）内生根菌

三、培养料的配方

（一）培养料配方概述

满足食用菌生长繁殖需求的营养物质，按一定比例混合搭配的剂量常用百分比表示或一定质量培养料中各种成分所占的质量来表示。

不同的原料栽培食用菌由于自身营养物质含量的差别其产量有所不同。合理的配方及添加适量的辅料对产量的提高起着重要作用。在制定配方时应注意两个问题：

（1）针对每种食用菌对营养的需求特点，合理搭配碳素营养和氮素营养，做到碳素和氮素营养平衡，达到一定的 C/N（碳氮比）。一般 C/N 为（20~40）:1。

（2）对于通气性较差的原料，可适当添加透气性较好的原料。以棉籽皮为主料可适当添加 5%~10% 麸皮，0%~5% 玉米粉；木屑为主料可添加 15%~20% 麦麸，5% 以上的玉米粉；玉米芯为主料可添加 15% 以上麦麸，5% 以上的玉米粉。

在高温季节一定注意玉米粉的添加量，其原则是少加或不加。如果以细木屑为主料还要添加 10% 以上的玉米芯以利通气。

生产实践表明，对于许多原料而言，只要我们添加适量的辅料，做到营养均衡，配方合理，就会得到很理想的产量。

（二）料水比例

栽培食用菌培养料含水量也要求一定要合理，即拌料时要控制料水比例。

一般要求培养料含水量为 60% 左右。有些菌要求偏干一点为 50%，有些菌要求偏湿一点为 70%。

培养料加水量还应考虑如下原则。

（1）菌种培养料少加水。

（2）夏天拌料少加水。

（3）新料少加水。
（4）辅料添加量大时少加水。
（5）棉籽皮绒少时少加水。
（6）木屑为主料时少加水。

农副产品中有可利用的木屑、稻壳、棉籽壳、秕壳、酒糟等需干燥后贮藏备用；玉米芯、玉米秆、花生壳、枯木、修剪枝等需经粉碎、干燥后贮藏备用，并根据生产的需要进行必要的处理，因地制宜地选择不同的处理方法。

我国幅员辽阔，大多数地区的气候条件都可进行食用菌的周年栽培，菌物资源极为丰富，为食用菌提供了良好的营养原料。

四、生长发育的环境条件

（一）温度

温度对食用菌影响很大。食用菌生长受季节的影响，主要是受温度（气温）的影响。温度直接关系到食用菌生长的快慢与存亡。

温度影响食用菌细胞中酶的活性，温度太高或太低都可抑制酶活性，甚至使之失活，从而抑制食用菌的生长。一方面随着温度的上升菌体中的生物化学反应速率加快；另一方面菌体内的重要组成物，如蛋白质、核酸等对温度较敏感。随着温度的升高可能遭受不可逆的破坏。因此，菌丝生长只是在一定范围内才随温度的上升而增加。温度上升到一定程度开始对菌丝体产生不利影响，以致死亡。菌丝生长的温度范围在5～45℃，最适宜生长温度范围是20～35℃，草菇最高生长温度35℃，双孢菇最低生长温度20℃。

只有在适宜温度下，酶活性高，才能促进食用菌快速生长。

同一般的真菌菌丝一样，食用菌菌丝较耐低温而怕高温，它们在0℃不会死亡。据张家口农业科学研究所的调查，口蘑菌丝在自然界至少能耐-13.3℃的低温。日本森喜报道香菇在菇木内遇-20℃也不会死亡，但一般不能耐高温。人工栽培食用菌，菇木不可暴晒，夏季阳光直射可使菇木表面温度高达45～50℃。不同的菌类有不同的适宜温度，依据其适宜温度不同可将其分为高温型（适宜温度为28～35℃，如灵芝、草菇等）、中温型（适宜温度为18～28℃，如香菇等多种食用菌）及低温型（适宜温度为15～23℃，如金针菇、滑菇等）。

了解温度对食用菌的影响可以合理安排栽培季节；在人工栽培购买菌种时，也要注意这些。

根据各种菌的适宜生长温度不同，使其适宜生长温度与正常季节气温相一致，所进行的栽培管理可以称为正常季节栽培。例如，夏季栽培草菇；秋季栽培平菇、香菇；冬季栽培金针菇等。

在人工设施控制条件下，不按正常季节进行的栽培管理，可称为反季节栽培。例如，夏季栽培金针菇；冬季栽培草菇等。

通过正常季节栽培与反季节栽培相结合，可实现食用菌的周年生产。栽培不受季节限制，四季有菇，淡季不淡，四季新鲜，以飨食者。

（二）湿度

水分对食用菌影响较大。水不仅是食用菌的重要成分，而且也是新陈代谢、吸收养分必不可少的基本物质。水由于其比热高，能有效吸收代谢过程中所放出的热量，使菌体内温度不致骤然上升。同时，水又是热的良好导体，有利于散热，可调节菌丝体内外的温度。故水分可影响食用菌孢子的萌发及菌丝体的生长。一般来说，培养料含水量在60%~70%。在子实体生长阶段要求环境湿度在80%~90%。在出菇期水分影响更大。

（三）光照

食用菌的菌丝生长一般不需要阳光，光照对某些食用菌甚至有抑制作用。通常在散射光下，不少种类的食用菌菌丝生长速度大大降低，在黑暗条件下，其生长更快。

在子实体生长阶段要求一定的光照。不同食用菌对光照的要求也不同，如银耳、猴头菇等，在子实体生长阶段要求相对较弱的光照，一般为300~500lx，相当于"三阳七阴"的荫蔽度。而黑木耳、灵芝等在子实体生长阶段要求相对较强的光照，一般为500~1000lx，相当于"四阳六阴"的荫蔽度。光照影响食用菌的色泽及形态分化。

（四）O_2

食用菌具有好气性，因此在生长过程中绝对需要O_2。在斜面培养中，一部分试管用石蜡封口；另一部分试管用棉塞封口作对照，放置在20~21℃培养，可以看出食用菌对O_2是绝对需要的。香菇、金针菇、木耳在较低的O_2环境下仍能或多或少地生长，但大多数受到抑制。但侧耳菌丝在CO_2浓度为20%~30%（体积分数）时的生长量甚至比在一般空气条件下培养增加30%~40%，只有在CO_2浓度大于30%时，菌丝的生长量才骤然下降。人工栽培食用菌时要注意通风换气。

食用菌生长所需要的主要环境条件是：温度、湿度、光照和氧气，简称"四大因子"。"四大因子"协调很重要。如浇水可调温度和湿度；通风可调O_2和CO_2、温度和湿度；遮阳可调光照、温度、湿度和O_2。

（五）酸碱度（pH）

大多数食用菌和一般真菌一样，喜酸性或近中性环境，在酸性环境下适宜菌丝生长（pH多在3~8，最适是5.0~5.5）。猴头菇最耐酸，它的菌丝体在pH低达2.4时仍能生长，但它不耐碱，pH大于7.5时，其菌丝难以生长。大部分食用菌在培养料的pH大于7.0时生长受阻，大于8.0时生长停止。少数则喜欢偏碱性环境，如草菇在pH 7.0~8.0时生长较好，在pH 8的草堆中菌丝仍能很好地生长发育。在配制培养基时，pH要略高于最适pH，这是因为pH在灭菌后会有所下降（主要是分离出磷酸和肌醇），同时食用菌培养后新陈代谢产生有机酸（醋酸、琥珀酸、草酸等）的积累和培养基在存放过程中杂菌污染产酸，这些因素都能使培养料pH降低。

（六）食用菌的生物环境条件

食用菌是生物界的重要成员，在与其他生物的长期进化中形成了和谐、微妙的生态关系，对自然界生态平衡起重要作用。

1. 食用菌与植物

食用菌与植物的关系很复杂、很微妙。对于食用菌来说，大树下面好乘凉，草丛里面好生长，它们可形成和谐的生态关系。

最早人们把食用菌归类为植物界，认为它们的生态环境很相似，关系很密切，将其视为低等植物，后来科学研究发现食用菌不含叶绿素，不能进行光合作用，也没有根、茎、叶的分化，所以它们不是植物。再后来人们又把它们从植物界中划分出来，归为真菌界。

人们利用食用菌与植物形成的和谐生态关系，进行高效益的套种栽培模式。例如，高秆植物玉米等可与食用菌套种；瓜、果棚架下也可套种食用菌；稻田中水稻生长后期也可套种食用菌。

有些食用菌与植物形成难以分离的共生关系，如松露与橡树。

有些食用菌又寄生于植物体上，多数寄生在朽木上，如木腐菌。

2. 食用菌与动物

有些食用菌寄生于动物体上，如冬虫夏草、蛹虫草、蝉花等，它们是珍贵的中药材；更多情况是动物危害食用菌，多为害虫，如线虫、螨类及有些害虫的幼虫等。

3. 食用菌与其他微生物

食用菌为大型真菌，它们与其他微生物的关系较复杂。许多微生物（细菌、霉菌、酵母菌和病毒等）是食用菌病害的病源，但也有一些食用菌的生长发育必须依靠其他微生物的帮助。

它们有些是友好相处，如食用菌的原料发酵要利用一些有益微生物（嗜热性的细菌和放线菌等），使原料发酵升温，料温可达 65~70℃，相当于巴氏消毒，可杀死虫卵和杂菌，同时使原料营养物质腐熟转化，以利于食用菌的菌丝吸收利用。

另一些微生物是食用菌生长的竞争对手，即通常说的"杂菌"，如细菌、放线菌、霉菌、酵母菌等，可与食用菌竞争营养和生存空间。这些对食用菌造成危害的其他微生物统称为杂菌。在食用菌制种、栽培及产品加工等过程中都要注意控制杂菌。关于杂菌的控制将在后面的章节中学习，在此不做详细介绍。

第三节　食用菌分类及命名

一、食用菌的分类单元

食用菌的主要分类单元依次为界（kingdom）、门（phylum 或 division）、纲（class）、目（order）、科（family）、属（genus）、种（species）。其中种是最基本的分类单位。

（一）分类单元的特点

具有完全或极多相同特点的有机体构成同种；性质相似、相互有关的各种组成属；相近似的属合并为科；近似的科合并为目；近似的目归纳为纲；综合各纲成为门。由此构成一个完整的分类系统。

（二）种

关于微生物"种"的概念，各个分类学家的看法不一，例如，伯杰氏（Bergey）给种的定义是："凡是与典型培养菌密切相同的其他培养菌统一起来，区分成为细菌的一个种。"

因此，它是以某个"标准菌株"为代表的十分类似的菌株的总体。

另外，每个分类单位都有亚级，即在两个主要分类单位之间，可添加亚门、亚纲、亚目、亚科等次要分类单位。在种以下还可以分为亚种、变种、型、菌株等。

(三)食用菌的种类

全世界目前发现约25万种真菌,其中有1万多种大型真菌。我国可食用的真菌有2000多种,但目前仅有70~100种人工栽培生产。在我国有记录的有980多种食用菌,它们分别隶属于144个属、46个科。

二、食用菌的命名

(一)食用菌的命名方法

食用菌的命名和其他生物一样,都按国际命名法命名,即采用林奈氏(Linnaeus)所创立的"双名法"。

每一种食用菌的学名都依属与种而命名。例如双名法:香菇(*Lentinula edodes*)、姬松茸(*Agaricus blazei*)、秀珍菇(*Pleurotus geesteranus*)、银耳(*Tremella fuciformis*)、黑木耳(*Auricularia auricular*)等。

(二)种与品种的概念

1. 黑木耳(*Auricularia auricular*)的品种

黑木耳又可以分为多个品种——沪耳1号、新科2号、湖北房县的793、保康县的Au26、福建的G139、河北冀诱1号;适于稻草栽培的D-5 G139 G137等。命名时有的加上地名,有的加上试验编号,以便区别,所以同个种类常常有多个品种,这也显示了食药用菌的变异特性和生物多样性。

2. 香菇(*Lentinula edodes*)的品种

香菇可以分为多个品种——中高温型:931、庆科212号、武香1号;中低温型:808、087、856、L26、939、9015、9608;花菇菌种:泌花1号、泌花2号、天白1号等。

3. 银耳(*Tremella fuciformis*)

银耳,又称白木耳,可以分为多个品种——代料种TR22、TR23、TR05、银丰1号、银丰2号等。

三、食用菌分类方法的发展创新

(一)传统分类方法——形态学分类法

主要依据形态特征,按界、门、纲、目、科、属、种检索表分类,以《菌物字典》(第10版)(Kirk等,2008)为例,香菇为:真菌界-担子菌门-伞菌纲-伞菌目-光茸菌科-香菇属-香菇。食用菌主要属于子囊菌门与担子菌门。

1. 子囊菌及子囊孢子

子囊菌门(Ascomycota)真菌最重要的特征是产生子囊(ascus),内生子囊孢子(ascospore)。子囊是两性核结合的场所,结合的核经减数分裂,形成子囊孢子,一般为8个。子实体也称子囊果,周围为菌丝交织而成的包被,即壁。子囊果内排列的子囊层,称为子实层,子囊间的丝称为隔丝。子囊菌生长繁殖产生子囊果,因种类不同其子囊果形态结构有差异。常见子囊果的类型如下。

(1)闭囊壳 子囊果呈球形,无孔口,完全闭合。

(2)子囊壳 子囊果呈瓶形,顶端有孔口,这种子囊果常埋于子座中。

(3)子囊盘 子囊果呈盘状、杯状、碗状,子实层常露在外。

子囊果、菌丝体及子囊孢子的形态结构、生活史变化等为子囊菌亚门的重要分类依据。其大型真菌常见的纲目主要有如下几种。

核菌纲（Pyrenomycetes）：子囊果是子囊壳。如麦角菌目麦角菌科虫草属冬虫夏草、蛹虫草；肉座菌目肉座菌科竹黄属竹黄。

盘菌纲（Discomycetes）：子囊果是子囊盘。

（1）盘菌目 ①盘菌属林地盘菌，②羊肚菌科羊肚菌属羊肚菌，③马鞍菌科马鞍菌属马鞍菌，④马鞍菌科鹿花菌属鹿花菌。

（2）块菌目 ①块菌科块菌属块菌，②块菌目地菇科地菇属刺孢地菇。

2. 担子菌及担孢子

担子菌的子实体、菌丝体及担孢子的形态结构、生活史变化等为担子菌门的重要分类依据。

担子菌门（Basidiomycota）的重要特征：具担子——产孢结构；有性孢子为担孢子；其子实体的形态千姿百态、万紫千红；担子的形态特征，担孢子的大小、形状、颜色、壁的厚薄、有无纹饰等均为担子菌分类的重要依据。

担子菌门菌物一般形成比较发达的大型担子果即子实体，大多为腐生的，有许多可以引起木材腐朽，少数可以危害植物，是森林植物的重要病原菌；也有一些与植物共生形成菌根；还有许多有食用价值和药用价值的菌物属于此门，如双孢菇、黑木耳、竹荪、灵芝、马勃等。以前的分类系统据此将它分为层菌纲和腹菌纲。现代的菌物分类方法则更重视菌物的超微结构和分子生物学证据。

根据担子有无隔膜，可以将担子菌门分为有隔担子菌类（Phragmobasidiomycetes）和无隔担子菌类（Holobasidiomycetes）。有隔担子菌类比较重要的有：银耳目（Tremellales）、木耳目（Auriculariales）；无隔担子菌类比较重要的有伞菌目（Agaricales）、胶膜菌目（Tulasnellales）、非褶菌目（Aphyllophorales）、马勃目（Lycoperdales）、鬼笔目（Phallales）和鸟巢菌目（Nidulariales）等。科属下种类很多，这里就不列举了。

（二）现代分类方法——分子生物学分类法

分子生物学分类法是以微生物的遗传型（基因型）特征为依据，判断微生物间的亲缘关系，排列出一个个分类群。食用菌也沿用这些方法进行分类，目前较常使用的方法有以下几点。

1. DNA 中（G+C）mol% 分析法

每一个微生物种的 DNA 中（G+C）mol% 的数值是恒定的，一般认为任何两种微生物在 G+C 含量上的差别超过了 10%，这两种微生物就肯定不是同一个种。因此可利用（G+C）mol% 来鉴别各种微生物种属间的亲缘关系及其远近程度。食用菌也沿用这些方法进行分类。

2. DNA-DNA 杂交法

DNA-DNA 杂交法的基本原理是用 DNA 解链的可逆性和碱基配对的专一性，将不同来源的 DNA 在体外加热解链，并在合适的条件下，使互补的碱基重新配对结合成双链 DNA，然后根据能生成双链的情况，检测杂合百分数。

如果两条单链 DNA 的碱基顺序全部相同，则它们能生成完整的双链，即杂合率为 100%。如果两条单链 DNA 的碱基序列只有部分相同，则它们能生成的"双链"仅含有局部单链，其杂合率小于100%。因此，杂合率越高，表示两个DNA之间碱基序列的相似性越高，它们之间的亲缘关系也就越近。

3. DNA-rRNA杂交法

DNA-rRNA杂交法的基本原理、实验方法同DNA-DNA杂交法一样，不同的是如下两点。

（1）DNA-DNA杂交中同位素标记的部分是DNA，而DNA-rRNA杂交中同位素标记的部分是rRNA。

（2）DNA-DNA杂交结果用同源性百分数表示，而DNA-rRNA杂交结果用$T_m(e)$和RNA结合数表示。$T_m(e)$值是DNA与rRNA杂交物解链一半时所需要的温度。RNA结合数是100mgDNA所结合的rRNA的质量数（mg）。根据这个参数可以作出RNA相似性图。在rRNA相似性图上，关系较近的菌就集中到一起，关系较远的菌在图上占据不同的位置。

第四节 毒蘑菇简介

一、毒蘑菇概述

在自然界中大型真菌只有少量蘑菇是有毒的，大多数是无毒的，有些还是美味的野生蘑菇。它们多数分布在森林、大草原及草坪里。

毒菌（toadstool，poisonous mushroom）不仅指大型真菌，也指小型或微型菌类。如麦角菌（*Claviceps purpurea*）世界分布很广，其菌核对人畜都有毒而又是一种药用菌。不完全菌中也有一些产生毒素。然而本章主要是指大型担子菌，俗称毒蘑菇。

有不少伞菌有剧毒，非伞状菌和少数大型子囊菌中也有少数有剧毒。由于许多大型真菌是人们喜爱的蘑菇，而毒蘑菇在生境和形状上与蘑菇很相似，容易"鱼目混珠"，如果误食，就有生命危险。在食用蘑菇引起的中毒中，绝大多数是因误食毒蘑菇引起的。

二、剧毒蘑菇种类简介

据湖南师范大学彭寅斌教授的调查报道，我国已知有毒的蕈菌共180余种，其中部分是剧毒的，大部分毒性较轻微甚至在某种条件下（如经过干燥后或经过煮沸后去其汤汁）可食。就其收集到19个省（直辖市、自治区）1960—1981年误食毒菌引起中毒事故的材料统计，共6000多个病例（平均死亡率6.8%）。其中毒性剧烈曾造成较大危害的毒菌共28种，导致死亡事件的毒菌有12种。

有毒菌产生的毒素有原浆毒素、神经致幻毒素（白毒蝇碱，异噁唑）、色胺类化合物及其他化合物（蟾蜍素、裸盖伞素、血液毒素）等。

鹅膏属（*Amanita*）是一个著名的"毒蘑菇的家族"。其中绝大多数有剧毒，误食其菌体的1/5，即可使人丧命！

鹅膏科（Amanitaceae）特征：白色孢子、离生菌褶并多具菌环与菌托。幼菇期担子果包裹在一个白色被膜里，很像一个鹅蛋。常见靠近阔叶树又有针叶的林区。鹅膏属中著名的毒蘑菇如通体洁白的磷柄白鹅膏菌（致命天使），黄橙色菌盖的橙黄鹅膏菌（*A. citrina*）。毒素为毒伞肽（*α*-amatoxins，真核生物RNA酶的特异抑制剂）和毒环肽（phallotoxin，可特异与微丝结合）。鹅膏菌中最有趣的成员之一当属蛤蟆菌（A. muscaria），因具杀虫作用又称毒蝇伞。该菌子实体颜色多样，乳黄色或白色的鳞片点缀着红色或黄色的菌盖，有的菌盖直径可超过12cm。该菌有致幻作用，有些西伯利亚部落狂欢时使用，严重的可导致精神疾病。该菌含有的化学成分为鹅膏蕈氨酸及其衍生物（都是麻醉剂）；毒素为蝇蕈碱。

然而，其中有一个种——橙盖鹅膏菌不但不含毒伞肽，而且菌体肥大，味极鲜美。相传是开创罗马帝国的历史人物恺撒特别爱吃的一种蘑菇，所以后来的真菌分类家用他的名字作为种名。

有的毒蕈毒性很大，只要误食少量毒蕈组织就有死亡的危险。有的毒性表现得较迟缓，但一旦发作就来不及抢救！有不少蘑菇虽对一般人无毒，但个别人对它们敏感，吃了也会中毒。有的蘑菇本来无毒，但少数在饮酒后食用则可引起中毒。如此说来，岂非谈蕈色变，使人们不敢吃野生蘑菇了吗？也不是这样，了解一些毒蘑菇的识别方法，或咨询当地的采菇人，在确切知道某些野生蘑菇是无毒的是可以放心食用的，毕竟，它们还是美味的山珍呢。

三、毒蘑菇识别方法

毒蘑菇的识别方法可大致分为形态特征识别法、化学检测法、动物实验检验法和真菌分类学法四大类。

（一）形态特征识别法

形态特征识别法是指通过观察子实体的外形、颜色、气味及分泌物等形态特征来识别蘑菇是否有毒，该方法较为直观，是对长期以来人类识别毒蘑菇经验的总结，但存在一定的局限性。具体做法如下：

（1）外形特征识别 据有关资料介绍，子实体形状怪异，菌盖上生有刺、瘤、疣，菌柄上同时有菌环和菌托，菌褶剖面为分向两侧的蘑菇多数有毒。如白毒鹅膏菌的菌褶离生、不等长，菌柄上有菌环和菌托（图2-23）。但有些蘑菇并无上述外形特征却也有毒，如裂盖毛锈伞菌盖无瘤、疣等，菌柄上也无菌环和菌托，但毒性极强。可见利用外形特征法识别蘑菇有毒与否并不完全可靠。

（2）颜色特征识别 资料显示，毒蘑菇颜色多鲜艳美丽，如毒蝇伞（图2-24）、毒红菇、小毒红菇等新鲜子实体有红、绿、紫等颜色，有些是有剧毒的，无毒蘑菇多是白色、黄色或浅褐色等。但色泽鲜艳的蘑菇不一定都有毒，如榆黄蘑（图2-25）、蛹虫草、紫晶蘑等虽然色泽鲜艳，但无毒可食用且味道鲜美。有些毒蘑菇子实体或菌柄撕裂后常出现快速氧化变色现象。可见利用颜色特征来识别毒蘑菇只是特征之一，不能精准辨别是否为毒蘑菇。

图2-23 白毒鹅膏菌（有毒）

图 2-24 毒蝇伞（剧毒）

图 2-25 榆黄蘑（金顶侧耳，无毒）

（3）气味特征识别 毒蘑菇通常气味怪异，有麻、苦、辣、涩、腥等味道。但仅依靠气味特征来识别蘑菇是否有毒也不具普遍性，如白毒伞虽有剧毒，但味道细腻可口，无苦味。

（4）分泌物特征识别 有资料记载，有毒蘑菇子实体菌柄撕裂后常出现乳汁等分泌物。可有些种类虽具有上述特征却为食用菌，如松乳菇。

所以，形态特征法虽然简单方便、直观性强，但不宜作为鉴别蘑菇是否有毒的通用方法。

（二）化学检测法

随着研究的深入，通过化学方法检测毒蘑菇的手段也越来越多，毒蘑菇识别也开始由个体水平向分子水平发展。

1. 液汁显色法

液汁显色法应用较早，1949 年 Wieland 等曾将一滴浓 HCl 滴在干菇的菌柄或者菌盖部分，5~10min 后会有蓝色反应。1983 年 Schumacher 等将 3%$FeCl_3 \cdot 6H_2O$（溶解在 0.5mol/L HCl 中）与待测蘑菇滤液混合，根据其是否有黑色反应来判断蘑菇中是否有奥莱毒素。液汁显色法所需试剂少且易操作，但一般仅限于检测毒素针对性强的毒蘑菇。

2. 层析法

层析法包括纸层析法和薄层层析法。1952 年 Wieland 等利用肉桂醛甲醇溶液与浓 HCl 蒸气的显色反应来分离中鬼笔鹅膏（*Amanita phalloides*）中的鹅膏毒肽和鬼笔毒肽。薄层层析法相对于纸层析法灵敏度要高，1965 年 Sullivan 等首次利用薄层层析法分离检测鹅膏菌中的 α、β、γ- 毒伞肽。层析法操作简单，可分离并检测大多数毒蘑菇所含的毒素，但由于成本较高而难以推广。

3. 高效液相色谱（HPLC）法

HPLC 法在 20 世纪 80 年代以后被广泛用于中毒者血浆及尿液中肽类毒素的检测。HPLC 以高压液体为流动相对有机分子进行分析鉴定，可以快速灵敏地分辨蕈菌中是否含有特定毒素，优点突出，但实验条件要求较高，操作复杂，色谱条件不易控制。

4. 傅里叶变换红外光谱（FTIR）法

FTIR 技术具有不破坏真菌样品化学结构、可定性/定量地反映真菌组成物质、用量少、操作简单等优点，是一种新的真菌研究及识别方法。FTIR是通过测量干涉图和对干涉图进行傅里叶变化的方法来测定红外光谱，结合计算机技术对有机化合物和功能基团进行分析的鉴定方法。此法操作虽简单，但在实际运用中如何合理选择定标样品和适宜的数学模型等问题仍然值得探究，目前该法尚局限于实验室操作。随着研究的深入，该技术逐渐从静态研究向在线检测研究方向发展，具有一定的发展前景。

（三）动物实验检验法

1. 动物急性毒理试验法

动物急性毒理试验法是目前识别毒蘑菇的常用方法之一，常用的试验动物有大、小白鼠等恒温动物以及尾草履虫等。该方法操作简单易行，但由于动物机体的生理机能和人类有差异，且材料要求较高，条件难以控制，所以推广难度很大。

2. 根据误食后反应状况判断法

我国每年都会报道因误食毒蘑菇而引发的中毒事件，这些报道除了提醒人们增强防范意识，还使人们学会根据中毒者的症状去探究该蘑菇的毒性。但每种毒素都有其特异性表现，个人体质的不同也会影响最后的判断。如某些人对滑菇过敏，但其并不属于毒蘑菇范畴。

（四）真菌分类学法

真菌分类学包括真菌鉴定、分类及系统发育3个内容。真菌分类学的发展经历了传统分类学和分子生物学两个阶段，前者是以真菌的形态特征为主、生理生化等特征为辅的方法；后者是以核酸杂交技术、限制性酶切片段长度多态性分析、rDNA序列同源性分析等分子生物学技术为依托的分类方法。传统真菌分类学为真菌物种的确定提供了重要的参考依据，但由于真菌的种类繁多、形态特征复杂，因而具有较大的主观性，在人工培养的真菌中尚不能应用。而分子生物学分类法操作简单、准确度高，为真菌分类学开辟了新的途径，但专业性过强，推广难度大。

综上所述，目前毒蘑菇毒素的研究尚未完善，已知的毒蘑菇识别方法均存在一定局限性，人类迄今为止尚未找到一种有效鉴定毒蘑菇的方法。由于我国野生大型真菌品种繁多，中毒情况也千变万化，因此有必要掌握多种毒蘑菇的识别方法，我们建议最好采用两种或两种以上方法进行识别。

四、毒蘑菇的中毒症状及救治

（一）毒蘑菇中毒症状

野生蘑菇中，毒菌种类并不太多，但种类不同，常含有不同的毒素，或同一毒素又常存在于不同种的毒菌中，或一种毒菌就含有多种毒素。而且，同一种毒菌所含毒素的种类和数量的多少，也可因时间、地区而有所不同。进食者的体质强弱，进食量的多少，饮食习惯，进食时及其前后又吃了些什么，以及加工和烹调等方法的不同，进食后的结果是很有差异的。

误食毒蘑菇后，毒素进入胃、肝、血液，毒素不同，侵害机体的部位不同，症状也不同。另外，一种毒蘑菇常含有多种毒素，故更增加了症状的复杂性。所以，当误食毒蘑菇时经常是混合症状，在实践上临床症状的分型很难一致。

有人以进食后至发病时间的长短（潜伏期）分为速发型和迟发型。而潜伏期有的以

4h为界,有的以6h为界。症状类型复杂,即胃肠炎症状、毒菌碱样症状、阿托品样症状、神经精神症状、周围神经炎症状、血液循环系统症状和肝脏损害症状。也有的分为胃肠炎型、假霍乱型、紫癜型、黄疸型、周围神经炎型、中枢型等。但每一中毒者总有某一系统症状是主要的,兼有其他症状。

通常以毒蘑菇所含毒素与临床主要表现分为以下六种类型。

(1)胃肠中毒型 毒素作用于肠胃,中毒症状通常是强烈恶心、呕吐、腹痛、腹泻等,我国约有160种毒蘑菇的中毒症状属此型,如毒粉褶菌、月夜菌、墨汁鬼伞等,这些毒蘑菇含胃肠道刺激物,食后10min至6h内发病,是最普遍的中毒类型,但中毒致死率低,易恢复。

(2)神经致幻型 毒素作用于神经系统,表现为精神兴奋或抑制、思维错乱、狂躁头晕、产生幻觉等神经性中毒症状。已知有110余种毒蘑菇属于此中毒类型,相关毒素主要有毒蝇碱、色胺类化合物、异噁唑衍生物等。

(3)肝损害型 毒素作用于肝脏器官,引起肝脏损害等症状。可引发此类型中毒的毒蘑菇约有35种,主要为含毒肽、毒伞肽(剧毒)的菌类,潜伏期较长(6h以上,最长2d),毒性很强,严重者可致死。

(4)溶血型 毒素作用于多个器官,主要症状是溶血性贫血,肝脏、肾脏肿大,寒战、发热,腰背肢体疼,面色苍白等。中毒潜伏期较长(6h以上),此类中毒症状主要由鹿花菌引起,毒性较强。

(5)呼吸与循环衰竭型 主要症状为中毒性心肌炎、急性肾功能衰竭和呼吸麻痹。代表为亚稀褶黑菇,其他毒蘑菇尚不明确,致死率较高。

(6)光过敏性皮炎型 主要症状为面部和手臂红肿,同时出现针刺样疼痛,潜伏期24~48h。这种类型的毒菌主要是胶陀螺[*Bulgaria inguinans*(Pers.)Fr.],其毒素类似于光过敏物质卟啉。

(二)中毒的急救措施

误食毒蘑菇后,要早发现早急救,有条件的及时到医院治疗。

常用的急救措施主要有以下五种。

(1)催吐 发现中毒后,人为及时催吐,将毒物吐出,以减少毒素进入胃肠道被机体吸收。

(2)洗胃 发现中毒后,及时到医院人工洗胃,以阻止毒素进入胃被胃黏膜吸收。

(3)导泻 发现中毒后,及时到医院采取措施导泻尽快排出毒物,以阻止毒素进入胃肠道被机体吸收。

(4)服用解毒药物 及时到医院服用对应的解毒药物,效果更快更好。

(5)中药解毒治疗 发现中毒后,及时找到某些中药煮水服用解毒。例如,服用梨叶水或灵芝水治疗。

人们对于毒鹅膏所致中毒者,尚无有效措施及时急救。因为有些毒蘑菇所引起的中毒,一般要8~12h以后才出现症状。随着科学研究及科技发展,有些解毒药剂或免疫制品也应用于这方面的救治。例如,法国采用抗血清的方法,获得了很好的效果。

第三章 食用菌的菌种制作

食用菌的人工栽培依靠优良菌种，那么多美味的食用菌和珍贵的药用菌，要想实现优质高产，必须有菌种。

菌种生产的重要意义：①好种结好果，好种出好菇；②技能技巧多，技术含量高；③生产周期短，资金回收快；④菌种价格高，经济效益高。

羊肚菌好菌种出好菇

羊肚菌菌种的准备与制作

中国是食用菌生产大国，但不是菌种生产强国。我国食用菌生产中的菌种，有些品种（白玉菇、蟹味菇、双孢菇、金针菇等）还需要从国外引进，具有自主知识产权的食用菌的菌种还比较少，国内有些食用菌企业对国外食用菌菌种生产企业具有高度依赖性。以双孢菇、白玉菇产业为例，受到新冠疫情影响，国外部分双孢菇、白玉菇菌种生产企业中断了对我国的菌种供应，国内的相关企业生产就陷入了减产、停产的困境。因此，开展食用菌种质资源创新与开发利用，生产优质菌种是至关重要的；能够选育出适合我国食用菌生产需求的食用菌好品种对于解决我国食用菌菌种"卡脖子"的问题具有重要的现实意义。

第一节 菌种的概念及类型

一、菌种的概念及意义

食用菌的菌种广义上是指孢子（相当于植物的种子）和菌丝体，但在实际生产中，常将经过人工培养的、能够进一步繁殖的纯菌丝体称为菌种。因为食用菌的孢子需要经过人工培养，形成具有结实性的菌丝体，才能作为菌种用于实际生产中。

优良菌种是食用菌栽培实现稳产高产的前提和质量保障。菌种生产是食用菌产业链的关键环节，是融入人才、技术、资金较多的环节；随着科技的飞速发展，科技创新也给菌种生产注入了活力，科技创新的成果也在菌种生产中展现出现代化、智能化的亮点。

二、菌种的类型及制种程序

（一）菌种的类型

根据食用菌菌种物理状态的不同，可以将食用菌菌种分为固体菌种和液体菌种两大类。这两种菌种各有优势，固体菌种能够在很长一段时间内保持较强的活力，但是生产周期相对较长。液体菌种能够在很短时间内获得大量菌丝体，且菌丝活力很强，但是其储存周期相对较短。随着食用菌菌种制备技术的不断更新，有部分企业受到药物制剂中胶囊剂制备技术启发，研制出兼具固体及液体菌种优势的固液化菌种——胶囊菌种（图3-1），该菌种在香菇规模化生产中得到广泛的应用。

1. 固体菌种

在生产中根据固体菌种的来源、繁殖代数及生产目的，把固体菌种分为母种、原种和栽培种，分别称为一级种、二级种、三级种。

（1）母种　从孢子分离培养或组织分离培养获得的纯菌丝体。生产上用的母种实际上是再生母种，又称为一级菌种。母种既可扩繁为原种（二级种），又适于菌种保藏（保存于4℃冰箱中）。这些一级菌种一般是用试管斜面培养基培养形成的，通常又称为试管母种。

图 3-1　香菇胶囊菌种

为了扩大生产，母种可以转接成更多的母种，称为母种的扩繁或转管。在各级菌种中，母种的纯度要求高，决不允许有杂菌污染。衰老和退化的母种就不能投入生产，出现不纯或者退化的母种要进行提纯和复壮，提纯和复壮不能达到效果就应该淘汰。母种的来源有两种，一种是从科研单位及菌种生产机构购买，一种是组织或孢子分离后经出菇试验后，具有遗传稳定性、可重复性，确认为可以推广应用的母种。试管母种的培养时间一般为 7~10d，不同品种生长快慢不同，稍有差异。

（2）原种　将母种菌丝在无菌的条件下移接到粪草、木屑、棉籽壳或谷粒等固体培养基上培养的菌种，又称二级菌种或瓶装菌种。这一过程既可增强菌丝对培养环境的适应性，又起到扩繁的作用，原种可以直接出菇。原种培养时间一般 20~30d，根据制作容器和品种不同而有差异，有瓶装原种、袋装原种（图3-2）。

图 3-2　瓶装原种和袋装原种

（3）栽培种　将原种转接到相同或相似的培养基上进行扩大培育用于生产上的菌种，又称三级菌种或袋装菌种。栽培种一般不用于再扩大繁殖菌种，主要用于栽培生产出菇。栽培种培养时间 20~30d，根据制作容器和品种不同，培养时间有差异。

2. 液体菌种

液体菌种培养的周期短，一般为 7~10d 可以培养一批。其主要制备流程包括斜面母种活化、一级液体种子制备、二级液体种子制备、三级液体种子（种子罐）制备，具体如图3-3所示。

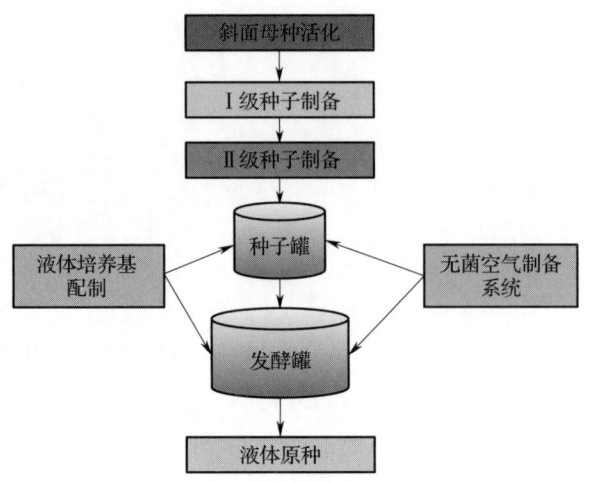

图 3-3 液体菌种生产工艺流程图

（二）菌种的制作程序

食用菌生产就是指在严格的无菌条件下扩大培养繁殖菌种的过程，一般食用菌制种都需要经过母种、原种和栽培种三个培养阶段。

1. 菌种生产流程

菌种生产流程一般为：母种→原种→栽培种。

或：一级种（试管种、斜面种）→二级种（瓶装、袋装种或液体种）→三级种（袋装种、生产种）。

2. 三级种扩大转接培养的实际意义

（1）预算菌种扩大倍数（生产量） 用1支试管母种→10支（再生母种）或10瓶（或袋）原种；用1瓶（或袋）二级原种→40~60瓶（袋）栽培种。

这样经过三级种扩大培养后，其扩大倍数为：$6 \times 60 \approx 360$倍；可以预算出1支试管母种可以扩大生产360袋（瓶）栽培种。在实际生产中可以预算生产规模的投资成本和利润效益。

（2）合理安排制作菌种的时间 三级种扩大转接培养按母种→原种→栽培种进行，需要的培养时间2~3月。

因为母种培养时间一般为7~10d；原种培养时间15~30d；栽培种培养时间又需要15~30d。在实际生产中可以根据需要，合理安排时间，要提前2~3个月制作菌种，以满足购买菌种者的需求，又不耽误栽培使用菌种。

第二节　菌种制作的基本设施设备

一、菌种生产的基本设施

一般菌种生产应设置配料场、灭菌室、接种室、培养室及菌种保藏室等。

（一）配料场

配料场在建筑结构上没有特殊要求，一般房屋或板房均可，面积视生产情况而定。要求场地宽敞,水电方便,地面平整光滑,以水泥地面为宜。规模小的菌种厂往往在室外水泥地上进行,应配备以下设备。

(1)搅拌机　搅拌机是原种和栽培种生产的主要设备,用于将培养基配方中各组分培养料混合均匀。

(2)装瓶机　装瓶机是指将培养料装入菌种瓶的专用机械。

(3)装袋机　装袋机是指将混合均匀后的培养料填入塑料菌种袋的设备,用于菌种生产。装袋机有冲压式、推转式、手压式等多种形式,构造均由料头搅拌器、输送带、传动装置、操纵机械和机架等组成。

(4)衡器　不同大小的磅秤(称量原料)、盘秤(称量10~20kg),液体称量器皿等。

(5)其他设备　配料场还应配备电源、水源、拌料场,以及有关的药品橱、器材橱等。

(二)灭菌室

灭菌室是指专用于培养基和其他物品消毒灭菌的场所。灭菌室(场)要求通风排气、排湿性能良好,水电方便,空间开阔,空气流通,散热性能强。

菌种生产和熟料栽培必须经过彻底灭菌,才能保证菌种和栽培袋的质量。因此,必须配备各种类型的灭菌设备。灭菌设备分高压灭菌设备和常压灭菌设备两大类。高压灭菌设备主要有手提式高压灭菌锅,用于试管斜面培养基灭菌,每次可容纳150~200支试管培养基;大型或中型灭菌锅,用于原种、栽培种培养基灭菌。容量可以根据生产规模而定制。

常压灭菌锅有铁桶式灭菌锅、平台式灭菌锅、蒸汽通入式灭菌锅。铁桶式灭菌锅是用铁桶改制而成,主要用于菇农家庭制栽培种,由于取材方便,造价低廉,灭菌效果较好,应用较普遍。平台式灭菌锅,灶面平整,灶内设一只大铁锅,锅上用水泥墙面或塑料膜密封。该灶主要用于少量料袋灭菌。蒸汽通入式灭菌锅,形式较多,适合于较大规模生产使用。灭菌时将导气管放入,其上整齐叠放灭菌袋或瓶,最上面至少盖两层厚薄膜。该炉灭菌效果好,灭菌量大,节省能源,可做大量推广。

(三)接种室

接种室是用来接种的场所,配备有相应的接种设备。常用的设备有接种箱、接种室或无菌室、超净工作台、接种工具等。

1. 接种箱

接种箱又称无菌箱,是移接、分离菌种的场所(图3-4)。其是一个用木板和玻璃制成的密闭小箱,内顶部装有紫外线灯和供照明用的日光灯。箱前开两个圆洞,洞口装有带松紧带的袖套,以防双手在箱内操作时外界空气进入造成污染。有单人操作和双人操作两种,可用木板、玻璃等自行制作。

接种箱消毒灭菌时,用紫外线灯照射30min即可。如果没有紫外线灯,可用甲醛溶液10mL倒入烧杯,再加入$KMnO_4$ 5g(也可用酒精灯加热),熏蒸30min,或用气雾、"消毒大王"等消毒。

接种箱制作容易,造价低,消毒彻底,移动方便。但箱内容量小,一次接种量也少。

2. 接种室

接种室又称无菌室,一般每间$10m^2$左右,高2m为宜。内有接种箱或净化工作台。

图 3-4 接种箱

应按照无菌室要求设计与构建；无菌室外一般应配有较小的缓冲间（用于放置工作服、拖鞋、消毒药品等）；无菌室内外门应沿对角线安装两扇推拉门，以提高隔离缓冲效果；必要时可安装一个双层小型玻璃推拉窗，便于内外物品的传递，以减少进出无菌室的次数；室内要求严密、光滑、清洁，并安装紫外线消毒灯；四周及上下六面光滑，易清洗，可密闭，可通风，永久性无菌室的地面设有防潮层。

接种室外要有一间缓冲室，供工作人员换鞋、换衣帽等准备工作之用，并可防止外界空气直接进入接种室。

接种室和缓冲室最好用推拉门，两个室的门要错开，不要在一条直线上，以减少空气流动。接种室和缓冲室要装紫外线灯和日光灯。接种室要有工作台及各种用具，如酒精灯、剪刀、镊子、不锈钢小刀、酒精棉球、铅笔等。

使用接种室前，先将室内擦洗干净，再将所需用具及培养基等放入室内，用 3% 来苏水喷雾，并打开紫外线灯消毒，密闭约 30min 后关闭紫外线灯（或其他方法灭菌），再进行接种。接种时，可以一人也可二人配合操作，动作要迅速，严格按照无菌操作进行。

接种室的位置，以在灭菌室和培养室的中间为宜，这样既可以免除搬运过程中造成的污染，也可节约人力和时间。

3. 超净工作台

有条件的可购置超净工作台（图 3-5）。超净工作台能让空气经预过滤器和高效过滤器的"滤膜"除尘、洁净后，以垂直或水平层流状气流吹向操作台，在局部创造高洁净度的无菌空间。净化工作台一般要求安装在比其操作区空气洁净度低 2 级的洁净室（即 1000 级），使用前应提前 30min 开机，而且要求间隔 3~6 个月，把粗过滤器拆下来清洗再重复利用。根据不同安全系数，其过滤空气能达到无菌（滤去病原菌或病毒）的目的。接种操作方便，工作舒服，杂菌污染少，工效高。

实际工作中如果把接种箱或超净工作台安置在接种室内，接种效果更好。

4. 接种工具

接种工具（图 3-6）是指菌种分离、移接时所用的工具，几种常用的接种工具如下。

图 3-5　超净工作台

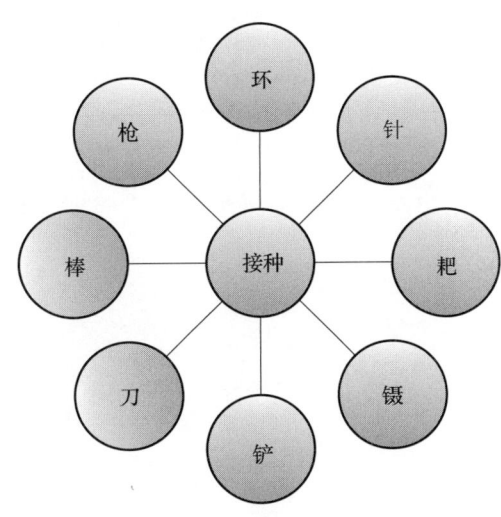

图 3-6　接种工具

（1）接种棒　又称白金耳棒。由金属杆、胶木柄和前端螺帽组成，端部可固定自制的接种针、接种环、接种圈等。一般用于摄取孢子或钩取菌丝。接种棒分大、中、小三种规格。

（2）接种钩　这种钩是把自行车辐条的一端磨成针状，在尖端 4~5mm 处弯成直角，比较尖利，常用于组织分离。

（3）接种刀　由不锈钢刀柄和刀片组成，刀有几种形状可更换。用于菌种分离时切割组织块或削取段木基内菌丝。

（4）接种匙　通常用不锈钢匙与金属棒焊接而成。二级种扩大成三级种时用其舀取菌种。

（5）接种铲和接种耙　小型锋利的接种铲，若在前端 3~5mm 处弯成直角就称为接种耙，用于铲取和切割带菌琼脂培养基。

（四）培养室

培养室又称为恒温室，是室内培养食用菌菌种的房间。培养室大小根据生产规模设计，通常每间 12~30m² 不等，可以根据生产规模多间并用（图 3-7）。培养室必须干净、通风方便、保温保湿，常配备如下设备。

1. 控温系统

空调或空间加热器一般用冷热两用空调或空调机组，远红外线热风器等。

培养室适宜温度的调节设备：电热恒温培养箱或生化培养箱。一般用于培养母种及少量原种。它是菌种培养、性能测定中不可缺少的小型设备。

夏季温度较高的地区，应配备设备用于降温培养。一般来说，在一定的温度和空间，降温比升温难以控制。所以一般在高温季节把菌种转移到地下室、山洞及窑洞内培养，以节约能源；大规模培养要用空调机组制冷方法降温（图 3-8），以便更好地调控温度、湿度。

图 3-7 多间并用培养室

图 3-8 温湿度调控培养室

2. 周转车及培养架

（1）周转车 一般用于周转菌种的小型叉车或推车，方便转运菌种。

（2）培养架 一般采用木材或角铁、铝合金组合制作。一般宽为 60cm，层距 50cm，底层离地20cm，高度、长度视培养室大小而定，一般5~8层。配套的还有塑料周转筐若干个，主要用来放置接种后的瓶、袋。培养架的架数、层数、层距要考虑到培养室的空间利用率以及检查菌种是否方便。

菌种厂除具备上述"一场四室"外，还应配备相应的仓库，以便用来贮藏原料和必需物资。

（五）菌种保藏室

1. 冰箱或冷藏箱

冰箱或冷藏箱是中、低温菌类进行常规低温保藏的控温设备，用以提供4~5℃的保藏温度。

2. 生化培养箱

生化培养箱具有加温和降温两个控温系统，可作为培养箱使用，也可作为菌种保藏设备使用。草菇等高温型菌类可置于温度为15℃的生化培养箱中保藏。

3. 空调及冷库

菌种保藏室与留样室，须配备温度调节设备，以控制低温（4~6℃）保藏菌种。规模化生产菌种（二级种、三级种生产）需要建小型冷库。

二、厂房场地的优化布局

合理选场地建厂及优化设计，以利于降低生产成本、提高经济效益。制种的主要程序：①一级种——母种的生产；②二级种——原种的生产；③三级种——栽培种的生产。

应根据生产流程、栽培工艺，结合地形、自然环境和交通条件等，进行总体设计安排。菌种场区域划分应方便操作，采用分区制、生产流水线生产模式，简化生产流程，制种区只设计小的栽培示范区，力行节能高效，美化、优化场地，提高生产成功率及效益。

（一）环境要求

菌种厂、培养室、菇房或菇棚等都应该选在生态条件良好的位置，产地空气无工业污染，应达到国家《环境空气质量标准》中的二级标准以上，在地势高、四周宽阔，空气流畅，水源充足，排灌方便，周围无工厂污染或垃圾场，远离畜禽饲养场、生活区、饲料库和厕所等地方。生产前要对场所内外进行全面的卫生大扫除，彻底灭菌除虫，保持环境干净、整洁。在室外场地（大棚），除了做好清扫外，还应及时清除田间杂物，铲除病虫孳生场所，减少病虫害发生的基数。

（二）场地结构

根据食用菌种类确定规划相应的规模，厂房的总体结构应有利于科学的生产管理，具有防雨、遮阳、挡风、隔热等基础设施，以操作方便为原则。地面坚实平整，给水清洗、消毒方便；厂房大小适中，内部结构合理布局，密封性好，又能通风透气，保证食用菌生产对环境条件的要求。

（三）生产优化布局

1. 建筑布局及要求

菌种厂的厂房应按照配制培养基→蒸汽灭菌→分离或接种→菌丝培养的程序进行平面布局；相应安排配料室→灭菌室→接种室→培养室，使其形成一条流水作业的生产线，以提高制种工效和保证菌种的质量。每天菌种生产量与冷却室、接种室、培养室的面积应当适应。常见简易食用菌生产厂的优化布局见图3-9。

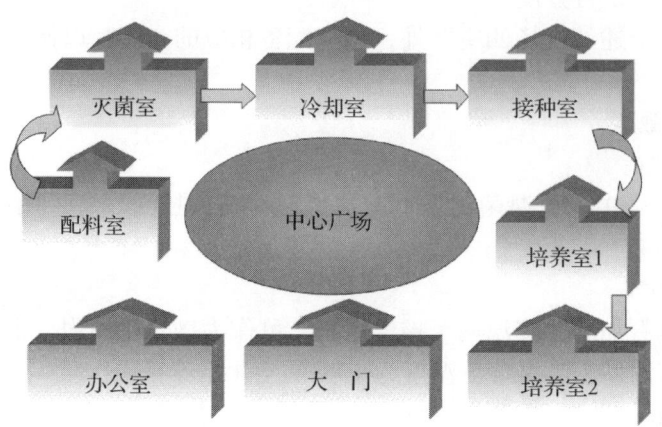

图3-9 菌种厂（场）的布局优化示意图

2. 精细优化要求

（1）资金使用的重点应放在灭菌、冷却、接种三处的设备和室内标准化设置上。

（2）冷却室、接种室要求做水磨石或油漆地面，四周墙壁和天花板油漆防潮，安装空气过滤装置。冷却室配备除湿和强制冷却装置，接种室配备分离式空调机。

（3）培养室要有足够的空调装置，保证高温季节能正常生产。

（4）工作人员必须具有一定微生物常识，经过严格无菌操作训练，进入无菌区前须沐浴更衣。冷却室、接种室、培养室均采用拉门结构，减少开关式门扇启动过程的空气流通。

（5）保持冷却室、接种室的气压为正值，高出室外 30～50kPa 大气压，其中接种室气压又要大于冷却室，冷却室大于缓冲室和培养室。培养基制作室和其他仓库实验室为有菌区。冷却室、接种室、培养室为高度洁净的无菌区，要求空气净化程度达到 100 级（按国际标准，凡是达到大于 $0.5\mu m$ 尘埃的量 ≥ 3.5 粒 $/m^3$，即洁净度达到 100 级，表示环境中无尘无菌）。

第三节 灭菌与消毒

一、常用的灭菌消毒方法

消毒只是杀死部分微生物，使之不再危害食用菌的生长发育，但不能杀死细菌芽孢和霉菌孢子，而灭菌是将所有微生物全部杀死。在食用菌栽培中，可根据不同要求，分别采用消毒或灭菌措施。消毒灭菌的方法有物理消毒灭菌（包括加温及辐射）和化学消毒灭菌。

化学消毒灭菌是利用化学药物来杀死微生物。用药方法主要有浸泡、擦拭、喷洒、熏蒸、撒粉等。根据药品和浓度不同，可分别起到抑制或杀死微生物的作用。

化学消毒灭菌应根据药品性能、灭菌对象、设备器械、环境条件等，选择适宜的药品、浓度和用药方法。

（一）常压蒸汽灭菌

常压蒸汽灭菌的温度为100℃左右，其热力穿透靠水蒸气凝聚时放出的潜在热能，水蒸气凝聚收缩后产生的负压，可使外层蒸汽又补充进来。因此，热力可不断穿透到深处。

常压蒸汽灭菌的优点是设备简单，投资较少，在常压100℃的条件下，培养料的营养成分被破坏的程度低，可大量处理需灭菌的物品。其缺点是灭菌时间长，燃料耗费多，达到100℃后需保持8~10h，有时更需要保持12h以上，才能保证灭菌效果。

常压蒸汽灭菌一般都是由生产单位自行设计的柜式灭菌锅，主要用于栽培料的灭菌，如图3-10所示。

图3-10　不同类型的常压蒸汽灭菌锅

（二）高压蒸汽灭菌

高压蒸汽的穿透能力比常压蒸汽强，温度也高，可在较短的时间内达到彻底灭菌的效果，是加热灭菌中使用最普遍、效果最可靠的一种方法，广泛用于食用菌生产。其缺点是需要专门设备，投资较大。

高压蒸汽灭菌所需要的时间，根据消毒物品的不同而有差异，如试管琼脂培养基，一般在0.11MPa压力保持30min；麦粒原种培养基，需在0.11MPa压力保持1.5h；如是袋装培养料且袋较大，则需在0.14MPa压力保持1.5~2h。

高压蒸汽灭菌锅通常分为手提式、立式和卧式三类，具体如图3-11所示。

使用高压蒸汽灭菌锅的注意事项有以下几点。

图 3-11　不同类型的高压蒸汽灭菌锅

（1）排尽灭菌锅内的冷空气　灭菌锅内如有冷空气存在，因降低了蒸汽分压，锅内温度将低于压力表所指示的温度的响应值，从而影响灭菌效果。此外，局部空气阻留，使热力难以穿透，甚至形成温度分层现象。

（2）防止棉塞受潮　棉塞如在灭菌时受潮，培养期间极易污染。待灭菌物品装入灭菌锅时，瓶塞不可紧贴锅壁，以免冷凝水进入灭菌物品内。

（3）安全操作　高压蒸汽灭菌锅是在高温高压下进行工作，因此操作时必须注意安全。灭菌前应检查各部件是否完整无损、安全阀工作状态是否良好；手提式、立式灭菌锅的锅盖两侧对称的螺丝松紧程度应相同，防止受力不均而漏汽；灭菌结束后，压力应徐徐下降，防止下降过快致使器皿破裂；压力未降到零时，绝对不允许打开灭菌锅盖。

灭菌失败的主要原因有以下几点。

（1）仪表失灵。

（2）冷空气没有排尽。

（3）物品排放不合理或装载物品太多。

（4）加热时间太短就上升到了所需要的压力，而这时待灭菌物品的内部和外部还没有达到温度平衡。

（5）已灭菌的物品从灭菌锅取出后被污染。

(三)灼烧灭菌

耐热物品可直接在火焰上灼烧灭菌,因处理温度高,所以灭菌时间短。一般灼烧几秒到几十秒即可。但这种处理破坏性较大,所以仅适用于某些金属物品,如接种铲、接种针和接种环等。食用菌生产中常用酒精灯灼烧灭菌,使用方法如下。

(1)酒精灯的火焰分为焰心、内焰和外焰三部分,外焰燃烧充分,温度最高,内焰温度较低,焰心最低,故应用外焰灼烧受热物体。

(2)熄灭酒精灯火焰时,必须用灯帽盖灭,不可用嘴吹灭,以防引起灯内酒精燃烧而发生危险。

(3)酒精灯所用的酒精浓度应不低于95%,以免燃烧不良、热力不够而降低灼烧灭菌的效果。

(四)干热灭菌

培养皿、试管、吸管等玻璃器皿,棉塞、滤纸以及不能与蒸汽充分接触的液体(如石蜡油),可采用干热灭菌。干热灭菌的设备是电热干燥箱,待灭菌的物品洗涤干净后,晾干或擦干后再放入干燥箱内,接通电源,使温度缓慢上升到65℃,再调整温度控制旋钮,将温度提高到160℃,并保持2h,即可达到灭菌目的。灭菌结束后,切断电源,待温度下降到45℃左右,才能取出灭菌物品,以防温度剧烈变化而使玻璃器皿破裂。干热灭菌的温度不能超过160℃,以防箱内的纸、棉塞等纤维材料炭化变焦。

(五)紫外线消毒

紫外线是波长为180~400nm的辐射线,作用于生物体时可导致细胞内核酸及蛋白质发生光化学变化而使细胞死亡。紫外线杀菌作用最强的波长为250~265nm,但其对各种微生物的杀灭效果不同,例如对细菌的杀灭效果可靠,但对真菌的杀灭效果较差,所以只能作为其他灭菌方法的辅助措施,一般常用于接种室或接种箱的辅助消毒。

紫外线为低能量的辐射线,对物体的穿透力很差,甚至2mm厚的玻璃也可将其阻挡,白纸能透过20%~40%的紫外线。因此其消毒作用仅适用于空气和物体表面。紫外线的消毒效果与灯管的功率和距离有很大的关系,紫外灯管一般有30W、20W和15W等几种规格,其中30W的应用较多。紫外灯管的使用时限约为4000h,消毒的有效区为灯管周围2m内,1.2m以内消毒效果最好。一般10m^3的空间,用30W的紫外灯照射20~30min即可达到消毒的目的。

紫外线可损伤人体,特别是可引起电光性眼炎。因此,不要在开启紫外灯的情况下工作,特别是不要用眼睛直视开启着的紫外灯。

(六)酒精消毒

酒精又名乙醇,具脱水作用,当酒精分子进入细胞蛋白质肽链空隙内,会使菌体蛋白很快变性和沉淀。酒精能与水任意混合,配制成不同浓度的溶液,但高浓度的酒精杀菌作用不强,用无水乙醇或95%的乙醇进行表面消毒时,接触菌体后会立即引起菌体表层蛋白质凝固,形成保护膜,不利于乙醇分子的渗入。70%(质量分数)或77%(体积分数)的乙醇有较强的渗透力,杀菌效果最好。酒精只能杀灭细菌的营养体,对芽孢作用不大或无作用。在70%的酒精内加入1%H_2SO_4或NaOH,可杀死芽孢,但仍需1~2d的时间。用酒精进行表面消毒,使用浓度也因被消毒物品的表面含水状态而异,表面干燥的物品,可用70%~75%(体积分数)的酒精;表面湿润的物品,要用80%~85%(体积分数)的酒精。

（七）过氧乙酸消毒

过氧乙酸又名过氧醋酸，无色透明液体，有刺激性酸味，易挥发，腐蚀性强，有漂白作用。遇热、重金属离子、强碱等易分解。高浓度（>45%）的过氧乙酸经剧烈碰撞或加热可爆炸。市售用于消毒的过氧乙酸浓度多在20%左右，比较安全。

过氧乙酸是目前所知最强的杀菌剂，易溶于水，使用方便，其分解物为无毒成分，无残留毒性。浓度为0.01%~0.5%的过氧乙酸0.5~10min即可杀死微生物的营养体，杀死芽孢则需1%的浓度作用5min。

浓度较高的过氧乙酸溶液对皮肤和黏膜有强烈的刺激性，甚至引起烧伤。浓度降至0.2%时，对健康皮肤已无刺激作用。皮肤长期接触过氧乙酸会变粗糙、脱皮甚至干裂。过氧乙酸对棉毛织品有一定的腐蚀及漂白作用；对铁、高碳钢、铜等金属有较强的腐蚀作用，涂漆、镀镍或镀铬可防止或减轻其腐蚀作用。

使用过氧乙酸溶液消毒的方法有浸泡、擦抹、喷洒和喷雾等。浸泡或擦抹，用0.2%的浓度1~2mL；室内喷雾或喷洒，用2%的浓度并密闭30min。过氧乙酸按$3g/m^2$的用量，置于陶瓷、搪瓷或玻璃容器内，加热使其蒸发，密闭1~1.5h即可达到消毒的目的。过氧乙酸蒸气极易扩散，也不产生聚合物，开窗通风0.5h左右气味即消散。当温度与湿度降低时，处理剂量要相应增大。

使用过氧乙酸消毒时应注意以下几点。

（1）稀释液应新鲜配制。

（2）过氧乙酸不稳定，应贮存于通风阴凉处。

（3）使用高浓度药物时，谨防溅到眼内、皮肤或衣服上。若不慎溅上，要及时用水冲洗。

二、空气过滤除菌

（一）空气过滤除菌原理

空气过滤除菌是利用过滤介质阻截流过空气中的微生物、尘埃颗粒和其他杂质，以达到除尘、除菌等净化目的。虽然单个细菌尺寸很小，但在空气中通常以群体形式存在，并经常与为其提供养分和水分的尘埃共存。病毒比细菌更小，但它们常常寄生于各种微生物中。因此，空气过滤器对细菌和病毒有较高的过滤效率。

过滤法由于经济实用、过滤效果良好，是洁净室及发酵工业广泛采用的空气净化处理方法。通过过滤净化处理的空气可以达到不同洁净度的要求，甚至可以达到无菌，并有足够的压力和适宜的温度以供使用。实验室常用的有超净工作台、生物安全箱、无菌室等。

（二）空气过滤除菌的介质

用于空气过滤的过滤介质要求具有吸附性强、阻力小、空气流通量大、能耐干热等。常用的过滤介质有棉花（未脱脂）、活性炭、玻璃纤维、超细玻璃纤维、化学纤维、纤维板、滤纸等。上述介质中以棉花为最好，但棉花品种多，规格不一，过滤效率差异较大；维尼纶是合成纤维，来源丰富，规格化一，机械性能好，耐热性高（能耐215℃），过滤效率高，但有蒸汽或水分存在时，会变性失效；玻璃纤维强度弱，易断碎、造成堵塞，增大阻力；超细玻璃纤维纸过滤效果较好，但机械性能较差，容尘量较小；纤维纸过滤效果也较好，但因纤维纸较薄，黏结性弱，机械强度差，尤其在含水气流冲击下容易穿孔失效。

（三）提高过滤除菌效率的措施

（1）设计合理的空气预处理设备，选择合适的空气净化流程，以达到除油、水和杂质的目的。

（2）设计和安装合理的空气过滤器，选用除菌效率高的过滤介质。

（3）保证进口空气清洁度，减少进口空气的含菌数。

（4）降低进入空气过滤器的空气相对湿度，保证过滤介质能在干燥状态下工作。

第四节　母种的制作

母种即为原始菌种，也称作一级菌种，是从孢子分离或组织分离所获得的纯菌丝体。

一、培养基的配方及制作

培养基是按照一定比例配制各种营养物质以供给食用菌生长繁殖的基质。配制培养基必须具备两个基本条件：一是含有该菌生长发育所需的营养物质；二是经过灭菌达到无杂菌状态，适宜该菌种的生长环境。

食用菌母种培养基和分离菌种的培养基一般都制成斜面，因此又常称为斜面培养基。母种也常称作斜面种。

（一）常见的母种培养基配方

（1）马铃薯葡萄糖培养基（PDA培养基）　马铃薯200g、葡萄糖20g、琼脂18～20g、水1000mL。此培养基适用于一般食用菌的母种分离、培养和保藏，是食用菌的基本培养基。

（2）马铃薯综合培养基　马铃薯200g、葡萄糖20g、KH_2PO_4 3g、$MgSO_4$ 1.5g、琼脂18～20g、维生素B_1 10mg、水1000mL。此培养基适用于一般食用菌的母种分离、培养和保藏。

（3）豆芽汁培养基　黄豆芽200g、葡萄糖20g、琼脂20g、水1000mL。此培养基主要适用于黑木耳、猴头菇、平菇等木腐菌的母种培养。

（4）葡萄糖蛋白胨琼脂培养基（DPA）　葡萄糖20g、蛋白胨20g、琼脂20g、水1000mL。此培养基主要适用于香菇、木耳、灵芝等木生菌的母种培养，是一种较好的复壮用培养基。

（5）棉籽壳煮汁培养基　新鲜棉籽壳250g、葡萄糖20g、琼脂20g、水1000mL。此培养基主要适用于猴头菇、黑木耳、平菇及代料栽培的母种培养。

（6）木屑浸出汁培养基　阔叶树木屑500g、米糠或麸皮100g、琼脂20g、葡萄糖20g、$(NH_4)_2SO_4$ 1g、水1000mL。此培养基适用于木腐菌类的菌种分离和培养。

（7）子实体浸出液培养基　鲜子实体200g、葡萄糖20g、琼脂18～20g、水1000mL。此培养基适用于一般食用菌母种的分离、培养，特别适用于孢子分离法培养母种，它可刺激孢子的萌发。

（二）母种培养基的制作步骤

（1）称量　用天平按比例精确称取培养基各种成分。

（2）马铃薯煮汁制备　把选好的马铃薯洗净，去皮挖去芽眼，切成薄片或1cm大小的方块，称取200g放在容器中，加水1000mL，加热煮沸20~30min，至软而不烂的程度，用4层尼龙纱布过滤，取其滤液。

（3）培养基配制　在滤液中加入葡萄糖等其他成分，再加入琼脂，小火加热，用玻璃棒不断搅拌，至琼脂全部溶化，最后补水至1000mL。

（4）分装　培养基配制好后，趁热倒入大的玻璃漏斗中，打开弹簧夹，将漏斗下导管插入试管中下部，以防培养基沾在管口或瓶口，一般斜面长度达试管长度的1/2~2/3为宜，塞好棉塞。

（5）灭菌　将包扎好的试管直立放入手提高压灭菌锅内，盖上牛皮纸，在0.105MPa压力下，灭菌30min。

（6）摆斜面　灭菌后冷却到60℃左右，从锅内取出，趁热摆成斜面，一般斜面长度为试管长度的1/2~2/3为宜，待冷却后即成斜面培养基。

（7）无菌检查　取数支斜面培养基放入30℃左右的恒温箱中培养2~3d，若无杂菌生长便可使用。

若制作平板培养基，将培养基装入三角瓶中，容量以1/3为宜，灭菌。灭菌后应趁培养基未凝固前倒入培养皿中（每皿倒入15~20mL），凝固后即成平板培养基。

二、母种的分离方法

在自然界里，食用菌都不是单独存在的，而是和许多细菌、放射菌、霉菌等生活在一起的。所谓菌种分离，就是把这些和食用菌一起生活的杂菌分离出来，通过培养，获得纯的优良菌种。

食用菌母种的分离，可分为孢子分离法、组织分离培养法以及基内菌丝分离培养法等。

（一）孢子分离法

孢子分离法，是用食用菌的有性孢子或无性孢子萌发成菌丝，培养成菌种的方法。这种菌种生活力较强，但孢子个体之间有差异，且自然分化现象较严重，变异大，需经出菇试验才能在生产上应用。

（1）单孢分离法　是每次或每支试管只取一个担孢子，让它萌发成菌丝体来获得纯菌种的方法。双孢菇和草菇用单孢分离得到的菌丝，有结实能力，可采用此法分离生产纯菌种。单孢分离生产上较少采用，而且技术复杂，一般采用多孢分离法。

（2）多孢分离法　就是把许多孢子接种在同一培养基上，让它们萌发、自由交配来获得食用菌纯菌种的一种方法。具体操作方法有以下几种：

① 种菇孢子弹射法：选择个体健壮、朵形圆正、无病虫害、出菇均匀、高产稳产、适应性强的八九分成熟的种菇，切去大部分，菌柄用无菌水冲洗数遍后再用已灭菌的纱布或脱脂棉、滤纸吸干表面水分。在接种箱或无菌室内，把种菇的菌褶朝下用铁丝倒挂在玻璃漏斗下面，漏斗倒盖在培养皿上面；上端小孔用棉花塞住。培养皿放在一个铺有纱布的搪瓷盘上，静置12~20h，菌褶上的孢子就会散落在培养皿内，形成一层粉末状孢子印（平菇为极淡紫色，双孢菇、草菇为褐色，香菇、金针菇为白色）。用接种针蘸取少量孢子在试管中的琼脂外面或培养皿上划线接种。待孢子萌发，生成菌落时，选孢子萌发早、长

势好的菌落进行试管培养。

还可用孢子采集器收集孢子。方法是选好种菇后，按上述程序，轻轻掀开玻璃钟罩，将种菇柄朝下插在孢子采收器的钢丝架上，放在培养皿正中央。随即盖好玻璃罩，用纱布将钟罩周围塞好。并在纱布上倒少许升汞水或无菌水，移入20℃左右恒温箱培养。

② 褶上涂抹法：按无菌操作分离时；应选择成熟的种菇，用接种针直接插入褶片之间，轻轻抹取褶片表面子实体尚未弹射的孢子，再在培养基上划线接种。

③ 钩悬法：取成熟菌盖的几片菌褶或一小块耳片（黑木耳、蛹虫草、银耳），用无菌不锈钢丝（或铁丝、棉线等其他悬挂材料）悬挂于三角瓶内的培养基的上方（图3-12），勿使接触到培养基或四周瓶壁。置适宜温度下培养，可见孢子萌发的菌丝体转接即可。

④ 贴附法：按无菌操作将成熟的菌褶或耳片取一小块，用熔化的琼脂培养基或阿拉伯胶、浆糊等贴附在试管斜面培养基正上方的试管壁上。经6~12h的培养，待孢子落在斜面上，立即把孢子连同部分琼脂培养基移植到新的试管中培养即可。

图3-12 蛹虫草孢子收集

孢子分离得到的母种必须进一步提纯复壮，当母种定植7d左右，菌丝布满斜面时，选择菌丝健壮、生长旺盛无老化、无感染杂菌的母种试管，进而转管扩大培养，一般到栽培种，转管不宜超过5次。

孢子分离得到的母种，必须通过出菇试验鉴定为优质菌种后，才可供生产使用。

一般菌类如双孢菇、平菇、凤尾菇、香菇和草菇等，都可用多孢分离法获得母种。

现就银耳孢子分离略述于下：

按无菌操作获取种耳后，悬挂种耳的三角瓶经12h培养后，瓶底培养基表面就有"孢子印"。取出种耳，置20~25℃温箱培养2~3d，培养基表面会出现乳白色透明的糊状小菌落，就是银耳的酵母状分生孢子形成的少量银耳菌丝。此时移接到试管斜面培养基上，待长满斜面后，再移接到营养丰富且表面比较干燥的培养基上。经30d左右，菌落长出白色菌丝。

银耳的酵母状分生孢子、菌丝只有与羽毛状菌丝的子囊菌（香灰菌丝）混合培养时，由后者帮助分解木材及其他一些纤维物质，提供营养，才能利于银耳孢子萌发、菌丝的定植和子实体的形成。

在两种菌丝交会时，先选出两种纯菌丝。

羽毛状菌丝要纯化选育，一般要选取生长迅速，爬壁力强的试管斜面或种瓶，取先端菌丝，转管移接，置25~28℃上培养，重复转管几次即可得到优良纯种。

银耳菌丝的特点为生长缓慢，担孢子也不易萌发。在进行两菌混合时，先取经8~10d培养的银耳菌丝斜面，按无菌操作方法在该斜面上距银耳菌丝约0.5cm处接入一小块羽毛状菌丝。置25℃下培养1周即得到混合好的银耳母种。

（二）组织分离培养法

利用子实体内部组织，进行无性生殖而获得母种的简便方法，即组织分离培养法。该法操作简便，菌丝生长发育快，品种特性易保存下来，特别是杂交育种后，优良菌株用组织分离培养法能使遗传特性稳定下来，常采用以下分离方法。

（1）子实体分离　种菇要选朵大、盖厚、柄短、八九分成熟的优良品种。切去菇柄基部，在无菌箱内以 0.1% 的升汞水浸几分钟，再用无菌水冲洗并擦干或用 75% 酒精棉球擦拭菌盖与菌柄 2 次，进行表面消毒。接种时，只要将种菇撕开，在菌盖和菌柄交界处或菌褶处，挑取一小块组织移接到 PDA 培养基上。置 25℃ 左右温度下培养 3～5d，就可以看到组织上产生白色绒毛状菌丝，转管扩大即得到菌种。如香菇、平菇等可以用此方法。

（2）菌核分离　茯苓、猪苓、雷丸等菌的子实体不易采集。而常见的是它贮藏营养的菌核。用菌核分离，同样可以获得菌种。方法是将菌核表面洗净，用酒精或升汞水消毒后，切开菌核，取一小块中间组织，约黄豆大小，接种在马铃薯葡萄糖琼脂培养基斜面上，保温培养。应注意的是，菌核是贮藏器官，大部分是多糖类物质，只含有少量的菌丝，因此挑取的组织块要大一些，如果组织块过小，则不易分出菌种。

（3）菌索分离　有一部分子实体不易找到，也没有菌核，可以用菌索进行分离。如蜜环菌、假蜜环菌。其操作方法是先用酒精或升汞水将菌索表面黑色皮层轻轻擦拭 2～3 次，然后去掉黑色外皮层（菌鞘），抽出白色菌髓部分；用无菌剪刀将菌髓剪一小段，接种在培养基上，保温培养，即得该菌菌种。

菌索分离要注意：因菌索比较细小，分离索也比较细小，分离时极易污染杂菌，所以要严格操作。

（三）基内菌丝分离培养法

利用食用菌生育的基质作为分离材料，来得到纯菌种的一种方法，称为基内菌丝分离培养法。

此种分离方法适合只有在特定的季节才出现，而且是朝生暮死、不易采得的子实体。基内菌丝分离培养法与组织分离法不同之点是，干燥的菇木或耳木中的菌丝常呈休眠状态，接种后有时并不立刻恢复生长。因此，有必要保留较长的时间（约 1 个月），以断定菌丝是否能成活。基内菌丝分离培养法又可分为材中菌丝分离培养法（即菇木或耳木分离法）及土中菌丝分离培养法、子实体基部分离培养法等。

（1）材中菌丝分离培养法　就是菇木或耳木分离法，为了减少杂菌的感染，菇（耳）木在分离之前，必须进行无菌处理。可以把菇（耳）木表面用酒精灯火焰轻轻烧过，以烧死霉菌的孢子，或再用 0.1% 的升汞水浸泡几分钟，然后用无菌水冲洗后用无菌滤纸吸干。接种块切取时应注意接种块必须在该菌菌丝分布的范围内切取。所以，菌丝生长缓慢的种类应浅取；菌种生长快的种类可以深取。同时还应根据菌菇的种类、木材质地、菇（耳）木粗细、发育时间的长短来确定菌丝分布的范围，然后用一把利刀进行切取。接种块应尽量小些，以减少杂菌感染机会，提高菌种的纯度。接种块移到培养基上，就应该放到适合菌丝生长的 22～26℃ 的温室或温箱中培养，使菌丝恢复生长。

（2）土中菌丝分离培养法　食用菌种类很多，许多土生的食用菌孢子不易萌发，组织分离也不易成功，用土中菌丝分离培养获得纯种的方法，称为土中菌丝分离培养法。

土中菌丝分离时要注意，由于土中菌丝体的周围生活着多种多样的土壤微生物，因此分离时必须尽可能避开这些微生物的干扰，尽可能提取清洁菌丝的尖端、不带杂物的菌丝接种，反复用无菌水冲洗，在培养基中加入一些抑制细菌生长的药物，如 40 μg/L 的链霉素或金霉素。如发现感染细菌，可以把菌落边缘的菌丝挑出来，接种到木屑培养基中。因细菌没有分解木质素的能力，因此在木屑培养基中不易扩展，只局限于接种处。待菌丝长出感染区后，就可以再进行扩大提纯了。

（3）子实体基部分离培养法　从瓶栽、袋栽或大床栽培的子实体基部分离出新菌丝的方法，称为子实体基部分离培养法，现以袋栽银耳为例说明。

从出耳早、出耳率高、无病虫害的栽培室中；选择生活力最强的幼耳5袋，移到气候温和、有散射光的野外场所进行后期培养，以增强菌丝体的生活力。经培养7～10d后，待子实体直径达4～5cm时便可取回作为分离的母体。再从中筛选最理想的一朵，用利刀割掉银耳子实体，放置于0℃的冰箱中过夜，以便杀死瓶中的害虫。然后用75%酒精或升汞水擦洗耳基和袋子外边的杂质，连同接种工具、接种培养基等移进无菌室。经灭菌后，用接种刀把袋口上部约15mm厚的老菌根挖除，并进行培养。待袋口露出白色菌丝时，用接种针挑取一块半粒米大的白色组织块，迅速移入母种试管培养基的中央，轻轻地脱去接种针，塞上棉塞。为了能够获得较多的母种，一次接种量要有100～200支试管，以便从中选择。分离后应及时移入22～24℃恒温箱或温室中培养。由于培养基内水分较多，菌丝恢复要比耳木分离得快。经2～3d后，分离物的边缘就可看到白色菌丝。每天要至少观察两次，以便提纯。观察、提纯方法与耳木分离法相同。经适温培养10～15d后，当接种块扭结团出现红、黄色水珠时，即可扩大原种。

三、接种及扩大转管培养

母种的扩大培养也称作继代培养，或称移植、转接、转管等。自行分离或引进的原始菌种，一般数量很少，不宜直接用作培养原种，需进行扩大转接，一部分用来继续转接母种，一部分用于保藏。

从保藏条件下转管活化扩大培养的菌种，也为一级母种，可直接转入原种生产。母种培养一般常用玻璃试管斜面培养基培养，便于观察、鉴别，且易于保藏。

（一）接种前的准备工作

母种的接种操作，一定要严格按照无菌操作规程。接种前接种室、接种箱或洁净工作台都应打扫干净，用湿布擦拭桌面。

洁净工作台应用75%的酒精棉球擦拭干净，接种工具和灭过菌的培养基有次序地摆在台上，接种室便可开启紫外灯照射，或用$KMnO_4$—福尔马林熏蒸，洁净工作台应启动10min。操作人员用肥皂水洗净手后，换穿接种专用工作服、帽和拖鞋，方可进入接种间操作。

（二）进入接种室后的接种操作

先用75%的酒精棉球擦拭手部，风干后即可点燃酒精灯，将一支斜面母种与一支待接种斜面培养基试管放在左手掌心，再用手指夹紧试管，右手拿接种针，将管口棉塞扭动并稍拉出一些，针头和下部外杆部位蘸酒精后在酒精灯火焰上灼烧灭菌。试管在火焰上灼烧，管口尽量靠近火焰的无菌区，将接种针迅速插入原种试管内，为防止灼烧的针头烫死菌种，可将针头先接触管壁上的蒸发水滴或未长菌丝的培养基边沿，然后迅速挑取豆粒大小的一块菌丝体连同少量培养基，移入待接试管斜面培养基的中部，移菌时不能让挑取的菌种接触管壁，取出接种针，将两个试管口在火焰上灼烧再封口。一支母种可扩大转接10～20支试管。

母种培养可分为纯培养和混合培养两种类型。纯培养是指在培养基上仅对一种菌种进行单独培养。若有其他菌种存在，将会影响其生长。药用真菌中绝大多数菌种都属纯培养，如灵芝、黑木耳、香菇、云芝等。为了满足某种真菌在生长过程中对营养的要求，伴生其他菌种进行培养的方法，称为混合培养。

如银耳菌丝体难以分解木材中的纤维素，生长十分缓慢，需要伴有香灰菌，以帮助银耳分解纤维素变成可吸收利用的营养成分，将分离到的银耳和香灰菌纯菌种，单独纯培养，然后按一定比例混合培养到一支试管培养基上，待两者长在一起后，即可用来培养原种。

有时母种扩大培养也用液体菌种。药用真菌深层发酵培养过程中常用500mL或1000mL的三角瓶生产种子，然后转入种子罐，种子罐菌种长好后转接生产大罐。在500mL的三角瓶中，装入150～200mL液体培养基，灭菌后在无菌室或洁净工作台上，从已生长好目的菌丝的斜面菌种试管中，切取一块生长了菌丝的培养基，接入三角瓶中，经过5～6d振荡培养，待培养基已澄清、菌球达到一定数量，便可直接用于原种生产。用液体菌种培养原种（二级种子液），菌种在原种培养基中分散均匀、发菌快，可缩短培养时间。

第五节　原种及栽培种的制作

一、培养基的种类及制作

（一）培养基的种类

原种和栽培种的培养基可以按物理状态、营养来源和用途进行分类。

（1）按照物理状态　培养基可以分为液体培养基和固体培养基。

（2）按营养成分　培养基可以分为天然培养基、合成培养基和半合成培养基。

（3）按其用途　培养基可以分为母种培养基、原种培养基和栽培种培养基。

（4）按培养基的主要原料　培养基可以分为木屑培养基、玉米芯培养基、粪草培养基、麦粒培养基、棉籽壳培养基、枝条培养基、马铃薯培养基等。

原种和栽培种的培养基配方及配制步骤基本相同。

（二）培养基配方

（1）木屑培养基　阔叶树木屑78%，米糠或麸皮20%，蔗糖1%，石膏粉1%，加水调至50%～60%。

（2）棉籽壳培养基　棉籽98%，蔗糖1%，石膏粉1%，加水调至65%左右。

（3）玉米芯培养基　碎玉米芯80%，米糠或麸皮18%，石膏粉1%，$Ca(H_2PO_4)_2$ 1%，加水调至60%～65%。

（4）麦粒综合培养基　麦粒85%，杂木屑10%，麸皮2%，白糖1%，石膏2%。

（5）麦粒培养基　麦粒80%，杂木屑10%，玉米芯粉粒5%，麸皮2%，白糖1%，石膏2%。

（6）玉米粒培养基　玉米粒85%，杂木屑10%，麸皮2%，白糖1%，石膏2%。

（7）枝条培养基　杂木枝条块80%，杂木屑15%，麸皮2%，白糖1%，石膏2%。

（8）麦粒玉米粒培养基　麦粒50%，玉米粒35%，杂木屑10%，麸皮2%，白糖1%，石膏2%。

(三)培养基的制作

1. 木屑培养基(棉籽壳、玉米芯)的制作

工艺流程:称料→拌料→调 pH →分装栽培料→清洁瓶、袋外壁→封口→灭菌。

木屑培养基制作流程图见图 3-13 所示。

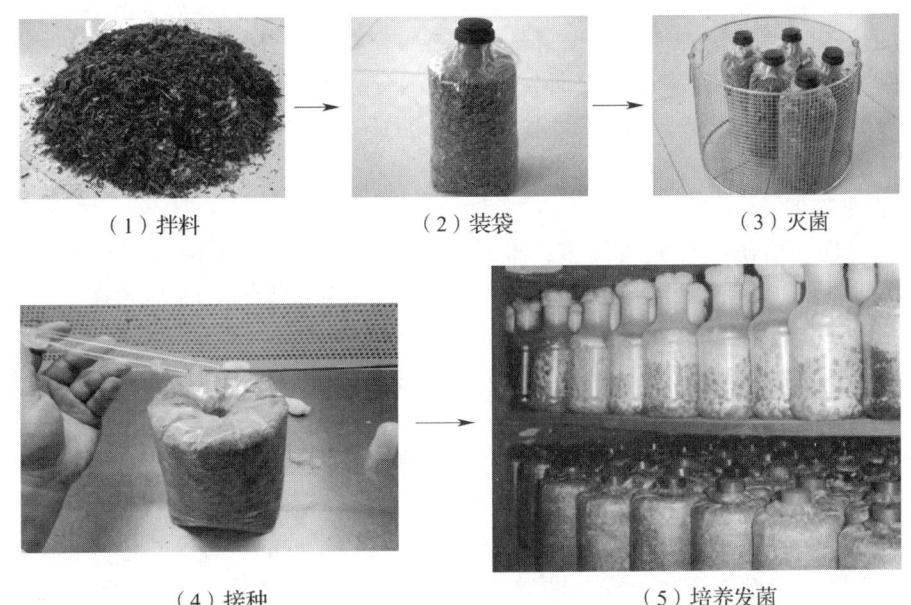

(1)拌料　　　(2)装袋　　　(3)灭菌

(4)接种　　　　　　(5)培养发菌

图 3-13　木屑培养基制作流程图

以常用的木屑、玉米芯培养料为例,进行如下操作。

(1)按配方称料。

(2)拌料　干混:将石膏和不溶于水的主料和辅料混匀;湿混:将石灰和白糖溶于水的辅料制成母液,再加入所需水量稀释后拌料。

(3)装瓶或塑料袋　拌料后再堆闷 1~2h(夏季时间不宜过长);如果是拌料机三级拌料就不必再堆闷了,可以边拌料边输送到装袋机,直接装袋或装瓶。

待料充分吸足水后装瓶或塑料袋。如果用瓶装料至瓶肩,上紧下松压平料面,擦净瓶口,打 1.5cm 粗接种孔至瓶底封口。如果用塑料袋装料,可以用塑料套环及棉塞封口,也可以用绳子或皮筋直接扎紧。

(4)灭菌　装锅灭菌。高压灭菌时加热排冷气后压力为 0.1~0.15MPa,温度达 121℃左右,维持 1.5~2h;常压灭菌时加热水蒸气温度达 100℃维持 10~12h,灭菌时间根据菌种袋或瓶的多少而定,量大灭菌时间可酌情延长。

(5)接种　出锅、冷却至 30℃以下,接种操作要求无菌操作接种:环境、用具严格消毒灭菌后进行接种。

(6)培养　接种后要将菌袋或菌瓶搬进培养室(箱)或置于培养架子上,转运到培养室,调节控制适宜的温度培养至菌丝体长满菌袋或菌瓶。

2. 麦粒培养基(玉米粒)的制作

工艺流程:按配方称量→浸泡→煮制→拌料→装瓶或装袋→灭菌。

二、菌种接种与培养

1. 接种

瓶装或袋装的原种、栽培种的培养基灭菌后,可送入经过消毒处理后的接种室或接种箱内,待瓶中的培养基冷至30℃以下,可按照无菌操作程序进行接种。

常用的消毒方法有物理方法(紫外线灯灭菌),化学方法(药液喷洒、擦洗,气雾消毒点燃熏蒸)。在无菌操作下,用接种铲将母种菌丝分割成蚕豆大的小块,迅速接入原种瓶中,菌种要紧贴着培养基,接种后盖好瓶塞,每接一瓶,接种工具都要重新在酒精灯火焰上灭菌,然后再接,直至全部菌种接种结束。

2. 培养与管理

接种完成后,取出菌种瓶或菌袋;批量排放或贴上标签,注明菌种名称、接种时间,移入培养箱(室),避光适温条件下培养,一般20~30d菌丝即可长满瓶,例如,平菇22℃,香菇25℃,灵芝28℃。

菌种瓶(袋)放入培养室进行培养时,要经常进行检查并记录生长状态,一经发现杂菌污染,应立即取出及时清除。

培养的优质原种,菌丝体必须健壮有力,紧贴瓶壁而不干缩,颜色纯正,具有一定清香味,生活力强,再扩制成栽培种。

栽培种就是将原种进一步扩大培养成三级种,它和原种的接种及培养相同。

栽培种要求培养料不脱水干缩。菌丝体健壮有力、颜色纯正,有清香味,无老化现象,无杂菌污染。这样的栽培种接入栽培料进行栽培生产时,发菌快,长势好,活力强,生长旺。

第六节 液体菌种制作

一、概述

食用菌液体菌种是以菌种所存活的培养基形态来命名的,液体菌种是指在装有液体培养基的容器中,通过不断通气搅拌或振荡,使菌丝在液体深层繁育,并在短期内获得大量菌丝体(球)和代谢产物。概括来说,液体菌种就是生长在液体培养基中的菌种。

(一)食用菌液体菌种的优势

食用菌液体菌种与固体菌种相比有以下几点优势。

1. 便于自动化控制

液态发酵微生物均匀地分布在培养体系中,发酵液中含有5%左右的溶质、95%左右的水,营养物分布均匀,气体传递效率高,温度易控制,许多在线传感器成熟,可以实现发酵过程自动化控制。

2. 生产不受季节限制

生产工艺先进,液体发酵生产周期短(一般为5~7d生产一批),原料成本低,效率高,可节约大量人力、物力,适宜工厂化、规模化生产。

3. 快速萌发

液体菌种具有流动渗透性,每个栽培袋接种的菌种内有数以万计的鲜活菌球深度接入，接种后多点萌发，快速生长。并且接种利于量化，固体菌种接种量的控制很困难，而液体菌种易定量接种。

4. 代谢产物多且容易分离

菌丝易于从培养基中分离。通过板框或离心机等进行固相、液相分离，发酵液中的菌丝体很容易分离，为后续的提取或研究创造条件。

5. 效益显著

采用食用菌液体菌种培养，菌丝生长旺盛，菌龄短，出菇齐，质量与产量明显高于传统的生产方式，能赢得市场，赢得效益。

（二）食用菌液体菌种的劣势

虽然食用菌液体菌种有一些优势，但也有劣势。

1. 液体发酵设备投资高

食用菌的菌种液体发酵法生产，需要高投入购买相关设备。例如，除了需要上面所讲的固体菌种制作的设备外，还需要摇床、振荡培养箱、磁力搅拌器、大型全自动发酵罐等设备。

2. 技术含量高，难度大

在发酵设备完善的前提下，生产培养的技术参数多，在培养过程中这些参数是动态变化的，如果生产技术不熟练很容易失败，造成经济损失，需要有懂技术的熟练人员进行操作才容易成功。

3. 储备和运输不便

食用菌的液体菌种活力强，但菌种退化老化得快，菌种制作好要尽快销售或用于栽培；长途运输不如固体菌种方便。

二、液体菌种制作的工艺流程

（一）液体菌种的类型

液体菌种也可分为斜面母种、一级摇瓶菌种、发酵罐菌种。

（二）制作的主要工艺流程

制作工艺流程：斜面菌种活化→一级摇瓶种子制备→二、三级发酵罐种子制备。

液体三级菌种的制作过程

液体摇瓶培养菌种

实际生产中二级种子罐通常为 50~100L，三级种子罐为 500~1000L。

1. 斜面菌种活化

斜面母种活化方法（培养基配方和操作步骤）同试管斜面母种的制备方法一样，在此不再赘述。

2. 一级种子（摇瓶种子）制备

一级种子一般为摇瓶种子，其培养基常用的配方如下。

（1）去皮马铃薯 200g，葡萄糖 20g，KH_2PO_4 0.5g，K_2HPO_4 0.1g，$MgSO_4$ 0.5g，蛋白胨 2g，水 1000mL，pH 自然。

（2）去皮马铃薯 100g，玉米粉 30g，葡萄糖 20g，KH_2PO_4 0.5g，K_2HPO_4 0.1g，$MgSO_4$ 0.5g，蛋白胨 2g，水 1000mL，pH 自然。

（3）去皮马铃薯 100g，玉米粉 15g，麸皮 15g，葡萄糖 20g，KH_2PO_4 0.5g，K_2HPO_4 0.1g，$MgSO_4$ 0.5g，蛋白胨 2g，水 1000 mL，pH 自然。

（4）去皮马铃薯 100g，玉米粉 10g，黄豆粉 10g，葡萄糖 20g，KH_2PO_4 0.5g，K_2HPO_4 0.1g，$MgSO_4$ 0.5g，蛋白胨 2g，水 1000 mL，pH 自然。

（5）去皮马铃薯 100g，麸皮 30g，葡萄糖 20g，KH_2PO_4 0.5g，K_2HPO_4 0.1g，$MgSO_4$ 0.5g，蛋白胨 2g，水 1000 mL，pH 自然。

主要操作步骤：称量→煮制→分装→灭菌→无菌检验→接种→振荡培养管理。

摇瓶菌种制作成败的关键是无菌操作。摇瓶菌种培养基制作要求灭菌彻底；在接种过程中必须十分谨慎，要求接种空间、接种工具、操作者的双手都要彻底消毒灭菌，严防杂菌侵入；液体菌种培养要求适宜的温度和 O_2 供应，一般分两步：先置于适宜的温度下静置培养 48~72h，待菌丝萌发后，再置于摇床上 150r/min 左右振荡培养 5~7d，待菌丝体或菌丝球足够多时终止培养。所以，液体菌种生产周期一般为 5~9d，菌丝生长快，生产效率高。

3. 二级、三级种子制备

液体菌种在实际生产中，有时为了繁殖足够数量的、健壮的、高纯度的菌丝体，还需要进一步扩大培养，即将一级摇瓶种子进一步转接培养形成二级、三级种子液。这种将摇瓶种子液逐级转接对应的容器不同，可以用大小不同的发酵罐培养。一般用发酵罐培养而成的液体菌种，称为二级或三级种子液。

因此，二级、三级种子液制备方法（培养基配方和操作步骤）类似摇瓶种子液的制备，只是培养容器大一些。如一级、二级种子罐通常为 10~100L，三级种子罐为 200~1000L。种子罐或发酵罐一般为全自动调节，操作时要严格按说明书上的操作规程进行。

三、液体菌种生产的主要设备

液体菌种的母种和固体菌种的母种制作工艺相同，也是试管斜面母种或平板母种。

主要设备与固体菌种的母种制作的相同，这里不再赘述。

（一）摇瓶菌种

常用三角瓶作容器，接种后进行振荡或搅拌培养形成液体菌种。

主要设备：摇床、振荡培养箱、磁力搅拌器。小型器具：量筒、三角瓶、烧杯等。

1. 摇床

摇床分为旋转式摇床和往复式摇床，用于少量浅层液体培养。往复式摇床振荡方式为往回振荡，旋转式摇床为旋转振荡培养。

2. 振荡培养箱

振荡培养箱用于少量浅层液体培养。用于摇瓶培养的振荡培养箱比普通培养箱内多安装有振荡盘。使用时可以调节振荡幅度即振荡转速、培养时间、温度等参数。摇瓶中液体菌种呈菌丝球状均匀分布，浅黄色或棕褐色，无异味。

3. 磁力搅拌器

磁力搅拌器是用于搅拌培养的。使用时可以调节搅拌幅度即磁力搅拌转速、培养时间，但不能调控温度，多数为气温或空调室温培养。摇瓶中液体菌种呈菌丝片段状均匀分布，浅黄色或棕褐色，无异味。

4. 三角瓶

三角瓶有直口和斜口两种，我们通常使用直口三角瓶分装培养液。

摇瓶菌种的培养时间一般为 5~10d。

（二）发酵罐菌种

一般是二级、三级菌种，常用专用的供氧发酵罐培养形成的液体菌种。

主要设备：种子罐或供氧发酵罐。

发酵罐用于大量深层液体菌种培养。大量生产食用菌液体菌种是在发酵罐中进行，发酵罐又称种子罐，因为几乎所有食用菌的菌丝体生长时需要一定的营养、O_2、pH（酸碱度）、温度等条件，所以，这种发酵罐不同于厌氧发酵罐，其内要有搅拌叶轮或外配空压泵过滤供氧系统，以满足有氧发酵的需求。

有氧发酵罐又称种子罐，需要配套的设备及仪表。例如蒸汽锅炉及附属设备、供气压缩泵及空气净化设备（供给无菌空气），培养基消毒灭菌及连续培养二合一、抽样检验装备（包括配料罐、连消塔、维持塔、喷淋冷却器）等（图3-14）。

发酵罐菌种的培养时间一般为5~10d或连续动态培养。

图3-14 液体菌种发酵罐

四、液体菌种制作的主要参数

（一）菌龄

菌龄与种子的活力密切相关。通常因品种自身生长快慢不同，其摇瓶种子菌龄控制在4~10d，培养量大的二级种子和三级种子菌龄为4~7d。培养时间过短，菌丝球浓度达不到要求，培养时间过长，菌丝容易老化失活。

（二）接种量

一般食用菌深层发酵时的接种量为10%~20%。

（三）温度

不同的品种培养温度不同，一般调控在适宜温度范围其生长最快，得率最高。

（四）通气量

食用菌深层发酵的通气量以 0.2~1.5m^3/（m^3·min）为宜。

（五）搅拌速度

食用菌深层发酵的搅拌速度一般是 120~500r/min。

（六）酸碱度

不同种类的食用菌都有一个最适酸碱度，例如，黑木耳的最适生长 pH 为 6.0~6.5，金针菇最适生长 pH 为 6.3，香菇最适生长 pH 为 4.5~6.5。

（七）罐压

在发酵罐菌丝体培养过程中罐压通常为 0.03~0.05MPa。

（八）泡沫控制

在发酵过程中泡沫过多不利于发酵，目前大多数是加入 0.006% 的泡敌或少量食用油等消泡剂以消除发酵液中的泡沫。

（九）发酵终点

发酵终点是否准确，应参考产物浓度、过滤浓度、氨基酸含量、残糖量、菌丝形态、pH、发酵液的外观和黏度等因素才能决定。

（十）质量检测主要参数

一般来说，在生产实践中对液体菌种质量检测主要有两个方面，第一个方面是对液体菌种的质量进行检测；第二个方面主要对液体菌种的纯度进行检测，即检测液体菌种是否污染。

1. 质量检测

（1）菌球浓度　菌球浓度是液体菌种质量的关键因素，反映单位体积液体菌种菌丝量的多少，其主要通过测定菌丝干重进行检测。经验丰富的食用菌生产技术人员也可以通过接种后萌发的效果或者通过取样静止后观察上清液的占比进行判断。一般情况下，取样于三角瓶中静置 10min 左右，上清液占比不超过 10% 即为菌球浓度合格的液体菌种。

（2）菌球大小　一般来说，质量上佳的液体菌种应该是菌球小（小米粥大小）而且均匀，接种后有利于渗透到培养基内部萌发（图 3–15）。

（1）菌球偏大　（2）菌球大小合适　（3）菌球大小合适

图 3–15　菌球大小对比图

（3）培养基浓度　当液体菌种发酵好后，培养基中的营养物质被消耗殆尽，培养基变清澈，流动性较好。

（4）酸碱度　一般发酵好的食用菌液体菌种 pH 在 5.5~6.5，pH 不合适，会影响液体菌种萌发速度，影响后期的发菌活力。

（5）菌丝状态　质量较好的液体菌种在显微镜下镜检应呈现出菌丝粗细一致、分枝较多，锁状联合较多，老化菌丝较少，具体见图 3–16。

2. 纯度检测

液体菌种污染在生产上主要有两种情况，第一种情况污染比较严重，具体表现是接种后 1~3d 出现污染，这通常是以发酵罐接种数量为单位的整批污染，这将会造成巨大损失。第二种情况污染相对较轻，具体表现是接种后，菌丝生长正常，出菇阶段表现为烂菇、子实体畸形、容易开伞、产量下降。上述两种情况都是菌种污染导致，主要污染源是细菌、酵母菌、霉菌，这就需要在液体菌种生产过程中，严格无菌操作，发酵罐在使用前认真进行"空消"处理，发酵培养的菌种在使用前认真进行镜检，及时排除污染源，减少损失。

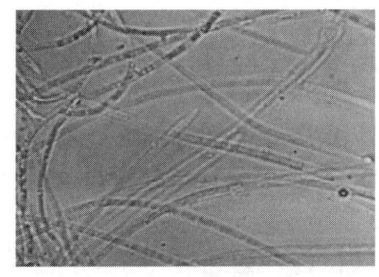　　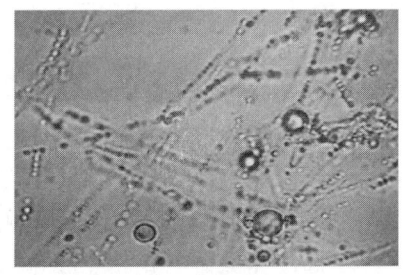

（1）正常菌丝　　　　　　　　　　　（2）老化菌丝

图 3-16　液体菌种镜检图

第七节　菌种复壮保藏及质量鉴别

食用菌的优良菌种多数菌丝体为白色，少数为特定颜色；菌丝体生长萌发快，延伸整齐、健壮有弹性，并且出菇快，产量高，品质好，抗逆性强。

退化老化的菌种一般菌丝干燥、收缩、自溶或产生不正常的颜色（红、绿、黄、黑、褐色等）；往往使某些原来优良的性状渐渐消失或变坏，出现长势差、出菇迟、产量不高、质量不好等现象。

因为菌种可以衰老和退化，我们就应该一方面用妥善的保藏方法去延缓或遏制菌种迅速老化和变异，另一方面是给予适宜的环境条件，使其恢复原来的生活力和优良种性，达到复壮目的。

一、菌种的退化与复壮

（一）菌种退化的原因

菌种在生命活动中及菌种繁育时，由于受外界不良条件、病毒的伤害，往往会发生退化。菌种的退化主要表现为菌种形态改变、生长慢、抗逆性差、产量及质量下降。其主要根源有两方面：内因为菌种的遗传物质发生了负变；外因为传代过多，条件不适宜。如长期高温会使菌丝生命力降低；传代次数增加，会使某些细胞器减少甚至丢失；接种时菌种常会受到消毒药剂和火焰高温的伤害而发生退化；保藏条件不适宜；繁殖菌种很可能被病毒侵染等情况，使菌种的遗传物质发生了负变，都会使菌种发生退化。

（二）复壮的方法

主要有以下几种复壮的方法。

（1）繁殖交替法　例如无性生殖与有性生殖交替进行。

（2）控制适宜的培养条件　例如配制营养丰富的综合培养基，置于适宜的条件培养。

（3）转管时只取尖端菌丝　例如尖端脱毒培养技术。

（三）防衰措施

主要有以下几种防衰措施。

（1）保证菌种的纯培养。

(2) 严格控制传代次数。
(3) 用适宜菌龄的菌种。
(4) 用适宜培养条件及保藏条件。

二、菌种的保藏方法

菌种是重要的生物资源，也是食用菌生产首要的生产资料。一个优良的菌种如果管理不好，就会引起衰退，污染杂菌，甚至死亡，给生产带来严重损失。因此，保藏菌种和选育菌种具有同样重要的意义。分离或引进优良菌种要用适当的方法妥善保存，以保持它的生活力和优良性状，降低菌种的衰亡程度，确保菌种为纯培养，防止杂菌和螨类的污染。通常采取的措施是干燥、低温、冷冻和减少O_2，尽量降低菌丝的代谢活动，遏止其繁殖，减少其变异，使之处于休眠状态，使外界环境的变化对菌种的影响减少到最小的程度。

菌种保藏应着重注意温度，温度过高，菌丝体将继续进行生长发育，不断消耗基质中的营养。随着营养的枯竭，菌种老化的程度也就愈加严重，甚至导致菌种自溶死亡。因此，采用低温、干燥、缺氧的方法，能够有效地控制它的生命活动。

（一）菌种保藏的概念

菌种保藏是创造一个特定环境条件，降低菌种的代谢活动，使其处于休眠状态，在一定的保藏时间内保持原有的优良性状，防止菌种退化，降低菌种的衰亡速度，防止杂菌污染，而当使用时提供合适的条件，能重新恢复正常生长繁殖。

（二）菌种保藏的目的

菌种由于传代次数过多，培养时间过长，或因不利的外界环境条件的影响，常常会导致菌种衰退，丧失其优良性状。因此，在一定的时间范围内要使菌种的生活力、纯度和优良性状稳定地保存下来，就必须采用相应的措施，做好菌种保藏工作，使之不衰退、不污染、不死亡。

（三）菌种保藏的原理

菌种保藏是采用干燥、低温、冷冻或减少O_2供给等方法，降低菌种的代谢强度，终止其繁殖，并保证原来菌种的纯度。不难看出，菌种保藏的条件与菌种培养的条件是相反的，在食用菌实际生产中，菌种适宜的培养条件及不利的保藏条件见图3-17、图3-18。

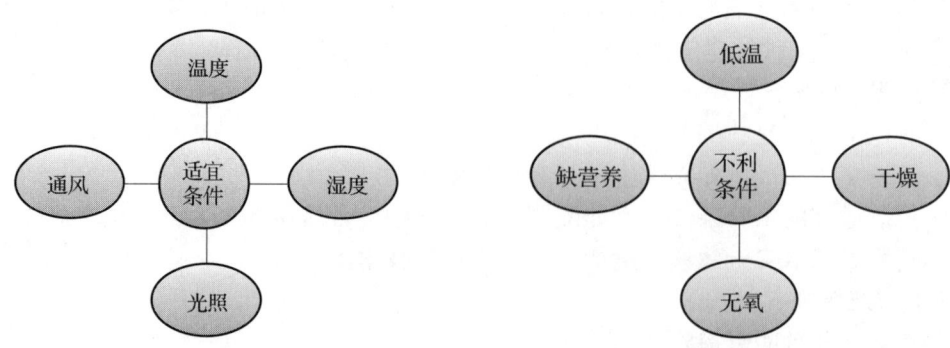

图3-17 菌种适宜的培养条件　　图3-18 菌种不利的保藏条件

（四）菌种保藏的方法

一个优良菌株被选育出来以后，必须保持其优良性状，防止杂菌污染，才不致降低生产性能。因此保藏好菌种，对研究和生产食用菌都具有十分重要的意义。

菌种保藏的方法有斜面低温保藏法、液体石蜡保藏法、沙土保藏法、真空冷冻干燥保藏法及其他保藏方法等。

1. 斜面低温保藏法

低温保藏法就是将培养好的菌株放在冰箱、冰柜中低温保藏，降低其代谢强度，延长菌种的生活力，同时也防止空气中的杂菌污染。

斜面低温保藏法是最简单、最普通的保藏方法，即将菌种在适宜的斜面培养基上培养成熟后，置于4~5℃的低温下保藏，以后每隔2~3个月转管一次，此法适用于除草菇外的所有食用菌菌种。草菇对低温忍耐力差，它的菌丝体在5℃下极易死亡，因此草菇菌种应保藏在10~13℃的环境中。若需置于4~5℃的低温下保藏，应在草菇菌苔上灌注3~4mL的防冻剂。一般生产上，草菇多采用室内常温保藏。

低温保藏菌种的培养基一般用营养丰富的天然培养基，如马铃薯—葡萄糖—琼脂培养基等。为防止菌种在保藏过程中产生酸过多，在配制保藏用培养基时需添加少许缓冲盐，如 KH_2PO_4 或 $CaCO_3$ 等。

利用低温保藏菌种，应尽其可能使菌丝体在培养基上不干缩、不死亡，不污染，以延长保藏的时间。

2. 液体石蜡保藏法

液体石蜡保藏法是用灭菌并除去水分的液体石蜡（石蜡油），灌入母种试管中，使菌体与空气隔绝，以降低其生命活动水平，并阻止水分散失的方法来保藏。石蜡油保藏，油层下氧含量低，菌丝呼吸水平极低，培养基营养消耗速度极慢，菌种不易老化、退化，可较长时间保藏。

石蜡油保存分为石蜡油灭菌、脱水处理、灌石蜡油、封口等几个步骤。

食用菌菌丝均可用石蜡油保藏，一般可保存3年以上，但最好1~2年移接一次，即使不移接，室温下可保藏6~8个月。用此法保藏的菌种不必置于冰箱内，室内比冰箱内保藏效果更好。

液体石蜡又名矿油，是一种导泻剂，在医药商店有售。分装于三角瓶中加棉塞封口，高压蒸汽灭菌2~3次（每次30min），然后经无菌检查合格后方可使用。由于高压蒸汽灭菌常有水蒸气渗入，需在4℃温箱或烘箱中烘烤8~10h，使水分蒸发。用无菌吸管将灭菌后液体石蜡加入要保藏菌种斜面试管内，用量要高出斜面尖端约1cm。将棉塞齐口剪平，再用蜡密封管口。

使用液体石蜡保藏菌种时，不必倒去液体石蜡，用接种工具从斜面上取一小块菌丝先在无菌水中洗涤，然后移接于斜面培养基上即可。原母种可重新封口继续保藏。

3. 沙土保藏法

此法是将食用菌孢子保藏于干燥的无菌沙土中，保藏期为2~10年，具体方法如下。

（1）取河沙过筛（60~80目筛），除去大沙粒，用10%的HCl浸泡以除去有机物。HCl用量以淹没沙面为宜。浸泡2~4h后，倒去HCl，用水洗几次，直到接近中性，烘干或晒干。

（2）沙与土比例以（2~4）：1 为宜，沙过多影响菌种保藏质量，土过多时易结块，接种后抽干困难。

（3）把干沙、土按比例混合压装于安瓿管或小试管，装入量以 0.5~1cm 为宜，加棉塞，高压蒸汽灭菌（压力在 0.15MPa）灭菌 3 次，每次 30min，干热灭菌（160℃，2h）。待无菌检查合格后（取少许干沙土放入牛肉汤培养液中，无菌生长）方可使用。

（4）用接种环将孢子接于沙土管中拌匀即可，或将孢子接于 5mL 无菌水的试管中，充分摇匀成孢子悬液，然后用 1mL 无菌吸管吸取孢子悬液加入沙土管中（每管加 0.2mL）即可。

（5）将接种后的沙土管置于盛有干燥剂（生石灰、$CaCl_2$ 或硅胶）的容器内，接上 0.5kW 的真空泵抽气约 8h，使沙土基本干燥。

（6）经抽样检查，证明无杂菌生长，即可封口进行保藏。

4. 真空冷冻干燥保藏法

此法是采用真空、干燥和低温三种手段来保藏菌种，因此菌种保藏期长达 10~20 年仍不降低其原有性能。

真空冷冻干燥保藏的基本方法是将需要保藏的孢子悬液装在特制的安瓿管中，然后骤然冰冻，并立即抽成真空，使培养物以固体形态升华脱水，熔封后在低温或室温下保藏。

试验证明，用此法保藏双孢菇、香菇、灵芝和金针菇等食用菌的孢子和银耳的芽孢，可以保存 3 年，全部存活，直至 8 年后仍有 90% 存活。可见用此法保藏食用菌孢子至少可存活 8 年，但此法不能用来保藏不长孢子的菌类。

5. 其他保藏方法

（1）液氮超低温保藏法　试验证明，用 –196~–130℃ 液氮超低温冰箱能保藏所有食用菌菌种，包括一些不能用冷冻干燥保藏的菌种，甚至"怕冷"的草菇以 10% 甘油和 5%~10% 二甲基砜作保护剂，居然也能在超低温冰箱中保藏。由于超低温能使代谢水平降到最低限度，因此菌种基本上不发生变异。

在启用液氮超低温保藏的菌种时，应先将安瓿管置于 35~40℃ 的温水中，使管中的冰块迅速溶解，然后再开启安瓿管，取悬浮的菌丝块移植在培养基上活化培养。

（2）菌丝球生理盐水法　先将食用菌菌种用液体振荡培养 3~7d，然后将形成的菌丝球吸入装有 5mL 无菌生理盐水的试管中，每管移入 4~5 个菌丝球。试管用无菌橡皮塞塞上，并用蜡封口，置室温或 4℃ 下保藏。一般可保藏 1~2 年。

（3）麦粒菌种保藏法　麦粒菌种保藏法是利用麦粒作培养料。用于保藏菌种的麦粒，含水量在 25% 左右，这样的麦粒，在灭菌后种皮不破裂。制作方法：先将小麦浸水 5h，滤去水后晾干麦粒表面的水分，装入小试管，装入量为试管高的 1/3；高压蒸汽灭菌（压力 0.15MPa）30min；冷却后接入孢子液或菌丝悬浮液，摇匀后置于适温培养。当试管中的麦粒发满菌丝后，放入装有 $CaCl_2$ 的干燥器内，进行抽气干燥，干燥后，将干燥器放于低温（20℃ 以下）处保藏。此法保藏菌丝，经 1~2 年后再接到培养基上，菌丝仍然生长良好。

三、菌种的质量鉴别

（一）菌种外观质量的鉴别

1. 纯度

优质菌种必须是没有感染任何杂菌的纯菌丝体培养。

2. 长势

菌种的长势包括菌丝生长的状态和速度，菌丝生长速度快、菌丝健壮，视为优良菌种，而菌丝生长稀疏、参差不齐，速度又缓慢的菌种视为不良的菌种。

好菌种出好菇

鉴别菌种

3. 色泽

优良的食用菌菌种其色泽洁白，若菌丝色泽白中带黄或白中带绿，说明菌种感染了霉菌；若菌丝出现褐色的液滴，说明菌种的菌龄较长，趋于老化。

4. 均匀度

菌种的均匀度取决于菌种的纯度和培养基的均匀度。菌种纯，均匀度就好。如果是因培养基成分和含水量不均匀导致的菌丝走势不均匀则影响不大；如果菌种均匀度差，菌丝内有一明显的界限，说明感染有霉菌；如果是菌丝开始生长均匀度好而后期出现局部菌丝退化消失，其退化部位可以在接种的部位出现，也可以在其他部位出现，其退化部位与正常部位有明显的拮抗线，是感染病毒的表征。

（二）食用菌菌种的内在特性鉴别

1. 出菇试验

栽培菌种，让其出菇，通过控制培养基的营养成分，控制培养条件，抑制杂菌污染，观察其生长状态，最后测定出产量和品质等特性。

2. 抗热性试验

将菌种接种后，设置一定的温度梯度范围，测定其对温度的敏感性。

3. 品种鉴定

通过品比试验，即几个品种采用同一培养料配方并控制同一培养条件，观察各自的生长状态，最后测定出各自的产量和品质等特性，比较鉴别它们菌种的内在特性。

（三）DNA 分子标记鉴定

目前 DNA 分子标记已经发展到广泛应用，用于品种鉴定比较精准。

第四章　食用菌工厂化生产设施的集成创新

党的十九大报告提出实施乡村振兴战略，并明确了"产业兴旺、生态宜居、乡风文明、治理有效、生活富裕"的总要求。"产业兴旺"是乡村振兴的重点，其关键和核心是实现农业产业现代化，而未来农业现代化的发展方向是打造集种植业、养殖业、培植业于一体的生态循环农业，而具有现代化生产特点的食用菌工厂化产业正是培植业中的一个关键环节。

第一节　智能化生产线设施设备

食用菌生产的大型设施主要是指适应现代化食用菌产业发展转型升级需求的设施装备。

成语说"君欲善其事，必先利其器"。食用菌产业发展到今天，生产的设备设施是必需的，其重要性是不言而喻的。尤其是现代化食用菌生产，规模化、机械化、智能化已经成为必然。

食用菌生产的工艺流程，随着科技突飞猛进的推动而快速发展，经过人们的创新及改良，形成了更加高效化、集约化的生产线。这种将各个环节的设备设施连接成机械化、自动化甚至智能化的连续生产流程的配套设备，简称为生产线。只有这种生产线才能满足食用菌工厂化、规模化、标准化、高效化生产的需求，实现节能环保、高产高效的新型生产模式。

一、规模化菌种生产设备

大规模菌种生产要根据每批次的生产量，确定所需的配料装料设备、灭菌设备、接种设备及培养设备等的台、套数目，并且互相配合配套组装成规模化生产流水作业生产线，以达到节能环保、高产高效的生产目的（图4-1）。

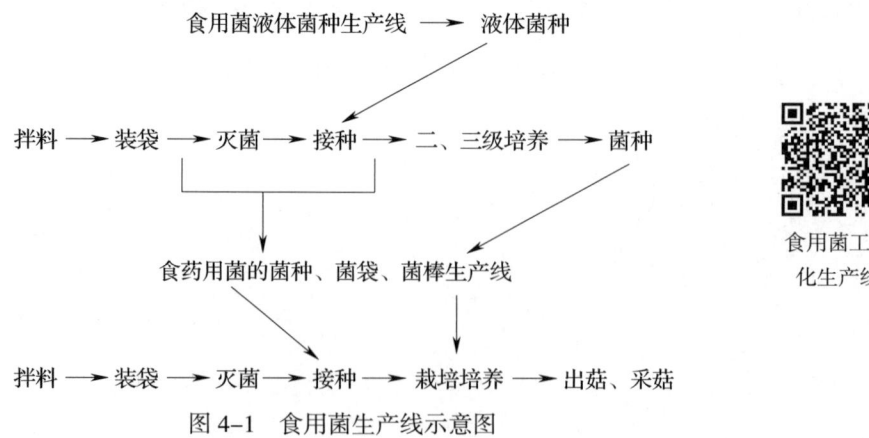

图4-1　食用菌生产线示意图

在菌种生产线上各环节的大型设备（拌料机、装袋机、灭菌锅炉、接种机、输送带等）的台套数，根据生产规模需要而配备配套，连接成机械化、自动化运行的生产线。

实现制种机械化、自动化才能完成规模化、高效化的生产任务，要投资购买设备，例如，使拌料机械化、灭菌及接种机械化、温控自动化、风控自动化及喷水自动化等，还要有懂技术、会操作的技术人员和管理人员。

二、工厂化栽培设施的集成创新

（一）菌菇房的功能及环境卫生要求

1. 菌菇房的概念

随着经济的发展，蘑菇栽培已逐渐引进了大棚栽培技术。顾名思义，菌菇房（也称菇房、菇棚）就是人工栽培食用菌（食用菇、耳类大型真菌），用人工控制温度、湿度、通风、光照环境的出菇厂房如图4-2所示。菌菇房狭义上专指进行工厂化食用菌生产的出菇厂房，广义上还泛指栽培出菇用的温室大棚、山洞、简易塑料棚和空闲房屋等。

图4-2 标准化菌菇房外景图

2. 菌菇房的环境卫生要求

近年来，蘑菇种植实现了科学化、标准化、现代化、数据化的管理。菌菇房主要用来为食用菌的生长创造适宜的环境条件。因此在建造菌菇房时，必须根据食用菌对环境条件的要求，慎重考虑，周密设计。

（1）要求通风换气良好　既能使菌菇房内的废气及时排出，又能使外界新鲜空气迅速进入。

（2）保温、保湿性能好　一方面要防止热气外流（如培养料后发酵），另一方面则能阻止外面冷热空气侵入。

（3）密闭性好　室内不易受外界条件变化的影响，冬暖夏凉，风吹不到菇床上，有利于防治杂菌及病虫。菌菇房内要有适宜的温度、湿度、CO_2含量及光照度等。此外，还要考虑菌菇房的空间比、屋顶斜度、单元面积、保温性、密闭性、通气性及安全性等，如图4-3所示。

图 4-3 标准化菌菇房内景图

标准化菌菇房搭建具体原则如下所述。

（1）空间比　空间比是指菌菇房内空气流通的空间与菇床面积之比。理想的食用菌生长发育的空间比应为 5∶1，空间比过小，无法及时排出蘑菇生长时所产生的 CO_2 和其他废气，易造成幼菇死亡或形成畸形菇而减产；空间比过大，菌菇房不易保温和保湿。

（2）屋顶斜度　如果菇房屋顶斜度不够，屋顶凝结水下滴造成上层菇床堆肥过湿，并影响出菇和产量。合理的屋顶斜度应是屋顶三脚架的高与菌菇房的宽度之比为 1∶4.73。

（3）单元面积　工厂化生产的菌菇房单间面积一般在 100~500m^2。我国的蘑菇栽培方式绝大部分是在自然条件下一年栽培一茬，单间菌菇房的栽培面积要考虑当地气候条件、操作简便省力和有利于鲜菇销售等因素。

（4）保温性　菌菇房一方面要防止热气外流（如培养料后发酵），另一方面要不让外面冷热空气侵入，故要求保温性好。

（5）密闭性　菌菇房的门窗设计要做到开能放，关能闭。开能放可保证菌菇房内的废气和多余热量及时排出，关能闭能使菌菇房保温、保湿和防止害虫侵入。

（6）通气性　既要使菌菇房内的废气及时排出，又能使外界新鲜空气迅速进入菌菇房，所以，菌菇房要求开设地脚窗和屋顶气窗。

（7）安全性　菌菇房长期处于潮湿的环境之中，要承担每平方米 70~80kg 的培养料和覆土的质量，所以菌菇房和床架要搭建牢固。菌菇房地面要整平，最好铺设水泥地；柱脚架必须绝对垫平，避免在软质沙土上搭建；要采用成熟毛竹或硬质木作为菇架材料；用电设备要请电工合理安装。

（二）菌菇房智能化与物联网创新

标准化菌菇房环境控制，一般采用"环境综合控制仪"，是专为智能菌菇房设计的高性能智能化监控仪器,采用了世界上先进的微电脑技术、数字传感器技术、自动控制技术,带有数码管显示,能够自动监测并显示菌菇房内的 CO_2 含量、温度、湿度数据,具有 CO_2 排放控制功能、加湿控制功能、循环风控制功能、空气净化功能等,控制面板可以设置 CO_2、温度、湿度的上下限,循环风的启动周期,带有通信接口,可以和计算机联网构成菌菇房环境集中控制系统,一台计算机可以对多台控制仪进行统一监测管理。

1. 调温控温

通过温度、湿度传感器监测菌菇房室外空气环境温度、湿度,室内空气环境温度、湿度,地表温度、湿度,土壤温度、湿度等,并能对数据进行采集、分析运算、控制、存储、发送等。

2. 通风和空气循环系统(空气处理)

根据用户所设定的循环风启动周期,自动启动循环风机,使菌菇房内的温度、湿度分布均匀。

3. 调湿控湿

当菌菇房内的湿度低于所设湿度下限时,控制器自动打开加湿器,进行加湿;当湿度升到正常时,控制器自动关闭加湿器。

4. 调光控光

通过光感和光敏传感器监测记录菌菇房内光照的强度,可以直接与相关的补光系统、遮阳系统等设备相连,必要时自动打开相关设备。通过无线传输技术将相关数据传送到用户监控终端。

5. CO_2 浓度监控

在菌菇房内部署 CO_2 浓度传感器,实时监测房中 CO_2 的含量,当浓度超过系统设定的阈值范围时,通过有线或无线传输技术将相关数据传送到用户监控终端,由相关工作人员做出相应调整。

当菌菇房内的 CO_2 含量高于所设 CO_2 上限时,控制器自动打开排风机和换气扇,进行通风换气;当 CO_2 降到正常时,控制器自动关闭排风机和换气扇。

(三)工厂化栽培的设备集成

食用菌工厂化生产模式最初在欧美地区开始出现,欧美等地的企业开始了食用菌生产机械的研究开发,并率先实现了双孢菇生产机械化和工厂化。实现了瓶栽食用菌机械化和工业化生产,装瓶、接种、搔菌、挖瓶等环节均实现了食用菌机械化生产。到了 20 世纪 80 年代,我国广东、福建、江苏、上海等地逐渐开始从日本、韩国等国引进金针菇、双孢菇工厂化生产线,随之而来的是我国食用菌工厂化设备的研究机构和生产企业逐渐开始诞生和发展。目前,比较知名的有农业部南京机械化研究所、沈阳春晖工程有限公司、爱菲尔菌菇装备科技股份有限公司等,在这些研究所和企业的努力下,我国食用菌工厂化产业相关设备迅速更新换代,食用菌产业很快实现了转型升级,食用菌产业向机械化、自动化和智能化方向迈进。

随着食用菌工厂化生产技术的不断发展进步,食用菌产业链条分工不断细化,相关配套的仪器设备不断被研发出来,几乎食用菌工厂化生产的每一个生产步骤都有相关的机械设备,形成了配套工厂化栽培的设备集成,如图 4-4 所示,这进一步推动着食用菌工厂化朝着机械化、智能化和自动化方向发展。

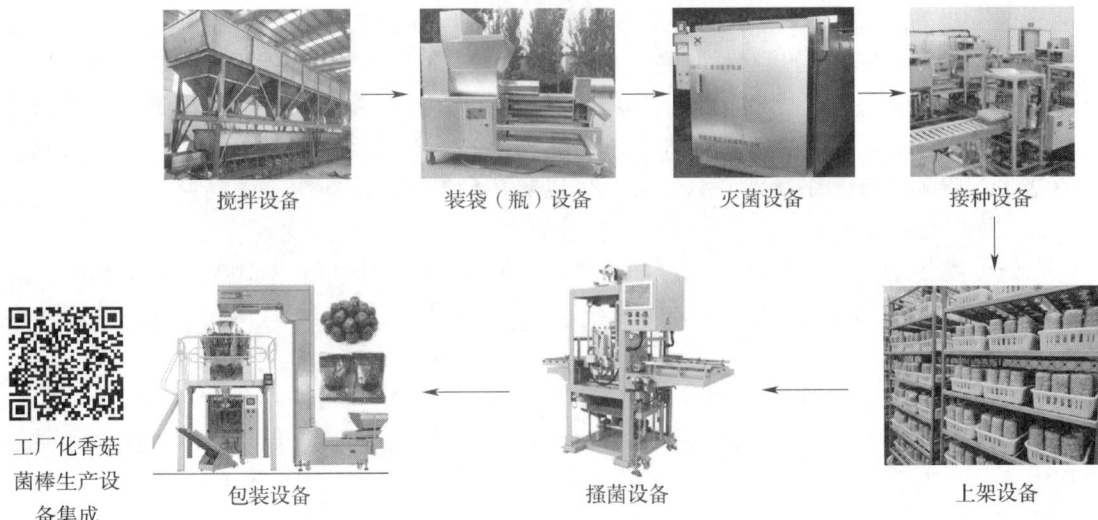

图 4-4 食用菌工厂化生产设备集成模式图

1. 搅拌设备

食用菌工厂化生产中的搅拌设备主要代表是双螺旋搅拌机,由搅拌桶、搅拌桨、清料机构、放料机构、传动机构、加水管及电器控制系统等七部分组成。可以完成搅拌、加水、放料、清空各项作业。电气控制系统是由控制箱、空气开关、交流接触器、熔断器、蜂鸣器、热继电器、电源开关、指示灯按钮等组成。由传动机构带动搅拌桨旋转,搅动装在搅拌桶里的各种物料,使物料反复翻转,从而达到均匀分布的要求。为了确保各种食用菌生产原料能够混合均匀,大型食用菌工厂化生产企业在装袋前一般经历三级搅拌,如图 4-5 所示,即一级搅拌、二级搅拌、三级搅拌,搅拌设备的规格和规模跟企业生产规模相适应。

图 4-5 香菇菌棒工厂化生产三级搅拌设备

2. 装袋（瓶）设备

食用菌工厂化生产中的填充培养料设备主要分为装袋设备和装瓶设备。一般来说，食用菌工厂化生产中拌料设备和装袋/瓶设备连在一起，即前面通过三级搅拌把料拌匀，后续通过生产线直接把料输入装袋/瓶设备中进行装瓶，具体见图4-6。从自动化水平程度高低来看，相对来说，装瓶设备的自动化程度更高。金针菇、杏鲍菇、蟹味菇等工厂化生产中，一般都采用瓶栽，以便于跟自动化程度较高的装瓶设备相配套。其中装瓶设备不仅能够把混合均匀的培养料均匀地填充到瓶中，为了方便后续接种均匀，还需要进行打孔、压盖、码垛等操作步骤，以更好地进入下一步灭菌程序，如图4-7所示。在香菇菌棒工厂化生产中，装袋设备的功能相对较为单一，只需要把香菇培养料均匀地装入菌袋中，随后再套一层培养袋。

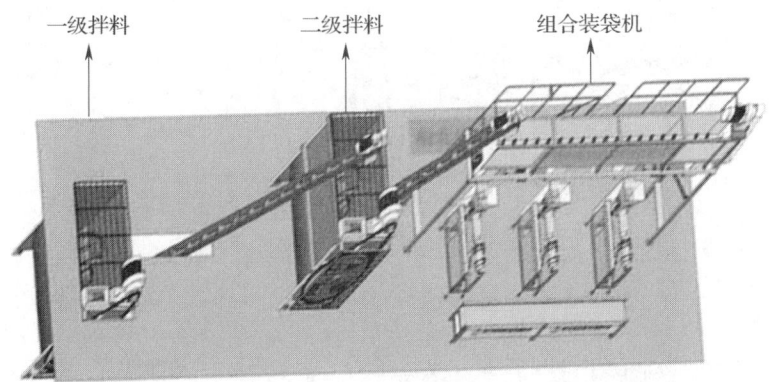

图4-6 食用菌工厂化生产拌料装袋一体化模式图

图4-7 打孔完成的蟹味菇培养瓶

3. 灭菌设备

灭菌是食用菌工厂化生产的关键工艺流程，也是食用菌工厂化生产中对生产成本影响较大的关键步骤。目前，食用菌工厂化生产中灭菌设备主要分为两类，常压灭菌设备和高压灭菌设备。一般来说，食用菌工厂化生产中，灭菌设备及设施一般都在整体厂房设施建设过程中完成，且要考虑到灭菌设备跟菌袋/瓶运转设备相适应。比如要考虑灭菌炉大小跟运转菌袋的转运车规格相适应，如图4-8和图4-9所示。无论选择哪类灭菌方法，只要能够保证灭菌炉容量满足生产要求，对培养料进行充分灭菌，且不会造成营养流失等要求即可。随着食用菌工厂化生产各项技术的不断突破和更新，在不同类型的食用菌工厂化生产中，灭菌温度、灭菌时间、灭菌步骤也都在不断地更新，比如，当下香菇菌棒工厂化生产中，通过改变前期培养料配方，在培养料中加入安全的孢子灭火剂，后期灭菌温度可以降低到95℃左右，灭菌时间也降低到3h左右，这极大地节省了灭菌时间和成本，培养料中营养成分得以更好地保留。

图4-8　食用菌工厂化生产高压灭菌炉

图4-9　食用菌工厂化生产常压灭菌炉

4. 接种设备

接种工艺过程是食用菌工厂化生产中洁净程度要求最高的工艺过程,接种前需要工作人员对接种室进行空间消毒,对接种设备、菌种进行表面消毒,而后由专业人员操作接种机进行接种操作,接种过程中,需要定期对活动区域进行消毒,对于接触产品的身体部位随时消毒。食用菌工厂化接种设备的研发经历了半自动化接种设备到全自动化接种设备的演变,具体见图 4-10 和图 4-11。

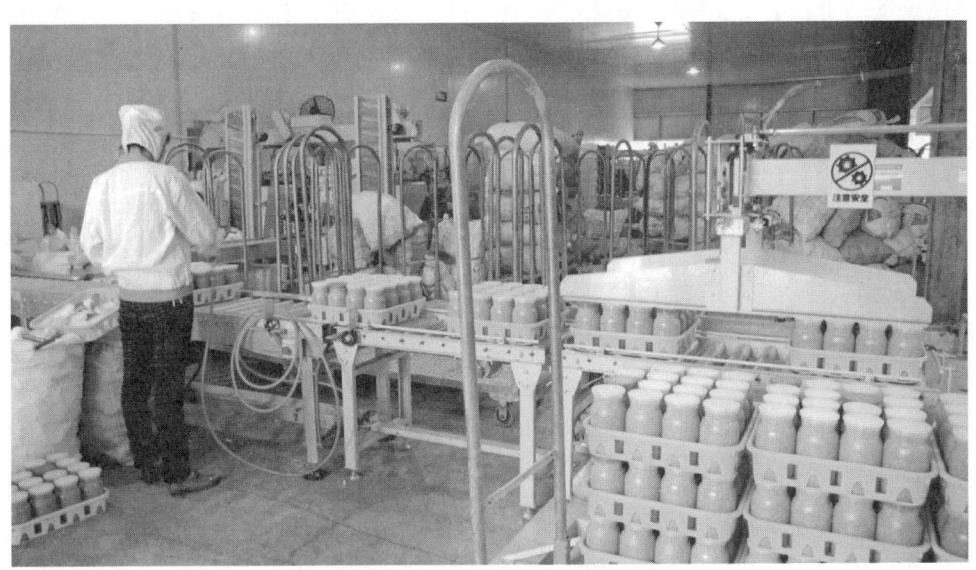

图 4-10 半自动接种现场图

图 4-11 全自动接种现场图

一般来说食用菌工厂化生产中，自动化程度较高的接种设备主要进行液体菌种接种。这些接种设备主要跟菌种发酵罐进行连接，菌种培养成熟，立即进行接种。近年来，随着产业的发展，固体菌种接种设备也开始逐渐被很多食用菌机械设备公司研究开发出来，该接种设备整机采用进口电机和气缸电磁阀，完成从链条输送、压角压盖、启盖、料斗、封门、接种等一系列动作，代替了原来由人工完成且劳动强度很大的工作，生产效率、接种质量得到成倍提高。该接种设备自动化程度较高，采用等工位结构通过电机分配不同的工位，实现自动消毒打孔、碎种、接种、整平、出袋等系列工艺，工作效率高，特别适合香菇、银耳、平菇等熟料栽培打孔接种作业，具体见图4-12。

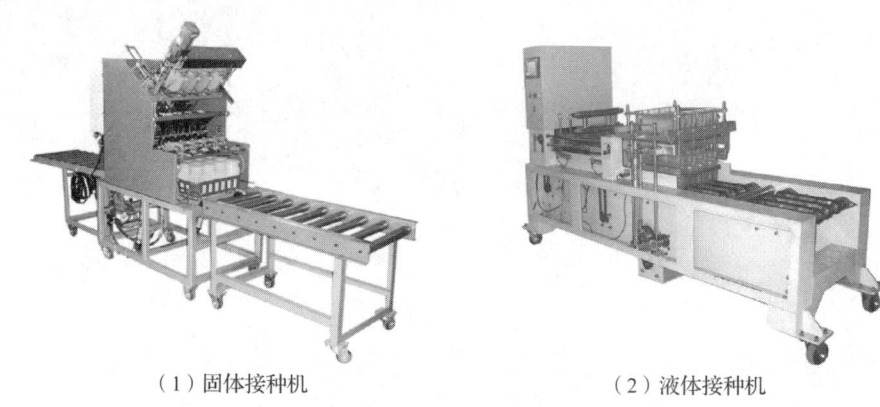

（1）固体接种机　　　　　　（2）液体接种机

图4-12　食用菌瓶栽自动接种设备

5. 上架设备

一般大型食用菌工厂化生产企业，都采用跟菌架、菌墙相配套（图4-13）的叉车或推车等设备，对已经码垛好的菌棒或者菌瓶周转筐进行上架。对于菌瓶来说，其硬度和韧性相对较好，上架过程中一般不会破损。对于菌袋来说，由于其硬度和柔韧性不够好，在上架过程中如果操作不当，菌袋容易破损，造成后续的发菌污染。用周转框内装16袋/框或9袋/框叠放多层，便于叉车等设备周转移动，即可减少菌袋破损，可提高效率。

（1）菌架　　　　　　　　　（2）菌墙

图4-13　食用菌工厂化生产中的菌架和菌墙

6. 搔菌设备

搔菌的目的是促进料面形成菇蕾，或者说是通过机械作用的刺激，促使菌丝从营养生长向生殖生长转移。搔菌的好坏直接影响子实体的形成、菇形和产量。在食用菌工厂化生产早期，搔菌这个步骤主要靠人工操作，考虑到人工操作过程容易带入污染、工作效率低、成本问题等因素，相关食用菌生产企业开始研发搔菌设备，先后研发出全翻式全自动搔菌机（图 4-14）和侧翻式全自动搔菌机（图 4-15）。

搔菌设备的工作原理主要是将培养料面用爪形刀刃旋转压下，主要将培养基料面四周搔除，形成环沟，确保圆心部分呈馒头状。搔菌后，往菌瓶内定量注水，注水量在 20~30mL，目的是防止出菇初期培养料面过于干燥，注意环沟内尽量不要有积水。搔菌深度以瓶口以下 1.0~1.5cm 处为宜，个别未搔干净的瓶，须手工处理，确保料面整洁、无余料。具体工作过程是将装满待搔菌培育瓶的菌瓶筐放到去盖清洁机的工作台上，启动程

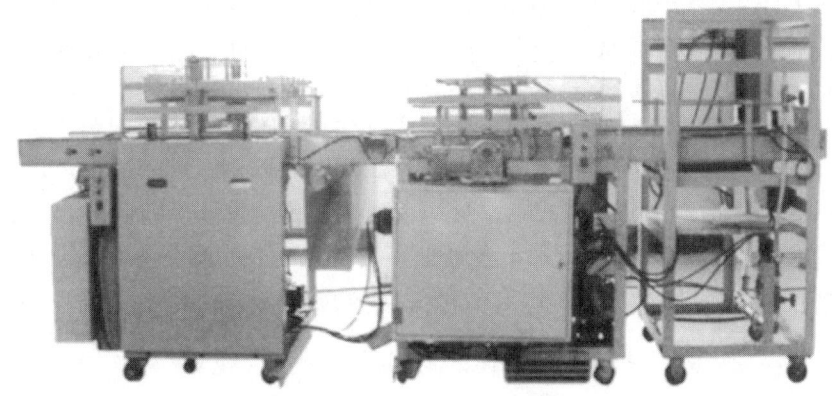

图 4-14　全翻式全自动搔菌机

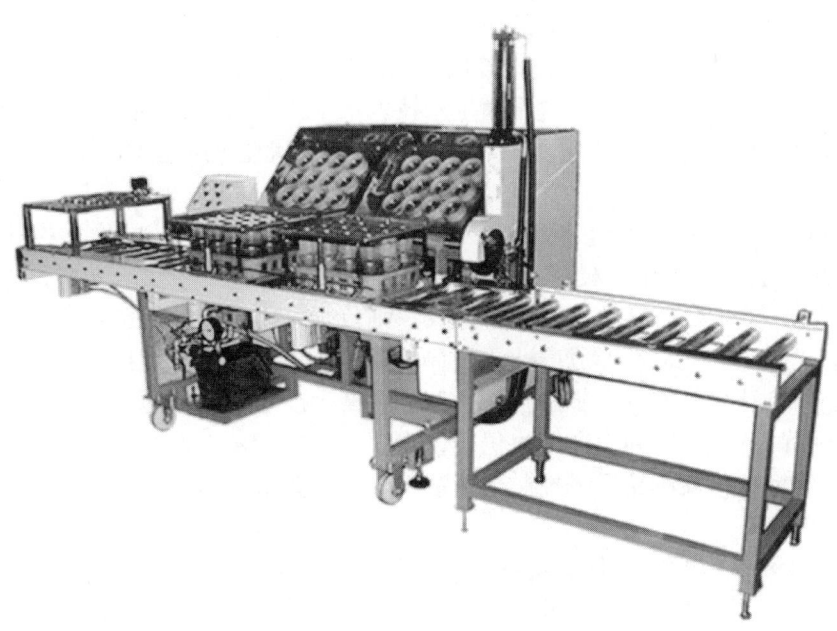

图 4-15　侧翻式全自动搔菌机

序，菌瓶筐到达起盖工位，去盖清洁机自动完成起盖和刷盖作业。起过盖的菌瓶筐经滑道自动进入搔菌机的输送辊道，到达搔菌工位和冲刷工位，搔菌机自动完成搔菌和冲刷菌瓶作业；冲刷过的菌瓶筐在程序的控制下，被输送到加水工位上进行加水，然后由操作工搬出。

7. 包装设备

包装设备主要是指将鲜食用菌进行封装的设备。由于食用菌种类和规格的不同，加之不同地区人们对食用菌的消费习惯的不同，食用菌包装过程尚未完全实现自动化操作，还需要跟人工结合，称量一定的规格后用包装机对其进行封装。

第二节　工厂化栽培与周年生产

食用菌工厂化栽培是采用工业化的技术手段，在相对可控的环境设施条件下，利用高效率的机械化、自动化作业，实现食用菌的规模化、智能化、标准化和周年化生产。中国食用菌工厂化生产起步较晚，至今还没有形成明确、统一的食用菌工厂化栽培模式。因此，如何建立不同气候条件下，采用现代工业设施和人工模拟的食用菌生态环境技术创造出适合不同菌类不同发育阶段的环境，进行立体化、规模化、周年栽培，以达到不受季节限制、产品质量标准化的生产模式，是食用菌产业现代化发展的趋势。目前，已经实现工厂化栽培的食药用菌主要有双孢菇、金针菇、杏鲍菇、白灵菇、蟹味菇、猴头菇、灵芝、白参菌、蛹虫草等近20个品种，相关企业近20余家。

一、工厂化栽培与周年生产规划

（一）工厂化栽培不受季节限制，便于周年生产

中国是农业大国，早期食用菌生产模式是传统的农户生产模式，这种生产模式在早期促进食用菌产业发展方面起到积极的作用，尤其是在食用菌产业发展早期起到很好的示范推广作用，比如福建省早期银耳栽培推广、东北黑木耳栽培推广、山东鸡腿菇栽培推广。但是，受到菌种质量、农户自身食用菌生产技术水平的良莠不齐的影响，加上气候和原材料的限制，食用菌的产量和质量很难得到保障，这大大阻碍了食用菌产业的进一步做大做强。

随着食用菌生产技术的进步和国家政策的引导，食用菌产业的发展模式逐渐形成了"公司＋基地＋农户"的生产模式，企业为农户提供菌种、生产技术支持，向农户按协议价格收购产品，并负责产品的最终销售；农户则负责食用菌的种植，并按协议价格出售给企业。该模式的优点是基本形成产业化格局，菌种质量和生产管理技术有了一定程度的保障。除此之外，社会分工进一步细化，有利于提高生产效率。然而，受到农户食用菌生产管理技术水平的差异，该种生产模式仍难以克服产品质量稳定性差、供应存在季节性等缺点，在生产的标准化及产品质量控制上无法满足市场要求，影响了食用菌产业的持续、快速、健康发展。

在食用菌科研人员、企业家及技术工人的共同努力下，在国家政策引导和产业专项资金扶持下，通过引进欧美、日韩等发达国家的先进技术和设备，食用菌产业逐渐走上了工厂化栽培的发展模式。食用菌工厂化栽培是具有现代农业特征的产业化生产方式，其采

用工业化的技术手段，利用生物及工业技术控制光照、温度、湿度、空气等环境要素，在相对可控的环境条件下，组织高效率的机械化、自动化作业，实现食用菌的规模化、集约化、标准化、周年化生产。食用菌产业走向了工厂化生产发展道路，对从业人员的知识和技能产生了新的要求，除了要求从业人员具备食用菌栽培相关基本农业知识外还涉及其他多学科知识，如微生物学、遗传学、生态学、栽培学、气象学等，在此基础上，还需要具备制冷、机械、建筑、保温等工业技术，并应用工业企业化管理方式，进行生产栽培管理。与其他两种生产模式相比，工厂化生产模式具有以下优势。

1. 实现周年化生产

跟以往两种模式不同，食用菌工厂化生产通过建设标准化的厂房及与之相适应的室内配套控制温度、湿度、光照、净化等设施实现周年化生产，如图4-16所示。

加热和制冷控制系统主要负责食用菌发菌和出菇阶段的温度控制，给食用菌提供最适合的发菌和出菇温度条件，有效地避免了高温、低温季节对食用菌生产的影响。净化系统主要是对空气进行过滤，给食用菌生长提供洁净的环境，有效地避免了食用菌生长关键环节比如接种环节、发菌环节的污染。加湿系统主要是给食用菌的发菌和出菇提供合适的湿度条件，促进食用菌实现稳定高产。光照系统主要是给食用菌出菇过程提供必要的光照，以促进食用菌由营养生长到生殖生长转变，刺激和诱导其正常出菇。控制系统主要负责对其他几个系统进行调控，以方便给食用菌提供最合适的外界环境条件。

2. 生产效率更高

食用菌工厂化生产主要采用瓶栽或袋栽方式进行，在生产过程中部分实现机械化、自动化，尤其是随着5G、大数据、人工智能在生产生活中的应用，食用菌工厂化生产逐渐向智能化迈进。生产的机械化进一步推动生产的标准化，从而实现产品品质和产量的稳定提高，在同等条件下，工厂化生产的效率比传统模式高出约40倍，以金针菇为例，上海雪榕、江苏华绿等企业都能够很轻易地做到日产鲜金针菇300万t左右。再如，香菇菌棒工厂化生产过程中，七河生物等大的香菇工厂化生产企业很容易做到日产10万~20万棒。

3. 产品质量更稳定

随着食用菌工厂化模式的建立，相配套的食用菌生产工艺逐渐越来越标准化，具体表现在菌种标准化、生产工艺流程标准化、原料标准化、生产设备设施标准化、环境控制条件标准化和产品质量控制标准化，具体见图4-17。标准化的操作使得工厂化生产中的菌种质量稳定、原材料成分和质量一致、菌丝体和子实体所处的环境基本一致并且稳定，食用菌生长需要的温度、光照、水分、气候、营养需求等均能定量化，为生产出稳定且高品质的产品奠定了基础。

4. 食品安全更有保证

食用菌工厂化生产中的每一个批次的产量较大，这无形中迫使食用菌生产企业对产品质量安全高度重视。一般来说，食用菌工厂化生产企业主要通过对从原材料的选择和质量安全检测，选择抗病虫害较好、生产性能优良的菌种，建立绿色、高效生产工艺，及时检测和监控生产环境和开展绿色、安全病虫害防治技术等方面对食用菌产品的质量安全进行保障。目前，少数技术水平高的工厂化生产企业可以在生产过程中不使用任何农药，最大限度满足消费者对食品安全的要求。

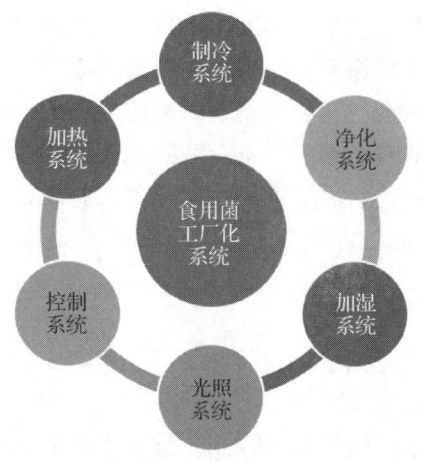
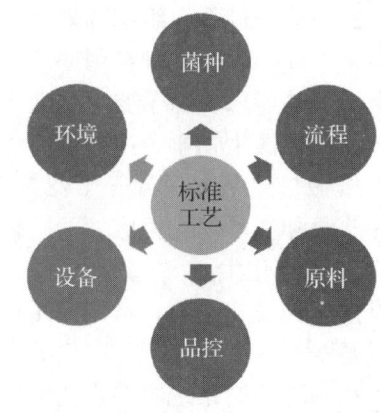

图 4-16　食用菌工厂化控制系统模式图　　　　图 4-17　食用菌工厂化生产工艺标准化模式图

5. 产品附加值更高，效益更好

与传统模式生产出来的食用菌产品相比，工厂化生产的食用菌产品更加优质、安全、无公害，且能够周年化供应，其产品更容易受到消费者青睐，便于建立良好的品牌优势，为企业带来较高的经济效益。

6. 具备可复制性

食用菌工厂化生产中，由于建立了从厂房设备、菌种、原料到生产工艺及产品质量控制等一整套标准化的流程，因此，很容易实现企业规模的快速扩张。理论上在适宜的温度和湿度条件下生物菌种具备无限繁殖的能力，没有严格的地域限制，因此企业只要具备厂房、设备、资金等条件，可在较短时间内实现规模的扩大，产品质量的提升。

（二）食用菌周年生产，便于产销对接

（1）由于食用菌工厂化生产模式实现了多批次、持续不断地周年化生产，产品供应更加稳定，能够实现淡季不淡，四季供应，这对食用菌产品的市场开发具有重要意义。

（2）能够满足超市、电商供应新鲜农产品的需求，实现产供销对接顺畅，经济效益和社会效益的统一。

二、工厂化栽培的菌种匹配

当前国内外实现工厂化生产的食用菌主要有双孢菇、金针菇、蟹味菇、杏鲍菇、白灵菇、草菇等，其中工厂化生产历史最长、工艺技术最成熟的是双孢菇，其次是金针菇、杏鲍菇、蟹味菇。食用菌种质资源作为农业种质资源的重要组成部分，是国家重要的生物资源，是食用菌生产、科研工作的基础。我国是食用菌生产大国，但是具有自主知识产权的食用菌的菌种少之又少，我国食用菌生产中的菌种绝大多数从国外引进，国内食用菌企业对国外食用菌菌种生产企业具有高度依赖性。以双孢菇产业为例，受到新冠疫情影响，国外部分双孢菇菌种生产企业中断了对我国的菌种供应，国内双孢菇生产企业立即陷入困顿，减产、停产频频出现。因此，开展食用菌种质资源创新与开发利用，选育出特异性、一致性和稳定性强的国产食用菌新品种对于解决我国食用菌菌种"卡脖子"问题具有重要意义。

（一）工厂化栽培，优质菌种是保障

食用菌工厂化生产中，稳产高产是企业可持续经营和技术创新的驱动力。稳产与菌种、原料和设施及在上述三者基础上形成的稳定技术工艺有密切关系。其中，优质菌种是食用菌工厂化栽培获得稳产高产的前提条件，是决定食用菌工厂化生产成败的第一要素。在工厂化食用菌的生产中高纯度、性状稳定的菌种，为后期出菇的稳定及高产起到了决定性的作用。一般来说，工厂化栽培的菌种一般选择那些高产优质、抗逆性强的品种，并且优先选择在市场上备受青睐的好品种。

下面以工厂化生产杏鲍菇菌种为例来对食用菌工厂化生产进行阐述。

1. 母种选择

在大规模使用前，应该对母种进行培养观察。使用培养皿作为容器，利于观察菌丝形态。在培养基上，良好的杏鲍菇母种应该是菌丝生长整齐有力，气生菌丝少，在培养温度24～25℃，相对湿度60%～70%的外界环境条件下，10d左右长满整个平皿。在培养过程中无污染，且纯度较高，具体见图4-18。

（1）培养皿中的杏鲍菇母种　　　　　　（2）杏鲍菇斜面接种

图4-18　优良的杏鲍菇母种

2. 原种制备

在杏鲍菇工厂化生产中选用的原种主要有两种：一种是枝条原种；另外一种是液体原种。

（1）枝条原种　一般使用玻璃瓶作为容器，枝条及其他辅料作为培养基质；在生产过程中要求培养基混合均匀，枝条浸泡充分无白心，每瓶枝条数量及装瓶量一致；要求外界环境条件是培养温度22～24℃，相对湿度60%～70%，环境洁净，在40d左右长满整个瓶子；在培养过程中要保证其无污染，且纯度较高。

（2）液体原种　一般通过两个发酵步骤获得，第一步采用三角瓶发酵，要求接入三角瓶中的母种，菌龄一致，且无污染；在24～25℃的温度条件下，培养成呈小米粒大小、均匀一致的菌丝球。第二步采用发酵罐进行发酵，要求接入发酵罐的菌种无污染；进入发酵罐的空气要过滤彻底，绝对无菌；培养完成后菌丝球大小一致，分布均匀，pH 6.0~6.2；使用前镜检是否存在污染。

3. 栽培种制备

杏鲍菇工厂化生产中一般选用聚乙烯袋为容器，枝条及其他辅料作为培养基质；培养基混合均匀，枝条浸泡充分，无白心，每瓶枝条数量及装袋量一致；培养温度 22~24℃，相对湿度 60%~70%，环境洁净，长满时间控制在 35d 以内；确保无污染且菌丝长势一致。

（二）工厂化栽培，菌种与生产规模必须匹配

在食用菌工厂化中，基本上菌种都是企业自己生产，这就要求菌种生产规模必须与食用菌生产规模相匹配。比如，金针菇、杏鲍菇、蟹味菇、白灵菇的工厂化生产则一般选择液体菌种。具体来说是根据企业每一批次的生产规模来确定生产液体菌种的发酵罐的规格和数目，在此基础上，还要考虑发酵过程中菌种污染情况，以保证整个生产过程中菌种能够质量合格、数量充足。在香菇、平菇、双孢菇的工厂化生产中，大多采用固体菌种，乃至胶囊菌种，由于固体菌种生产周期相对较长，大多有一个月左右，甚至更长，这就需要合理安排生产周期，保证菌种接种过程中能够满足生产规模要求。

当然，值得重视的是工厂化栽培的成功是所有工艺细节的总和，包括：①拌料、装袋、灭菌、运输周转、喷雾加湿机械等配套机械设备；②精通技术、精细管理的技术骨干人员；③相配套的标准化生产管理理念和体系；④产品质量及品牌影响力；⑤市场营销的创新活力和把控能力。

诸多因素中任何一个细节出问题都有可能带来灭顶之灾；细节决定成败，而每出现一个问题一定有某个或多个细节出问题，所有的工艺细节都要充分考虑其操作性、可行性。当然，关键的技术主管也必须是对食用菌、微生物、机械、制冷、自动控制等专业知识熟悉的综合型人才，这是工厂化栽培成功的保证。

总之，发展食用菌工厂化生产要立足国情国策、市场行情，实事求是，科学发展。这需要我们不断地去分析、去创新、去解决各方面的问题，才能规避风险，获得长期可观的经济效益，赢得良好的发展机遇。

第五章　食用菌的遗传变异及育种

第一节　食用菌的遗传变异特性

一、食用菌的遗传

遗传是生物生存和繁衍的基础，它使物种相对稳定；遗传是指亲代与子代间保持相似的现象，这是生物生命的特征之一，也是食用菌的重要特征。

它们不论是通过性细胞进行的有性生殖，还是通过菌丝体或组织体进行的无性生殖，都能表现出来遗传性。正是有了遗传才能保持食用菌性状和物种的稳定性，使各种食用菌在自然界稳定地延续生存下来。

同其他生物一样，核酸是食用菌遗传的物质基础。核酸有两种，即脱氧核糖核酸（DNA）和核糖核酸（RNA），而绝大多数生物的遗传物质是 DNA，通常所谓的基因是DNA 分子中具有遗传效应的 DNA 片段。DNA 由四种核苷酸组成，每个核苷酸分子有三种组分：磷酸、脱氧核糖和碱基，这四种核苷酸的差异仅在于含氮碱基种类上的不同，碱基分别是：腺嘌呤（A）、鸟嘌呤（G）、胸腺嘧啶（T）、胞嘧啶（C）。

DNA 呈双螺旋结构，即 DNA 分子由两条多聚核苷酸链彼此以一定的空间距离在同一个轴上互相盘旋起来。这两条多聚核苷酸长链的骨架是由脱氧核糖与磷酸基团交替排列，其间以磷酸酯链连接而成，碱基则连接在核糖的 1′ 碳位上，两条多聚核苷酸链的碱基间严格配对，并以氢键相连（图 5-1）。

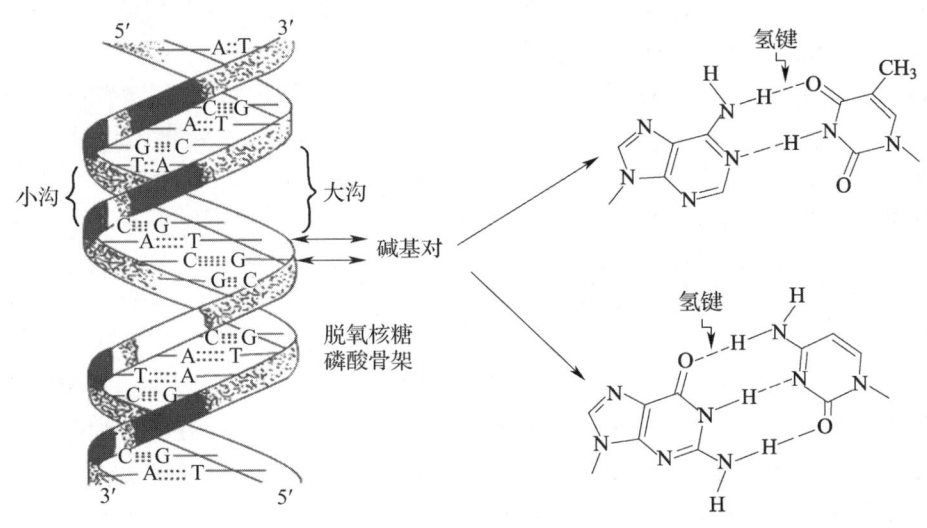

图 5-1　DNA 双螺旋结构示意图

DNA 在复制时，双链 DNA 先解旋成两条单链，也称为母链。然后，以母链为模板，按照碱基配对的原则，合成一条与母链互补的新链，这样由原来的一个 DNA 分子形成了两个完全相同的 DNA 分子。这种自我复制也称为半保留复制（图 5-2）。生物的遗传信息编码于 DNA 链上，三个碱基对构成一个遗传信息的密码子。在 DNA 分子中，碱基对的排列是随机的，这就为遗传信息的多样性提供了物质基础。但对于某个物种来说，DNA 分子却具有特定的碱基排列顺序，并且通常保持不变，由此而保证了物种的稳定性。当生物体受到内外界因素的影响，碱基排列顺序发生改变时，便会引起遗传信息的改变，产生可遗传的变异，这就是基因突变的分子基础。

食用菌遗传物质的传递也具有生物共性。细胞分裂是生物进行生长和繁殖的基础，生物的遗传因子——基因，存在于染色体上（图 5-3），染色体在细胞分裂过程中有规律地变化，其上的 DNA 半保留复制，使生物的遗传信息有规律地从一个细胞传给另一个细胞，从亲代传给子代，从而保证了世代间物质与机能上的连续性。

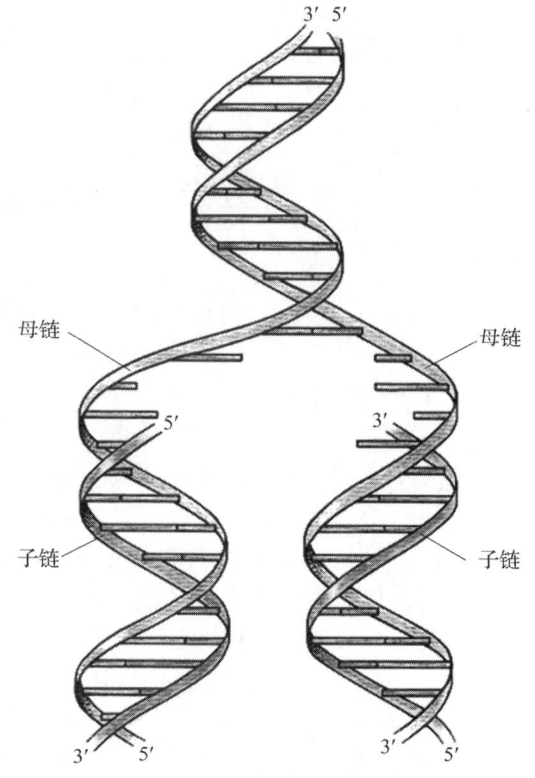

图 5-2 DNA 半保留复制

食用菌菌丝生长和担孢子发育是通过细胞分裂实现的。在营养菌丝内进行有丝分裂（图 5-4），在担子或子囊内进行减数分裂。无论是有丝分裂还是减数分裂，在分裂的间期都要进行 DNA 的复制与蛋白质的合成，复制结束后，每条染色体都由完全相同的两条染色单体组成。在有丝分裂时，随着纺锤丝的牵引，着丝点一分为二，形成两条完全相同的染色体，并分别移向细胞的两极，实现核分裂，接着进行细胞质分裂形成两个细胞。因此，有丝分裂确保了子细胞与母细胞遗传物质完全相同。

减数分裂发生在有性生殖过程中，当性母细胞产生性细胞时，进行特殊的有丝分裂，它实际上包括两次核分裂。在第一次分裂的前期要进行同源染色体的联会及非姊妹染色单体间的交换。分裂后期各配对的同源染色体随机移向两极，实现了染色体数目减半，第二次分裂则是姊妹染色单体随着丝点的分开移向两极，染色体数目不发生变化。

减数分裂对于生物的遗传具有重要意义。首先，减数分裂按一定规律进行，四分体发育成的雌、雄细胞或性孢子各具有半数的染色体，这样雌雄细胞结合为合子，又恢复为全数的染色体（$2n$），从而保证了亲体与子代间染色体数目的恒定性，为后代的正常发育和性状遗传提供了物质基础，保证了物种相对的稳定性。其次，在减数分裂 I 的后期，各对同源染色体向两极的移动是随机的，而非同源染色体间可自由组合在一个细胞内，这就使子性细胞间在染色体组成上将可能出现多样的组合。不仅如此，同源染色体的非姊妹染色单体之间还可能出现各种方式的交换，就更增添了这种差异的复杂性，为生物的变异提供了重要的物质基础，有利于生物的适应及进化，并为人工选择提供了丰富的材料。

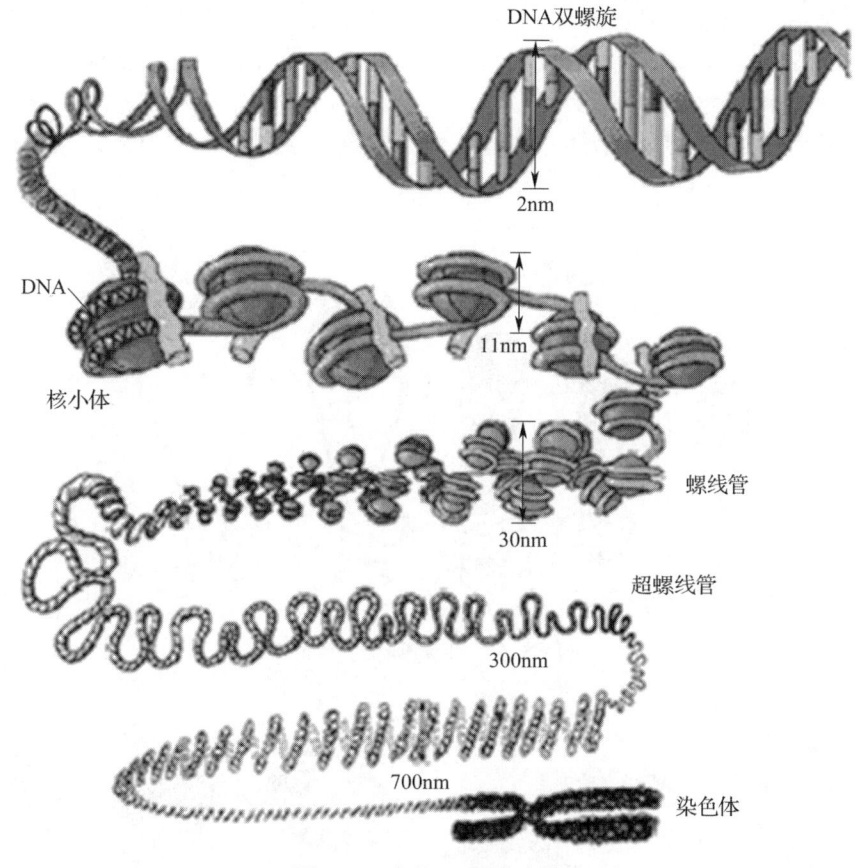

图 5-3 由 DNA 到染色体

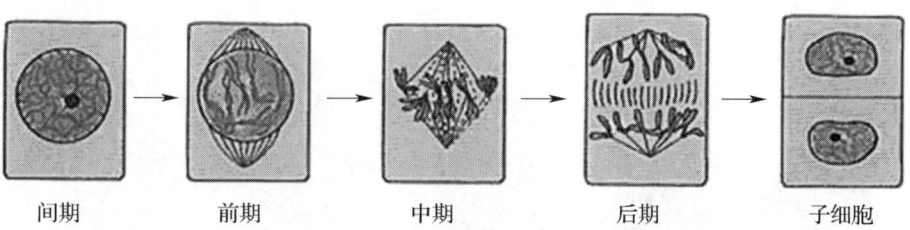

图 5-4 营养菌丝内进行有丝分裂

担子菌亚门的食用菌减数分裂在担子内进行，结果产生四个单倍体核，也称为四分体核，四分体核可直接通过小梗进入担孢子形成四个单倍体核的担孢子（图 5-5）。

子囊菌亚门的食用菌减数分裂在子囊内进行，结果产生四个单倍体核，也称为子囊孢子，它们 4 个或 8 个可直接包在子囊内，有的还特化形成一定形态的子囊果（图 5-6）。

食用菌的遗传规律符合经典遗传学三大规律，即分离规律、独立分配与自由组合规律及连续互换规律。因此由一对等位基因控制的二极性食用菌，不亲和基因的分离符合分离规律；由两对非连锁的等位基因控制的四极性食用菌，不亲和基因的分离符合独立分配与自由组合规律。

和高等植物相比，食用菌属低等生物，相对性状少，且许多生物学性状是数量性状基因控制的。因此，容易因环境条件的改变而引起个体发育过程中性状、生理特性及产量的变化。在担子菌类食用菌中，普遍存在着单核菌丝体生长细弱不具结实能力，当发生质配后，形成的双核异核菌丝具备结实能力，产生子实体，食用菌的这种特性更有利于杂交育种。真菌的生活史大部分是单倍体，在遗传研究中避免了显隐性的复杂性，是较好的遗传研究材料。

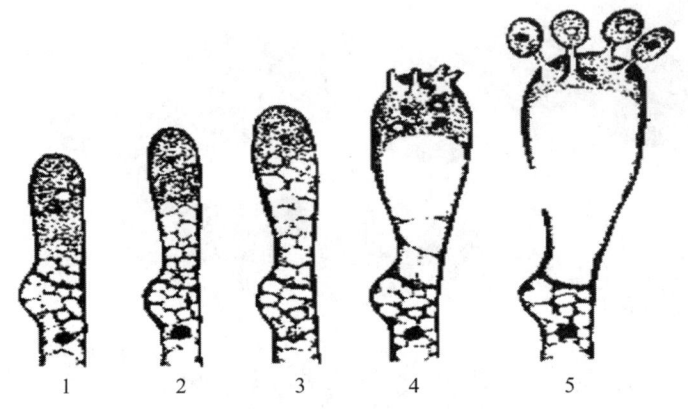

图 5-5　担孢子形成过程

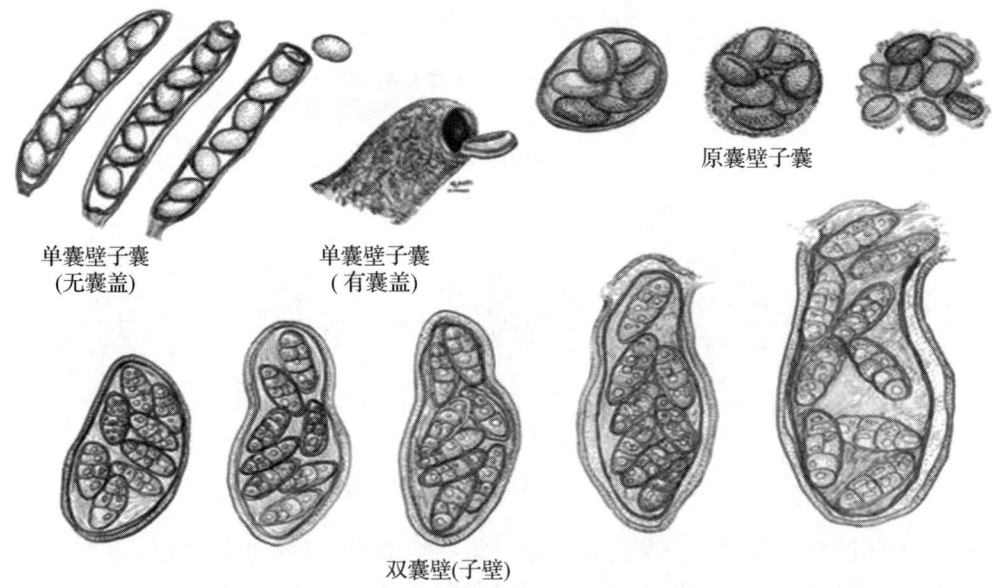

图 5-6　子囊及子囊孢子

二、食用菌的变异

和其他生物一样，食用菌的遗传与变异也符合对立统一规律。从统一角度来看，食用菌的遗传性是很稳定的，但有时会因条件的变化而发生变异。

遗传并不意味着亲代与子代的完全相同，即使同一亲本的子代之间，或亲代与子代之间总是在形状、大小、色泽、抗病性等方面存在着不同程度的差异，这种差异就是变异的结果。变异是生物进化的动力,有变异才有新品种,它造就了生物的大千世界。

变异可分为两种:一种是由环境条件如营养、光照、搔菌、栽培管理措施等因素引起的变异,这些变异只发生在当代,并不遗传给后代,当引起变异的条件不存在时,这种变异就随之消失。因此把这类由环境条件的差异而产生的变异称为不可遗传的变异。例如,营养不足时,子实体细小;光照不足时,色泽变浅;CO_2 浓度太高,会产生各种畸形菇等。由于这种变异不可遗传,所以在食用菌育种中意义不大,但掌握这些变异产生的条件,在食用菌栽培中,对提高食用菌的产量和品质却有着积极的意义。另一种变异是由于遗传物质基础的改变而产生的变异,可以通过繁殖传给后代,称为可遗传的变异。

在食用菌中,可遗传的变异来源包括以下几个方面。

1. 基因重组

通过有性生殖或准性生殖在减数分裂过程中可引起基因重组,产生具有不同基因型的新个体,表现出不同的性状。基因重组是产生可遗传变异最普遍的来源,也是杂交育种的理论基础。

2. 基因突变

由于基因分子结构或化学组成的改变而产生的变异称为基因突变,这是生物变异的最初来源。如香菇、平菇、毛木耳等产生的白色突变株,是控制色素形成的基因发生了改变所致。食用菌的担孢子经诱变剂处理后产生的营养缺陷型突变菌株,是由于控制合成某种营养物质的基因发生了改变所致。

3. 染色体结构和数目变异

染色体是遗传物质的载体,它的结构和数目的改变必然会引起性状的变异(图 5-7)。

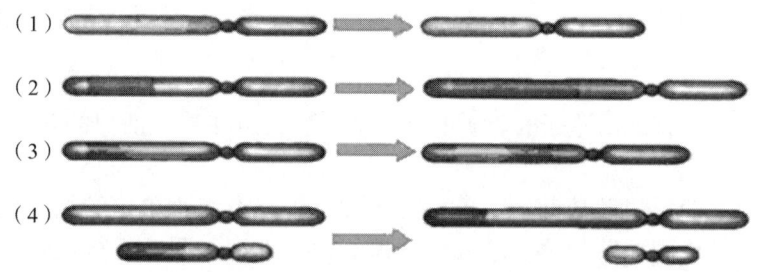

图 5-7 染色体结构变异
(1)缺失 (2)重复 (3)倒位 (4)易位

在进行遗传研究及食用菌育种时,要善于区分和正确处理两类不同性质的变异,明确变异的种类和实质,就可以准确地利用在食用菌生长发育过程中产生的有价值的、可遗传的变异,淘汰不可遗传的变异。比如,同一香菇菌株,不同栽培条件,所产生的子实体差异很大,这时就不能简单地认为原有品种遗传物质发生了改变进行品种选育。确认该菌株是否产生了可遗传的变异,还必须把原菌株与产生变异的菌株在同样的栽培条件下进行多代观察,才能做出结论。

在生产上培育黄色金针菇、白色金针菇,黑木耳、白色木耳(玉耳),白色平菇、灰色平菇、黄色平菇等新品种。

三、食用菌的遗传交配型

（一）食用菌的生活史

食用菌的典型生活史是指从有性孢子萌发开始，经过菌丝生长发育，形成子实体，再产生新一代孢子的整个生长发育过程，也就是食用菌一生所经历的全过程。一般来讲是由孢子萌发、形成单核菌丝、发育成双核菌丝和结实性双核菌丝，进而分化形成子实体，再产生孢子这样一个有性循环过程（图5-8）。

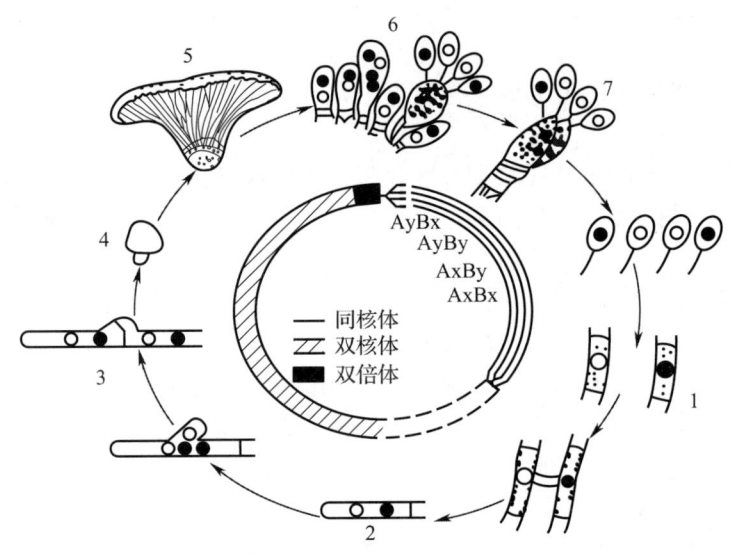

图5-8 平菇的生活史

1—单核菌丝 2—双核菌丝 3—锁状联合 4—菇蕾 5—成熟子实体 6—子实层 7—担子和担孢子

1. 孢子萌发

孢子萌发产生芽管或沿孢子长轴伸长（如香菇），意味着生活史的开始。

2. 单核菌丝发育

孢子萌发后一般形成单核菌丝。单核菌丝细胞中只有一个单倍的细胞核，都含有相同的遗传物质，故又称同核菌丝体。单核菌丝体能独立地、无限地进行繁殖，但一般不会形成正常的子实体。有些食用菌的单核菌丝体还会产生粉孢子或厚垣孢子等来完成无性生活史。另外，有些食用菌的孢子萌发时并不都呈菌丝状，如银耳孢子能以芽殖的方式产生大量芽孢子，再由芽孢子萌发成单核菌丝。木耳的担孢子有时也不直接萌发为菌丝，而是先在担孢子中形成隔膜，隔成多个细胞，每个细胞产生钩状分生孢子，再由钩状分生孢子萌发成菌丝。

3. 双核菌丝形成

两条可亲和的单核菌丝在有性生殖上是可亲和的，而在遗传性质上是不同的，配对后，细胞融合进行质配，发育成含有两个核的双核菌丝。双核菌丝能独立地和无限地进行繁殖，具有产生子实体的能力。担子菌（如黑木耳）双核菌丝的形成在早期进行，子实体也是由双核菌丝组成的（图5-9）。子囊菌双核菌丝在子囊产生前夕形成，子实体实际上是单核菌丝和双核菌丝的混合物，如羊肚菌的子实体。

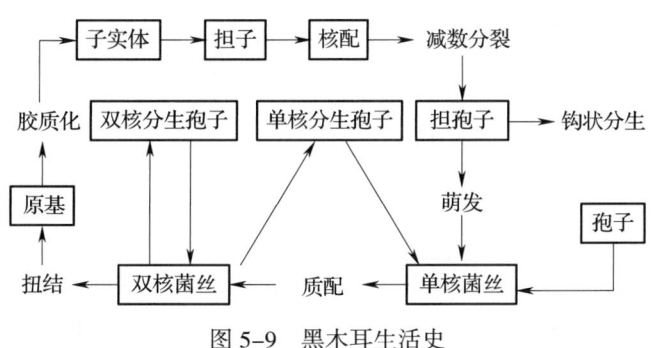

图 5-9 黑木耳生活史

4. 子实体的形成

双核菌丝在适宜的条件下进一步发育、分化,形成结实性双核菌丝,再互相扭结,形成极小的子实体原基。原基一般呈颗粒状、针头状或团块状,是子实体的胚胎组织,内部没有器官分化。原基的形成标志着菌丝体已由营养生长阶段进入生殖生长阶段。原基进一步发育形成菌蕾,菌蕾是尚未发育成熟的子实体,已有菌盖、菌柄、产孢组织等器官的分化,但未开伞成熟。菌蕾进一步发育成成熟的子实体。

5. 有性孢子的形成

在子实体中,双核菌丝的顶端细胞通过核配、分裂等一系列过程形成有性孢子。至此完成整个生活史,孢子释放后又一轮生活史重新开始。

但是有些种类除此之外还有由分生孢子、厚垣孢子、粉孢子等无性孢子来完成的无性生活史,又称为无性循环、小循环。如羊肚菌的生活史就较复杂一些(图 5-10),其有性孢子(子囊孢子)与无性孢子(分生孢子)交错产生,完成其生活史。

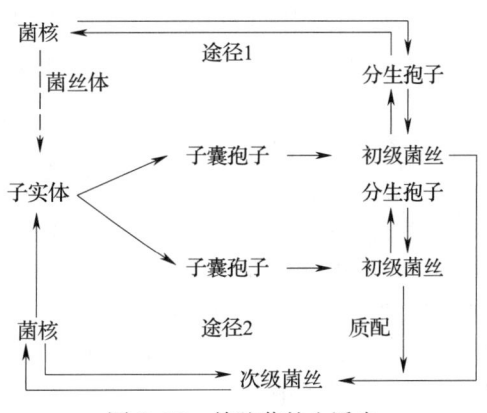

图 5-10 羊肚菌的生活史

(二)食用菌的生殖方式

食用菌的生殖方式包括无性生殖和有性生殖,但在自然条件下,有性生殖是它的主要生殖方式。

1. 无性生殖

无性生殖是指不经过性细胞的结合,而产生后代的生殖方式。由于无性生殖过程中细胞进行的是有丝分裂,因此无性生殖的后代仍能很好地保持亲本原有的性状。食用菌无性生殖的方式有多种,在食用菌生活史中,无性生殖的地位不如有性生殖重要。

由无性孢子来完成生活史中的无性小循环,并产生新的个体,就是一种无性生殖。食用菌的无性孢子包括分生孢子、粉孢子、节孢子、芽生孢子和厚垣孢子,单核或双核。单核的无性孢子具性孢子功能,双核化后可完成其生活史;双核的无性孢子在萌发后可直接进入生活史循环完成其生活史。

食用菌的子实体大都由组织化的双核菌丝构成,这种菌丝可重新回到营养生长。在菌种分离时,从子实体上取下一小块菌组织进行组织培养,也是无性生殖的一种,又称为组织分离，用这种方法获得的菌种，有助于保持原有性状的遗传稳定性。因此，在食用菌育种时，经常要利用组织分离的方法，把已产生变异的优良菌株保存下来。菌种的扩大与繁殖、由原生质体再生的菌株等也都是无性生殖的方式。

2. 有性生殖

有性生殖是由一对可亲和的两性细胞经融合形成合子，再形成新个体的生殖方式，有性生殖是生物界最普遍的一种生殖方式。食用菌的有性生殖和其他真菌一样，包括质配、核配、减数分裂三个不同的时期。质配是两个细胞的原生质体在同一个细胞内融合，细胞质配后形成一个双核细胞，进入食用菌的双核时期。在担子菌类食用菌的生活史中，双核期相当长，期间通过有丝分裂实现菌丝的壮大及积累营养物质并形成子实体。核配是由质配所带入同一细胞内的两个核合成为一个双倍体细胞核。减数分裂则在子实体的担子内进行，在担子内不同交配型的核相互融合，使染色体数目变为 $2n$，经减数分裂后，形成的四个单倍体子核发育成担孢子。食用菌有性生殖可分为同宗配合和异宗配合两大类。

（三）同宗配合

同宗配合是指同一孢子萌发的菌丝间能通过自体结合而产生子代的一种生殖方式。同宗配合是一种自身可孕的有性生殖类型，也就是说由单独一个担孢子萌发出来的菌丝，不需要异性细胞的配对就有产生子实体的能力。同宗配合又分为初级同宗配合和次级同宗配合。

1. 初级同宗配合

含有一个核的担孢子萌发产生的同核菌丝，可以通过双核化产生双核菌丝。这种双核菌丝的细胞核在遗传上没有差异，但具结实能力。初级同宗配合的食用菌菌丝，有的有锁状联合，有的无锁状联合。草菇属于初级同宗配合的食用菌，在草菇的生活史中，有性生殖产生四个担孢子，每个担孢子有一个细胞核。目前认为初级同宗配合的食用菌没有不亲和因子，或控制不亲和性的因子位于同一条染色体上，其作用相互抵消。

2. 次级同宗配合

次级同宗配合的食用菌在减数分裂产生担孢子时，两个可亲和性的细胞核同时进入一个担孢子中，使每个担孢子中含有"＋""－"两个核，每个担子上产生两个担孢子，担孢子萌发后形成的菌丝体属于双核异核菌丝体，具结实性，能产生子实体。双孢菇属于这种类型。1959 年，Evans 在研究双孢菇时发现，双孢菇在形成担孢子时，由于纺锤丝牵拉的方向不同，最后形成的担孢子的可孕性不同，当两个交配型不同的核进入一个担孢子时，该担孢子萌发而来的菌丝具结实性。当两个交配型相同的核进入同一担孢子时，该担孢子萌发而来的菌丝不具结实性，一般具结实性的担孢子占 80%，不具结实性的担孢子占 20%。含有相同交配型的担孢子，无论是双孢还是单孢，必须经杂交后才能完成生活史。

（四）异宗配合

异宗配合是指必须由不同性别的菌丝细胞结合后才能产生子代的一种生殖方式。异宗配合是担子菌、子囊菌类有性生殖的普遍形式，约占 90%。它是一种自交不孕的有性生殖类型，须在两种不同类型的单核菌丝间进行。单核菌丝间存在着不亲和性，这种不亲和性和性别有密切关系，但又有区别。不亲和性是指由不亲和性基因的某种组合而妨碍有性生殖的现象。食用菌的不亲和系统有两种，即单因子控制的不亲和系统和双因子控制的不亲和系统。

1. 不亲和因子的单位点结构

不亲和因子的单位点结构是指单核菌丝间的亲和性是由一个不亲和性因子（A）控制，A位点具有多个复等位基因，如 A1、A2、A3……An。在进行有性生殖时，只有A位点基因不同的两个单核菌丝体交配才能完成整个生活史。

这类菌也要经历质配、核融合、减数分裂三个重要变化阶段。

例如：具有A1基因的菌丝体就不能和另一个具有A1基因的菌丝体配合，但可以和A2、A3……An中的任何一个配合。A因子具有两个作用，一是控制菌丝体融合，二是控制细胞核的迁移。不亲和系由单因子控制的食用菌称为二极性食用菌，它的担孢子萌发而来的单核菌丝只带有成对不亲和基因中的一个，当不亲和基因分别是A1和A2的两种单核菌丝相遇后，相交处便发生融合，接着发生核的迁移，形成异核双核细胞。再由异核双核细胞发育成异核双核菌丝体。该菌丝体具有结实性，能形成子实体。当子实体产生担孢子时，A因子发生分离，形成的四个担孢子中两个是A1，两个是A2。因此，同一品系的担孢子萌发而来的单核菌丝间杂交，杂交可孕率为50%，如大肥菇。按性模式表示的二极性食用菌的生活史如图5-11所示。

```
   同核体        双核体        二倍体
       质配          核融合         减数分裂
  A1 × A2  →  （A1 + A2）  →  A1A2  →  形成 A1、A2 两类 4 个担孢子
```

图 5-11　二极性食用菌的生活史变化

2. 不亲和因子的双位点结构

不亲和因子的双位点结构，即双因子控制的不亲和系统，它是指食用菌单核菌丝间的亲和性由A、B两个遗传因子控制。在交配过程中，A因子控制着细胞核的配对和锁状联合的形成，B因子控制着细胞核的迁移和锁状联合的融合。A、B两因子位于不同的染色体，是非连锁的遗传因子，A、B不亲和因子均具有复等位基因。比如，A位点可用A1、A2、A3……An，B位点可以用B1、B2、B3……Bn，曾有人报道一个位点可能有100多个复等位基因。

不亲和系统由双因子控制的食用菌，也称为四极性食用菌。由担孢子萌发而来的单核菌丝，带有成对不亲和基因中的一个，不亲和基因不同，如一条菌丝是A1B1，另一条菌丝是A2B2，它们之间能进行杂交，其结果是产生一个可孕的双核体（A1B1 + A2B2），这个双核体能形成子实体，所形成的担孢子有四种基因类型，即A1B1、A2B2、A2B1、A1B2。这四种孢子的数目大致相同。

一个位点或两个位点相同的两种单核菌丝不能正常杂交。因此，四极性食用菌，同一品系所产生的担孢子之间进行近亲繁殖时，理论上杂交成功率只有25%。

按生殖模式，四极性食用菌的生活史变化可表示为图5-12。

在标准的四级性食用菌如白参菌或香菇的单核菌丝杂交时，将不同交配型的单核菌丝A1B1、A2B2、A2B1、A1B2分别培养好，进行对峙培养，结果出现四种反应类型。

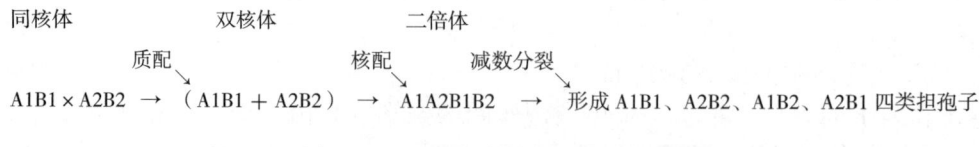

图 5-12　四极性食用菌的生活史变化

可见，当 A、B 因子特异性数很大时，群体中担孢子随机配对的亲和率就接近于 100%。目前已研究过的大多数担子菌品种间的杂交表明，无论是二极性食用菌还是四极性食用菌，不亲和性因子都有广泛的复等位基因的性质。从不同的地区采集的子实体，其控制亲和性的等位基因是不同的或者可以说差异很大，那么它们之间杂交亲和率就很高。

总之，食用菌的生殖方式包括无性生殖和有性生殖，并且在自然条件下，有性生殖是它的主要生殖方式。在有性生殖过程中异宗配合是担子菌、子囊菌类的普遍形式，约占 90%。这些菌类进行有性生殖时要经历质配、核融合、减数分裂三个重要变化阶段。这是食用菌杂交育种的基础，有着重要的实际应用意义。

在食用菌的菌种选育中采取杂交育种（孢子杂交）有利于亲本的优良性状的基因交配重组，表现出相似双亲或优于双亲的优良性状，如抗性强、产量高、营养高、颜色美、形态美、风味佳、保健好等。

另一方面，在自然条件下和人工育种中，食用菌的孢子不同于植物的"种子"，不能直接当"种子"撒到田地里栽培出菇，因为大多数食用菌孢子杂交要完成质配过程才能有结实性，即栽培长出子实体进行出菇。否则，孢子育种就会失败，耽误栽培或损失惨重。只有经过科研机构进行的孢子杂交选育出的优良菌种，才能用于实际生产推广栽培。

优良菌种才能获得高产

关于孢子杂交育种的详细内容参考育种途径，在此不再详述。

第二节　食用菌的引种及菌种分离

一、引种与育种的区别

引种就是从外地或外单位购买菌种；育种是自己或本单位通过母种分离技术而培育出的菌种（一般是一级母种）。

食用菌菌种分为一级菌种（又称母种、试管种）、二级菌种（原种）、三级菌种（又称为生产种、栽培种），栽培者应根据自己的实际能力、条件再决定引进哪一级的菌种。引种可以是一级菌种，也可以是二级、三级菌种。如果引种是一级菌种，需要自己扩大培养成二级菌种，再扩大培养成三级菌种，可以用于栽培生产。这需要投资购买制菌种的设备，要有懂技术的操作人员。

如果条件不具备，就要直接引种三级菌种，就不需要自己扩大培养了，可以直接用于栽培生产。

育种则需要自己完成母种分离纯化过程，形成具有稳定遗传形状的、能够用于栽培生产的菌种。因要求一定的生产设备、操作环境和懂技术的人员，一般由科研机构、高等院校的科研人员来完成。

二、引种应注意的事项

近年来我国食用菌栽培面积不断扩大，菇农对菌种的需求量快速增加，出现了大量的食用菌母种引种现象。

食用菌同其他农作物一样，纯、优菌种尤为重要，因为菌种的质量直接关系到产量的高低和栽培的成败。菌种质量好，加上合理、熟练的栽培管理技术，就容易获得高产稳产；菌种质量差，难以获得高产，甚至绝收。

食用菌生产中有句俗语：有收无收在于种，收多收少在于管。因此，优质的食用菌菌种是广大菇农栽培食用菌获得高效益的先决条件。

食用菌母种引种应注意的事项如下。

1. 注意菌种特性及品种选择

品种的好坏，是栽培成败的关键。因为品种同当地的气候、栽培原料、市场需求等都具有直接的联系。栽培者必须了解清楚，才能决定所引的品种。引种时要通过母种生产单位了解母种的菌龄、培养基类型以及该菌种的种性，这些在母种转管时是非常重要的。引种时，一定要向菌种厂家、单位了解该品种的代数和菌龄情况，因为代数的多少是影响产量和质量的关键。代数越多菌种质量越差。代数鉴别：从优质的菌种子实体分离到 PDA 培养基的试管上为第一代母种，以后每转管 1 次为一代，母种以第二、第三代最佳。

引种前应该多咨询，请专家指导，做好市场调查，避免走弯路。要了解所引品种的特性、栽培技术，同时注意南北品种、地理、气候的差异，有条件的应实地考察，看好了再引种。

2. 先试验再扩大生产

不管引进的品种如何，都应做小面积出菇实验，认为是本地理想的品种，再进行大面积栽培。这样可以观察它的生活习性、适应性、抗逆抗杂性等，减少不必要的损失。

3. 选择引种渠道，把控菌种质量

为获得质量好、性状优良、资料全面的品种，对生产者来说，最有效的途径是直接从育种者和专业菌种保藏及生产部门获取菌种，特别是那些不具备菌种质量检验的小型菌种厂或菇农生产的菌种，质量不可靠没有保证。需要特别注意的是，菇农引种时一定不要被虚假广告误导。

4. 环境与原料

不同的环境，不同的原料配方也会引起品种的变异，这是栽培者在生产中必须注意的问题。

菌种质量的好坏是关键，但科学管理也不可忽视。正所谓三分种七分管。食用菌生长发育受如下六个因素的影响：营养调节；温度，有菌丝温度、子实体温度、料内温度和空气温度之分；湿度，有菌丝和子实体的料内水分及空气湿度之分；pH（即酸碱度）应根据各个菌株的要求进行调节。另外就是空气和光照。总之，只要栽培者在引种前多看些资料，多做些咨询，多学些科技知识，多了解科技信息，在生产过程中不断总结经验，相信一定会取得很好的经济效益。

三、菌种分离的意义及方法

（一）菌种分离的意义

在自然界里，食用菌都不是单独存在的，而是和许多细菌、放线菌、霉菌等生活在一起的。所谓菌种分离，就是把这些和食用菌一起生活的杂菌分离出来，通过培养，获得纯的优良菌种。菌种质量的好坏直接影响栽培的成败和产量的高低，只有优良的菌种才能获得高产和优质的产品，因此生产优良的菌种是食用菌栽培的一个极其重要的环节。

根据菌种的来源、繁殖代数及生产目的，如上所述把菌种分为母种、原种和栽培种三类。这里重点介绍母种的分离纯化方法。

（二）食用菌母种分离的方法

母种即从孢子分离培养或组织分离培养获得的纯菌丝体。生产上使用的母种实际上包括引种或选育的母种，又称一级菌种。母种既可繁殖原种，又适于菌种保藏。

食用菌母种的分离，可分为组织分离法、孢子分离法以及基内菌丝分离法等。

1. 组织分离法

组织分离法是利用子实体内部组织或菌核、菌索来分离获得纯菌种的方法。食用菌的子实体具有很强的再生能力，因此，只要切取像黄豆大小的菇体组织，把它移接到培养基上，就能获得纯菌丝体（图5-13）。该法操作简便，菌丝生长发育快，品种特性易保存下来，特别是杂交育种后，优良菌株用组织分离法能使遗传特性稳定下来。

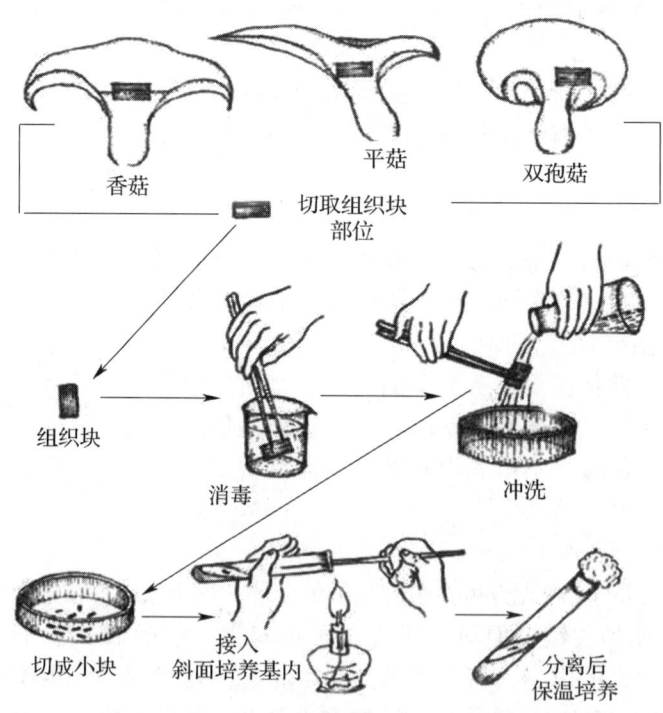

图5-13 组织分离法制母种操作过程

组织分离法根据不同材料，有以下三种方法。

（1）子实体组织分离法　种菇要选朵大盖厚、柄短、八九分成熟的优良品种。而双孢菇、草菇、竹荪则要选菌膜或菌托将破而未破时的，因这样的种菇发育已成熟，子实层又未被杂菌污染。选好种菇体后，在无菌箱内以75%酒精液浸洗3~5s，再用无菌水冲洗并擦干或用75%酒精棉球擦拭菌盖与菌柄2次，进行表面消毒。接种时，只要将种菇撕开，在菌盖和菌柄交界处或菌褶处，挑取一小块组织移接到PDA培养基上，置于25℃左右下培养3~5d，就可以看到组织上产生白色绒毛状菌丝，待菌丝长满斜面，转管扩大即得到菌种。

（2）菌核组织分离法　某种真菌的菌丝体常集成块状或索状，形成块状的称为菌核，形成索状的称为菌索。菌核或菌索是真菌对不良环境的一种适应形式。著名的中药材茯苓、雷丸和猪苓皆是这些真菌的菌核。茯苓大多生长在松树根旁，其外壳主要由密集交织的菌丝体组成，菌核中部有粉质的贮藏物质。由于菌核中的菌丝具有很强的再生能力，因此，菌核可用作菌种的分离材料。此外，茯苓菌核还可用作生产上的"种子"。

用作分离的菌核要求个体大、饱满健壮、无虫斑及杂菌的新鲜个体。分离前要先准备好解剖刀、接种针、PDA培养基及其他无菌操作必备物品。分离时将菌核冲洗干净，并用纱布擦干残留水分后放入接种箱，用75%酒精进行表面消毒，用经火焰灭菌的解剖刀，把菌核对半切开，取中间组织一小块，接种在PDA培养基斜面上25℃培养。

用菌核作分离材料时，所挑取的组织块应比子实体组织分离的略大一些，因为菌核组织是一个贮藏器官，其中大部分是贮藏物质（茯苓聚糖），菌丝数量较少，若组织块太小，则分离不易成功。

（3）菌索组织分离法　有一部分子实体不易找到，也没有菌核，可以用菌索进行分离。蜜环菌、发光假蜜环菌、安络小皮伞等是菌索产生菌。菌索由菌髓和菌鞘两部分组成。菌索的表面是由排列紧密的菌丝联合而成，呈深褐色，有角质化的菌鞘，它对不良环境有较强的抵抗力。菌髓是一种白色的似薄壁细胞组织，是组织分离所需的部分。菌索一般很长但极细，如安络小皮伞的菌索粗0.5~1.0mm，但长达100cm以上。

蜜环菌和假蜜环菌的菌索在生长时会发出波长约530nm的蓝绿色荧光，菌索的生长活力与荧光强度成正比，菌索老熟时不再发光。因此我们可以根据菌索能否发光或发光强弱来判断菌索的死活及其生长强弱。

在野外采种做菌索分离时，要选取尽量粗壮和无虫蛀的菌索。

菌索组织比较细小，在分离时极易污染，为提高分离的成菌率，在培养基中加入青霉素或链霉素作抑菌剂，其浓度一般为40mg/L（配制时在1000mL培养基中加入1%青霉素或链霉素4mL即可）。

组织分离法属于无性生殖，能保持原有菌种的优良种性，方法简单易行，取材广泛，野外采种时常用此法。但有的菇类，如红菇、乳菇等食用菌，它们的菇体细胞已孢囊化，再生力极弱，又如银耳和黑木耳等胶质菌，在它们的子实体中菌丝含量极少。因此，这些食用菌一般不采用组织分离法。

2. 孢子分离法

同一食用菌品种经过四年以上栽培就会表现出一些退化现象，如出菇迟、长势弱、转潮慢、产量不高等。通过有性生殖所产生的孢子进行母种繁殖是解决种性退化的一条有效途径。孢子分离法是利用食用菌的有性孢子或无性孢子萌发的菌丝培养成菌种的方法。成熟的孢子能自动从子实层中弹射出来，在无菌条件下，使孢子在适宜的培养基上萌发、生长成菌丝体，从而得到纯菌种。按分离时挑取孢子的数目不同，孢子分离法可分为单孢分离法和多孢分离法。

（1）单孢分离法　每次或每支试管只取一个担孢子，让它萌发成菌丝体来获得纯菌种的方法。双孢菇和草菇用单孢分离得到的菌丝，有结实能力，可采用此法分离生产纯菌种。常见的单孢分离法有以下两种：

① 平板稀释法：挑取少许孢子在无菌水中形成孢子悬浮液，取几滴涂于培养基上，用无菌玻璃三脚架推平。经48～72h后，镜检孢子萌发情况。在单个孢子旁做好标记，然后将其转接到斜面培养基上，待菌落长到1cm左右时进行镜检，观察有无锁状联合，初步确定是否是单核菌丝。

② 连续稀释法：挑取一定量孢子，经连续稀释后，直到每滴稀释液中只有一个孢子，然后滴入试管中保温培养。当发现单个菌落时，转到新试管中继续培养，并通过镜检以确定是否为单孢菌落（图5-14）。

进行单孢子分离后，在人工控制的条件下，使两个优良品系的单孢子进行杂交，从而培育出新品种。

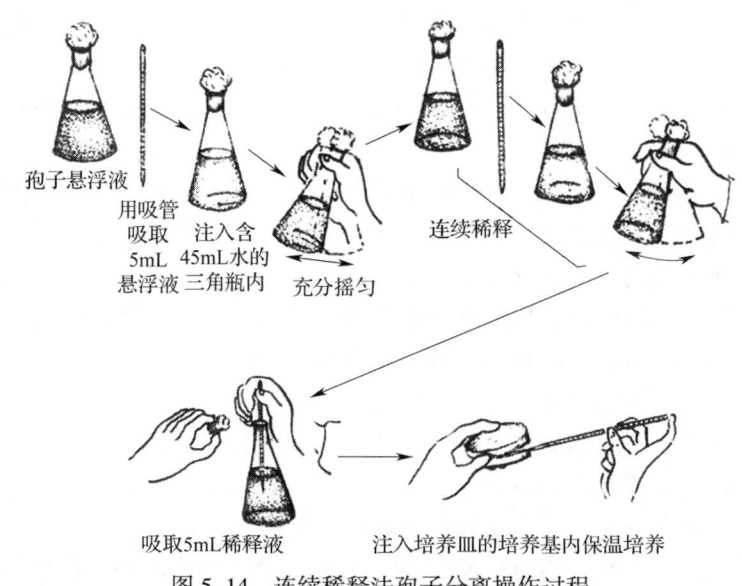

图5-14　连续稀释法孢子分离操作过程

（2）多孢分离法　食用菌如香菇、银耳、黑木耳等由于孢子有性别之分，单孢子分离得到的菌丝不能结实，所以，只在育种上采用，生产上很少采用。多孢子分离法，是把许多孢子接种于同一培养基上，让它们萌发，自然交配而获得纯种，按采集孢子的方法不同，可分为以下几种。

① 种菇孢子弹射法（孢子印法）：即将整只成熟度适当的优良个体在无菌操作下，插入无菌孢子收集器（图5-15、图5-16）内，置适温下让其自然弹射孢子。伞菌类常用此法采得孢子。分离前，首先要准备好孢子收集器和进行接种箱的消毒。作种用的菇，要从幼小时开始选择，根据种菇的特性要求，选定数只做好标记，至成熟度适当时采下，香菇要求九分成熟，菌盖边缘平展；而双孢菇、草菇、鸡腿菇则要选菌膜将破露出菌褶（开伞）时，可收集到孢子。

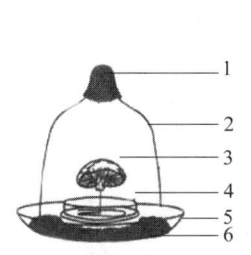

图 5-15 孢子收集器

1—消毒棉塞 2—玻璃钟罩 3—种菇
4—培养皿 5—瓷盘 6—浸过升汞水的纱布

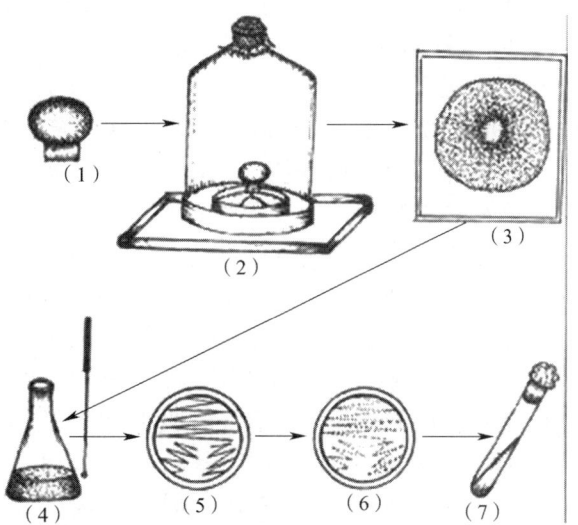

图 5-16 种菇孢子弹射法（孢子印法）流程

（1）消毒子实体（2）孢子收集器（3）孢子印
（4）无菌水稀释（5）平板培养（6）鉴定（7）培养目标菌落

不同种的食用菌，其孢子颜色是不相同的。如双孢菇的孢子是棕色的，香菇、平菇的孢子是白色的。孢子印除了可以看出孢子成堆的颜色外，还可鉴定出该菌盖的开关和大小，菌柄在菌盖上的着生位置（中生、侧生或偏生），菌褶的形态（如菌褶是管状的孢子印有圆点状，菌褶片状的孢子印有线条状），菌管或菌褶的稀密，以及菌褶的长短，厚薄等特征。这些特征可用作分类鉴定的依据（图 5-17）。

待孢子落下后，仍将孢子收集器（连同种菇一起）放

图 5-17 孢子印

入无菌箱内，在无菌操作下将种菇连同金属架一起拿掉，把培养皿盖好，暂时不用的要用透明胶带纸封好，以免杂菌感染。制种时，用无菌操作，将平皿中的孢子用无菌水进行稀释，然后接入 PDA 培养基中，放适宜温度下培养，待其萌发再挑取单个菌落进行培养即成。但就目前的水平，尚不能完全从菌丝的生长情况、菌落形态等外部特征来判断菌种的好坏，而需做生物鉴定，即出菇试验选用菌种。

因子实体孢子弹射量大，接种操作简易，在栽培专业户中推广孢子分离提纯复壮技术是可行的。这种菌种生活力较强，但孢子个体之间有差异，且自然分化现象较严重，变异大，需经出菇试验才能在生产上应用。

② 褶上涂抹法：取成熟的伞菌，切去菌柄基部，在接种箱内用 75% 酒精将菌盖、菌柄进行表面消毒，然后经用火焰灭过菌的接种环直插两片菌褶之间，并轻轻地抹过菌褶表面，此时接种环上就粘有大量的孢子，可用划线法将孢子涂抹于试管斜面上或平板上，放适宜温度下培养数天，即会萌发成菌丝。这一方法要注意在操作时尽量勿使接种环碰到暴露在空间的菌褶部分，以免杂菌污染。野外采集常用此法取得菌类孢子。

③ 钩悬法：该法常用于不具菌柄的食用菌子实体的孢子采收，如银耳、黑木耳等。首先要准备好无菌水一瓶，无菌烧杯（250mL）两只，无菌纱布数块，装有约 1cm 厚 PDA 培养基的三角瓶（100~150mL）数只，金属钩数只，医用镊子及接种箱内必备物品。操作时选取生长健壮、八至九分成熟（耳片充分展开，尚有弹性）的健壮子实体，用小刀割下，削去耳根及基质碎屑，用干净白纸包好，至接种箱烧杯中，倒入无菌水洗涤，然后用无菌水冲洗数次，用无菌纱布吸干水，夹在纱布内，取金属钩蘸上酒精经火焰灭菌，待冷却后将钩的一端钩住经处理的耳片，然后把另一端钩住三角瓶口（注意耳片不要接触培养基表面，以免感染杂菌），塞上棉塞，放适温下培养 1~2d 后，即可看见培养基表面有一层白色孢子，此时将钩及耳片在无菌条件下取出，孢子可保存备用（图 5-18）。

④ 贴附法：按无菌操作将成熟的菌褶或耳片取一小块，用熔化的琼脂培养基或阿拉伯胶、糨糊等贴附在试管斜面培养基正上方的试管壁上。经 6~12h 的培养，待孢子落在斜面上，立即把孢子连同部分琼脂培养基移植到新的试管中培养即可（图 5-19）。

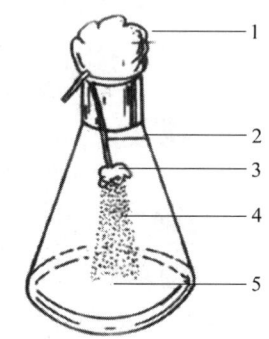

图 5-18 悬钩法收集孢子
1—棉花塞 2—铁钩
3—小块种耳 4—弹射的孢子 5—培养基

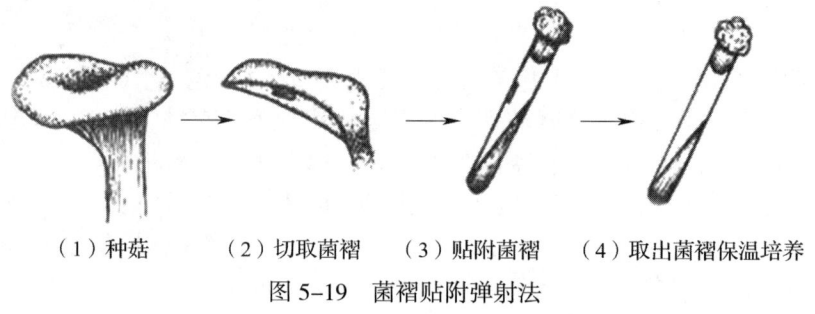

（1）种菇　　（2）切取菌褶　　（3）贴附菌褶　　（4）取出菌褶保温培养

图 5-19 菌褶贴附弹射法

孢子分离得到的母种必须进一步提纯复壮，当母种定植 1 周左右，菌丝布满斜面时，选择菌丝健壮、生长旺盛无老化、无感染杂菌的母种试管，进而转管扩大，一般到栽培种转管不宜超过 5 次。一般菌类如双孢菇、平菇、凤尾菇、香菇、冬菇和草菇等，都可用多孢分离法获得母种。

孢子分离法属于有性生殖，后代易发生变异，可用此法培育新品种，但分离过程较复杂，目前仅适用于胶质菌类和小型伞菌。孢子分离法分离的菌种生活力较强，但孢子个体之间有差异，且自然分化现象较严重，变异大，须经出菇试验才能在生产上应用。

3. 基内菌丝分离法

利用食用菌生育的基质作为分离材料，来得到纯菌种的一种方法，称为基内菌丝分离法。可分为材中菌丝分离（即菇木或耳木分离法）及土中菌丝分离法等。

（1）材中菌丝分离法　也称菇木或耳木分离法，为了减少杂菌的感染，菇（耳）木在分离之前，必须进行无菌处理。可以把菇（耳）水表面用酒精灯火焰轻轻烧过，以烧死霉菌的孢子，或再用0.1%的升汞水浸泡几分钟，然后用无菌水冲洗，再用无菌滤纸吸干。接种块切取时应注意，接种块必须在该菌菌丝分布的范围内切取。所以，菌丝生长缓慢的种类应浅取；菌种生长快的种类可以深取。同时，还应根据菌菇的种类、木材质地、菇（耳）木粗细、发育时间的长短来确定菌丝分布的范围，然后用一把利刀进行切取。接种块应尽量小些，以减少杂菌感染机会，提高菌种的纯度。接种块移到培养基上，就应该放到适合菌丝生长的22～26℃的温室或温箱中培养，使菌丝恢复生长。

（2）土中菌丝分离法　用土中菌丝分离法获得纯种的方法，称为土中菌丝分离法。食用菌种类很多，许多土生的食用菌，孢子不易萌发，组织分离也不易成功，则用此法获取菌种。土中菌丝分离时要注意，由于土中菌丝体的周围生活着多种多样的土壤微生物，因此分离时必须尽可能避开这些微生物的干扰，尽可能获取清洁菌丝索的尖端、不带杂物的菌丝接种，反复用无菌水冲洗，在培养基中加入一些抑制细菌生长的药物，如每毫升培养基加50～100单位的链霉素或金霉素。如发现感染细菌，可以把菌落边缘的菌丝挑出来，接种到木屑培养基中。因细菌没有分解木质素的能力，因此在木屑培养基中不易扩展，只局限于接种处。待菌丝长出感染区后，就可以再进行扩大提纯了。

（3）子实体基部分离法　从瓶栽、袋栽或大床栽培的子实体基部分离出新菌丝的方法，称为子实体基部分离法，现以袋栽银耳、黑木耳为例说明。

从出耳早、出耳率高、无病虫害的栽培室中选择生活力最强的幼耳5袋，移到气候温和、有散射光的野外场所进行后期培养，以增强菌丝体的生活力。经培养7～10d后，待子实体直径达4～5cm时便可取回作为分离的母体。再从中筛选最理想的一朵，用利刀割掉银耳子实体，然后用75%酒精擦洗耳基和袋子外边的杂质，连同接种工具、接种培养基等移进无菌室。经灭菌后，用接种刀把袋口上部约15mm厚的老菌根挖除，并进行培养。待袋口露出白色菌丝时，用接种针挑取一块半粒米大的白色的菌丝体，迅速移入母种试管培养基的中央，轻轻地脱去接种针，塞上棉塞。为了能够获得较多的母种，一次接种量要有100～200支试管，以便从中选择。分离后应及时移入22～24℃温箱或温室中培养。由于培养基内水分较多，菌丝恢复要比耳木分离得快。经2～3d后，分离物的边缘就可看到白色菌丝。每天要至少观察两次，以便提纯。观察、提纯方法与耳木分离法相同。经适温培养10～15d后，当接种块扭结团出现红、黄色水珠时，即可扩大原种。

基内菌丝分离法比较适宜只有在特定的季节才出现而且是不易采得的子实体，有些子实体小而薄，用组织分离法和孢子分离法处理较困难时也可采用该法。另外，还有一些菌类如银耳菌丝，只有与香灰菌丝（香灰菌在银耳栽培中的作用就是起一个伴生菌的作用，香灰菌丝可以把银耳菌丝无法直接利用的木材变成可被利用的营养成分，这样就有利于银耳担孢子的萌发、菌丝的定植和生长）生长在一起才能产生子实体，如果要同时得到这两种菌丝的混合种，也只能采取基内菌丝分离法进行分离。

（4）基内菌丝分离法的注意事项

① 基内菌丝分离法（菇木分离法）与组织分离法不同之点是干燥的菇木或耳木中的菌丝常呈休眠状态，接种后有时并不立刻恢复生长。因此，有必要保留较长的时间（约1个月），以断定菌丝是否能成活。

② 有些子实体小而薄或子实体已腐烂，用组织分离法和孢子分离法较困难，但又必须保留或需要该菌种。必须采取此方法，但基质内污染率高，注意需要多次纯化。

③ 还有一些菌类如银耳菌丝，只有与香灰菌丝生长在一起才能产生子实体，如果要同时得到这两种菌丝的混合种，也只能采用基内菌丝分离法进行分离。

④ 必须做出菇试验：包括测定菌丝生长速度、吃料能力、菌丝形态特征、生理生态特性、出菇速度、菇体形态特征、产量、质量等。

第三节　食用菌的主要育种途径

食用菌生产中的"种子"即菌种优良是保证稳产、丰收的基础。菌种质量的好坏直接影响栽培的成败和产量的高低，只有优良的菌种才能获得高产和优质的产品，因此选育优良的菌种是食用菌栽培一个极其重要的环节，必须认真做好菌种的选育工作。将从自然界现有的菌株通过人工的定向选择。培育新品种的方法称为选种。将经诱变、杂交及现代生物技术等方法改变个体的基因型，培育新品种的过程称为育种。

一、自然选种

在自然条件下，人们经过长期仔细的观察，有意识地通过人工定向选择，不断去劣存优，逐步获得所需要的生物类型，包括野生食用菌的驯化，食用菌的异地引种等自然选择的方法。

1. 品种资源的收集

尽可能收集足够数量的有代表性的野生及栽培菌株。确定采种的目标，然后进行采集，并做好记录。

2. 纯种分离

采到菇（耳）后，尽快以组织分离、菇（耳）木分离、单孢分离等方式获得纯种菌丝体。

3. 生理性能测定

样品采集后分离获取纯菌株，然后进行拮抗实验、菌丝生长速度测定等检测。

对分离到的不同菌株间能产生拮抗反应的食用菌，可以通过在平板上进行拮抗试验，淘汰完全融合（基因型相同）的重复菌株。同时在平板上对各菌株的菌丝生长速度、生长势、对温度的反应等加以测定，以便对其生理特性有初步了解。

4. 菌株品比试验

对试验菌株进行栽培比较，严格控制试验条件，尽可能地保证菌种质量、培养基配方、接种、管理等影响因素的一致，记录各菌株的产量、形态特征、干鲜比、对温度的要求等。应根据实际情况，选用瓶栽、畦床、压块或段木栽培等方式比较各菌株的生产能力。

5. 扩大培养

与当地现有品种进行中试比较试验。为了比较各野生菌株的优劣，在品比试验的基础上，除应严格单收单记各菌株的产量外，还应对菇形、温性、干鲜比、始菇期等形态、生理和栽培特性进行详细记载，再进行重复性的扩大规模培养。

6. 示范推广

在大面积推广之前要先进行示范推广,便于新品种在生产上应用,然后再推广进行规模化栽培。

二、诱变育种

诱变育种就是人为地利用物理、化学等因素诱导其发生遗传性的变异,从而选择培育新品种的方法。

一般是利用物理或化学因素处理细胞群体(孢子或菌丝体),促使其中少数细胞遗传物质的分子结构发生变化,从而引起其遗传变异,然后依据育种目标从群体中选出少数具有优良性状的菌株。

(一)诱变育种的流程

诱变育种的一般流程为:菌株→制备孢子悬液(活菌计数)→诱变处理(活菌计数并求出成活率)→涂布培养皿(观察形态变异的菌落并计算突变率)→排菌移植(初筛)→斜面传代(复筛)→试验、示范、推广。

(二)诱变剂及其效应

按照引起变异的作用机理不同,诱变剂又可分为物理诱变剂、化学诱变剂和生物诱变剂三种。

1. 物理诱变剂

物理诱变是指利用超声波、高温、激光、各种射线(包括紫外线、X射线、γ射线、快中子、α射线、β射线)等物理因素诱导真菌发生变异的方法。其中应用较普遍的有应用紫外线、γ射线、X射线等辐射育种。

2. 化学诱变剂

化学诱变是指利用化学试剂诱导真菌发生遗传性的变异的方法。常用的化学试剂有芥子气类的氮芥类、硫芥类化合物,次乙亚胺、环氧乙烷、烷基磺酸盐类和烷基硫酸盐类,如甲基磺酸乙烷(EMS)、乙基磺酸乙烷(EES),二甲基硫醚(DMS)等;亚硝基烷基化合物,如亚硝基甲基脲(NMU),亚硝基乙基脲(NEU);另外还有高分子化合物长春碱、石蒜碱等。

化学诱变剂的作用机理主要表现在以下两方面。

(1)碱基置换 即DNA分子中的一对碱基被另一对碱基所置换。

(2)移码突变 移码突变是指DNA链上失去或增加一个或几个碱基造成的mRNA的阅读框的改变,无论前译或后译,所翻译出的蛋白质都会出现错误。造成移码突变的诱变剂,主要是一些吖啶类物质,如吖啶黄、吖啶橙、2-氨基吖啶等。这类化合物的分子结构与核酸中的碱基很相似,能插入DNA两相邻碱基对之间,造成DNA碱基对上碱基的添加或缺失,在DNA复制时,这就会使突变点以下的三联体密码子改变而发生突变。移码突变的结果将引起该段肽链的改变,而肽链的改变将引起蛋白质性质的改变,最终引起性状的变异,严重时会导致个体的死亡。

3. 生物诱变剂

生物诱变剂应用较少,它实际上是一段DNA片段,如转座因子,Is、Tn、Mu。此外还有其他的诱变因素,如抗生素、除草剂、脱氧核糖核酸等。当这些诱变剂渗入生物细胞后，便可作用于遗传物质 DNA，改变细胞遗传物质的正常结构。

诱变育种的效应是产生突变，不同的诱变剂其作用机理及引起的生物学效应是不同的。突变包括染色体畸变和基因突变两大类。基因突变指的是 DNA 中的碱基发生变化，即点突变。染色体畸变指的是染色体或 DNA 片段发生缺失、易位、逆位、重复等。每种生物的每个细胞都有一定数目染色体，各个染色体的形状也是恒定的。所以如果它们的数目和结构改变了，就会出现可遗传的变异。

（三）诱变育种需要注意的问题

1. 诱变剂的选择

根据需要选择诱变方法和诱变剂。

2. 出发菌株的选择

选用对诱变因素较为敏感的菌株。

3. 诱变对象的状态

选择一般药用真菌诱变育种不处理双核菌丝，而是处理其单核孢子，一般处理刚萌发的孢子，因其比较敏感，诱变效果好。

4. 诱变剂量的确定

各种诱变剂有不同的剂量表示方式。物理诱变与剂量、时间有关。化学诱变与剂量、浓度、作用时间及温度有关。在药用真菌育种中经常采用杀菌率作为诱变剂的相对剂量。杀菌率计算公式如下。

$$杀菌率（\%）= \frac{处理前活细胞数 - 处理后活细胞数}{处理前活细胞数} \times 100\%$$

一般采用 70%～75% 的剂量。因为一个合适的剂量，既要扩大变异幅度，又希望能使变异向要求方向倾斜。正变多出现在使用偏低剂量时，而负变则多出现在使用偏高剂量时。

5. 诱变结果的确定

可以根据经验从形态、生理特征等与产量和药效成分的关系来判断。

（四）诱变育种的常见方法

近年来，食用菌育种发展较快，我国利用诱变突变已选育出平菇、香菇、木耳、猴头菇、双孢菇、金针菇等食用菌的优新品种，常见的诱变方法有以下几种。

1. 紫外线诱变

紫外线诱变育种是较为简单的一种诱变育种方式，其最适宜的诱变对象是单细胞、单核个体。李德舜等曾经利用紫外诱变处理平菇"山大1号"菌株的担孢子获得了理想的新品系。此外，通过对特定的菌丝原生质体的紫外诱变，也获得了稳定性较好、生物量较高的姬松茸、灰树花和猴头菇等的诱变菌株。

2. 辐射

辐射育种是利用γ射线等混合射线诱发其基因突变，获得有价值的新突变体，从而育成优良品种，常见的太空育种就是成功的例子。

3. 激光诱变

激光对生物体作用的研究已有 40 多年的历史。随着研究水平的深入，目前认为，激光对生物体的影响主要是由于其热、压力、光和电磁场等几方面的效应。其中，热效应引起酶失活、蛋白质变性，导致生物的生理、遗传变异；压力效应使组织变形、破裂，引起生理及遗传变异；电磁场效应是由产生的自由基导致 DNA 损伤，引起突变；而光效应则是通过一定波长的光子被吸收、跃迁到一定的能级，引起生物分子变异，进而导致遗传变异。激光诱变育种作为现代农作物育种技术的一项高新技术，由于其具有正变率高、遗传稳定性好的特点而被应用于食用菌育种研究中。

4. 离子注入诱变

离子注入诱变是利用离子注入设备产生高能离子束并注入生物体引起遗传物质的永久改变，然后从变异菌株中选育优良菌株的方法。离子束诱变育种与传统的辐射法及化学诱变剂相比，具有损伤轻、突变率高、突变谱宽、遗传稳定、易于获得理想菌株等特点。目前这项技术在我国食用菌的育种中应用较少。

5. 空间诱变

空间诱变育种是指利用返回式卫星或高空气球将农作物种子或食用菌的孢子带到太空，在太空特殊的环境（空间宇宙射线、微重力、高真空、弱磁场等因素）作用下引起生物染色体畸变，进而导致生物体遗传变异，经地面种植选育新种质、新材料培育新品种的太空育种新技术。目前我国已经进行了香菇、平菇、黑木耳、金针菇、灵芝等食用菌的空间诱变试验。

诱变育种中出发菌株的选择、诱变对象所处的状态、诱变剂的使用及剂量都会影响诱变效果。一般来讲，选择经自然选育并应用于生产、性状稳定、综合性状优良而仅有个别缺点的、辐射敏感性强的菌株作为亲本，从而达到理想的诱变效果。

（五）诱变处理后的筛选

诱变剂处理后，在群体中将会出现各种各样的突变类型，如抗药性突变、形态突变、温度突变以及各种生理生化突变型等。要想得到特定表型效应的突变型，需要采用不同的筛选方法进行筛选。经过初筛和复筛，便可选出较为理想的优良菌株。

诱变选育是工业微生物（包括食用菌）菌种选育的常用方法，主要是为了达到提高生产中的产量及改良品质的目的。虽然采用合适的筛选方法诱变育种可以获得高产菌株，但不能达到定向育种的目的。而且，长期使用诱变剂处理会使菌种生活能力逐渐下降，比如生长周期延长、代谢减慢等。因此，有必要进行杂交育种来提高菌种的生产性能。

三、杂交育种

食用菌的杂交育种是遗传物质在孢子萌发的菌丝（细胞）水平上的重组过程，所以又称为孢子杂交育种。杂交育种只适合同种之间或同种同品系之间的杂交，种间或属间的杂交，在自然情况下是不可能的。

由于食用菌能产生有性孢子，因此原则上都可以像高等植物那样通过有性孢子的有性杂交进行育种，从而获得综合双亲优良性状的新品种。但又不同于高等植物的杂交，食用菌的杂交育种是在"孢子-菌丝体"水平上进行的。

（一）食用菌杂交育种的特点

杂交是指不同遗传类型之间的交配，使遗传基因重新组合，创造出兼有双亲优点的新品种。杂交育种是目前食用菌新品种选育中使用最广泛、收效最明显的育种手段，我国多年来，通过杂交育种培育出香菇、金针菇、黑木耳等食用菌新品种并陆续投入生产，使我国迅速发展为食用菌生产大国。

食用菌杂交育种的特点有以下几点。

（1）单核菌丝是基因重组的产物，具有丰富的基因型，但单核菌丝的表型性状却非常少。因此，用以杂交的单核菌丝不能太少，否则会漏掉携带优良基因的单核菌丝。

（2）单核菌丝可独立地进行无性生殖，作为育种材料进行保存，可大大减少工作量，缩短育种程序。

（3）食用菌单核菌丝的配对杂交可以在室内进行，杂交育种不受时间限制。

（4）一旦从杂交子中筛选到具结实性，且各方面表现优良的菌株菌丝体，便可通过无性生殖保持菌株的优良特性，无需年年制种（少数品种易退化除外）。

杂种优势是生物界普遍存在的现象，表现为杂种一代在生长势、生活力、抗逆性、产量和品质上明显超过双亲。杂种优势并不是某一两个性状单独表现突出，而是许多性状综合表现突出。在栽培菇类中，杂种优势通常表现为菌丝生长旺盛、出菇较早、菇体较大或较小、菌盖较厚较美观、出菇整齐、品质优良等优良性状。

（二）杂交育种的主要流程

杂交育种的一般流程为：亲本菌株→分离单孢（用单孢分离器或平板稀释等方法获得单孢）→配对杂交（将各单个担孢子萌发生成的单核菌丝在平板上分别两两配对）→杂种鉴定（通过标记、回交等方法鉴别杂种）→初筛（通过小型栽培试验淘汰多数表现一般的菌株）→复筛→扩大试验→示范、推广。

（三）常见的杂交方式

由于食用菌能产生有性孢子，因此实际上是通过孢子有性杂交育种，从而获得综合双亲优良性状的新品种。食用菌杂交育种包括单孢杂交、双单杂交和多孢杂交三种方法。

1. 单核菌丝配对交配方式（单孢杂交）

在食用菌育种中，通常采用单孢子萌发的单核菌丝配对形式，即从子实体中收集得到单孢，将不同基因型和生态型的单核亲本两两交配，当两条可亲和的单核菌丝接触，发生质配后，两个异核在一个共同的细胞质中，然后发生"锁状连合"形成双核菌丝，经过鉴定或出菇试验确定它们有结实性，并有稳定的优良性状，即为生产上能用的菌种。

通过单孢杂交实现亲本遗传物质的组合和交换以产生新的种质，在我国食用菌育种、特别是香菇菌种的选育上成就瞩目。目前，我国香菇生产中相当数量的菌种都来源于单孢杂交育种。

2. 单核菌丝与双核菌丝交配方式（双单杂交，布勒现象）

一个单核菌丝可单方面地被一个双核的菌丝体双核化。当一条单核菌丝与一条双核菌丝接触时，一个可亲和的核回迁移至单核菌丝内，形成一条新的含两个异核的双核菌丝，这就是布勒现象。已具备多种优良性状的菌种需进一步遗传改良，以需改良菌种的单核菌丝为受体、以能提供改良菌种所需性状的双核菌丝为供体进行杂交的方式称为双单杂交。该法除具单孢杂交优点外，后代遗传性状和表型更接近受体，且只需一个亲本进行单核菌丝的制备。此法也为一些优良食用菌菌种在有限的遗传范围内进行提纯复壮提供了一条新的途径。优质、高产、抗逆性强、栽培适应性广的香菇品种——申香10号就是通过单双杂交选育而成。

3. 多孢杂交

这是利用多孢在同一时间内快速杂交，及时挑取杂交菌株的一种方法。多孢杂交多用于金针菇杂交育种，以克服金针菇有性和无性阶段掺杂在一起、无性粉孢子干扰杂交的不足，同时利用了金针菇易在琼脂、木屑等培养基上形成子实体，发生杂交和重组易辨认的优点。国内金针菇当家品种"杂交19"和稳产、高产、商品性状好的金针菇品种"89""107"和"139"均是采用多孢杂交选育而成的（图5-20）。

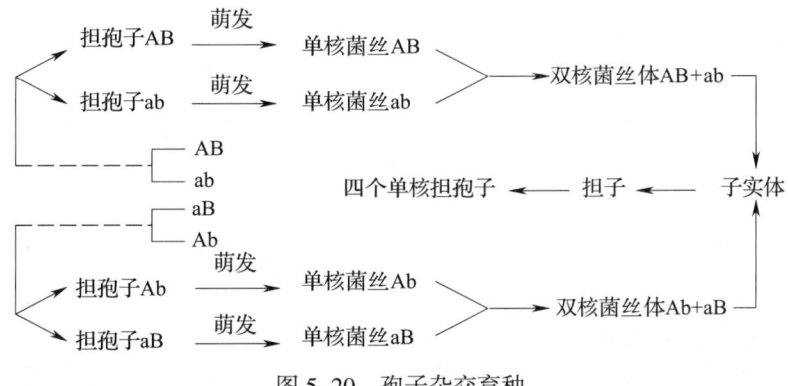

图 5-20　孢子杂交育种

（四）杂交后代的鉴定与筛选

初筛可以将杂交后代分别培养在相同的培养基中，观察菌丝的生长速度、浓度，选用生长速度快、浓度适中的杂交后代。也可以通过同工酶酶谱的比较进行筛选，选择与双亲差异大的杂交组合，再经栽培试验来选择优良个体。

异宗配合的食用菌，杂交子应为双核菌丝体，凡双核菌丝具有锁状联合的特性，其杂交后代也应具有锁状联合，可作为鉴别标准。当然，对杂交子进行进一步的出菇实验就更能说明问题，还可作为初筛去劣的依据。

目前，杂交育种多在有性生殖为异宗配合的食用菌中开展，对于有性生殖为同宗配合的食用菌杂交育种也是一个有效的途径，但困难较大，双孢菇就是一例。双孢菇属次级同宗配合的食用菌，它的担孢子有含两个交配型的核，属自交可孕型，占76%~80%。也有含一个交配型的核，属杂交可孕型，占20%~24%，双孢链的杂交育种就在这类担孢子萌发的单核菌丝间进行。

杂交种的重要性状上有优良表现，很难通过一次杂交就圆满实现，因此可以通过回交，在一次杂交的基础上，继续改进品种性状，同时要考虑杂种的性状表现是基因和环境综合作用的结果。

（五）杂交育种的注意事项

食用真菌杂交育种需注意如下问题。

1. 亲本的选择

要选择有优良性状的菇体或耳体作为收集孢子的亲本。

2. 单孢的分离

在无菌操作下，采取悬钩法收集单孢子或孢子印。取孢子印上的孢子配制孢子悬液，并采取10倍稀释法（10^{-1}，10^{-2}，10^{-3}……10^{-n}），取对应稀释液划线或涂布于平板培养单孢菌落。挑取单孢菌落标记样本1、2、3……n个于试管中备用。

3. 杂交配对

对峙配对培养，取单孢样本于平皿中（皿底外划好米字线）两两配对接种（相距1~2cm），并培养分离纯化。

4. 转管繁殖

将分离纯化的健壮菌丝体转管培养，扩大繁殖，注意观察、记录其生长状态。

5. 初筛

注意淘汰部分表现一般的菌株。

6. 复筛

通过栽培试验，选出性能优良的菌株；种内不同株系之间的交配有利于杂种优势的优良品种的选育，这尤为重要。

7. 试验

将复筛的菌株在不同栽培环境下进行栽培，以便考察菌株的适应性与稳定性。

8. 示范、推广

注意将分离纯化的健壮菌丝体进一步示范培养，逐步扩大试验再推广。

食用菌的遗传背景复杂，杂交育种操作方法较复杂，技术条件要求高，推广应用受到限制，越来越不能满足人们对新品种的需要。基于细胞工程发展起来的原生质体融合技术，是作物及食用菌遗传育种手段的重大突破。

四、原生质体融合育种

细胞原生质体融合是目前遗传工程中应用比较广泛的一项现代生物技术。它是用适合的酶处理菌丝细胞，使细胞壁解体，从而得到大量的无细胞壁的原生质体，通过物理化学方法诱导，使两个不同的食用菌的原生质体相互融合成为异核体，异核体内不同细胞核进一步融合成共核体（融合子），共核体产生再生细胞壁后即成为杂种融合细胞。杂种融合菌丝的生长速度，菌丝形态应与两个亲本有所不同。经同工酶分析，杂种融合菌株的过氧化物酶、酯酶、酸性磷酸酶等均与两个亲本的不同，并能表现出优良性状，从而实现育种的目的。

（一）细胞原生质体融合的主要流程

1. 概念

通过人为方法，使遗传性状不同的两细胞的原生质体发生融合，并进而发生遗传重组以产生同时带有双亲性状的遗传性稳定的融合子的过程，称为原生质体融合。

2. 主要流程

亲本菌株选择及标记→原生质体的制备→原生质体的融合→融合子的检出→优良性状菌体的筛选等。

（1）亲本菌株选择及标记

① 供融合用的两个亲株，要求性能稳定并带有遗传标记，以利于融合子的选择。

② 采用的遗传标记一般以营养缺陷型和抗药性等遗传性状为标记。

③ 通过采用多种抗生素及其他药物，以梯度平板法进行粗选，再用具有抗性的生物制备不同浓度的平板，进行较细的筛选。

（2）原生质体的制备　获得有活力、去壁较完全的原生质体对于随后的原生质体融合和原生质体再生是非常重要的。对于细菌和放线菌，制备原生质体主要采用溶菌酶；对于酵母菌、霉菌和食用菌，则采用蜗牛酶和纤维素酶。

① 菌体的预处理：在使用脱壁酶处理菌体前，先用某些化合物对菌体进行预处理，有利于原生质体制备。例如，用EDTA（乙二胺四乙酸）处理细菌，可使菌体的细胞壁对酶的敏感性增加。

② 菌体的培养时间：为了使菌体细胞易于原生质体化，一般选择对数生长后期的菌体进行酶处理。这时的细胞正在生长代谢旺盛期，细胞壁对酶解作用最为敏感，可以提高原生质体形成率和再生率。

③ 酶浓度：酶浓度增加，原生质体的形成率也增大，超过一定范围，则原生质体形成率提高不大；酶浓度过低，不利于原生质体形成；酶浓度过高，则导致原生质体再生率降低；建议以使原生质体形成率和再生率的乘积达到最大时的酶浓度为最适酶浓度。

④ 酶解温度：温度对酶解作用有双重影响，一方面随着温度升高，酶解反应速度加快；另一方面，随着温度升高，酶蛋白变性而使酶失活，一般酶解温度控制在20~40℃。

⑤ 酶解时间：充分的酶解时间是保证原生质体化的必要条件。但是，如果酶解时间过长，则再生率随酶解的时间延长而显著降低。原因是当酶解达到一定时间，绝大多数菌体均呈原生质体状，因此，再继续进行酶解作用，酶便会进一步对原生质体发生作用而使细胞膜受到损失，造成原质体失活。

⑥ 渗透压稳定剂：原生质体对溶液和培养基的渗透压很敏感，必须在高渗透压或等渗透压的溶液和培养基中才能维持其生存。在低渗透压溶液中，原生质体会破裂死亡。不同菌种要求的渗透压稳定剂是不同的。细菌和放线菌的渗透压稳定剂是蔗糖、丁二酸钠等；酵母菌的渗透压稳定剂是山梨醇、甘露醇等；霉菌和食用菌的渗透压稳定剂是KCl、NaCl等。渗透压稳定剂的使用浓度一般为0.3~0.8mol/L。

（3）原生质体的融合与再生　原生质体融合的方法大致有两种：一是在纯化后的配对原生质体悬液中加进融合剂，促进融合。二是利用电融合技术，使原生质体凝聚并融合。融合诱导剂的种类很多，目前已知最有效的原生质体凝聚融合的诱导剂为聚乙二醇–钙离子（PEG-Ca^{2+}）系统。电融合技术是20世纪70年代后期开创的，其主要步骤为：将已经进行过前处理的原生质体置于微电极间的高压交变电场中，使其产生双向电泳，原生质体顺电场方向聚集，并排列成串珠状；然后施加一定的电脉冲，击穿相邻接的原生质体间的原生质膜，使其发生融合。融合的先决条件是获得有活力、脱壁较完整的原生质体。融合的必要条件是融合后的重组子必须能再生，也就是重建细胞壁，恢复完整细胞并能生长、分裂，完成无性生殖。

（4）融合子的检出　两个配对的菌株原生质体融合之后，大部分只能发生细胞质的融合，因此，不能成为真正的重组融合子。据报道，大约只有1%存活的融合子发生核融合。这其中，有的只是同源核的融合；有的是双亲的核配，构成异核双倍体融合子或异核双核体融合子；还有一些是非整倍体融合子。根据上述情况，还须进一步根据亲本的遗传特性，并根据育种目标，检出所需要的基因重组后的融合子。

（5）优良性状菌体的筛选　注意将分离纯化的健壮融合子菌丝体进一步培养观察，并记录生长、生理性状指标，以备扩大试验。

（二）鉴定筛选融合子的方法

原生质体经融合后可能形成同源融合体、异源融合体或未经融合的原生质体。要从这些混合体中选出杂种融合细胞，是细胞质体融合的关键。

目前有效的筛选方法有三种，一种是利用杂种和亲本的原生质体对某种营养成分反应不同的营养选择法；另一种是利用亲本在营养缺陷型或抗药性的互补进行鉴定的互补选择法；还有一种是对异核体进行早期识别，然后分别培养、定位观察的分别培养法。

检出的步骤：首先是采用原生质体杂交混合法，把混合的原生质体放在含有渗透压稳定剂和PEG的选择性再生培养基（MM）中，使它再生。在这样的选择压力下，那些营养互补的异核融合子就会优先长出菌落，而且生长较健壮而迅速。反之，那些未能匹配形成融合子的就会被阻止形成菌落。然后，将异核融合子的再生菌落转移到纯化培养基（酵母甘露醇肉汤）平板上，待不同类型的异核体菌落长出后，挑选典型的，将它们混合研磨碾碎，并在酵母甘露醇肉汤完全培养基上进行稀释平板培养。凡菌落中出现扇变角的，表明融合子已经杂交了。

上述检出标准主要是根据菌落形态。此外，还可利用多种生理生化手段来进行融合子的检出，如营养缺陷型、抗药突变型、同工酶谱分析、红外光谱分析代谢产物等。

食用菌的融合子是否具有优良性状，必须进行出菇试验，品比农艺性状，进行遗传分析。将优良的杂交第一代扩大培养，再示范推广，用于生产。

原生质体融合技术在食用菌良种选育中的应用，属于前沿科技，在国内外正在探索突破，并已取得显著的成果。随着现代生物技术的发展进步，原生质体融合技术必将为食用菌良种选育发挥巨大的推动作用。

五、基因工程育种

基因工程育种是在基因水平上的遗传操作，包括转基因、克隆技术，利用基因工程技术可以更方便地对更多基因进行有目的的操纵，打破自然界物种间难以交配的天然屏障，将不同物种的基因按人们的意志重新组合，实现超远缘杂交，培育高产、优质、多抗新品种。基因工程育种是一种前景宽广、正在迅速发展的定向育种新技术。

基因工程育种是用人工方法把需要的某一供体生物的遗传物质——DNA提取出来，在离体条件下用"限制性内切酶"进行切割，然后，把它和作为载体的分子连接起来，导入某一受体细胞中，让外来的遗传物质在被导入的细胞内进行正常的复制和表达，从而获得符合人们预先设计的工程蓝图要求的新品种或物种。

（一）基因工程育种的主要流程

准备目的亲本基因材料（即外源基因或供体基因）→载体的选择与传递→体外重组→重组载体导入受体细胞→复制表达。

重点在目的基因的获取，载体系统的选择，还有目的基因与载体重组体的构建，经过改良后的"工程菌"或"工程细胞株"的表达、检测以及实验室和一系列生产性试验等。

在育种过程中，只有通过仔细检查，从大量个体中筛选出具有理想性状的个体后，才能加以繁殖和利用。

（二）基因工程育种的基本操作流程

基因工程育种的基本操作流程如图 5-21 所示。

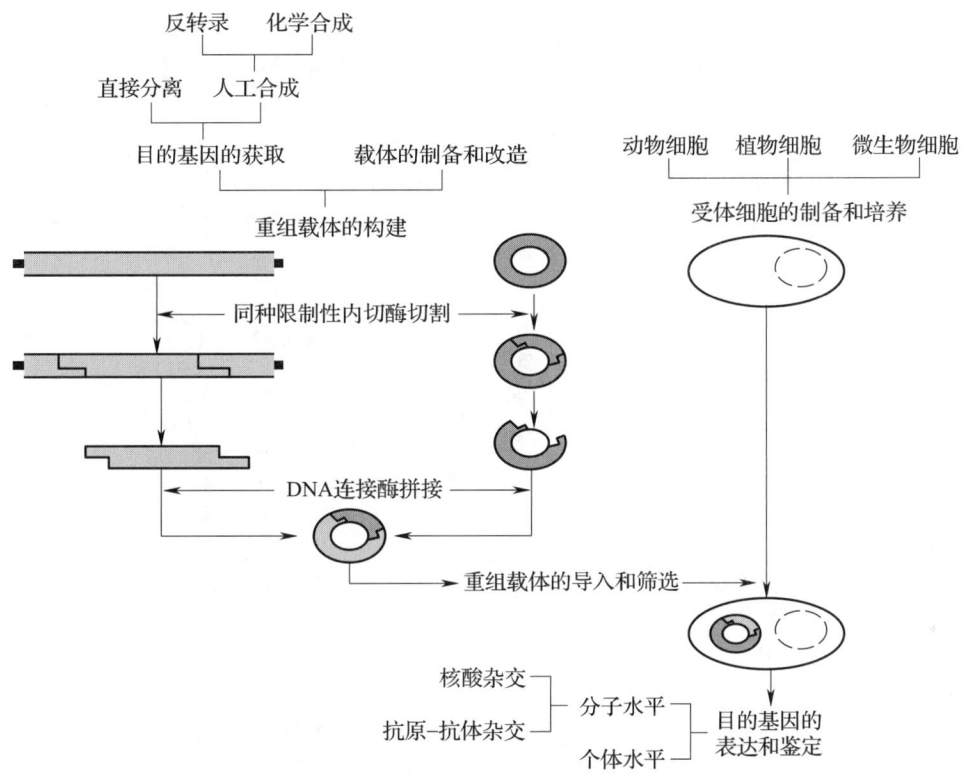

图 5-21　基因工程育种的基本操作流程

1. 获取目的基因

目的基因即符合人们要求的 DNA 片段。目的基因可以人工合成，也可以用限制性内切酶从基因组中直接切割得到。目前获取目的基因的方法主要有三种：① 从适当的供体生物包括微生物、动物或植物中提取；② 通过逆转录酶的作用由 mRNA 合成 cDNA（互补 DNA）；③ 用化学方法合成特定功能的基因。

2. 选择载体

载体必须具备下列几个条件：① 是一个有自我复制能力的复制子；② 能在受体细胞内大量增殖，有较高的复制率；③ 载体上最好只有一个限制性内切酶的切口，使目的基因能固定地整合到载体 DNA 的一定位置上；④ 载体上必须有一种选择性遗传标记，以便及时把极少数"工程菌"选择出来。目前原核受体细胞的载体主要有细菌质粒（松弛型）和 λ-噬菌体两类。真核细胞受体的载体动物方面主要有 SV40 病毒，植物方面主要是 Ti

质粒（图 5-22）。

3. 目的基因与载体 DNA 的体外重组

即用人工方法，让目的基因与载体相结合形成重组 DNA。首先对目的基因和载体 DNA 采用限制性内切酶处理，获得互补黏性末端或人工合成黏性末端，然后把两者放在较低的温度（5~6℃）下混合"退火"，由于每一种限制性内切酶所切断的双链 DNA 片段的黏性末端有相同的核苷酸组分，所以当两者相混时，凡黏性末端上碱基互补的片段，就会因氢键的作用而彼此吸引，重新形成双链。这时，在 DNA 连接酶的作用下，供体的 DNA 片段与质粒 DNA 片段的裂口处被"缝合"，目的基因插入载体内，形成重组 DNA 分子（图 5-23）。

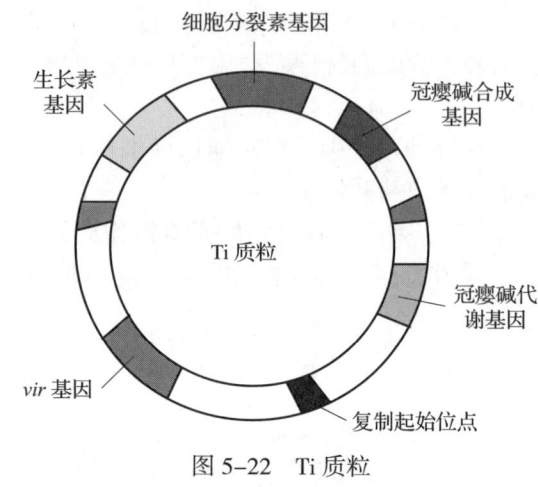

图 5-22 Ti 质粒

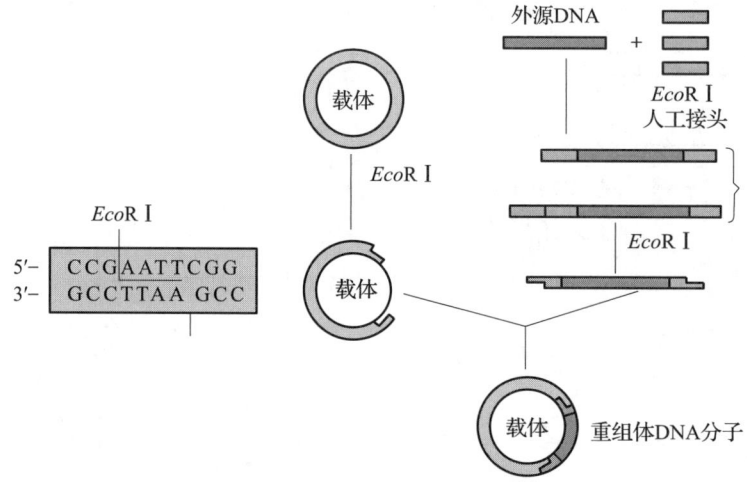

图 5-23 重组 DNA 分子形成示意图

4. DNA 重组体导入受体细胞

上述体外反应生成的重组载体只有将其引入受体细胞后，才能使其基因扩增和表达。受体细胞可以是微生物细胞，也可以是动物或植物细胞。把重组载体 DNA 分子引入受体细胞的方法很多。若以重组质粒作为载体时，可以用转化的手段；若以病毒 DNA 作为重组载体时，则用感染的方法。

5. 受体细胞的繁殖扩增

含重组 DNA 的活受体细胞，在适当的培养条件下，能通过自主复制进行繁殖和扩增，使得重组 DNA 分子在受体细胞内的拷贝数大量增加，从而使受体细胞表达出供体基因所提供的部分遗传性状，受体细胞就成了"工程菌"。

6. 克隆子的筛选和鉴定

把目的基因能表达的受体细胞挑选出来，使之表达。受体细胞经转化（传染）或传导处理后，真正获得目的基因并能有效表达的克隆子一般来说只是一小部分，而绝大部分仍是原来的受体细胞，或者是不含目的基因的克隆子。为了从处理后的大量受体细胞中分离出真正的克隆子，需要对克隆子进行筛选和鉴定。

7. 工程菌或工程细胞的大规模培养

在大规模培养过程中，培养条件的差异常常导致工程菌在保存和发酵过程中表现出不稳定性，进而影响目的基因的表达。因此，在实际操作过程中要严格控制操作条件。

（三）转基因育种技术

基因工程育种技术发展到今天，已经形成转基因育种技术，它使基因工程育种更精准地达到目的，使生命现象由不可能变成可能，生命奇迹超乎人们的想象（图5-24）。

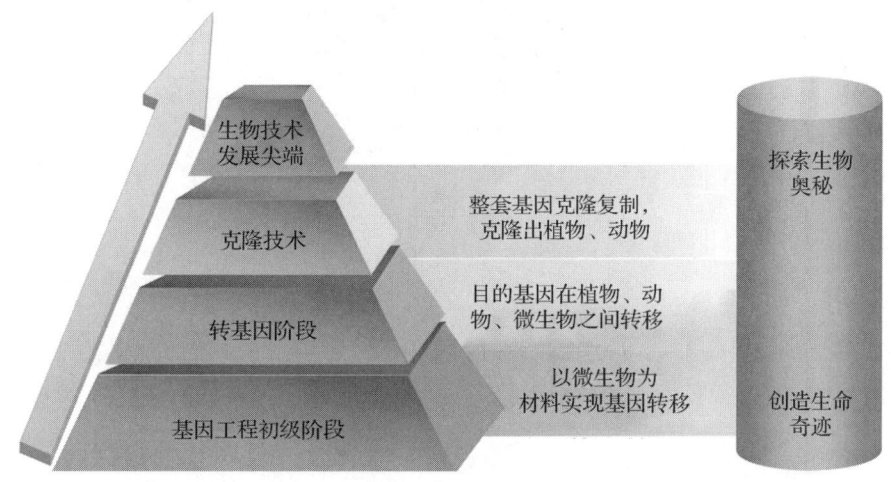

图 5-24　基因工程育种三大里程碑

转基因通俗地说，就是一种生物体内的基因转移到另一种生物或同种生物的不同品种中的过程。

人工转基因可以实现有目的的、远缘化的基因的转移。现代转基因育种技术，推动了医药、农林、牧渔、环境保护的发展。

转基因育种主要根据育种目标，从供体生物中分离目的基因，经DNA重组与遗传转化或直接运载进入受体，经过筛选获得稳定表达的遗传工程体，并经过检测试验与筛选，育成转基因新品种或种质资源。

与常规育种技术相比，转基因育种在技术上较为复杂，要求也很高，但是具有常规育种所不具备的优势：

（1）拓宽可利用的基因资源。

（2）为培育高产、优质、高抗优良品种提供了崭新的育种途径。

（3）可以对动植物、大型真菌的目标性状进行定向变异和定向选择。

（4）可以大大提高选择效率，加快育种进程。

此外，转基因技术还可将动植物、大型真菌作为生物反应器生产药物等生物制品。

（四）食用菌基因工程育种的前景

基因工程在食用菌中的应用可包括两个方面，一方面是利用食用菌作为新的基因工程受体菌，生产出人们所期望的外源基因编码的产品。由于食用菌也具有很强的外泌蛋白能力，利用食用菌作为新的受体菌将更为安全，更易为消费者所接受。另一方面，利用基因工程定向培育食用菌新品种，包括抗虫、抗病、优质（富含蛋白质、必需氨基酸）的新品种，以及将编码纤维素或纤维素降解酶基因导入食用菌体内，以提高食用菌的菌丝体对栽培基质的利用率或开拓新的栽培基质，最终提高食用菌的产量及品质。

由于食用菌基因工程育种起步较晚，尚有许多基础性课题需要研究，如适宜载体的构建、转化体系的建立等。随着食用菌分子生物学研究的不断深入，以及基因工程研究技术的发展，人们有理由相信，食用菌基因工程育种一定会取得丰硕的成果。

液体菌种摇瓶培养

蛹虫草孢子育种

第六章 传统优良食用菌栽培

第一节 平菇

一、营养保健特性

平菇（*Pleurotus ostreatus*）属于担子菌门、层菌纲、伞菌目、侧耳科、侧耳属（*Pleurotus*）真菌。侧耳属的子实体菌盖多偏生于菌柄的一侧，菌褶延生至菌柄，形似耳状而得名。侧耳属是一个大家族，共有30多种，有很多名优品种，除平菇外，还有阿魏菇、鲍鱼菇、桃红平菇、凤尾菇、榆黄蘑、姬松茸等变异品种。人们通常所说的平菇泛指侧耳属中许多品种，俗名冻菇、北风菇等。其中较著名的为糙皮侧耳、美味侧耳、紫孢侧耳、金顶侧耳等，普遍栽培的以其颜色不同又分为灰平、黑平、白平等。

平菇是世界四大食用菌之一，总产量仅居香菇之后，列为第二。平菇具有适应性强、抗逆性强、栽培技术简易、生产周期短、经济效益好等优势。平菇是我国目前食用菌生产中产量最大、发展最快、分布最广的一个菌类。其栽培原料广泛（凡是含有木质素、纤维素的原料，如稻草、麦秆、木屑、棉籽壳、玉米芯、甘蔗渣等皆可以用来作为栽培平菇的原料），生物转化效率高（每100kg干料，经50～60d的培养，可产近100～150kg的鲜菇），资金回收快（成本低、出菇快、产量高）。

平菇肉质肥嫩，味道鲜美，营养丰富。它们富含蛋白质、低脂肪，避免了动物性食品高脂肪、高胆固醇的副作用。所含氨基酸达18种之多，谷氨酸含量最多。此外，还含有大量维生素，其中维生素C的含量相当高。经常食用平菇能补脾健胃助消化，滋补养身除湿邪，具有追风散寒、舒筋活络的功效，已被联合国粮农组织（FAO）列为解决世界营养源问题的最重要的食用菌品种。

二、生物学特性

平菇的形态结构可分为菌丝体（营养器官）和子实体（生殖器官）两大部分。

（一）平菇的形态结构

1. 菌丝体

菌丝体是平菇的营养器官，可不断从培养基中吸收养料，供菇体生长发育。菌丝体呈洁白色、绒毛状，浓密、粗壮、爬壁力强，是多细胞分枝、分隔的丝状体（图6-1）。

2. 子实体

子实体是平菇的生殖器官，也是平菇的食用部分。子实体丛生、叠生，也有单生。菌盖直径5～21cm，扁球形或扁平形，成熟后依品种不同，中部逐渐下陷，呈扁形、漏斗状或贝壳状（图6-2）。菌肉白色、柔软。菌褶长短不等，在菌柄上部呈脉状直纹延生。菌柄侧生或偏生，白色，中实，长短因种而异，一般柄长 1~5cm，粗 0.5~2cm。子实体生理成熟时可从菌褶部位散发孢子，孢子圆形、卵圆形或圆柱形，无色，光滑，孢子印多白色。

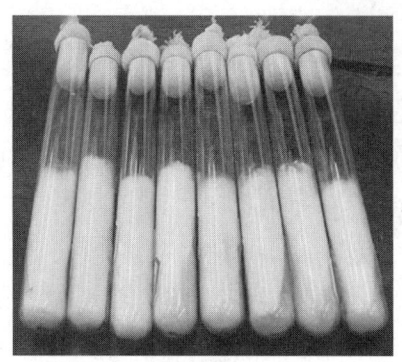

图 6-1　平菇的菌丝体形态

图 6-2　平菇的子实体形态

（二）生殖方式和生活史

平菇属于双因子控制四极性异宗配合的食用菌。孢子萌发后，其生长过程包括菌丝生长和子实体发育两个重要阶段，担孢子萌发形成单核（初生）菌丝，经质配形成双核（次生）菌丝，最后形成原基，再形成子实体。

平菇的生活史：如图 6-3 所示。

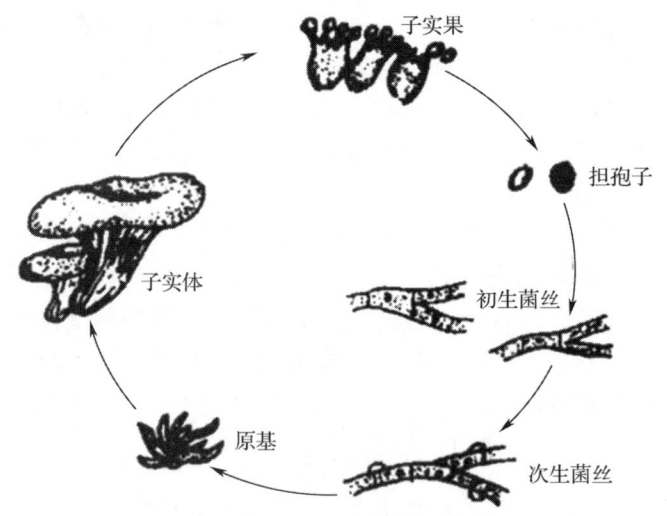

图 6-3　平菇的生活史

1. 菌丝体的生长

平菇菌丝体生长是通过菌丝尖端生长点不断向前延伸实现的。菌丝增长速度很快，一部分菌丝可伸展到空气中变成气生菌丝，到一定季节或发育阶段气生菌丝进一步扭结转化成子实体。菌丝的其余部分仍在基质内维持其营养体的形态和功能。

2. 子实体的发育

子实体发育一般可分为原基期、桑葚期、珊瑚期、成形期 4 个时期。

（1）原基期　当菌丝长满培养料后，在适宜的温度、湿度、新鲜空气和光照等条件下，菌丝扭结成团，并出现黄色水珠，分化形成子实体原基，呈瘤状突起，这一时期称为原基期。

（2）桑葚期　子实体原基进一步分化，瘤状突起表现出小米粒似的一堆白色、蓝色或灰色菌蕾，形似桑葚，称为桑葚期。

（3）珊瑚期　桑葚期经 1～2d，这些粒状菌蕾逐渐伸长，向上方及四周呈放射状生长，表现为基部粗、上部细，参差不齐的短杆状，形如珊瑚，称为珊瑚期。

（4）成形期　珊瑚期经 2～3d 形成原始菌盖，菌盖迅速生长，在菌盖下方逐渐分化出菌褶。由成形期发育成子实体需 3～7d。平菇子实体的发育和温度关系密切。在前期菇柄生长快，后期生长慢，直至停止生长。菌盖前期生长慢，后期生长迅速。整个生长发育进程应科学管理，控制菌柄生长，促进菌盖发育，使菌盖增厚、质量好。

（三）平菇的生长条件

平菇生长的主要生活条件有营养、温度、湿度、光照、空气和酸碱度等。

1. 营养

平菇是一种木腐性真菌，能利用多种碳源，如醇、糖、淀粉、半纤维素、纤维素、木质素等。这些碳源均可以从蔗糖、棉籽壳、玉米芯、作物秸秆、木屑中获得。平菇所需要的氮源主要有蛋白质、氨基酸、尿素等。平菇生长过程中还需要少量的维生素和无机盐。在人工栽培平菇时，可以加入麸皮、米糠、玉米粉、$CaCO_3$、K_2HPO_4、尿素等。

2. 温度

平菇属低温型菌类。菌丝体生长温度 4～33℃，最适生长温度 24～28℃；子实体形成温度 6～28℃，最适温度为 12～18℃（不同生态类型的种类有明显的差异）。变温刺激有利于子实体形成。孢子形成的温度为 5～30℃，最适温度为 13～14℃，其萌发温度为 13～28℃。

3. 湿度

在菌丝体生长阶段培养料中的水分以 60% 左右为宜，而空气相对湿度应保持在 70% 左右。在子实体生长发育阶段，空气相对湿度要求在 85%～95%。空气相对湿度低于 80%，则子实体发育缓慢、易干枯；若高于 95%，菌蕾、菌盖易软化腐烂。

4. 光照

菌丝体生长不需要光照，光对菌丝体生长有抑制作用；而子实体生长需要有散射光刺激，光照强度以 200～1000lx 为宜。

5. 空气

平菇是好气性真菌，需要新鲜的空气。菌丝体生长阶段，若通气不良，菌丝体生长缓慢或停止。出菇阶段 O_2 不足，菌柄细长，菌盖变薄变小，畸形菇多。因此，栽培时，要给平菇以足够的新鲜空气。

6. 酸碱度

平菇喜偏酸性环境，最适 pH 为 5.5～6.0，一般 pH 在 3～10 范围内均能生长。在栽培时，加入 2%～3% 石灰粉，可以抑制培养料中杂菌的生长，而随平菇菌丝生长，环境 pH 逐渐降至微酸性。

三、栽培管理技术

平菇栽培有多种栽培方式。

1. 依栽培原料处理方式不同

(1)生料栽培 栽培原料不需灭菌直接装袋接种。
(2)发酵料栽培 栽培原料不需灭菌,但经过建堆发酵后装袋接种。
(3)熟料栽培 栽培原料经过灭菌后装袋接种。

2. 依装料方式不同

(1)袋料栽培 将料装入塑料袋内进行培养。
(2)畦床栽培 将栽培料铺成畦床状进行接种培养。

3. 依出菇方式不同

(1)室内栽培 在室内将菌袋垛成菌墙进行出菇(图6-4)。
(2)室外半地下土温室栽培 在室外大棚(外半地下土温室)将菌袋垛成菌墙进行出菇(图6-5)。

图6-4 室内菌墙式出菇

图6-5 室外大棚出菇

但以半地下土温室栽培方式效果最好,也比较简单易行。这种方式,已被广大菇农普遍采用。半地下土温室内,昼夜温差比较大,菌丝体生理成熟以后很快就会在袋口内产生菇蕾,容易出菇,并且在低温季节栽培平菇,病虫危害轻,杂菌污染率低,高产稳产性能好,菇体盖大、盖厚,柄短,色质好,质量高。

栽培季节为春、秋两季,一般多为秋季8~10月进行栽培,因秋季栽培出菇时间较长,可延长到次年春季。

现将平菇栽培技术介绍如下。

(一)菌种制作

菌种选择依据季节不同,可以选择广温型、高温型、低温型的抗病、高产品种。

1. 母种制作

(1)母种培养基配方 马铃薯200g、玉米粉10g、蔗糖20g、蛋白胨5g、琼脂20g、水1000mL。

(2)制作方法 马铃薯去皮切成黄豆粒大小,称取马铃薯、玉米粉放入500mL水中煮沸30min,用纱布过滤后取滤汁,加水至1000mL时放入蛋白胨、琼脂,继续加热使其溶化,加入蔗糖搅拌均后用试管分装(每支试管的装量占试管容积的1/4~1/3为宜),然后用棉塞或胶塞封住管口。将试管包扎成一打,棉塞部分用报纸包好,放高压灭菌锅灭菌,压力达到0.1~0.15MPa保持30min。待温度下降到60~70℃时,将试管摆成斜面,冷却凝固后即为斜面培养基。接上菌种,经25~28℃培养、菌丝长满后即为母种。用母种即可转管、制作原种或生产种。

2. 原种（或生产种）制作

（1）原种（或生产种）培养基配方　棉籽壳79%、麸皮10%、玉米粉10%、石膏粉1%，料水比为1:1.2。也可以选用其他配方，见制种部分的内容。

（2）制作方法

① 拌料与装袋：按配方称量后充分拌匀后用聚丙烯塑料袋或用瓶装料、封口。

② 灭菌：高压灭菌1.5h，常压灭菌8~12h。

③ 接种：待料温降至30℃以下时，在无菌条件下接种。

④ 培养：待菌丝长满袋（或瓶）后，即为原种。原种可以进一步放大为生产种，也可以直接用于出菇生产。

（二）栽培料的配方

平菇栽培技术由瓶栽、床栽、畦块栽培，发展到室内立体栽培、大棚式覆土栽培、田间套作栽培、瓜果间作栽培。培养料的生物转化率由80%提高到150%以上。原料的利用由棉籽壳、玉米芯扩大到秸秆、谷壳、酒糟等农副产品及工业下脚料。根据不同地域生物质资源差异，平菇栽培的常用配方有以下几类。

（1）棉籽壳93%、麸皮5%、石膏粉1%、蔗糖1%，料水比1:1.2。

（2）玉米芯85%、麦糠10%、麸皮4%、石膏粉1%，料水比1:1.2。

（3）玉米芯85%、麸皮10%、过磷酸钙1%、石灰3%、尿素1%，料水比1:(1.55~1.65)。

（4）玉米芯64%、杂木屑10%、豆秸10%、麸皮10%、玉米面2%、过磷酸钙1%、生石灰1%、蔗糖0.5%、尿素0.5%，料水比1:(1.50~1.60)。

（5）玉米芯64%、豆秸11%、花生秧11%、麸皮10%、玉米面1%、过磷酸钙1.5%、生石灰1%、蔗糖0.5%，料水比1:(1.55~1.65)。

（6）棉籽壳53%、玉米芯40%、麸皮5%、石膏粉1%、蔗糖1%，料水比1:1.2。

生料栽培时，按栽培料总质量的0.1%~0.2%添加多菌灵，可以有效抑制霉菌。

（三）栽培料处理

平菇发酵料栽培具有生料栽培的工艺简单、投资少和熟料栽培的安全可靠等特点，只要掌握了发酵技术，就可以在不消耗能源、不增加灭菌设备的前提下，以任意规模堆积发酵。发酵料堆积时产生的高温能杀死料中大部分杂菌害虫，而且发酵更利于平菇菌丝发菌，所以利用发酵料栽培是近期平菇生产的发展方向。制作好平菇发酵料，应掌握以下重要环节。

1. 拌料建堆

建堆场所最好是紧靠菇房的水泥地面，并且排水良好，避风向阳，水源干净、便利。建堆之前，首先把栽培原料暴晒几天，借助太阳光杀死部分虫卵及杂菌。先将棉籽壳、玉米芯、麦糠、麸皮、石膏粉，加足水分至培养料含水量65%~70%（将发酵过程中的水分损失计入其中），然后将料堆成宽1.0~1.3m，高1.0~1.5m，长度不限，料堆四周尽可能陡一些，建堆时将料抖松抛落。建堆后，用木棒（直径5cm左右）在料堆上插通气孔，每隔0.2m插一孔，以利通气发酵，然后用塑料薄膜或草帘、稻草等覆盖保温。

2. 适时翻堆

平菇发酵多在春秋堆制，建堆后48~72h待料温升至65℃应进行翻堆。翻堆时必须将料松动，以增加料中含氧量，同时把堆中心的料翻出来，四周的料翻入中心，以便培养料均匀发酵，全部发酵过程6~8d，翻堆3~4次。在最后一次翻堆后加入美帕曲星搅拌均匀即可。时间过长，会大量消耗养分；时间太短发酵不充分，达不到发酵目的。

3. 发酵料质量的检查

在预定时间内（建堆48h左右）若能正常升温60℃以上，开堆时可见适量白色菌丝，表示含水量适中，发酵正常。如建堆后迟迟达不到60℃，可能培养料过紧过实或因未插通气孔等原因造成堆料通气不良，不利于放线菌生长繁殖。遇此情况应及时翻堆，将料堆摊开晾晒或增加干料至含水适量，再重新建堆发酵。如果堆料升温正常，但开堆时培养料呈白化现象，水分散失过多，可用80℃以上的热水，拌匀后重新发酵。发酵好的料有芳香味，pH在6.5~7。

（四）装料接种

平菇生产常用栽培袋有长短两种，多采用两头出菇的方法，长袋装4层料接5层菌种，中型袋子装2层料接3层菌种。接种量为15%~20%，边装边压实，装满扎口后，置于干净的发菌棚或室内进行发菌培养。

（五）发菌期管理

发菌期即指从接种到菌丝体长满菌袋或瓶的时间。平菇生长快，发菌期一般为20~35d。袋栽平菇在温室内具有保温性能好、发菌快等特点，但若管理不当，易造成杂菌感染和烧菌。正如菇农们说的："能否成功在发菌，产量高低在管理。"因此搞好发菌期管理是取得稳产高产的重要基础。必须把菌袋放在20~25℃，空气湿度在65%~75%的条件下发菌。气温低时，菌袋可堆高5~7层；气温高时，可堆高2层或单个摆放。菌袋总体积应掌握在有效空间的20%左右。10d翻一次菌袋，翻袋时应注意把上下层翻到中间，中间的放到上下层，同时要将每个菌袋翻转180°。如菌袋内温度上升到35℃，则要及时翻袋，并同时打开门窗通风散热，以防烧菌。精心管理25~30d即可发好菌丝，其标准：一拍菌袋即响，菌丝浓白，手掰成块，大多出现小瘤状菇蕾。

（六）出菇管理

将菌袋两头松开，适量通风，以供给菇蕾新鲜空气，并每天向地面、墙壁、空间喷少量雾状水，湿度应保持在85%~90%。湿度低时，子实体易干，损失料内水分，影响出菇产量。湿度过大，子实体易腐烂，喷水时切记不要直接喷洒在子实体上面。随着菇体的生长，要适当加大通风量，并采取以下措施以提高产量。

1. 温差刺激法

在平菇子实体形成阶段，每天给予7~12℃的温差刺激，可促使出菇提早，子实体发育整齐。方法是：白天盖膜保温，晴天傍晚或早晨揭膜露床，通过降温，加大温差，并结合高温浇水诱导出菇。

2. 高湿刺激法

先将菌床（或菌袋）敞开干燥1~2d，然后连续进行重喷水，使菌面上有大量的积水存在，让菌床（或菌块）慢慢吸收，每天喷水2~3次，连续2~3d，在此期间，一般可揭膜通风。菌床表层培养基含水量以手握有水滴下时为适宜，适量通风吹干料面上的积水，盖上地膜保温，几天后便可现蕾。采取高湿刺激法要具备两个条件：一是菌丝体必须渗透整个培养料，而且必须达到生理成熟，主要标志为吐黄水、结菌膜、菌丝体略呈黄褐色，甚至出现个别菇蕾，二是培养基结块要好，不能过于松散。

3. 光照诱导法

菇房种植平菇，子实体在形成时，需要一定的散射光。平菇播种后宜在黑暗条件下发菌，待菌丝发好后再曝光可诱导出菇。

在缺少光照时，可用电灯补光增强光照，也有很好的刺激作用。

4. 覆土增产

采完 1~2 潮菇后，清除老菌皮，脱去塑料袋，把菌袋切成两段，截面朝上放入深 40cm、宽 100cm、长度不限的坑内。菌块间的空隙用营养土填实，用 1% 的复合肥、1% 的 KH_2PO_4、0.5% 的尿素、97% 的水配成营养液浇入菌块通气孔内，并浇透土壤，达到存水不渗为宜。然后盖上薄膜和草帘，保温保湿。菌丝恢复生长后，又可长出新菇蕾。采完二潮菇后，补充营养液和水分，盖薄膜和草帘，还可收 3~4 潮菇。玉米芯栽平菇生物转化率一般在 180% 以上。

（七）采收与销售

平菇一般以鲜菇销售为主，且以当地鲜销为宜。旺盛生长期出菇多，每天要及时采收上市鲜销，及时回收成本赚取利润。

（八）病虫害防治

危害平菇的主要有绿霉、毛霉、曲霉、根霉、细菌、病毒，病害有细菌性褐斑病、黄斑病等，以防治绿霉和黄斑病为主。有关病虫害防治的具体内容详见第九章。

第二节 香菇

一、营养保健特性

香菇（*Lentinus edodes*）又名香蕈、香信、香菌；日本称为香菰、椎茸等。属担子菌纲、伞菌目、侧耳科、香菇属。香菇的人工栽培在我国已有 800 多年的历史，长期以来栽培香菇都用"砍花法"，是一种自然接种的段木栽培法。一直到了 20 世纪 60 年代中期才开始培育纯菌种，改用人工接种的段木栽培法。70 年代中期出现了代料压块栽培法，后又发展为塑料袋栽培法，产量显著增加。我国目前已是世界上香菇生产和出口的第一大国。

香菇是著名的食药兼用菌，其香味浓郁，营养丰富，含有 18 种氨基酸，7 种为人体所必需。所含麦角甾醇，可转变为维生素 D，有增强人体抗疾病和预防感冒的功效；香菇多糖有一定的抗肿瘤作用；腺嘌呤和胆碱可预防肝硬化和血管硬化；酪氨酸氧化酶有降低血压的功效；双链核糖核酸可诱导干扰素产生，有抗病毒作用。民间将香菇用于解毒，益胃气等保健食疗。香菇是我国传统的出口产品之一，其中的上等品菌盖表面生有花纹，称为花菇。

二、生物学特性

（一）形态结构

香菇由菌丝体和子实体两大部分组成，菌丝体生长在基质中，是香菇的营养器官，子实体外露呈伞状，是香菇的生殖器官。

1. 菌丝体

菌丝体是由许多分支丝状菌丝组成，白色绒毛状，有分隔和分支，具锁状联合。它的主要功能是分解基质、吸收、运输、贮藏营养和代谢物质，当达到生理成熟时，在适宜的条件下，可分化形成子实体原基，进一步发育成子实体。

2. 子实体

香菇子实体单生、丛生或群生，由菌盖、菌褶、菌柄和菌环四部分组成（图6-6）。

（1）菌盖　又称菇盖，圆形，直径3~15cm，幼时半球形，边缘内卷，有白色或黄色绒毛随生长而消失，成熟时渐平展，老时反卷、开裂；盖表皮淡褐色或黑褐色，披有暗色或银灰色鳞片，在特殊的条件下，盖表面会龟裂形成花菇。菌肉白色，肉厚质韧，有香味。

（2）菌褶　位于菌盖下面，呈辐射状排列，密集，长短不齐，呈刀片状，最宽2~6mm；褶缘平直或锯齿状，白色，与菌柄贴生、隔生、弯生或凹生，但通常立即与菌柄分离，似离生，褶片表面的子实层上生有许多担子，担子顶端一般有四个小分枝，各着生一个担孢子。

（3）菌柄　菌柄中生或偏生，常侧扁或圆柱形，中实纤维质，直径0.5~1.5cm，长2~6cm，菌环以上部分较少，白色平滑，菌环以下部分白色或淡褐色，被纤毛，干燥时呈鳞片毛状。

（4）菌环　初时菌幕完整，菌盖伸展后破裂，菌环顶生，白色丝膜状易消失。

图6-6　香菇子实体

（二）生殖方式和生活史

香菇的一生从担孢子萌发开始，到子实体成熟释放孢子，其过程可分为以下几个阶段。

1. 单核菌丝阶段

由担孢子萌发形成的菌丝是单核菌丝，又称为初生菌丝。单核菌丝体内的细胞核只有一个，所以又称为同核菌丝体，简称同核体。这种菌丝也能生长，但生长势弱，分解吸收营养能力和适应环境能力都低，不具备结实能力。

2. 双核菌丝阶段

由两个遗传基因不同的单核菌丝经过异宗配合后，产生双核异核菌丝，这种双核菌丝能独立生长，具有结实能力，在适宜的条件下，产生子实体。

3. 双核菌丝分化形成结实性的次生菌丝

当外界具备子实体分化条件时,培养料内达到生理成熟阶段的双核菌丝就分化形成结实性菌丝。最初互相扭结,形成直径 0.5～1mm 的菌丝团(内部较疏松),后逐渐变大,内部变得很致密。

4. 子实体的生长发育及弹射孢子

当菌丝团直径达 1～2mm 时,成为坚固的菌丝团,称为子实体原基。原基上半部分组织的生长速度比下半部分组织的生长速度快,这样原基的上半部分扩展成菌盖,而下半部分则形成菌柄。菌柄和菌盖的菌丝交织在一起,形成一个封闭的半球形菌蕾。其内部组织呈放射状的水平排列,随后形成幼小的长短不等的菌褶。由于菌盖向外扩和菌柄加粗伸长,菌盖边缘和菌柄之间连接的部分,形成覆盖着菌褶腔的菌幕,继而菌盖借外展的力量,胀破菌幕,使菌褶(子实层)完全裸露于空间,此时,子实层上担孢子发育成熟,并有顺序有节奏地弹射出来,即释放香菇孢子。

(三)香菇的生长条件

香菇生长发育条件和其他食用菌一样,包括营养、温度、水分和湿度、光照、空气和酸碱度六大因素。

1. 营养

香菇属于木腐菌,其主要的营养来源是碳水化合物和含氮化合物及部分矿物质元素、维生素等。

(1) 碳源　碳源不仅是香菇重要的组成物质,也是香菇最主要的能源,香菇吸收的碳素,有 20% 左右用于合成细胞物质,80% 左右用于维持生命活动所需的能量而被氧化分解。香菇能利用多种碳源,包括单糖类、双糖类和多糖类。其中以单糖和双糖最易利用,其次是多糖类中的淀粉。多糖中纤维素、半纤维素、木质素等虽不能为菌丝直接吸收利用,但可由菌丝分泌的酶分解成单糖而利用。生产中香菇的碳源主要是各种阔叶树的木屑、棉籽壳、玉米芯、豆秸等原材料。

(2) 氮源　氮源用于合成香菇细胞内蛋白质和核酸等,香菇菌丝能利用有机氮和铵态氮,不能利用硝态氮和亚硝态氮。生产中香菇的氮源也主要是各种阔叶树的木屑、棉籽壳、麸皮等原材料。

(3) 矿物质元素和维生素类　矿物质元素中的 S、Mg、K、P、Mn、Fe、Zn、Mo、Co 等可促进香菇菌丝的生长。香菇是维生素 B_1 的营养缺陷型,维生素 B_1 对香菇菌丝碳水化合物代谢和子实体形成起重要作用,木屑栽培香菇后期常因缺乏维生素 B_1 而引起菌丝自溶,可以适当添加微量适合香菇菌丝和子实体生长的维生素 B_1 以促进其生长。

2. 温度

在整个生长发育过程,温度是一个最活跃、最重要的因素。孢子萌发的最适温度是 22～26℃,以 24℃最好。菌丝生长温度范围为 5～32℃,26～28℃生长最快,最适宜为 24～27℃。10℃以下和 30℃以上生长不良,5℃以下和 32℃以上停止生长。

3. 湿度

水分是香菇生命活动中不可缺少的重要因素。水分与香菇的关系有两方面:一是培养料中的含水量。二是空气湿度。只有在培养料内含水量适中,空气湿度适宜的条件下,香菇子实体才能正常生长。此时,如果放在潮湿的环境下慢慢滋润,则菇盖会开裂,可以重新生长。所以，空气相对湿度高低是形成花菇与否最关键的因素。

4. 光照

香菇菌丝生长不需要光照，强光会抑制菌丝生长，直射阳光会使菌丝消退。散射光是子实体分化和生长不可缺少的因素，完全黑暗，子实体不能分化；光照弱，香菇子实体柄长、盖色浅；一定的光照有利于花菇的形成。

5. 空气

香菇是好气性真菌，足够的 O_2 是保证香菇正常生长发育的必要条件。在段木内香菇菌丝的生长速度较慢，就是因为段木内 O_2 不足，在代料栽培中，要注意刺孔增氧和菇房内的通风换气。在香菇子实体生长阶段，一定的通风换气利于花菇的形成。

6. 酸碱度

适宜的 pH 是香菇进行正常生理代谢的必要环境之一，香菇菌丝生长适宜偏酸性的环境，菌丝在 pH3~7 均可生长，以 pH4.5~5.5 最适宜，香菇子实体生长发育的最适 pH 在 3.5~4.5；pH 在 7 以上，菌丝生长受阻，pH 大于 9 时，几乎停止生长。栽培香菇时，栽培料的 pH 可调到 7 左右，在菌丝生长过程中，菌丝可使栽培料的 pH 降到适宜的范围内。

香菇生长的六个因子对香菇的生长发育是相辅相成、缺一不可的，充分协调配合，才能使香菇正常生长。

三、代料栽培管理技术

香菇的栽培方法有段木栽培和代料栽培两种。段木栽培产的菇商品质量高，但需要大量木材，仅适于林区发展。代料栽培生产周期短，生物转化效率也高，而且可以利用各种农业废弃物能够在城乡广泛发展，下面重点介绍代料栽培技术。

香菇代料栽培工艺流程：

配料→装袋→灭菌→接种→发菌培养→刺孔转色→出菇管理→采收。

（一）栽培期的安排和菌种的选择

目前，我国北方地区香菇生产多采用温室作为出菇场所，受气候条件的影响大，季节性很强，可分为夏播和冬播。各地香菇播种期应根据当地的气候条件而定。北方地区香菇生产多采用夏播，秋、冬、春出菇，由于秋季出菇始期在 9 月中旬，所以具体播种时间应在 7 月初，6 月初制作生产种。应选用中温型或中温型偏低温菌株。但由于夏播香菇发菌期正好处在气温高、湿度大的季节，杂菌污染难以控制，所以近年来冬播香菇有所发展。中部或南方一般是在 11 月底、12 月初制作生产种，12 月底、1 月初接种栽培，3 月中旬进棚出菇，并多采用中温型或中温偏高温型的菌株。

（二）栽培料的配制

栽培料是香菇生长发育的营养基质、物质基础，所以栽培料的好坏直接影响到香菇生产的成败以及产量和质量的高低。由于各地的有机物质资源不同，香菇生产所采用的栽培料也不尽相同。

1. 配方的选择与栽培料的配制

香菇栽培的常用配方有：

（1）棉籽皮 50%、木屑 32%、麸皮 15%、石膏 1%、过磷酸钙 0.5%、尿素 0.5%、蔗糖 1%。料的含水量 60% 左右。

（2）豆秸46%、木屑32%、麸皮20%、石膏1%、蔗糖1%。料的含水量60%。

（3）木屑36%、棉籽皮26%、玉米芯20%、麸皮15%、石膏1%、过磷酸钙0.5%、尿素0.5%、蔗糖1%。料的含水量60%。

栽培料的配制：按量称取各种成分，先将棉籽皮、豆秸、玉米芯等吸水多的料按料水比为1：（1.4~1.5）的量加水、拌匀使料吃透水；把石膏、过磷酸钙与麸皮、木屑干混均匀，再与已加水拌匀的棉籽皮、豆秸或玉米芯混拌均匀；把糖、尿素溶于水后拌入料内，同时调好料的水分，用锨和竹扫帚把料翻拌均匀，不能有干的料粒。

2. 塑料袋的规格

香菇袋栽实际上多数采用两头开口的塑料袋，聚丙烯袋高压、常压灭菌都可，但冬季气温低时，聚丙烯袋变脆，易破碎；低压聚乙烯袋适于常压灭菌。生产上采用的塑料袋规格也是多种多样的，南方用幅宽15cm、袋长55~57cm的塑料袋，北方多用幅宽17cm、袋长35~57cm的塑料袋。

（三）装袋灭菌与接种

1. 装袋与封口

生产上直接手工装袋效率较低，目前多采用装袋机装袋。小型装袋机（图6-7）装袋通常5人一组，1个人往料斗里加料；2个人轮流将塑料袋套在出料筒上，一手轻轻握住袋口，一手用力顶住袋底部，尽量把袋装紧，越紧越好，另外2个人整理料袋扎口，一定要把袋口扎紧扎严，现在多用扎口机配合快速扎口。手工装袋，要边装料，边抖动塑料袋，并用粗木棒把料压紧压实，装好后把袋口扎严扎紧。装好料的袋称为料袋。在高温季节装袋，要集中人力快装，一般要求从开始装袋到装锅灭菌的时间不能超过6h，否则料会变酸变臭。

图6-7 小型装袋机

2. 灭菌

料袋装好后可以"井"字形摆放于灭菌架上，这样便于空气流通，灭菌时不易出现死角，再用周转车转运至灭菌室或灭菌柜。采用高压蒸汽灭菌时，料袋必须是聚丙烯塑料袋，加热灭菌随着温度的升高，锅内的冷空气要放净，当压力表指向0.12~0.15MP时，维持压力 2h 不变，停止加热自然降温，让压力表指针慢慢回落到 0 位时，先打开放汽阀，再开锅出锅。采用常压蒸汽灭菌锅，开始加热升温时，火要旺要猛，从生火到锅内温度达到 100℃ 的时间最好不超过 4h，否则会把料蒸酸蒸臭。当温度到 100℃ 后，要用中火维持 8~16h，中间不能降温，最后用旺火猛攻一会儿，再停火闷一夜后出锅。出锅前先把冷却室或接种室进行空间消毒。

出锅用的塑料筐也要喷洒 2% 的来苏水或 75% 的酒精消毒。把刚出锅的热料袋运到消过毒的冷却室里或接种室内冷却，待料袋温度降到 30℃ 以下时才能接种。

3. 接种

香菇料袋多采用侧面打穴接种，要几个人同时进行，所以在接种室和塑料接种帐中操作比较方便。具体做法是先将接种室进行空间消毒，然后把刚出锅的料袋运到接种室内一行一行、一层一层地垛排起，每垛排一层料袋，就往料袋上用手持喷雾器喷洒一次 0.2% 多霉灵；全部料袋排好后，再把接种用的菌种、薄膜、打孔工具、75% 的酒精棉球、棉纱、接种工具等准备齐全。关好门窗，打开氧原子消毒器，消毒 40min；关机 15min 后开门，接种人员迅速进入接种室外间，关好外间的门穿戴好工作服，向空间喷 75% 的酒精消毒后再进入里间。接种按无菌操作（同菌种部分）进行。侧面打穴接种一般用长 55cm 塑料袋作料袋，接 5 穴，一侧 3 穴，另一侧 2 穴。3 人一组，第一个人先将打穴工具用 75% 酒精消毒，再将要接种的料袋搬一个到桌面上，一手用 75% 的酒精棉纱擦抹料袋朝上的侧面消毒，一手用打孔工具在消毒的料袋侧面打穴 3~4 个。双手用酒精棉球消毒后，直接用手把菌种掰成小枣般大小的菌种块迅速填入穴中，菌种要把接种穴填满，并略高于穴口。接种穴填满菌种后用塑料袋作套袋（双袋法），或整排接种完之后用薄膜覆盖。

如果用颗粒状胶囊菌种接种，则侧面打穴接种一般用长 55cm 塑料袋作料袋，每袋打 4~5 穴，每穴接一粒胶囊菌种，胶囊菌种自带封口盖，接种后不用薄膜覆盖，整批接种完成后即可进培养室培养（图 6-8）。

用接种箱接种，因箱体空间小，密封好，消毒彻底，所以接种成功率往往要高于接种室。但单人接种箱只能一个人操作，只适用于在短的料袋两头开口接种。如果是侧面打穴接种，最好采用双人接种箱，由两个人合作完成。

图 6-8 胶囊菌种接种的香菇菌袋

（四）菌袋的培养

发菌期是指从接完种到香菇菌丝长满料袋并达到生理成熟这段时间，可在室内（温室）、遮阳棚里发菌，发菌地点要干净、无污染源，要远离猪场、鸡场、垃圾场等杂菌孳生地，要干燥、通风、遮光等。大棚在接种、发菌前要消毒杀菌、灭虫，地面撒石灰。夏季播种香菇发菌期正处在高温季节，气温往往要高于菌丝生长的适温（24~27℃），所以发菌期管理的重点是防止高温烧菌。刚接完种的菌袋，3 个袋一层呈三角形垛成排，或者 4 个袋一层呈"井"字形排列（图 6-9），接种穴朝侧面排放，每排垛几层要看温度的高低而定，温度高可少垒几层，排与排之间要留有走道，便于通风降温和检查菌袋生长情况。发菌场地的气温最好控制在28℃以下。开始7~10d内不要翻动菌袋，13~15d进行第一次翻袋，这时每个接种穴的菌丝体呈放射状生长，直径在8~10cm时生长量增加，呼吸强度加大，要注意通气和降温。

在翻袋的同时刺微孔，用直径1mm的钢针在每个接种点菌丝体生长部位中间，离菌丝生长的前沿2cm左右处扎微孔3~4个进行通气，同时挑出杂菌污染的袋。这时由于菌丝生长产生的热量多，要加强通风降温，最好把发菌场地的温度控制在25℃以下。这在夏季播种是很难做到的，但要设法把菌袋温度控制在32℃以下，超过32℃菌丝生长弱，35℃时菌丝会停止生长，38℃时菌丝会

图6-9 香菇"井"字形排列发菌

烧死。降温的方法很多，可灵活掌握。如减少菌袋垒排的层数，扩大菌袋间距，利于散热降温；温室和遮阳棚发菌，白天加厚遮盖物，晚上揭去遮盖物；室内和温室发菌，趁夜间外界气温低时，加强通风降温，有条件的可安装排风扇；气温过高，可喷凉水降温，但要注意喷水后要加强通风，不能造成环境过湿，以防止杂菌污染。菌袋培养到30d左右再翻一次袋。在翻袋的同时，用消毒的钢丝针在菌丝体的部位，离菌丝生长的前沿2cm处扎第二次微孔，每个接种点菌丝生长部位扎一圈4~5个微孔，孔深约2cm。也可用专用刺孔机刺孔。为了防止翻袋和扎孔造成菌袋污染杂菌，装袋时一定要把料袋装紧，料袋装得越紧杂菌污染率越低。凡是封闭式发菌场地，如利用房间、温室发菌，在翻袋扎孔前要进行空间消毒，可有效地减少杂菌污染。发菌期还要特别注意防虫灭虫。

由于菌袋的大小和接种点的多少不同，一般要培养45~60d菌丝才能长满袋。这时还要继续培养，待菌袋内壁四周菌丝体出现膨胀，有褶皱和隆起的瘤状物，且逐渐增加，占整个袋面的2/3，手捏菌袋瘤状物有弹性松软感，接种穴周围稍微有些棕褐色时，表明香菇菌丝生理成熟，可进菇场转色出菇。

（五）转色的管理

香菇菌丝生长发育进入生理成熟期，表面白色菌丝在一定条件下，逐渐变成棕褐色的一层菌膜，称为菌丝转色。转色的深浅、菌膜的薄厚，直接影响到香菇原基的发生和发育，对香菇的产量和质量关系很大，是香菇出菇管理最重要的环节。

转色的方法很多，依其出菇方式不同可分为不脱袋转色法和脱袋转色法。

1. 脱袋转色法

要准确把握脱袋时间，即菌丝达到生理成熟时脱袋。脱袋太早了不易转色，太晚了菌丝老化，常出现黄水，易造成杂菌污染，或者菌膜增厚，香菇原基分化困难。脱袋时的气温要在15~25℃，最好是20℃。

脱袋时，用刀片划破菌袋，脱掉塑料袋，把柱形菌棒按5~8cm的间距立地排在畦内。如果长菌棒立排不稳，可用竹竿或粗绳索在畦上搭横架，菌棒以70°~80°的角度

斜靠在竹竿上（图 6-10）。脱袋后的菌棒要防止太阳晒和风吹，这时温室内的空气相对湿度最好控制在 75%~80%，有黄水的菌棒可用清水冲洗净。脱袋立排菌棒要快，保湿保温。

图 6-10　立地排菌袋

待全部菌棒排完后，温室的温度要控制在 17~20℃，不要超过 25℃。如果温度高，可向温室的空间喷冷雾水降温。白天温室多加遮光物，夜间去掉遮光物，加强通风来降温。光照要暗些，前 3~5d 尽量不要揭开畦上的罩膜，这时畦内的相对湿度应在 85%~90%，塑料膜上有凝结水珠，使菌丝在一个温暖潮湿的稳定环境中继续生长。应注意在此期间如果气温高、湿度过大，每天还是要在早、晚气温低时注意通风 20min。

在立排菌棒 5~7d 时，菌棒表面长满浓白的绒毛状气生菌丝时，要加强通风的次数，每天 2~3 次，每次 20~30min，增加氧气、光照（散射光），拉大菌棒表面的干湿差，限制菌丝生长，促其转色。当 7~8d 开始转色时，可加大通风，每次通风 1h。结合通风，每天向菌棒表面轻喷水 1~2 次。连续喷水 2d，至 10~12d 转色完毕。在生产实践中，由于播种季节不同，转色场地的气候条件特别是温度条件不同，转色的快慢不大一样，具体操作要根据菌棒表面菌丝生长情况灵活掌握。

转色过程中常见的不正常现象及处理办法如下。

（1）转色太浅或一直不转色　如果脱袋时菌棒受阳光照射或干风吹袭，造成菌棒表面偏干，可向菌棒喷水，恢复菌棒表面的潮湿度，减少通风次数和缩短通风时间，可每天通风 1~2 次，每次通风 10~20min。如果空间空气相对湿度太低或者温度低于 12℃，或高于 28℃时，就要及时采取增湿和控温措施，尽量使畦内湿度在 85%~90%，温度掌握在 15~25℃。

（2）菌棒表面菌丝一直生长旺盛，长达 2mm 时也不倒伏、转色　造成这种现象的原因是缺氧，温度虽适宜，但湿度偏大，或者培养料含氮量过高等。这就需要延长通风时间，并让光照射到菌棒上，加大菌棒表面的干湿差，迫使菌丝倒伏。

（3）菌丝体脱水，手摸菌棒表面有刺感　可用喷水的方法提高空气相对湿度及菌棒表面的潮湿度，使罩膜内空气相对湿度保持在 85%~90%。

2. 不脱袋转色法

除了脱袋转色，生产上有的采用针刺微孔通气转色法，待转色后脱袋出菇。还有的不脱袋，待菌袋接种穴周围出现香菇子实体原基时，用刀割破原基周围的塑料袋露出原基，进行出菇管理（河南泌阳香菇栽培模式）。出完第一潮菇后，整个菌袋转色结束，再脱袋泡水或用注水法补水养菌，出第二潮菇。这些转色方法简单，保湿好，在高温季节采用此法转色可减少杂菌污染。

（六）出菇管理

香菇菌棒转色后，菌丝体完全成熟，并积累了丰富的营养，在一定条件的刺激下，迅速由营养生长进入生殖生长，发生子实体原基分化和生长发育，也就是进入了出菇期。

出菇方式可分为脱袋排场出菇法和不脱袋割孔上架排袋出菇法。

1. 脱袋排场出菇法

脱袋排场出菇法是指菌袋转色后将塑料袋全脱去，然后排到出菇场进行出菇管理（图6-11）。这是传统的方法，出菇产量高，但花菇率低，管理措施如下。

图6-11　脱袋排场出菇法

（1）催蕾　香菇属于变温结实性的菌类，一定的温差、散射光和新鲜的空气有利于子实体原基的分化。这个时期出菇大棚的温度最好控制在10~22℃，昼夜之间能有5~10℃的温差。如果自然温差小，还可借助白天和夜间通风的机会人为地拉大温差。空气相对湿度维持在90%左右。条件适宜时，3~4d菌棒表面褐色的菌膜就会出现白色的裂纹，不久就会长出菇蕾。此期间要防止空间湿度过低或菌棒缺水，以免影响子实体原基的形成。出现这种情况时，要加大喷水，每次喷水后晾至菌棒表面不黏滑。也要防止高温、高湿，以防止杂菌污染，烂菌棒。一旦出现高温、高湿时，要加强通风，降温降湿。

（2）子实体生长发育期的管理　菇蕾分化出以后，进入生长发育期。不同温度类型的香菇菌株子实体生长发育的温度是不同的，多数菌株在8~25℃子实体都能生长发育，最适温度在15~20℃。要求空气相对湿度85%~90%。随着子实体不断长大，呼吸加强，CO_2积累加快，要加强通风，保持空气清新，还要有一定的散射光。夏播香菇出菇始期在秋季。北方秋季秋高气爽，气候干燥，温度变化大，菌棒刚开始出菇，水分充足，营养丰富，菌丝健壮，管理的重点是控温保湿。早秋气温高，出菇温室要加盖遮光物，并通风和喷水降温；晚秋气温低时，白天要增加光照升温，如果光照强影响出菇，可在温室内半空中挂遮阳网，晚上加保温帘。空间相对湿度低时，喷水主要是向空间喷雾，增加空气相对湿度。

当子实体长到菌膜已破，菌盖还没有完全伸展，边缘内卷，菌褶全部伸长，并由白色转为褐色时，子实体已八成熟，即可采收。

整个一潮菇全部采收完后，要大通风一次，晴天气候干燥时，可通风2h；阴天或者湿度大时可通风4h，使菌棒表面干燥，然后停止喷水5~7d。让菌丝充分复壮生长，待采菇留下的凹点菌丝发白，就可以用注水法给菌棒补水（图6-12）。补水后，重复前面的催蕾出菇的管理方法，准备出第二潮菇。第二潮菇采收后，还是停水、补水，重复前面的管理，一般出四潮菇。

北方的冬季气温低，子实体生长慢，产量低，但菇肉厚，品质好。这个季节管理的重点是保温增温。空气相对湿度保持在85%~90%。早春要注意保温增温，通风要适当，可在喷水后进行通风，要控制通风时间，不要造成温度、湿度下降。

2. 不脱袋割孔上架排袋出菇法

这种出菇法常见于河南泌阳小棚大袋育花菇模式，可提高花菇率和经济效益。花菇是菌盖上带有白色龟裂纹的香菇，是在特定环境条件下形成的一种特殊畸形菇。越是龟裂纹多、宽，色白朵大肉厚越好。

（1）上架排袋　选择已经显出黄豆粒大小菇蕾的菌袋，每袋间隔15cm左右摆上出菇棚（图6-13）。有菇蕾的袋面向上，只保留上面和左右两侧的菇蕾，用按压或剃除的方法，清除袋底部菇蕾，防止生成畸形菇，消耗菌袋中的营养。棚上盖好保温采暖、透光的塑料薄膜，薄膜应能防风、排潮、采光和通风。

图6-12　菌棒注水法补水

图6-13　不脱袋上架出菇法

（2）保湿割膜　先用喷雾器向覆在棚架上的薄膜内壁上喷雾，以雾珠不滴下为适宜，棚内地上不浇水。雾珠干燥时，及时补喷水雾，保持棚内湿度80%以上。用小刀片沿菇蕾四周3~5cm处环割2/3~3/4，只割透菌袋表面的薄膜，不割掉菇蕾上面的薄膜，让菇蕾在生长时顶开薄膜。环割时，防止刀尖划伤料袋，损伤菌丝。剔除多余菇蕾和畸形菇蕾，每个菌袋均匀保留3~8个圆顶、肥壮的菇蕾。春栽或秋栽菌袋均可按此比例。环割开膜以后，每天检查割膜1~2遍。割膜、选蕾、定株全过程持续在3~6d内，均应保持棚内湿度，防止小菇蕾干死。定株前，以自然条件（较低温度）为适宜，防止先开膜的菇蕾旺长太大，影响催花。

（3）排湿墩蕾　当菇蕾大部分长到0.5~2cm时，完成最后一次定株。只保留直径0.8~1.5cm、菇形较好的菇蕾。停止喷水，在1~2d内逐渐加大通风排湿量，让菇蕾表面的游离水挥发掉，见菇蕾表面稍有亮泽和光滑感，用手指轻轻按压略有弹性感时，墩蕾结束。如果排湿过量，菇蕾表面出现纸板状，不利于催花。

（4）催花措施　当菌盖直径达 2~3cm 时，可进行催花。降低湿度至 60% 左右，揭开薄膜，强通风、加强光照及加大温湿差，促使盖表面开裂。不能喷水，注意防潮湿，以保证花纹呈白色。

具体措施：白天揭膜降温、降湿，短时间内降到 15℃以下，让阳光直晒和自然干燥、清风流通，傍晚盖膜升温、增湿。常见的升温法是覆盖塑料薄膜采光法、棚外煤炉经气管向棚内导热法、棚底热管导热法和湿热风机增温法，促使出菇棚内的温度在 8~12h 内逐渐（升到 24℃时放风排潮 15min 左右）增温到 24~32℃，保持 2~4h。增温全程，保持棚内湿度 45%~65%，不宜超过 70%。如此大的温湿差及强光刺激 3~4d，即可催出花纹。

在开棚通风之前就有部分菇蕾已经龟裂开花了，就能育出优质花菇。

（5）保花措施　催花后，棚内保持温度 8~18℃，湿度 30%~70% 交替循环（空气湿度 60% 左右），约 15d，使菌盖增大增厚，花纹加宽加深增白，形成上等"天白花菇"。

当菌盖尚未完全展开，呈现铜锣边时，即可采菇。

（6）养菌与补水　每采收一茬菇后，菌袋要休养 7~10d。停止喷水，保持 20~25℃，相对湿度 75%~85%，暗光、适当通风。待采菇穴出现白色菌丝时，表明菌丝恢复正常，再采取刺激分化的措施。

当出完两潮菇后，菌袋失重约 1/3 时，就要补水。可采用水池浸泡或加压注水器强制注水，以补至菌袋原来的质量。从第 3 次补水开始，每次补水时可添加菇类营养素。

四、工厂化栽培工艺

香菇工厂化代料栽培工艺也是包括"配料→装袋→灭菌→接种→培养→刺孔转色→出菇→采收"这几个主要步骤。其工厂化栽培管理，因为特殊的生长要求及周期长等因素，虽然没有全程实现工厂化，但是香菇工厂化制菌棒技术已经比较成熟。随着我国香菇菌棒出口、香菇产品出口的剧增，工厂化制作菌棒满足国内市场和国际市场需求，实现了"工厂化制作菌棒，异地出菇管理"，尤其是现在"一带一路"出口贸易的良好机遇，促使了香菇工厂化制菌棒的技术创新和配套集约化生产。

香菇栽培工艺、温度的控制、湿度的控制、通风的控制、光照的控制、病虫害防治等，都可以在工厂化车间、菇房或大棚完成规模化、标准化制作菌棒过程（图 6-14、图 6-15）。这方面已经成为我们的产业优势和创新发展的特色、亮点。

提高制袋成品率的要点有以下 5 个方面。

（1）培养料质量　培养料要新鲜、无霉变，木屑要经后熟并过筛。培养料含水量要适宜，以紧握指缝有水渍但不下滴为度。

（2）菌袋制作　棉籽壳、木屑要提前 24h 预湿并加入石灰堆积发酵，然后加入麦麸，拌料装袋至上灶的时间要在 5h 内完成，不能拖很长时间，所以工厂化制菌棒设施要配套、人员要搭配到位，才能实现高产高效。

（3）消毒灭菌　将料袋装进常压灶，一般每灶 2500~3000 袋，不宜过多。灭菌时做到"攻头、控中、保尾"，使升温至 100℃的时间尽量缩短，温度达到 100℃后保持 14~16h，做到彻底灭菌。规模大的灭菌的时间可以适当延长。

图 6-14　香菇工厂化发菌

图 6-15　香菇工厂化转色

（4）菌种要健壮　菌种培养要在相对恒温、避光的条件下进行，温度控制在 23～26℃，培养室每隔 10d 检查一次，清除污染的菌种。

（5）菌袋培养　灭菌后料温冷却至 30℃以下接种，制作各环节严格按技术要求把关，培养中重视温度、湿度、通风的控制，设施配套与技术人员的精细管理，尽量提高菌袋成品率，控制损失，提高生产效率和效益（图 6-16）。

图 6-16　香菇工厂化制菌棒技术优化

丰收的香菇花菇

香菇栽培获高产

第三节 双孢菇

一、营养保健特性

双孢菇（*Agaricus bisporus*）又称白蘑菇、洋蘑菇等。属担子菌纲、伞菌目、伞菌科、蘑菇属。它是世界上栽培历史最悠久，栽培区域最广，总产量最多的食用菌。目前世界上有70多个国家栽培，产量占食用菌总产量的60%以上（图6-17）。

图6-17 双孢菇形态

双孢菇是草腐菌，能够很好地利用多种草本植物的秸秆类及养殖牛羊的粪草类作为营养物质。例如，稻草、麦秸、玉米秸秆、玉米芯及牛粪、马粪等都可以被双孢菇分解利用。这一特性也使双孢菇栽培成为农业资源再循环利用的特色优势，符合当前农业农村发展的"绿色环保"的理念，能够对接"乡村振兴"的产业扶植政策，在很多县、乡、镇得到扶植发展。

近几年随着我国出口贸易的快速发展，尤其是我国的"脱贫攻坚"富民工程的推动，促使双孢菇栽培和其他菇一样成为很多地域的支柱产业。双孢菇栽培从菌种到产品的产业链，技术越来越成熟。我国每年栽培量比较大的有福建、山东、河南、河北、山西、湖南、浙江等省主产区。国内规模较大的双孢菇工厂集团或基地，其日产量可以达到上百吨，以满足国内外市场消费需求。

双孢菇的肉质细嫩，味鲜美，蛋白质含量高，营养丰富。据测定双孢菇含有多种微量元素及维生素。蛋白质中有18种氨基酸，包括人体必需的9种氨基酸，属高蛋白质、低脂肪食品，符合当今人们对饮食结构的营养要求。

双孢菇还有多种保健功能，其中的多糖体，对降血压和降胆固醇有功效，而所含的 β - 葡聚糖和 β -1,4 葡聚糖苷对癌细胞和病毒都有一定的抑制作用。经常食用双孢菇可提高人体免疫力，达到健身强体。其浸出液制成的"健肝片""肝血灵"等对白细胞减少、肝炎、贫血、营养不良具有疗效。近年来还发现双孢菇的核酸具有抗病毒的功效，具有一定抑制艾滋病毒浸染与增殖的作用，是一种良好的保健品。

二、生物学特性

（一）形态结构

双孢菇是由菌丝体和子实体构成的。在双孢菇生长中，菌丝体充分生长是获得菇体丰收的物质基础，是它的营养器官。双孢菇栽培所使用的"菌种"，就是它们的菌丝体（图6-18）。其主要功能是从基质的腐殖质中分解、吸收、转运养分，以满足菌丝增殖和子实体生长发育的需要。

双核菌丝达到生理成熟后，开始扭结形成子实体（图6-19）。

图6-18　人工培养的双孢菇菌丝体

图6-19　双孢菇的子实体

双孢菇子实体菌盖伞状圆正，肉质肥厚，洁白如玉，表皮光滑，味道鲜美。菌肉白色，受伤后变为浅红色。菌褶密集、离生、窄、不等长，由菌膜包裹，菌盖开伞后，才露出菌褶，并逐渐变为褐色、暗紫色，菌褶里面为子实层，是产生孢子并散发孢子的结构，所以，子实体是它的生殖器官。菌柄短、中实、白色。子实体成熟开伞后散发担孢子，担孢子圆形，光滑。未成熟的担孢子为白色，逐渐变为褐色。

（二）生殖方式和生活史

双孢菇属次级同宗配合菌类，其生活史比较特殊。因为每个担孢子内部含有两个（+-）不同交配型核，称为雌雄同孢。担孢子萌发后形成的是多核异核菌丝体，而不是单核菌丝体。这种异核菌丝体不需进行交配便可发育成子实体，子实体菌褶顶端细胞逐渐长成棒状的担子，担子中的两个核发生融合进行质配，进而核配形成双倍体细胞，随后进行1次减数分裂和1次有丝分裂，产生四个核，四个核两两配对，分别移入担子柄上，便可形成两个异核担孢子，即双孢子，完成了双孢菇的生活周期而得名双孢菇。

（三）生长条件

双孢菇的生活条件包括营养条件和环境因素两方面，不同发育阶段所要求的生活条件又有所差异。

1. 营养

营养是双孢菇生长的物质基础，只有在丰富而合理的营养条件下，其才能优质高产。双孢菇营养中主要有碳源、氮源、无机盐类和维生素类物质。

双孢菇能利用的碳源很广，各种单糖、双糖、纤维素、半纤维素、果胶质和木质素等。单糖类可直接被菌丝吸收利用，复杂的多糖类需经微生物发酵，分解为简单糖类才能被吸收。双孢菇可利用有机态氮（氨基酸、蛋白胨等）和铵态氮，而不能利用硝态氮。复杂的蛋白质也不能直接吸收，必须转化为简单有机氮化合物后，才可作为氮源利用。

双孢菇生长不但要求丰富的碳源和氮源，而且要求两者的配合比例恰当，即有适宜的碳氮比（C/N）。实践证明，子实体分化和生长适宜的 C/N 为（30~33）:1，因此，堆肥最初的 C/N 要按（30~33）:1 进行调制，经堆制发酵后由于有机碳化合物分解放出 CO_2，使 C/N 下降，发酵好的培养料 C/N 为（17~18）:1，正适于蘑菇生长的要求。

双孢菇所需的无机盐营养种类很多，其中有大量元素 P、K、Ca、Mg、Fe，也有微量元素 Cu、Zn、Mo、B、Co 等。

除以上主要营养成分外，菌丝生长和子实体形成还需生长素类物质，如维生素、刺激素等。试验证明，维生素 B_1、α-萘乙酸、三十烷醇都有刺激菌丝生长和子实体形成作用。

微量元素和生长素类物质，虽是双孢菇生长不可缺少的物质，但因需要量极少，在培养料主辅料中的含量即可满足需要，不必另外添加。

在双孢菇栽培中，常以作物秸秆、壳皮、畜禽粪等富含纤维素质为碳源，由麸皮、米糠、玉米粉和豆饼粉、尿素等提供氮源，添加的石膏、$CaCO_3$、磷肥等以满足各种无机盐营养。

2. 环境条件

影响双孢菇生长的环境条件主要是温度、湿度、空气、光照和酸碱度。

（1）温度　温度是最活跃的影响因素，但双孢菇不同品种和菌株，不同发育阶段要求的最适温度范围有很大差异。一般而论，菌丝生长阶段要求温度偏高，菌丝生长的温度范围 6~34℃，最适生长温度 24~26℃。因品种温型不同，最适温度有所不同。温度偏高，菌丝生长快，但菌丝稀疏、细弱，易早衰。在培养菌种过程中，若温度过高，出现菌丝吐黄水现象。但温度也不能太低，低于 3℃ 菌丝便不能生长。10℃ 左右菌丝生长缓慢，生长周期长，菌龄不一致。只有在最适温度范围内，菌丝长速适中、健壮、生活力强。

子实体发生和生长的温度范围 6~24℃，以 13~16℃ 最适宜（温型不同有一定差异）。温度高于 18℃ 子实体生长快、出菇密，但朵型小，组织松软，柄细而长，易开伞。温度低于 12℃，子实体生长慢、出菇少、个体大、质量好，但产量低。温度低于 5℃ 子实体便不能形成。

担孢子萌发温度 18~27℃，以 20~24℃ 最适宜。

（2）湿度　水分是指培养料的含水量和覆土中的含水量，而湿度是指空气中的相对湿度。培养料的含水量以 60%~65% 为宜，若低于 50%，菌丝常因水分供应不足而生长缓慢，菌丝稀疏、纤细。子实体也因得不到足够水分而形成困难。若培养料含水量过大，导致通气不良，菌丝体和子实体均不能正常生长，并易感染病虫害。

菌丝生长阶段要求环境空气适当干燥，空气湿度 75% 左右。超过 80%，易感染杂菌。子实体发生和生长要求适宜湿度 80%~90%。湿度长期超过 95% 可引起菌盖上积水，易发生斑点病。若湿度低于 70%，菌盖上会产生鳞片状翻起，菌柄细长而中空。低于 50% 停止出菇，原有幼菇也会因干燥而枯死。

（3）空气　双孢菇是好气性菌，在生长发育各个阶段都要通气良好。对空气中 CO_2 浓度特别敏感。菌丝生长期适宜的 CO_2 浓度为 0.1%~0.3%；菌蕾形成和子实体生长期，CO_2 浓度为 0.06%~0.2%。当 CO_2 浓度超过 0.4% 时，子实体不能正常生长，菌盖小，菌柄长，易开伞。CO_2

浓度达 0.5% 时，出菇停止。因此，在双孢菇栽培过程中，一定要保证菇房空气流通而清新。

（4）光照　双孢菇与其他菇类不同，它整个生活周期都不需要光照。在黑暗的条件下，菌丝生长健壮浓密，子实体朵大、洁白、肉肥嫩，菇形美观。而在有光条件下，尤其是在光照较强的条件下，对双孢菇生长不利。

（5）酸碱度　双孢菇培养料最适宜 pH 为 6.5～7.5。因双孢菇生长过程中会产生酸性物质使 pH 降低，所以覆土时 pH 可以调节为 7.5～8.5，以抑制杂菌孳生，在菌丝生长中再观察测定 pH 变化适当调节。

三、栽培管理技术

双孢菇栽培方式有菇房床架式栽培、大棚床架式栽培等。随着双孢菇栽培技术的不断发展和产业转型升级，目前已经实现了双孢菇机械化、智能化的工厂化生产，通过对菇房的环境控制可以实现一年四季不间断地分批次生产。工厂化生产双孢菇可以对菇房的温度、湿度、CO_2 浓度及通风量等进行精确的控制，从而为双孢菇提供了非常适宜的生长环境，实现高产、优质、高效益。

近年来，双孢菇工厂化生产经过几十年的发展和技术创新，已发展成为专业化分工，机械化、自动化作业和智能化控制的高度发达的菌菇工业。培养料由专业化堆肥公司生产，覆土由专业覆土公司提供，菇场可以从堆肥公司和覆土公司购买培养料和覆土进行栽培出菇。

（一）品种类型

目前栽培的双孢菇品种按菇体大小可分为大粒型、中粒型和小粒型；按子实体发生温度可分为高温型、中温型和低温型；按子实体颜色可分为白色、棕色和奶油色三种。白色双孢菇因颇受市场欢迎，在世界各地广泛栽培；棕色双孢菇因其抗逆性强、产量高、不易褐变等优点，栽培面积正在迅速扩大；奶油色双孢菇仅在少数国家有局限性种植。我国常见的栽培品种有 As2796、As3303、浙农 1 号、176、156 等。

（二）培养料生产系统

双孢菇培养料由大规模集中堆制发酵公司生产，每周可生产 1000t 以上。以小麦草和禽粪为主要原料，一般经过一次发酵和二次发酵。近年来，一次发酵已从室外翻堆发酵法转向更利于质量控制的室内通气发酵法，培养料二次发酵在集中发酵隧道内进行（图 6-20），经二次发酵的培养料，销售给各地的菇场播种出菇。最近几年，英国、荷兰等国

（1）一次发酵隧道　　　　　　　　　　（2）二次发酵隧道

图 6-20　隧道式发酵

家采用三次发酵——即在隧道内进行集中播种发菌，经集中发菌培养，长满菌丝的培养料，压块后销售给菇场，大大缩短了栽培周期。

（三）创新栽培工艺

栽培双孢菇的原料大多是农、林副业的下脚料和畜禽粪类。原料丰富，取材方便，价格低廉。因此，栽培双孢菇投资少，效益高，是发展农村副业，充分利用闲散劳动力，增加农民收入，发展农村经济的重要途径。

经过多年的发展经验积累，在配方、配料及栽培管理方面精细改良，形成了创新的工艺流程（图6-21），使双孢菇栽培实现了工厂化、规模化、智能化、高产高效化的生产，形成了很多生态农业和循环经济的特色亮点的示范区。

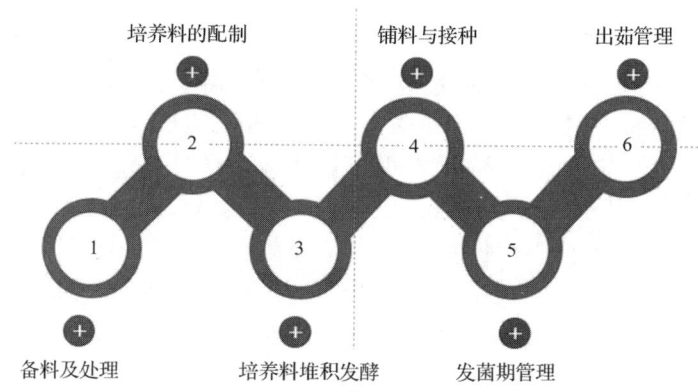

图6-21 双孢菇栽培工艺

培养料的原料主要是畜粪肥和禾草。多种禾草如稻草、麦草、玉米秸、豆秸以及甘蔗渣、香蕉叶等都可用以配制培养料，还可加入适量饼肥、酒糟、含氮化肥以及石膏、过磷酸钙、石灰等无机盐类。生产中采用的配方很多，其中包括粪草料配方和不用粪肥而以尿素、$(NH_4)_2SO_4$等含氮化肥作代用品的合成堆肥配方。

我国部分地区的高产栽培配方中，粪肥及禾草约各占47%、饼肥约3%、石膏和石灰粉各约1%、过磷酸钙1%。双孢菇的生长需要较大量的Ca、P、K、S等矿物质元素。因此，培养料中常加有一定量的石膏、石灰、过磷酸钙、草木灰、$(NH_4)_2SO_4$等。

培养料按配方配制后，需经过堆制发酵使料腐熟，以减少病虫害的发生，使其理化成分及养分状况发生变化，更有利于双孢菇吸收利用，满足其快速生长发育的需要。

1. 前发酵

工厂化栽培原料堆料大，一般采取隧道式发酵模式。先将厩肥、草料加水预湿1~3d。再将草料与厩肥分层间隔铺放，逐层浇水，建成龟背形的料堆。顶上盖草帘，后期遇雨，上覆塑料薄膜，以保持料堆的湿度和温度。堆制期12~14d，其间需翻堆3次（机械化翻料机），以促使培养料腐熟一致，水分均匀。合格的堆肥颜色呈咖啡色，草料具有韧性，含水量65%左右，pH6.3~7.5。这是前发酵，随后还要进行后发酵。

2. 后发酵

经过多年的发展，中国陆续推广欧美国家普遍应用的后发酵技术，即在室外前发酵的基础上，在室内通过炉火加温或通入热蒸汽、热空气等手段，使培养料在60℃灭菌2h

后,控制在52℃左右维持4~7d。经过二次发酵(后发酵),可以杀死培养料中的病菌和害虫,同时可使培养料的物理、化学状况及微生物区系更适于菇的生长发育。

3. 铺料、播种

培养料温度降至28℃左右时,及时播种。播种方式有穴播、层播、混播等。中国多采用粪草菌种穴播,株行距9cm左右,每750mL瓶装菌种的播种面积约0.3m^2。播种后,注意保持适宜的温度、湿度和通气条件。15~20d,菌丝布满整个培养料,即进行覆土。覆土是双孢菇栽培中的一项特有的技术措施,是诱导子实体形成的必要条件。欧洲国家、美国多采用泥炭,中国主要采用田园土作为覆土材料。通常在床面先覆一层粗土,数日后菌丝伸出粗土层,再覆一层细土。覆土层厚度为3.3~4cm。

4. 覆土

覆土对双孢菇的发育有重要的作用,及时覆土是双孢菇高产的重要措施。

(1)覆土的选择 目前,我国双孢菇栽培上所用的覆土,根据土粒的大小,分为粗土与细土。粗土直径2cm左右,其质地以壤土为好,要选毛细孔多、有机质含量高、团粒结构好、持水量大且含有一定的营养成分的土壤作覆土材料,以利于双孢菇菌丝穿透泥层生长。菇房每平方米床面约需粗土35kg。细土直径约为0.5cm,如黄豆大小,每平方米床面需细土20kg左右,其质地以稍带黏性的壤土为宜,因床面的泥层上经常喷水,稍带黏性的土粒喷水后不会松散,也不会造成床面板结的现象,如细土选用沙性土,床面喷水后泥粒变得松散,造成床面泥层板结,直接影响到土层的通气性,不利于菌丝的生长,也不利于子实体的形成。

(2)覆土的处理 为了防止覆土中带入病菌、害虫,一定要提前采用处理方法,杀灭覆土中的杂菌及虫卵。

(3)覆土的时期与方法 适宜的覆土时期是根据料层菌丝的深度来决定的,当菌丝大部分都已伸展到菌床底部时,便是覆土的适期。先覆粗土,隔7~10d再覆细土。根据一般高产菇房的经验,覆粗土7d左右便应及时覆细土。覆细土后10d左右,便能见到菌蕾,所以覆粗土后约经20d便可出菇。

覆土的厚度,如采用粗土加细土的方法,则粗土覆2.5~3cm厚,细土覆1cm厚;如采用全部覆细土的方法,则覆土厚度在3~4cm。

覆土的具体方法是:先覆粗土一层,铺满料面,以不见料为标准,并用中土(介乎粗土与细土之间的土粒)填满粗土的缝隙,以防止调水时水分渗入培养料内,造成料内菌丝萎缩,最后铺上一层薄细土。

(4)覆土层的调水 用干的粗土,覆土3d内要调足粗土水分。喷水的方法采用轻喷勤喷、循环喷水的方法,不可一次喷水过多,防止水分流入料中,妨碍菌丝生长。调水的具体标准是粗土已无白心,质地疏松,手能捏扁土粒,手捏粘手,此时粗土的含水量在20%左右。

覆盖粗土后,应反复间歇地以较大水量将粗土喷湿,使其含水量达20%左右。覆盖细土后,勤喷轻喷,保持细土湿润。菌丝伸至细土层后,用间歇重喷的方法增加覆土层的湿度,加强通风,促进原基分化。

(四)出菇管理系统

现在双孢菇栽培已经采用机械化进料和覆土的床架栽培系统,栽培菇房普遍采用计算机控制系统调控温度、湿度和CO_2等环境条件,能很好地控制双孢菇产量和质量。

1. 出菇房栽培床架设计要点

出菇房内大多都是采用层架式栽培，出菇床架一般是采用热镀锌型钢或铝合金型材。每间出菇房内安装两排或四排出菇架，出菇架每层间距60cm，一般不超过6层（图6-22）。每层床面的宽度一般在120~150cm。料层厚度18~23cm，出菇床架要有一定承重能力，每平方米栽培面积的培养料质量一般在80~120kg。菇床架的侧面要便于采菇和通风。

图6-22 双孢菇的栽培床架

2. 出菇房的调控系统设计要点

现代双孢菇出菇房的调控系统已经实现信息化、智能化，是一年四季内保证鲜菇产量和质量的重要设施，关系到出菇房是否能实现四季出菇，稳产高产。双孢菇出菇房的调控系统包括：温度调节、湿度调节、CO_2浓度调节及净化控制系统。

温度调节、湿度调节、CO_2浓度调节三因素是既相互独立又相互联系制约。菇房的空调系统要在保证净化控制的前提下，能够有效调节菇房内的温度、湿度、CO_2浓度，满足栽培双孢菇的工艺控制要求。设计双孢菇出菇房的空调系统时，主要是根据出菇房的大小、保温情况和栽培面积来确定空调系统的制冷量、制热量和通风能力。其中，栽培面积和单位产量是确定出菇房空调系统负荷的重要参数。一般要求出菇房的温度在15~28℃范围内可调；相对湿度在70%~98%范围内可调；CO_2浓度在800~5000mL/L范围内可调，培养菌丝阶段一般不用主动控制CO_2浓度。

（五）出菇管理

双孢菇从播种到开始采收，一般需要35~45d。长江流域各省于9月上旬播种后，从10月中下旬开始采收到12月下旬秋菇期间一般可收5批（潮），第一、二、三批出菇集中，两批菇间隔期为7d左右，第四、五批及春菇出菇不集中，产量减少。秋菇产量占总产量的70%左右。

出菇期间的管理工作主要有水分管理、通风换气、挑根补上及追肥等。当幼菇大批形成时,加强喷水。出菇期间,菇房的温度应保持 12～16℃,空气相对湿度应维持在 90% 左右,在菌丝生长与子实体发育期间,适量喷洒维生素、微量元素和高效磷、钾肥等于菌床土层上,有复壮菌丝、加速子实体肥大的作用。

1. 水分管理

(1) 床面喷水 覆细土后 10d 左右,扒开上层细土,看到许多绿豆大小白色小菌蕾时,就要及时喷一次"重水",称为"结菇水",每天喷水 1 次,每次喷用 1kg/m²,连续 2～3d,总的用水量 2.5～3.2kg。喷水增加细土湿度,同时也使粗土上半部得到水分,促使菌蕾迅速形成和长大,并使粗土层的菌丝粗壮有力。当菌蕾普遍形成并已长到黄豆大小时,需及时喷第二次"重水",称为"出菇水",方法与第一次"重水"相同,用量较第一次稍重,总的用水量 2.7～3.6kg/m²。再次加大细土的湿度并使粗土得到水分,促使子实体迅速长大出上,这样出菇多、均匀,转潮(批)快,除了喷"重水"期间外,其余时间喷水每天 1 次,气候干燥时可喷两次,每次 0.25～0.36kg/m²。前三批菇出菇间隔期间,一般称为"落潮",此时应减少喷水,每天喷水 1 次,每次喷 0.2kg/m²。前三批菇生育期间气温较高,喷水时间最好在早晚进行。

喷水力求均匀,雾点要小,喷头要提高一些,并稍有倾斜,以减少对小菇的冲击。喷水后尽量多开门窗,不喷"关门水",避免菇房闷热,使菌丝老化或者孳生杂菌。采菇前喷水,防止手捏处菌丝发红,影响质量。

(2) 空气湿度的调节 秋菇前期温度较高,出菇多,空气相对湿度应达到 90%～95%。如气候干燥,除床面适当多喷水外,需要在走道空间、墙壁和地面喷水,以增加空气相对湿度。菇房内空气相对湿度过低,子实体生长缓慢并容易产生鳞片和"空根白心"现象。但也不宜超过 95%;否则影响菌丝生长,并容易产生杂菌、锈斑等病害。采菇高峰过后,气温渐低,空气相对湿度可低一些,达 85%～90%,空中、地面不再喷水。

春菇后期温度较高,蒸发量大,应增加菇房内相对湿度。如气候干燥,仍需在走道空间、墙壁和地面喷水,并加强通风,降低室内温度。也可采用喷水机来完成喷水。

2. 通风换气

秋菇前期菌丝生长旺盛,出菇多,放出大量的 CO_2,需要加强通风,保持菇房内空气新鲜;但此时期气温较高,又需保持较高的空气湿度。因此,菇房主要在早晚或夜间通风。

春季气温尚低时,通风在中午气温较高时进行,以利提高菇房温度。4～5月气温上升,宜早、晚和夜间通风,以免热空气进入室内,增加菇房温度。

3. 清理菇床,及时补土

每次采收以后,菇床上遗留下的老根、死菇,要及时清除干净,因老根已失去吸收养分和出菇的能力,且占据位置,使下面的菌丝生长受到影响,有碍出菇。如果时间长腐烂后,容易引起病虫危害。同时要把采菇时带走的泥土用较湿润的细土重新补平,保持原来的厚度。

(六) 采收与加工

从菌盖直径达 2cm 开始,直到将近成熟,菌幕破裂开伞前均适于采收。

用于制罐头的需用菇体较小的幼菇,以直径 2～3.5cm 为宜。出菇期如气温高于 18℃时,菇床上易产生薄皮开伞菇,故应提前采收。

当蘑菇长到直径 2~4cm 时应及时采收或按商品要求采收。若采收过晚会使菌盖"开伞",品质变劣,商品价值下降,并且抑制下批小菇的生长。

采摘时,用手指捏住菇盖,轻轻转动采下,用小刀切去带泥根部,注意切口要平整。采收后在空穴处及时补上土填平,并喷施一次 1% 的葡萄糖、0.5% KH_2PO_4 等营养液,以促进小菇生长,提高产量和品质。

双孢菇的鲜菇洁白如玉,鲜销烹调美味菜肴最佳,不宜久放。工厂化规模种植时(图6-23),可做成罐头,出口换汇。大规模工厂化生产双孢菇,必须提前选择加工方式,筹建冷库或盐水菇生产线(保鲜或盐腌渍—盐水菇),否则,产品积压变质,就会造成经济损失。

双孢菇工厂化栽培出菇

图 6-23 双孢菇工厂化栽培

第四节 草菇

一、营养保健特性

草菇(*Volvariella volvacea*)在真菌界分类上属真菌门、担子菌亚门、无隔担子菌纲、伞菌目、鹅膏菌科。别名:苞脚菇、蓝花菇、麻菌等。

草菇是我国南方普遍栽培的食用菌,近年来工厂化栽培使之全国各地都有种植。目前,草菇的总产量占世界上人工栽培菇类的第三位。

草菇质嫩味美。若制成干菇香味更浓。加之草菇属于高温型菌类,适于一般菇类不能生长的炎热夏季,而成为食用菌夏季生产及供应市场的一种珍品,栽培草菇主要是用稻草、棉籽壳、废棉、废菌料等,栽培后的废料仍可作有机肥料。

栽培草菇的材料来源丰富,能充分利用秸秆废料使农业资源再循环利用。由于草菇生长相对较快,栽培一批从种植到收获只要 20~30d,室内室外都可栽培。在众多人工栽培菇类中草菇算生长快、高温型的好品种。因此,发展草菇生产成本低、收益快、易推广。

二、生物学特性

（一）形态结构

草菇分菌丝体和子实体两部分。

1. 菌丝体

菌丝体在基质中吸收营养，按其发育形态分为初生菌丝和次生菌丝。

（1）初生菌丝　由担孢子萌发而成，有横隔膜，细胞多为单核。

（2）次生菌丝　由初生菌丝相互融合而成，每个细胞含有两个核，其形态和初生菌丝相似，但比初生菌丝长势旺盛。菌丝浅白色，半透明，气生菌丝旺盛。多数次生菌丝能形成厚垣孢子。

（3）厚垣孢子　由部分菌丝的细胞膨大形成。特征是细胞壁厚，红褐色，对干旱、寒冷有较强抵抗能力的无性孢子。条件适宜，可萌发形成菌丝。

2. 子实体

由菌盖、菌褶、菌柄和菌托四部分组成（图6-24）。子实体是草菇的生殖器官，虽大形可见，但寿命极短，一旦开伞后极易老化。

（1）菌盖　子实体的最上面部分，直径5～19cm，钟状菌盖呈鼠灰色至白色，边缘整齐，中央稍突起色深，边缘色渐浅，表面具有暗灰色纤毛形成辐射状条纹。菌盖钟形，幼时黝黑，老时褪为灰褐色或灰白色，中央色深，外围色稍浅；菌肉白色，肥厚。

图6-24　草菇子实体

（2）菌褶　着生在菌盖下面，是担孢子产生的场所，长短不齐，与菌柄离生。菌褶两侧面着生棒状担子，每个担子着生四个担孢子。担孢子椭圆形或卵圆形，表面光滑，幼期为白色，成熟后为浅红色或红褐色。

（3）菌柄　开伞后支撑着菌盖，圆柱形，上细下粗，长6～18cm，直径0.8～1.5cm，肉质白色，幼时中心实，随菌龄增长，逐渐变中空，质地粗硬纤维化，没有菌环。

（4）菌托　肥厚的菌托杯状，是子实体外包被的残留物，幼期起着保护菌盖和菌柄的作用，随菌盖的生长和菌柄的伸长而被顶破，残留在菌柄基部，像一个杯状物托着子实体。上部灰黑色，向下颜色渐浅，接近白色。这是草菇主要的可食用部分，肉质细腻，味道鲜美。

孢子椭圆形或卵状椭圆形。

草菇子实体初生时为白色小颗粒，形如鱼卵，以后逐渐长大如豆，如雀蛋、鸭蛋。根据子实体发育的情况，大致可分为针头期、小钮扣期（小菇蕾期）、钮扣期（菇蕾期）、卵状期（菌卵期）、伸长期和成熟期六个阶段。

（二）生殖方式和生活史

草菇的生活史与其他生物一样，各有特殊和生长发育的形式。现从草菇菌丝体的形成和子实体的发育两方面进行叙述。

1. 菌丝体的形成

担孢子在适宜的环境条件下，水和营养物质通过脐点处冒出芽孢囊膨大，逐渐发展成芽管。芽管尖端继续生长，达 28~267μm 即进行分枝。随着芽管的生长，担孢子的内含物移入芽管，孢子内的单倍体核也随之进入芽管。核进入芽管后开始有丝分裂，使仍未分隔的芽管中核的数量大量增加，从 2~24 个不等。芽管继续生长，进行分枝和形成隔膜。菌丝体由于形成了隔膜，成为多细胞菌丝，芽管里的单倍体核平均分配到每个细胞中，使每个细胞含有一个单倍体核，这样，芽管经过生长、分枝发展成初生菌丝体。

初生菌丝体通过同宗配合发育成次生菌丝体。在养分充足和其他生长条件适宜时，菌丝体可以无限地生长。

无论是少数初生菌丝体，还是全部次生菌丝体，生长到一定时间后，都会形成厚垣孢子，厚垣孢子呈圆球状，平均直径 5.88μm，细胞壁很厚，多核性，无胞脐构造。圆球形的红褐色厚孢子，是识别草菇的生物学特性的重要标志。它们在成熟后常与菌丝体分离，在温度和其他条件适宜时 1~2d 即可萌发。由于厚垣孢子的细胞壁厚薄不一，故萌发时会从孢子中冒出一个或多个芽管，厚垣孢子萌发后形成的芽管生长发育成次生菌丝体，并能长出正常的子实体。草菇的次生菌丝体生长发育，互相扭结，最后产生子实体。

2. 子实体的发育

在适宜的环境条件下，播种后 5~14d 次生菌丝体即可发育成幼小的子实体。草菇子实体的发育可以分为 6 个阶段。

（1）针头期　次生菌丝体扭结成针头大小的菇结，所以这一阶段称为针头期。这时外层只有相当厚的白色子实体包被外，没有菌盖和菌柄的分化。

（2）小钮扣期　针头继续发育成一个圆形小钮扣大小的幼菇，其顶部深灰色，其余为白色，称为小钮扣期。这时组织有了很明显的分化，除去最外层的包被可见到中央深灰色、边缘白色的小菌盖，纵向切开，可见到在较厚的菌盖下面有一条很细很窄的带状菌褶。

（3）钮扣期　这时菌盖等整个组织结构虽然仍被封闭在包被里面，如果剥去包被，在显微镜下可以看到菌褶上已出现了囊状体。

（4）卵状期　在钮扣阶段后 24h 之内，即发育卵状期。这时菌盖露出包被，菌柄仍藏在包被里。这阶段在菌褶上的担孢子还未形成，外形像鸡蛋，顶部深灰色，其余部分为浅灰色。

（5）伸长期　卵状阶段后几个小时即进入伸长阶段。这阶段是菌柄顶着菌盖向上伸长，子实体中菌丝的末端细胞逐渐膨大成棒状，两个单倍体核发生融合形成一个较大的二倍体核。当细胞膨大时，在担子基部二倍体核进行减数分裂，形成 4 个单倍体核。与此同时，担子末端产生 4 个小梗，小梗的端点逐渐膨大，形成原始担孢子，而后 4 个单倍体核同细胞质一起向上迁移，通过小梗通道被挤压入膨大部分。最后，在膨大部分的基部形成横壁，成为 4 个担孢子。小梗下面留下了一个空担子。

（6）成熟期　菌盖已张开，菌褶由白色变成肉红色，这是成熟担孢的颜色。菌盖表面银灰色，开有一丝丝深灰色条纹。菌柄白色，含有单倍体核的担孢子，约 1d 后自行脱落。在环境条件适宜时，担孢子又进入了一个新的循环。

（三）生长条件

草菇生长发育对外界环境条件要求如下。

1. 营养

在栽培中,作为碳素营养源多是各种天然纤维素材料,如稻草、米糠、麦秆、甘蔗渣、废棉等。总之,含纤维素的材料原则上均可以作草菇的培养料。草菇菌丝体是通过渗透作用,从培养料中吸入分子质量较小的单糖,再转化为菌丝体的组成分或转换为能量。对结构复杂的纤维素是通过菌丝体所分泌的一系列酶将复杂的材料逐步分解成简单的结构,再吸入菌丝体内。为了诱导纤维素酶的产生,加速纤维素的分解,可在培养料内加些米糠、麸皮之类。

草菇的正常发育需充足的C、N养分和合理的碳氮比(C/N),C/N在菌丝体生长阶段以20:1,子实体发育阶段以(30~40):1为宜。生产中因培养料种类不同,有时加麦麸、玉米粉、豆饼粉、NH_4NO_3、尿素等,调节其碳氮比。不论什么菇千篇一律,甚至不照原配方用料,任意变动,缺这少那,这都难以取得高产优质。

除了C和N以外,无机盐,如K、Mg、S、P、Ca等也是草菇生长发育所必需的。但对它们的需要在一些天然的纤维材料中已有足够的含量,一般不必再添加。

2. 温度

草菇生长发育的温度范围是15~45℃。不同生育期的最适温度有所不同,在30℃时孢子的萌发率不超过20%,35℃以上孢子萌发率才急剧上升,40℃时萌发率达到最高,超过40℃就急剧下降。菌丝生长最适宜温度在32~35℃,若温度超过45℃或低于15℃,则菌丝停止生长甚至死亡。不同品系在同一温度下其生长速度也不同。子实体发生的适宜温度在28~32℃;35℃以上易开伞,肉质不结实,子实体较小;低于25℃不能出菇。

3. 湿度

水分是草菇生命活动的先决条件。含水量过低,会使料温升高,菌丝生长慢,发育不良,影响菌丝的正常呼吸,容易使料腐败,导致病虫害孳生。实践证明,草菇正常生长发育要求,其空气相对湿度在80%~95%,培养料最适含水量为75%左右。

4. 空气

草菇是好气性真菌,在进行呼吸时需要充足的O_2。因此,草菇水分含量不能太高,草堆不宜过厚,若用薄膜作临时草被应注意摆上环龙状支撑架以利通气,保证一定的新鲜空气。

5. 光照

草菇在自然状态下颇喜半阴性散射光。据报道,最适宜的光照强度为300~500lx。光照除了对实体的形成有影响外,对子实体的肉质也有直接的影响。当光照适量时子实体的组织紧密,而光照不足时则显得松软。

6. 酸碱度

草菇培养料要求中性偏碱,最适宜pH为7.5左右,pH大于8或低于6,草菇孢子基本不萌发,也不利于菌丝生长。

以上六个因素对草菇的正常发育都有直接的影响。它们既是互相联系,又是互相制约的统一体。栽培中决不能只注意一个方面而忽视其他因素,要使各个因素都能满足草菇生长发育的要求,才能够使草菇生产获得理想的结果。

三、栽培管理技术

草菇的栽培技术比其他食用菌相对简单些,但也要一定的栽培设施。

1. 依栽培原料处理方式不同

（1）发酵料栽培　栽培原料不需灭菌，但要经过建堆发酵后铺料接种。

（2）半熟料栽培　栽培原料经过建堆发酵后再用热蒸汽消毒后铺料接种。

2. 依出菇方式不同

（1）室内、大棚内栽培　在室内、大棚内或板房内将栽培料铺成畦床层架状进行接种培养出菇（图6-25）。

（2）室外阳畦栽培　在地畦上将栽培料铺成畦床进行出菇（图6-26）。

图6-25　室内、大棚内层架状出菇

图6-26　室外阳畦栽培

草菇栽培技术相对简单，但要获得草菇的高产稳产，必须有一套科学的管理技术。现将目前常用的室内、外栽培方法介绍如下。

（一）室外阳畦栽培

室外栽培是我国南方沿用的传统方法，用稻草作原料，投资少，栽培简单，但受气候影响大。栽培季节应利用高温的夏季，选通风向阳、供水方便、排水容易的地方。土质要求疏松肥沃的沙质土，在种菇前一周翻地并进行药剂灭虫。其栽培管理程序如下：材料准备→整地畦→接种培养料配制→接种→菌丝体培养→出耳→采收。

配料配方为稻草77%、麸皮或米糠20%、蔗糖1%、过磷酸钙1%、$MgSO_4$ 0.5%、KH_2PO_4 0.5%、水110%。

1. 做畦

将翻松了的土弄碎，做成宽为1m，高为20cm，长不限的畦，四周挖排水沟。如土质偏黏可掺沙或煤灰。做好畦后用生石灰粉和杀虫剂作畦面消毒。

2. 浸草

选新、干、无霉变的稻草浸入清水或1%石灰水中，边浸边压实，使稻草吸足水分并软化。

3. 铺草料

种植的方式有多种，现介绍几种最常用的方法。

（1）草把式种植　离畦面边沿3~6cm开始撒种，播幅16.7cm，中间不播，以免高温烧死菌丝，将浸好的稻草扭成草把，齐畦面边沿整整齐齐地将草把横卧于畦面上，头向外一把紧靠一把，使草堆紧实。中间虚空处用乱草填平，再撒第二层菌种。第二层菌种往畦中心退 6.7cm，离畦面边沿的垂直距离 13.3cm，播幅仍是 16.7cm。上第二层草把，第二层草把要掉头，也退 6.7cm，尾向外、头向内，中间仍用乱草填平。再撒第三层菌种，再退 6.7cm，再铺草，草把再调头，直到堆高达 50cm 为止。

（2）草砖式种植　做一个长 40cm，宽 33cm，高 20cm 的模框，将湿稻草压入模中即成草砖，然后在畦面上按草把式的播种法播种，再把草砖放上畦，仍用乱草填空，再撒菌种放菌砖，也要每层向内退 6.7cm。共放三层砖、下四层种。

4. 覆盖

不管哪种堆草种植方式，堆好后都要覆盖。最常用是盖草，其次是薄膜。这次覆盖可以称为临时草被，以后要揭掉的。用薄膜覆盖的要搭上环龙状支撑架以利通气。

5. 管理

铺草撒菌种后由于稻草本身发酵产生热量，第二天温度便上升，4～5d 后中心温度可达 55～60℃或更高，菇床表面温度也有 30～40℃。这样的温度范围最适合草菇菌丝体发育蔓延。以后地畦堆温便下降，在降至 42～32℃时便产生草菇。如果草堆温度上升慢，达不到 50℃以上，便要找出原因采取措施。如堆中水分不足或草堆不够紧实，就要进行压实浇水。如水分不足，则适量浇水补水。

铺草撒菌种后 5～7d 拆除临时草被，检查和调整好水分后盖 3～5cm 厚的固定草被。以后晴天中午要淋水一次，以淋湿草被为度，促进菌丝体生长及出菇。出菇期间，晴天早晚各淋一次水，淋水量不宜过多，但要保持草被有适当的湿度。淋水的水温不可过低。

经过精细管理，可以采收地畦上的草菇，一般采大留小；采收后鲜菇销售或制作盐水菇。

（二）发酵料室内集约化床栽

发酵料室内集约化床栽草菇，是高产优质栽培技术上的创新，具体方法如下。

1. 菇房设置

根据草菇喜高温、喜恒温恒湿、好氧的生物学特性，栽培房应具有保持恒温恒湿通风透气的条件，以有效地防御外界温度、湿度变化和恶劣气候的影响。

菇房坐北朝南，东西走向，每间菇房面积宜 100～120m²。菇房内用毛竹、杉木或角铁搭建出菇架，出菇架底层离地 40～50cm，顶层离屋顶宽 1.0m 以上，层间距 60cm，层数 5～7 层，单面操作床架宽 60～70cm，双面操作宽 1.2～1.4m，床架离墙至少 30cm，床架间过道宽 1.0m。房内要求有足够的散射光，较大的菇要配备 40W 的照明日光灯，日光灯安装在过道上方和侧墙面中心位置，离地高 1.5m 左右，每隔 40～50cm 均匀布设，光照度 300～500lx，以在菇房内能顺利阅读报纸为度；墙体以土为好，若用砖墙厚度应达到 24cm；每个走道设上、中、下通风窗，通风窗大小为 40cm×60cm。

2. 培养料配方

一般纯稻草栽培的草菇口味较浓郁。但稻草基质保水性能差，产量低；废棉持水力好，适合高温型草菇的薄料床栽。选择稻草、废棉混合料栽培，使草菇既有较好的风味，又能获得较高的产量，参考配方如下。

（1）配方 1　干稻草 57%、废棉 40%、石灰 2%、石膏 1%。

（2）配方 2　干稻草 50%、废棉 32%、干牛粪 10%、麦麸 5%、过磷酸钙 2%、$CaCO_3$ 1%。

（3）配方 3　干稻草 53%、干稻草粉 30%、干牛粪粉 15%、石膏 1%、石灰 1%。

（4）配方 4　干稻草 30%、干稻草粉 47%、花生饼粉 10%、麦麸 10%、石膏 1%、石灰 2%。

（5）配方 5　废棉或棉籽壳 95.2%、石灰 4.8%。

（6）配方 6　甘蔗渣 79.7%、麦麸 15.9%、过磷酸钙 2%、石灰 2.4%。

3. 栽培料配制

建堆发酵栽培料制备方法，要根据不同原料而定，分别介绍如下。

（1）稻草和废棉混合发酵料配制法　稻草先用 1% 石灰水浸泡 6~8h，捞起沥干；废棉用石灰混合、淋水、踩踏，使其充分吸水后，再将其与稻草混合倒在可活动的木框内，再次踩踏，铺一层废棉与稻草混合物，撒一层牛粪粉与麦麸混合料。如此一层一层往上堆，直至堆高 1.4m 左右，堆宽 1.2~1.4m，堆长 2.0m，也可根据菇房用料量决定堆放体积。

建堆后堆温逐渐上升，于堆温上升至 65℃ 以上的第 3 天进行撒堆。趁热搬进菇房，铺放于床架上。关闭菇房门窗，通入蒸汽，使菇房内温度达到 60℃，并维持 6~8h，进行巴氏消毒，之后进行通风。

（2）废棉发酵料配制法　从纺织厂购买成捆的自然植物废棉（化纤棉不能使用），拆散后，倒入铁制的 1.5~1.8m 长、1.0~1.2m 宽、50~60cm 高的建堆专用的模具内。加 5%~6% 的石灰，边加料、边浇水、边压实，使废棉充分吸足水分。通过 pH 为 14 左右的石灰水预湿，杀死部分微生物。培养料踩踏一层后，拉高模具再加料、撒石灰、浇水，直至 0.8~1.2m 高，拆除模具，堆积发酵，利用微生物降解废棉，1~2d 后撒堆。撒堆后拌入稻草粉、牛粪粉、麦麸、过磷酸钙、$CaCO_3$ 等，混合均匀后搬入栽培房内，铺在栽培层架上。培养料进房后，人为加热升温，将室内温度迅速提高到 65~75℃，料温控制在 63℃ 左右，维持 6~8h。

4. 播种发菌

待料温降至 35℃ 左右，适温播种，可采用穴播与混播相结合的方法。播种量一般为每平方米 2 袋（或 1 瓶）菌种。然后在料面覆盖一层经调湿的火烧土、谷壳或发酵过的牛粪粉；盖上塑料薄膜，关闭门窗保湿。在菇房 32~35℃ 温度下，1~2d 内菌丝便萌发吃料，其后菌丝生长速度很快，仅 3~5d 就会蔓延至整个培养料。在这期间若料温高达 38℃ 时，必须打开门窗，逐渐增加通风，降低菇房内的温度。播种后一般无需喷水，如果气温高，料面干燥时，可在料面喷水保湿，但不能让水流到料内，以免料过湿影响菌丝正常生长。

5. 出菇管理

播种后第 5~6 天，若菌丝已布满料面，应注意空气湿度维持在 90%，并进行大量通风。经过 1~2d 的管理，很快在培养料表面出现大量草菇菌丝扭结团，并有少数扭结团发育成原基，俗称针头菇。此时，需要散射光诱导，适宜的光照强度为 300~500lx，并暂停喷水，待原基长至黄豆大小时，保持菇房温度 30~32℃，维持较大的通风换气量。随后原基很快分化、形成纽扣形菇蕾，此时可在空间喷雾增湿，使空气湿度保持 85%~90%；再经过 2~3d 即可发育形成蛋形草菇，由于草菇生长迅速，必须注意及时采收，否则就会开伞，影响产品质量。

第五节 金针菇

一、营养保健特性

金针菇（*Flammulina velutiper*）又名冬菇、朴菇、构菌、毛柄金线菌等。它属于伞菌目、蘑口科、金线菌属。金针菇菌柄脆嫩，菌盖黏滑，营养丰富，美味可口，其产量占世界食用菌总产量的4%，仅次于双孢菇、香菇和草菇，列为第四大食用菌。金针菇是一种木腐菌，能利用木屑、棉籽壳、玉米芯、甘蔗渣、稻草、麦秸等生长发育。金针菇中含有丰富的蛋白质、纤维素、碳水化合物、脂肪、灰分、维生素等营养物质，特别是含有人体所必需的9种氨基酸，尤其是赖氨酸，对儿童智力发育有促进作用，被誉为增智菇。金针菇具有营养和保健作用，很受消费者青睐。

二、生物学特性

（一）形态结构

金针菇由菌丝体和子实体两部分组成，菌丝体灰白色，绒毛状，有横隔和分枝。

金针菇子实体由菌盖、菌褶和菌柄等组成（图6-27），多数成束生长，肉质柔软有弹性。菌盖幼小时淡黄色、球形或扁半球形，表面黏滑，直径2~8cm，在空气较干燥及有光的条件下，菌盖颜色呈深黄色。菌肉白色，中央厚，边缘薄，菌褶白色或带奶油色，较稀疏，长短不一，与菌柄离生或弯生。菌柄生于菌盖中央，中空圆柱状，硬直或稍弯曲，长3.5~15cm，直径0.2~0.8cm，等粗或上面较细，菌柄基部相连，上部呈肉质，下部为革质。柄上端呈白色，或淡黄色，基部暗褐色，表面密生黑褐色短绒毛。孢子生于菌褶子实体上，表面光滑，呈椭圆形，大小为（5~7）μm×（3~4）μm，孢子印白色。

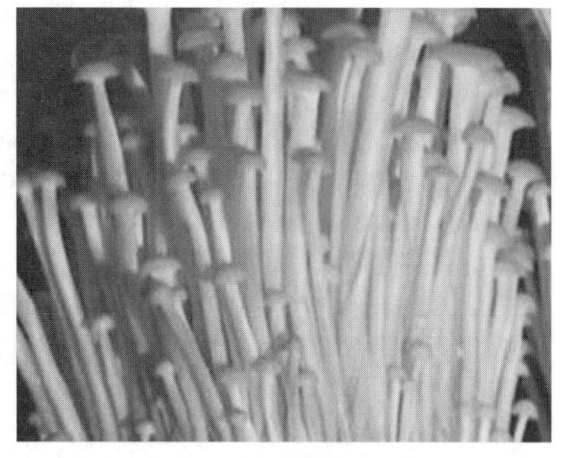

图6-27　金针菇子实体

（二）生殖方式和生活史

金针菇子实体成熟后孢子便从菌褶上弹射下来，遇到适宜环境就萌发长出芽管，芽管不断发生分枝和延伸，最后发育成菌丝，每个细胞中只有一个细胞核，称为单核菌丝（又称为一次菌丝）。当性别不同的单核菌丝互相接触、原生质体互相融合，此时，每个细胞中有两个核，称为双核菌丝（又称为二次菌丝）。双核菌丝经一定发育阶段后，聚集、扭结成原基，进一步发育成子实体。子实体成熟后又释放出大量的孢子。这样周而复始进行生活循环，来完成自己的生活史。

除此之外，金针菇也能进行无性的繁殖过程，即双核菌丝在一定条件下，可断裂为单细胞的粉孢子，粉孢子可萌发形成单核菌丝，单核菌丝又可结合成双核菌丝，这一过程称为无性小循环。

(三) 生长条件

金针菇是一种木腐菌,它能利用木材中的单糖、纤维素、木质素等化合物。但分解木材的能力较弱,坚硬的树木砍伐之后,没有达到一定的腐朽程度长不出子实体。陈旧的阔叶树木屑经堆积发酵,部分分解的更适合金针菇的生长。

1. 营养

(1) 碳源　金针菇所需要的碳素营养都来自有机碳化合物,如纤维素、木质素、淀粉、果胶、戊聚糖类、有机酸和醇类等。以淀粉为最好,其次是葡萄糖、果糖、蔗糖、甘露醇、麦芽糖、乳糖、半乳糖,但不能利用菊糖。

(2) 氮源　金针菇可利用多种氮源,其中以有机氮最好,如蛋白胨、谷氨酸、尿素等。天然含氮化合物如牛肉浸膏、酵母浸膏等也是很好的氮源,对无机氮中的铵态氮,如$(NH_4)_2SO_4$(在维生素B_1存在时)也可利用,而对硝态氮素营养和亚硝态氮的利用很差。

在配制培养料时,要注意碳素营养和氮素营养的比例。如果没有氮源,即使有很多可利用的碳源,也不能发挥作用,菌丝长不起来。反之,如果氮素太多,变成大量的游离氨,释放到培养料中,提高了培养料的pH,子实体的形成也会受到抑制。

在大面积栽培中,以细米糠、麸皮、玉米粉、大豆粉、棉籽粉为主要氮源。

(3) 无机营养　针菇的生长发育还需要一定量的无机盐类,如KH_2PO_4、$CaSO_4$、$CaCO_3$、$Fe_2(SO_4)_3$等。金针菇从这些无机盐中获得P、Fe、Mg等元素,其中以P、K、Mg三元素最为重要,适宜浓度是每升培养基加100~150mg。

Mg^{2+}和PO_4^{3-}对金针菇的生长有促进作用。特别是粉孢子多、菌丝稀疏的品系,添加Mg^{2+}和PO_4^{3-}后,菌丝生长旺盛、速度增快,子实体分化速度也加快。尤其是PO_4^{3-}是金针菇子实体分化不可缺少的。

(4) 维生素　金针菇是维生素B_1、维生素B_2的天然缺陷型,必须由外界添加维生素B_1、维生素B_2才能生长良好。在马铃薯、米糠中含有较多的维生素,所以用这些材料配制培养基时可不必再添加维生素,但是对于粉孢子多、菌丝稀疏的金针菇菌株,在配制母种培养基时,需要添加少量的维生素B_1或维生素B_2(可采用口服的维生素B_1、维生素B_2)菌丝才能生长旺盛。

2. 温度

温度是影响金针菇菌丝和子实体生长发育的一个重要因素。

金针菇属低温结实性和恒温结实性菌类。子实体形成所需要的最低温度是5℃,原基形成的最适温度是13℃,最高不超过21℃,高温菌株在23℃也能出菇,但菇蕾生长不良。金针菇虽能忍耐较低的温度,但在3℃以下菌盖变为麦芽糖色,冰点以下变为褐色。温度极低还出现两个菇盖相连在一起的畸形菇。

3. 湿度

金针菇属喜湿性菌类,菌丝在含水量60%~80%的培养料中能正常生长。栽培时培养料的含水量以70%较适宜。这时菌丝生长最快。培养料水分太多或太少均会影响菌丝的生长,含水量太高时,菌丝生长缓慢,甚至不长,即使长出子实体,菌柄基部也容易变色。若培养料含水量低于60%,菌丝体细弱,发育不良,颜色发灰。空气的相对湿度也有一定的要求,菌丝体生长阶段应控制在60%~70%内,湿度太高,污染率加大,子实体发育阶段应控制在 80%~90%。

4. 空气

金针菇对 CO_2 虽不甚敏感，但子实体生长期间同样需要足够的 O_2。因其菌盖小，室内的通气量可少于其他大菌盖的通气量。缺氧时子实体生长受抑制，金针菇生长所需空气中的 CO_2 在 0.03%~0.06% 最为适宜。

5. 光照

金针菇属于厌光性食用菌，菌丝在完全黑暗的条件下生长正常，在日光直射下可死亡。子实体正常生长要求光照强度为 2~4lx，甚至完全黑暗。光照强，菌柄长不长，菌伞过早开放，商品价值低。食用金针菇主要是吃菌柄，菌柄越短，开伞越早，商品价值就越低。

6. 酸碱度

金针菇需要弱酸性培养基。在 pH3~8.4 的琼脂培养基上，菌丝可生长，但以 pH5.6~6.5 的范围菌丝生长最好。原基的分化和子实体的生长发育以 pH5~6 为宜。

三、栽培技术

1. 概述

随着代料栽培技术的发展，目前人工栽培多采用瓶栽、袋栽方式进行。为了进行大规模生产，提高金针菇的产量和质量，在工厂化设施控制温度、湿度、光照和通风供氧的条件下，进行日产几十吨金针菇产品的机械化、规范化栽培，满足市场鲜销需求。

金针菇工厂化、规模化栽培创新工艺流程：原料配制→拌料、装袋或瓶→灭菌、冷却→接种→培养+催蕾→抑菇→育菇→套袋→发育→采收→包装运输。

2. 设施与设备

（1）工厂化设施　金针菇工厂化生产需要专门的厂房设施，常见的由砖木或钢结构聚氨酯保温板建成，保温、保湿。按照生产工艺，通常将生产厂房分隔为拌料室、装袋室、灭菌室、冷却室、接种室、培养室、出菇室、包装室和冷库等。

① 拌料室：主要放置搅拌机和送料带。因为培养料搅拌会产生大量粉尘，所以需与其他房间隔离并安装除尘装置，避免污染环境。

② 装袋室：装料的主要场所，要求有较宽敞的面积，主要放置装袋机、周转筐、周转小车。

③ 灭菌室：主要放置灭菌锅，是杀菌的主要场所，要求有良好的通风环境。

④ 冷却室：灭菌完毕后培养料在冷却室内冷却，冷却室要求密闭性好，除安装制冷设备外，还要配置空气净化系统，安装紫外灭菌灯等。

⑤ 接种室：主要放置常规接种箱，要求室内空气洁净，接种时空气流动小，接种室地面要进行防尘处理，避风口安装空气净化系统，室内安装紫外灯、自净器等。接种完毕，菌袋置于培养室内发菌培养。

⑥ 培养室：培养期间不仅需要适宜的温度、氧气、湿度，而且菌丝生长会产生大量呼吸热及二氧化碳，所以培养室内需安装制冷设备及通排风设备。

⑦ 出菇室：金针菇子实体形成、生长的场所，要搭置床架，床架层数依据出菇室高度而定，通常为 7~8 层，并需有调温、调湿、通排风及光照装置。

⑧ 包装室：产品采收后计量包装的场所，为保证产品洁净，地面需做防尘处理，并

需配置降温空调设备，以保持产品包装时温度的恒定，避免高温影响产品质量。

⑨ 冷库：产品包装后置于冷库保藏，金针菇的保藏温度常控制在 2~3℃，以延长产品的货架期。

（2）机械设备　工厂化生产各个阶段需要不同的生产设备，生产设备的配置根据生产规模而定。设备配置不足，将影响产量；设备配置过剩，会造成浪费。金针菇再生法工厂化生产需配置的主要设备如下。

① 搅拌机及送料带：搅拌机用于拌匀、拌湿培养料，常用搅拌机为低速内置螺旋形飞轮的专用搅拌机。因培养料搅拌时需要加水，所以搅拌机上方要排布水管，水管上均匀排布出水孔，各出水孔间隔10cm左右。培养料均匀搅拌至适宜含水量后由送料带将料送出。

② 灭菌锅：灭菌锅有高压灭菌锅和常压灭菌锅两种。高压灭菌锅具有灭菌彻底、灭菌时间短的优点，但是造价较高；常压灭菌锅造价低廉，但灭菌时间长，部分耐高温的细菌难以彻底杀灭。工厂化生产大多选用高压灭菌锅。

③ 周转筐：用于盛放制作好的栽培袋。

④ 周转小车：用于盛放和转移周转筐。周转小车将盛满栽培袋的周转筐推进灭菌室，灭菌后又将周转筐拉到冷却室冷却。

⑤ 接种箱或接种台：接种箱通常为传统常规木制+玻璃结构，采用封闭箱式带双接种孔，安装有冷光源（日光灯）；接种台为普通操作台面或超净工作台。

⑥ 臭氧机：用于接种室消毒灭菌。

⑦ 加湿器：出菇阶段要有相应的湿度，所以出菇室需要安装加湿器。生产上常用超声波加湿器。

⑧ 制冷机组和送新风、排气机组等：根据生产规模要求，安装、调试运行。

⑨ 包装机：有袋装、盒装、真空及非真空包装机等，根据产品包装要求，选择包装机类型。

3. 原料配比

（1）配方1　棉籽壳 100kg、麦麸 20kg、玉米面 5kg、石膏粉 2kg、过磷酸钙 1kg、白糖 1kg。

（2）配方2　玉米芯（粉碎）75kg、麦麸 20kg、玉米面 3.5kg、石膏粉 2kg、黄豆面 1.5kg、过磷酸钙 1kg、白糖 1kg。

高粱壳、锯末、花生壳、豆秆、玉米秆、油菜秆等大多数农作物秸秆粉碎后均可代替配方中的玉米芯，但无论选用何种原料，都要求新鲜、干净、无霉变。

按比例称量好各原料，除白糖需加水溶化外，其余均应拌均匀。加水充分搅拌并使含水量达到65%左右，再闷2~4h，即可装袋。

4. 装袋或装瓶灭菌

选用宽15~17cm、长33cm的塑料袋一头出菇，或15~17cm宽、55cm长的塑料袋两头出菇。装袋时边装料边压实，装好后两端用细绳扎成活结。装瓶用周转型聚酯塑料瓶装料。

按常规方法高压或常压灭菌。

5. 接种培菌

灭菌好的塑料袋，冷却至室温后即可进行接种。接种箱按每立方米用甲醛10mL、$KMnO_4$ 5g进行灭菌30min。接种时严格操作规程，两端接种，一般每瓶种（750g/瓶）可接 25～30 袋。接种后及时将袋移入培养室，在温度适宜的条件下，约 24h 菌丝开始萌发，在 20～25℃室温下生长 40～50d 即可满袋。9 月中旬接种，大部分 10 月底发透菌丝，称为全期发菌。以后接种由于温度低，发菌半袋后便边爬料边出菇，称为半期发菌出菇。

袋栽或瓶栽金针菇的栽培方式多种多样，归纳起来有以下五种。

（1）袋或瓶装料，套袋立式出菇。

（2）满袋或瓶装料，套袋倒卧出菇。

（3）半袋装料，盖纸站立出菇。

（4）半袋装料，披膜倒卧出菇。

（5）中间装料，倒卧两头披膜出菇。

全期发菌的栽培袋出菇期的管理工序如下：

袋料栽培：解开袋口→翻卷袋口→堆袋披膜→通风保湿催蕾→掀膜通风 1d→披膜促柄伸长→采收→搔菌灌水→保温保湿催蕾。

管理方法同前，直至收获四潮菇。

周转瓶栽培：打开瓶口→挠菌→发菌→通风保湿催蕾→蹲蕾→套袋促柄伸长→脱套袋采收→搔菌发菌→保温保湿催蕾→采收第二潮菇（图 6-28）。

发菌的栽培袋或瓶出菇期的管理必须控制好温度、湿度、光照、CO_2 浓度这四因素之间的关系，才能培育出优质菇。控制条件如下。

（1）温度　控制在 8～15℃。

（2）湿度　空气相对湿度 85%～90%。

（3）光照　弱光均匀，光源位置不能随意改变，否则子实体散乱。

（4）CO_2　CO_2 浓度达 0.11%～0.15% 可促使菌柄伸长，超过 1% 抑制菌盖发育，达到 3% 抑制菌盖生长而不抑制菌柄生长，达到 5% 就不会形成子实体。通过控制通风量维持高 CO_2 浓度。一般温度在 10～15℃条件下，进入速生期 5～7d 菇柄可从 3cm 长到 12～15cm，10d 后可长到 15～20cm。

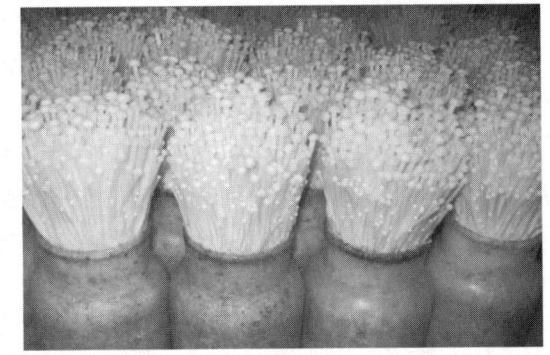

图 6-28　金针菇工厂化瓶子栽培

6. 出菇室管理

出菇室必须通风、干净，水源方便，并要求室内无光。出菇室的管理措施分以下几个步骤进行。

（1）催蕾　待菌丝长到瓶底后，及时把瓶子转移到出菇室，去掉瓶口上的棉塞（或纸），进行搔菌。搔菌是把老菌种耙掉，白色菌膜去掉。然后用报纸覆盖瓶口，每天在报纸上喷水 2～3 次，保持报纸湿润。几天之后培养基上部就会形成琥珀色的水珠，有时还会形成一层白色棉状物，这是现蕾的前兆，再过 13～15d 就会出现菇蕾。喷水过程中，不能把水喷在菇蕾上，否则菌柄基部就会变成黄棕色至咖啡色，影响出菇的质量，同时会产生根腐病。催蕾期温度控制在 12～13℃，湿度 85%～90%，每天通风 3～4 次，每次 15min，并给予微弱的散射光。

（2）抑菇　现蕾后 2～3d，菌柄伸长到 3～5mm，菌盖米粒大时，就应抑制生长快的，促使生长慢的赶上来，以便植株整齐一致。在 5～7d 内，减少喷水或停水，相对湿度控制在 75%，温度控制在 5℃左右。

（3）吹风　又称压风。当菇蕾冒出瓶口时，应轻轻吹风，可使菇蕾长得更好，出菇更整齐。现在结合蓝光照射也促使出菇整齐（图 6-29）。

（4）套筒　套筒是防止金针菇下垂散乱，减少 O_2 供应，抑制菌盖生长，促进菌柄伸长的措施。可用蜡纸、牛皮纸、塑料薄膜作筒，高度 10～12cm，喇叭形（图 6-30）。当金针菇伸出瓶口 2～3cm 时套筒。套筒后每天纸筒上可喷少量水，保持湿度 90% 左右，早晚通风 15～20min，温度保持在 6～8℃。

图 6-29　蓝光照射金针菇出菇整齐

图 6-30　喇叭形套筒

（5）采收　金针菇菌柄长 13～14cm，菌盖直径 1cm 以内，半球形，边缘内卷，开伞度 3 分时，为加工菇的最适采收期，这时可根据加工鲜销标准适时采收。

管理技术要精准，多数工厂化栽培只收获一潮菇就废除菌料，连续安排生产第二批菇，以提高生产效率。

7. 袋栽的注意事项

袋栽金针菇，由于袋口直径大，通风性好，菇蕾能大量发生，菇的色泽比较符合商品要求。同时，塑料袋的上端可用来遮光、保湿，能使菌柄整齐生长，免去了套筒的手续。一般袋栽比用 3.5cm 口径瓶栽的产量高出 30% 左右，是值得推广的栽培工艺。

（1）栽培袋　可采用聚丙烯塑料袋。规格：长 40cm、宽 17cm 或长 38cm、宽 16cm，厚度 0.05～0.06mm。若鲜销，可用 42cm×20cm 的袋子。塑料袋宽度不宜过大，否则易感染杂菌，菌柄易倒伏。

（2）配料、装袋　培养料的配方及配制过程与瓶栽相同。装袋时，先把少量培养料装到袋中，用手指把袋底两端的边角向内压进，并压紧培养料使之能直立站稳，在袋中放一根圆形木棒（或倒立一根大试管），然后继续装料，边装边压紧。装量以 0.4～0.5kg 为宜。袋子上端必须留 15cm 以上的长度，供菌柄生长之用。装袋后套上塑料环，用牛皮纸或棉塞封口。

（3）灭菌　塑料袋的体积大，装料多，灭菌时间比瓶子要长些。高压灭菌 1.5～2h，常压灭菌 100℃维持 8～10h。无论是高压灭菌或常压灭菌，塑料袋应直立排放于锅内。

（4）接种　接种时，塑料袋口要靠近酒精火焰处，但要注意不能碰到火焰，以免把塑料袋烧熔。接种量稍多些；一般每袋接3匙的菌种。接种时，把少量的菌种接入洞内，大部分菌种分布在培养基表面，有利于整齐出菇。一瓶原种接30~40袋栽培袋。

（5）培养　菌丝的培养过程与瓶栽相同。但由于袋子装料多，培养时间较长，经过25~30d菌丝才能长到底。在培养过程中，要调控适宜的温度、湿度、光照和通风供氧。

（6）出菇管理　菌丝长满袋后，应及时搬到栽培室，为了充分利用空间面积，栽培室可放置栽培架，栽培架可设3~4层。最下层距离地面60cm左右，地面可以直接放一层袋栽种。架子每层相距50cm左右，便于喷水和采菇操作（图6-31）。

在栽培室内，先把棉塞或套环去掉，再把塑料袋完全撑开，在袋口覆盖一层无纺布或报纸，每天喷水其上，保持85%~90%的湿度。菇蕾出现后不要急于拿掉无纺布或报纸，否则水分容易蒸发，影响金针菇生长。盖报纸还可以增加CO_2浓度，抑制开伞。但也不能让菌盖接触报纸，待菌柄长到2~3cm时拉直塑料袋口，长到10cm左右时去掉无纺布或报纸，其他管理方法与瓶栽相同。

图6-31　可采收的金针菇

第六节　黑木耳

一、营养保健特性

黑木耳（*Auricularia auricula*）又称木耳及光木耳等，它的别名很多，如云耳、黑菜、木蛾等。黑木耳属于担子菌亚门、层菌纲、木耳目、木耳科、木耳属。

黑木耳是一种黑色、胶质、味美的食用菌，主产区在我国的东北、湖北、河南、山东等地。我国生产的黑木耳品质好，在国际市场有很强的竞争力，创汇率很高。所以，黑木耳一直是我国传统的出口商品。据有关资料介绍，国内市场黑木耳也是主打产品，每年消费量很大。

黑木耳营养丰富，口感好，历来是人们喜爱的美味食材。我国在食用黑木耳的过程中，创造了灿烂的饮食文化，在世界各地只要有华人，就有黑木耳多样的菜谱。

黑木耳胶体有极大的吸附力，具有润肺、通便、清洗肠胃的作用，是纺织工人、矿工和理发职工良好的保健食品。黑木耳是富含胶原蛋白的黑色食材之一，长期食用既补充营养物质，又具有降血糖、降血脂的保健功能。

二、生物学特性

（一）形态结构

黑木耳是由菌丝体和子实体两大部分组成。菌丝体无色透明，由许多纤细的横隔膜和分枝的绒毛菌丝组成，是分解和吸收养分的营养器官。子实体即食用部分，是产生并弹射孢子的繁殖器官（图6-32）。新鲜的子实体是胶质状，半透明的，深褐色，有弹性。初生时粒状或杯状，逐渐变为叶状或耳状，许多耳片连在一起呈菊花状。直径一般为4~10cm，最大的12cm左右。干燥后的子实体强烈收缩为角质，硬而脆。子实体的背面凸起，暗青灰色，有密生的短绒毛，不产生担孢子；腹面向下凹，表面平滑或有脉络状皱纹，呈深褐色，产生担孢子，此

图6-32 黑木耳子实体

面是由四个细胞的圆筒形担子紧密排列在一起的栅状结构，担子的每个细胞长出一个小梗，小梗伸长并穿于胶质膜之外，在顶端各产生一个肾形的担孢子。许多担孢子聚集在一起呈白粉状。所以，当黑木耳子实体干燥收边时，担孢子就像一层白霜黏附在凹入的腹面。

（二）生殖方式和生活史

黑木耳属于异宗配合二极性的菌类，子实体成熟时弹射出大量的担孢子，它在适宜的环境中萌发，可直接形成菌丝，也可产生芽管，先形成分生孢子，分生孢子萌发，再逐渐形成有分枝和横隔的管状绒毛菌丝。这种由担孢子萌发生成的菌丝，是单核不孕的初生菌丝，又称单核菌丝。两个单核菌丝经异宗配合后，形成双核菌丝。双核菌丝通过锁状联合方式，进一步生长发育，生出大量分枝菌丝，向基质中延伸生长，吸收其水分和养分。逐渐进入生理成熟的结实阶段。在基质表面产生胶质的子实体原基。在水分和养分供应充足情况下，原基细胞迅速分裂繁殖，菌丝量不断增加，进而密结转化成子实体，子实体成熟又弹射出担孢子，这样从担孢子萌发，经过菌丝阶段的生长发育形成子实体，再由成熟的子实体产生新一代的担孢子，这就是黑木耳的生活史。

（三）生长条件

黑木耳在生长发育过程中，需要的环境条件主要有营养、温度、水分、空气、光照和酸碱度等。为了使黑木耳优质高产，我们必须熟悉和掌握这些条件，为黑木耳生长发育创造出适宜的环境。

1. 营养

黑木耳是一种木腐生性很强的真菌，它多生于栎树、白桦、枫桦等阔叶树木的枯枝上，完全依赖菌丝体从基质中吸收营养物质来满足自身生长发育的需要。碳源主要有木质素、纤维素、半纤维素、淀粉、蔗糖和葡萄糖；氮源主要有蛋白质、氨基酸、尿素、铵盐。上述的木质素、纤维素、淀粉和蛋白质等复杂有机物质，必须由菌丝分泌出相应酶类将其分解为小分子化合物后才能被吸收利用。还需要P、K、Fe、Mg、Ca等矿物质元素及少量Cu、

Mn、Zn、Al 等微量元素和极少量的生长素类物质。这些营养物质在木材、木屑、棉籽壳、麸皮、米糠和玉米芯培养基中都存在。配料时按营养配方比例，可满足黑木耳生长发育的需要。

2. 温度

黑木耳属于中温型真菌，但在不同生长发育时期对温度有不同的要求。一般菌丝生长的温度范围在 5~36℃，但以 22~28℃为最适温度，在温度低于 5℃或高于 36℃时，菌丝生长发育会受到抑制。黑木耳菌丝能耐低温，不耐高温，当温度低于 5℃或短时间在 -30℃低温下菌丝不死亡。温度高于 28℃时，菌丝生长发育速度加快，但常常会出现菌丝衰老现象，超过 40℃就会死亡。

黑木耳在生长温度范围内，温度越高生长速度越快，但菌丝体瘦弱，子实体色淡肉薄，温度低生长速度慢，但菌丝体健壮，生活力增强，子实体色深肉厚。

3. 湿度

黑木耳在不同生长发育阶段，对水分的要求不同。在菌丝生长阶段，要求段木内的含水量为 40%~50%，而栽培料内的含水量以 65% 左右为宜，这样有利于菌丝的定植和延伸。出耳期空气中的相对湿度还要保持在 90%~95%，若低于 80%，子实体形成迟缓，低于 70% 不形成子实体；如果空气相对湿度过大，经常处于饱和状态，也不利于子实体的生长发育。在生产实践中摸索出了干干湿湿的不断交替，有利于子实体生长发育的良好环境，可获得黑木耳的优质高产。

4. 空气

黑木耳是好气性真菌。在整个生长发育时期需要充足的 O_2。栽培时要保持栽培场空气流通新鲜。所以，室内和塑料大棚内要经常通风换气，特别是在出耳期间必须保持良好的通气条件，可促进子实体的生长发育，防止霉烂和杂菌感染。

5. 光照

黑木耳菌丝在黑暗的环境中能正常生长，但散射光能促进原基的形成，在黑暗环境中不能形成子实体。子实体的生长发育不仅需要大量的散射光，而且还需要一定的直射阳光，才能生长良好。出耳期光照强度控制在 700~1000lx 才能长成健壮肥厚的子实体。而在遮阳密的森林中或光照不足的条件下，子实体发育不良，呈淡褐色，耳片薄，产量低。

6. 酸碱度

黑木耳喜欢在偏酸性环境中生活。菌丝生长的 pH 范围在 4~7，但以 pH5~6.5 最为适宜，pH 在 3 以下或 8 以上都不适合菌丝生长。

三、栽培管理技术

目前我国人工栽培黑木耳采用段木栽培和代料栽培两种方式。就全国范围看，两种栽培方式各有优势，并分布在不同的区域。

段木栽培的黑木耳品质优良，备受消费者欢迎，市场上商品卖价也比代料栽培的高，主要在丘陵山区进行栽培有优势。

近年来，利用农作物秸秆、某些种子壳料等农副产品废料栽培黑木耳，不但能节约树木原材料，也为发展黑木耳开辟了新途径，具有生态环保意义，为农民脱贫致富找到了新的门路。

黑木耳代料栽培，经过多年的创新改良，一般多采用塑料袋规模化、工厂化制菌袋栽培。依其管理模式不同，可以分为大田扣地栽培（图6-33）和大棚吊袋栽培（图6-34）。

图 6-33　黑木耳大田扣地栽培

图 6-34　黑木耳大棚吊袋栽培

（一）代料栽培管理技术

1. 黑木耳大田扣地栽培工艺流程

菌袋制备：配料→装袋→灭菌→接种。

菌丝培养：菌丝萌发→适温养菌→变温增光培育。

出耳管理：地畦整理→刺孔催耳→耳芽形成→大田扣地出耳管理→采收→加工贮藏。

2. 黑木耳大棚吊袋栽培工艺流程

备料→配料→装袋→灭菌→接种→菌袋培养→刺孔催耳→大棚吊袋→耳芽形成→出耳管理→采收→加工贮藏

3. 栽培季节

黑木耳属中温型。栽培季节应根据菌丝体和子实体发育的最适温度，主要预测出耳的最适温度和避免高温高湿造成杂菌污染和流耳，一般春、秋两季栽培。

4. 选择优良菌种

要选择适应性广、抗逆性强、发菌快、成熟期早的菌种。据试验，适于木屑等代料栽培的有"沪耳1号"、东北"新科"、湖北房县的"793"、保康县的"Au26"、福建的"G139"、河北"冀诱1号"；适于稻草栽培的"D-5""G139""G137"等。

5. 代料配方

（1）木屑培养料　阔叶树木屑78%、麸皮或米糠20%、石膏或$CaCO_3$ 1%、蔗糖1%。

（2）木屑、棉籽壳培养料　阔叶树木屑45%、棉籽壳45%、麸皮或米糠8%、石膏或$CaCO_3$ 1%、蔗糖1%。

（3）玉米芯木屑培养料　玉米芯粉66%、杂木屑20%、麸皮12%、石膏粉1%、蔗糖1%。

（4）木屑、棉籽壳、玉米芯培养料　木屑30%、棉籽壳30%、麸皮或米糠8%、玉米芯30%、蔗糖1%、石膏1%。

（5）豆秸秆培养料　豆秸秆粉88%、麸皮10%、石膏粉1%、蔗糖1%。

6. 配制方法

各种培养料，因物理结构和化学组成不同，其配制方法有所不同，但配制时的基本要求是：用料必须干燥、新鲜、无霉变；拌料力求均匀，按配方比例配好各种主辅料，把不溶于水的代料混合均匀，再把可溶性的蔗糖、尿素、过磷酸钙等溶于水中，分次掺入料中，搅拌机反复搅拌均匀；严格控制含水量，一般料水比 1:（1.1~1.4），培养料的含水量在 55% 左右；培养料用石灰或过磷酸钙调 pH 到 8 左右，灭菌后 pH 下降到 5~6.5。

7. 栽培步骤

（1）塑料袋选择　塑料袋通常选用低压聚乙烯或聚丙烯塑料袋。要选用厚薄均匀、无折痕、无沙眼的优质塑料袋。

（2）拌料、袋装和灭菌　按配方比例称量备料，拌料机按三级拌料流程，搅拌均匀，使料的含水量达到 60% 左右。装袋机装袋时，使培养料袋松紧一致，套上颈圈，再在颈圈外包一层塑料薄膜封口，或装料后直接用旋口机封口。

（3）灭菌　通常采用高压蒸汽灭菌，进气和放气的速度要慢。灭菌在排冷气后压力 0.1~0.15MPa 保持 1.5h，再停火闷 6~8h。当采用蒸汽锅常压灭菌时，开始时要武火猛攻，4h 内蒸汽锅或仓内温度达到 100℃，并保持 8~10h 或依据规模适当延长。

（4）接种　经灭菌的料袋，待料温降到 30℃ 以下时方可接种，在接种室或接种箱进行，环境、用具要在接种前彻底消毒，接种操作要迅速准确，严格做到无菌操作，接种后再送往培养室培养。

（5）发菌期管理　这一时期要做好以下几项工作。

① 培养室应提前灭菌消毒。

② 温度和湿度要适宜：培养室温度要先高后低。菌丝萌发时，温度在 25~28℃ 为宜。10d 后，温度降至 22~24℃，不超过 25℃。室内空气相对湿度控制在 55%~70%。后期如雨水多，在培养场地撒些石灰，以降低空气相对湿度。

③ 在菌丝体生长阶段光照要偏暗：当菌丝发满袋时，要清除培养室门窗的遮光物，增加光照 3~5d；如光照不足，可用灯带照射补充光源，以刺激黑木耳原基形成。

④ 空气要新鲜：黑木耳是好气性菌类，在生长发育过程中，要始终保持室内空气新鲜，每天通风换气 1~2 次，每次 30min 左右，促进菌丝的生长。

⑤ 及时检查杂菌，防止污染。

（6）出耳管理

① 出耳场地的选择：出耳场地大棚或大田环境要清洁卫生，光照充足，近水源。

② 菌袋消毒，开孔吊袋：开孔前，去掉棉塞和颈圈，把袋口折回来用橡皮筋或线绳扎好，手提袋上端放入 0.2% $KMnO_4$ 溶液或 0.1% 多菌灵药，旋转数次，对菌袋表面进行消毒。消毒后，采用"S"形吊钩或尼龙绳吊串，把袋子挂在出耳架上或大棚里，袋与袋之间的距离 10~15cm，使袋间的小气候畅通良好，有利于出耳。

另一种方式是大田地畦出耳：一般在春夏季，发好菌后菌袋消毒，开孔扣袋出耳。开孔前，去掉棉塞和颈圈，把袋口折回来用橡皮筋或线绳扎好，手提袋子上端放入 0.2% $KMnO_4$ 溶液或 0.1% 多菌灵药，旋转数次，对菌袋表面进行消毒。消毒后，把袋子排扣在出耳大田畦床上，袋与袋之间的距离 5~15cm，畦埂上留出人行道，架好喷水带，不需要搭棚遮阳，可以露天出耳（我国东北模式）。

③ 出耳管理：无论是大棚吊袋栽培还是大田畦床扣袋栽培，管理都要精细精准。

菌袋刺孔催耳开始，黑木耳从营养生长转向生殖生长，菌丝内部的变化处于最活跃的阶段，对外界条件反应敏感，可按 3 个生长发育阶段进行管理。

a. 原基形成期。栽培袋置于强光或散光下经过 5d，开孔后 5~7d 即可见到幼小黑色米粒状原基发生。该阶段要求空气相对湿度保持在 90%~95%，每天在室内喷雾数次，不要直接喷在袋上，可以在栽培袋上覆盖薄膜或纸、无纺布，以防止空气干燥，洞口菌丝失水，袋面菌丝干燥板结。

b. 幼耳期。从粒状原期发生到生长小耳片，形似猫耳、肉厚、顶尖硬而无弹性，大约需 7d，此阶段耳片尚小，需水量小，每天喷水 1~2 次，空气相对湿度不低于 85%，保持耳片湿润，可将覆盖的薄膜去掉。

c. 成耳期。由小耳片长大到成熟，约需 10d。此阶段子实体迅速生长，需吸收大量的养分、水分和 O_2，耳片每天延伸 0.5cm 左右，每天要 3~4 次向地面、墙壁、空间和菌袋表面喷水，以保持空气相对湿度不低于 90%。管理时，经常打开门窗，通风换气，光照强度要求达到 1000~2000lx。

（7）采收与干制　成熟应适时采收，以防生理过熟或喷水过多，造成烂耳、流耳。当耳色转浅，耳片舒展变软，耳根由粗变细，子实体腹面略见白色孢子粉时，应立即采收。

采收前干燥 2d，使耳根收缩，耳片展开。采收时，采大留小，尽量不留耳基。

采摘下来的木耳采用晒干法或烘干法进行干制，然后应装入塑料袋内密封保存，防止被虫蛀食。采摘后清理料面，继续停水 2~3d，使菌丝体恢复，经过 10d 管理，可采收第 2 批木耳。在正常情况下，可采收 3~4 批。

（二）段木栽培管理技术

1. 工艺流程

耳场选择与清理→段木的准备→人工接种→发菌→出耳管理→采收与加工

2. 耳场的选择与清理

耳场是指排放耳木（接种后的段木称为耳木）的场所。在生产实践中认为，选择耳场的条件有以下几个方面。

（1）方位　选择场地应坐北向南或坐西北向东南，海拔 300~1000m 高的山地最好。坡度在 15°以下的缓坡地或排水良好的沙质壤土平地，土质以壤土或沙壤土为宜。

（2）光照和空气　栽培场不能遮阳过大，一般要求"七阳三阴"，空气清新、流通、无大风。

（3）水源　水源要充足，水质良好，无污染，排灌方便，挖好排水沟。

（4）环境要清洁卫生　同时在地面上撒石灰，或喷漂白粉、敌百虫等药物防治耳场病虫害。

3. 段木的准备

栽培黑木耳的段木准备包括选树、砍树、剔枝和截段、架晒等几个程序。

（1）选树　目前已知能够生长黑木耳的树种很多，据不完全统计有几十种。选哪些树种最好要根据当地的树木资源情况而定，一般应选用经济价值低，树木资源丰富，又适于黑木耳生长发育的树种。

（2）砍树　砍树从树木落叶到新叶初发前都可进行，一般掌握在"冬至"到"立春"

期间砍伐，这个时期树木进入"冬眠阶段"，树木本身汗液多，贮藏的营养物质比较丰富。

（3）剔枝和截段　树砍倒后 10~15d 再进行剔枝。再用手锯或电锯将树干截成 1~1.2m 长的段木备用。

（4）架晒　当树干截段后，要放在地势较高，通风向阳处架晒，其目的是促使段木组织尽快死亡，并干燥到适合接种的程度。一般是段木两端截面变为黄白色，并有明显的放射状裂纹，敲之音脆时，即可接种。

4. 人工接种

段木的人工接种，就是把培养好的栽培种接到段木上。主要有打接种穴、点放菌种和盖树皮帽三道连续工序。

接种时，根据各地条件不同，可用电钻、手摇钻打接种穴。打穴时要合理密植，一般打四行孔穴，穴距 8~10cm，行距 5~7cm。穴深 1.5~1.8cm，必须进入木质部 1.2~1.5cm，穴的直径为 1.2~1.5cm，孔穴应离段木两端各 5cm 左右，行与行交错成"品"字形。段木粗时可接密一些，段木细时可接疏一些。在打接种穴的同时，要准备好树皮盖，盖的直径要大于穴直径 2mm。

接种时用消过毒的小铁漏斗，挖取培养好的木屑菌种快速填入穴孔内，装满为止，然后轻轻压紧，盖上用消毒液泡过的树皮盖，用铁锤打严实，让树皮盖与耳木密合，树皮盖不能过大，也不能过小，要求树皮盖、菌种与穴孔之间无缝隙，以防止菌种干燥或雨天积水，引起杂菌感染而发霉变质。

5. 发菌和出耳管理

黑木耳段木栽培，接种是第一关，发菌和出耳管理也是关键。后者包括上堆发菌、散堆排场、起棚上架和耳木起架管理等步骤。

（1）上堆发菌　段木接种后，为了使菌丝尽快在接种穴内恢复生长、定植和在耳木中蔓延，要及时将耳木堆积起来发菌。上堆前要选择一个避风、向阳的场所，并将场地打扫干净，用木头或砖头铺在地面上作脚垫，高 10~15cm。然后把接好的耳木按树种、长短、粗细分开堆叠，堆叠的方法一般用井叠式、顺码式、覆瓦式和直立式。为了保温、保湿，可用塑料薄膜盖堆（若接种稍晚、气温较高时，堆上应用树枝或干草覆盖，不再用塑料薄膜盖堆），堆内温度要求在 22~28℃。堆内空气相对湿度保持在 80% 左右即可（使塑料薄膜内壁上有水珠为宜）。

上堆后每隔 7~8d 翻堆一次，把耳木上下内外互相调换位置，使耳木发菌均匀。上堆发菌经 1 个月左右，耳木上有少量耳芽出现时，即可散堆排场。

（2）散堆排场　散堆排场的目的，是让黑木耳菌丝在耳木中迅速蔓延，并由营养生长转入生殖生长。目前在生产上采用的排场方式各有不同，有些地方段木点种后不上堆发菌，直接散堆排场发菌。

① 接地平放：排场时，将耳木一根根平放在湿润的、有草坪的（或沙土的）栽培场上，耳木间相距 5~8cm，让其吸收地潮，接受阳光雨露和吸收新鲜空气。若湿度不够，每天早晚应各喷一次水，保持耳木内适宜的含水量。排场后每 10d 左右应翻动耳木一次，保证耳木上下、左右吸潮均匀。经一个月左右，在耳木上有耳芽大量发生时可起棚上架。

② 离地平放：把树龄长短、粗细基本相同的耳木两头，按组、行整齐地摆放在栽培场的枕木或砖垫（高 10~15cm）上。每 10 段或 20 段为一组，若干组为一行，在同一组

内耳木之间相距5~6cm,组距30cm,行与行之间可留作业道。按照耳木对水分的需要来喷水,天气干燥时,每天早晚各喷一次水,喷水量要比接地平放多。这种排场方式通风良好,光照均匀,耳木表面清洁,比接地平放感染杂菌少。每10d翻动一次耳木。待一个月左右,当耳木上有耳芽大量发生时,可起棚上架。

③ 半离地平放:与离地平放管理办法相同,只是一头用砖或枕木垫起来(高10~15cm),另一头接地,坡向朝阳,翻耳木时要调头。

(3)起棚上架　当耳木经过散堆排场后,在耳木上有50%以上耳芽出现时,黑木耳就进入了子实体生长发育阶段,便可起棚上架。这个阶段黑木耳的生长发育需要"三晴两雨"和"干干湿湿",干湿交替的环境条件,立排上架就能满足这个条件。同时,还可以避免部分害虫和杂菌的危害。

起架时,先在两端地面上交叉埋两根长约1.5m的木桩,然后将一根横木放在交叉处卡住,横木离地60~70cm,把耳木放在横梁的两侧,成"人"字形,其角度以45°为宜,但要根据天气情况灵活掌握,少雨季节,天气干旱时,耳木要竖立得平些;多雨季节,天气潮湿时,耳木要竖立得陡些,每根耳木之间应相距5~6cm,架与架之间留下作业道(图6-35)。

图6-35　立排上架出木耳

(4)耳木起架管理　耳木起架管理,必须要协调好耳场的温度、湿度、光照和通气条件,但是水分管理是增产的关键。这时要求干干湿湿的外界环境,头两天早晚要浇足水分,以后根据情况适当浇水,一般在晴天多浇水,阴天少浇水,雨天不浇水,每次浇水时要细雾状。天晴温度高时,应早晚喷水,耳场环境相对湿度控制在90%~95%为宜,10d左右子实体便可长大成熟。

黑木耳每潮收后应停止浇水,让阳光照射3~5d,使耳木表面干燥,O_2从裂缝进入,促使菌丝恢复生长,并向耳木更深的部分蔓延生长。然后再浇水管理,经10~15d,可采收二潮木耳。

黑木耳的越冬管理:段木栽培黑木耳时间较长,一般是一年种三年收,当年年初收,翌年大收,第三年尾收。每年秋末冬初,气温下降,菌丝生长缓慢乃至休眠,停止出耳,即进入越冬期。这个时期的管理方法是将耳木集中，仍按"井叠式"等堆放在清洁干燥处，上面覆盖草或树的枝叶保温保湿，防止严冬低温危害菌丝，若天气干燥应向耳木上适当喷水保湿，到来年春天气温回升后，耳木上发生耳芽时，再散堆上架，精心管理，待成熟后采收。

第七节　银耳

一、食药兼优特性

银耳别名白木耳（*Tremella fuciformis*），在分类学上隶属于真菌门、担子菌纲、银耳目、银耳科、银耳属。在自然界分布于世界各地，是名贵的食用菌兼药用菌。

银耳是极著名的"山珍"之一，是一种营养丰富的珍贵滋补品。据中国医学科学院营养卫生研究所分析，每100g干银耳内含有蛋白质5.0g，脂肪0.6g，碳水化合物79g，粗纤维2.6g，灰分3.1g；还含有丰富的Ca、Zn、P、Fe等矿物质元素及维生素B_1、维生素B_2、烟酸及人体必需氨基酸等。银耳含胶原蛋白丰富，故耳体呈胶体花瓣状，除食用外，尚有很好的药用效果。医学家认为银耳有"强精、补肾润肺、生津、止咳、降火、润肠、养胃、补气、和血、强心、壮身、补脑、提神"等作用。从我国汉代的《神农本草经》，到明代杰出的医学家李时珍的《本草纲目》，以及近代《中国药学大辞典》都对银耳药用的功效做过记载。银耳还具有治肺热咳嗽、久咳喉痒、咳痰带血、痰中血丝、妇女月经不调、大便秘结、小便出血、提神益气、滋嫩皮肤等功效，已经被研制成护肤霜、护肤露、美容面膜等化妆品。

二、生物学特性

（一）形态结构

银耳的生长主要由两大部分组成，包括营养器官——菌丝体及生殖器官——子实体。成熟期子实体能散发大量孢子。

1. 菌丝体

银耳菌丝体由担孢子萌发生成，是多细胞、分枝分隔的丝状体，呈发白色，极细。能在木材或各种代用料培养基上蔓延生长，起着吸收和运送养分的作用。达到生理成熟阶段，条件适宜时，形成子实体。菌丝分为单核菌丝（每个细胞中含一枚细胞核）、双核菌丝（每个细胞中含二枚细胞核）和结实性双核菌丝（产生子实体并易胶质化的菌丝）。

银耳的特殊性就是银耳菌丝与香灰菌菌丝相伴生长，二者关系密切微妙，人们称香灰菌为伴生菌，对银耳菌丝生长起着重要作用。

银耳能利用简单碳水化合物如单糖（葡萄糖）、双糖（蔗糖）生长，其分解大分子含碳化合物如纤维素、半纤维素的能力弱，这些大分子物质需要通过香灰菌的菌丝分解后才能被银耳菌丝利用。香灰菌是银耳生长发育中不可缺少的生物因子，这也是银耳在营养上的一个特点。香灰菌是一种能分解纤维素、半纤维素、木质素的子囊菌，其菌丝为白色羽毛状，生长较快，菌丝的颜色变化由浅黄到浅棕色，直至变为绿黑色或黑色。银耳菌丝与香灰菌菌丝的配合具有一定的专一性。一般认为，二者菌丝的配合应是来自同一块耳木所分离的纯菌丝。

2. 子实体

子实体即银耳中人们食用部分，无菌盖、菌褶、菌柄之分，是由薄而多褶皱的瓣片组成（图6-36）。常见的有福建、云南（菊花形）和四川、湖北（鸡冠型）两大品系，都呈朵形。白色，表面光滑，有弹性、半透明。干后微黄呈角质，硬而脆，体积强烈收缩，为湿重的1/13~1/8。通过水浸泡可恢复原状。成熟的子实体的瓣片表面有一层白色粉末，即银耳的孢子，孢子成熟后会自动弹射出来，借风力传播，人工分离菌种就是根据这一特点进行的。

图6-36 银耳的子实体

3. 孢子

银耳在不同条件下可以产生有性孢子和无性孢子；有性孢子为担孢子，无性孢子为酵母状分生孢子。

银耳是一种中温型真菌，生长发育在18~23℃最好。菌丝（与香灰菌的混合菌丝）的生长温度为8~34℃，25~28℃最适宜。30~35℃易产生酵母状分生孢子。35℃以上菌丝停止生长，超过40℃菌丝细胞死亡。

（二）生殖方式和生活史

银耳的生殖方式可以分为有性生殖和无性生殖。银耳有性生殖产生有性孢子——担孢子；无性生殖产生无性孢子——酵母状分生孢子、节孢子，有时进行芽殖。

银耳生活史的整个过程是复杂的（图6-37）。银耳的担孢子在条件适宜的情况下，萌发成单核菌丝，或称为一次菌丝。银耳担孢子有性的区别，真菌学上称为"+"或"-"，萌发成单核菌丝后仍然具备各自的性状，同性别的两条菌丝永远不亲和。只有两个相邻的、不同性别的单核菌丝相遇才能亲和，进行双核化，这种特性称为异宗配合或自交不孕类。双核化之后长成具锁状联合的菌丝体，不断地扭结成块，成为银耳原基；然后长出耳芽，经过胶质化后，形成新的银耳子实体。子实体瓣片表面可生成担孢子。

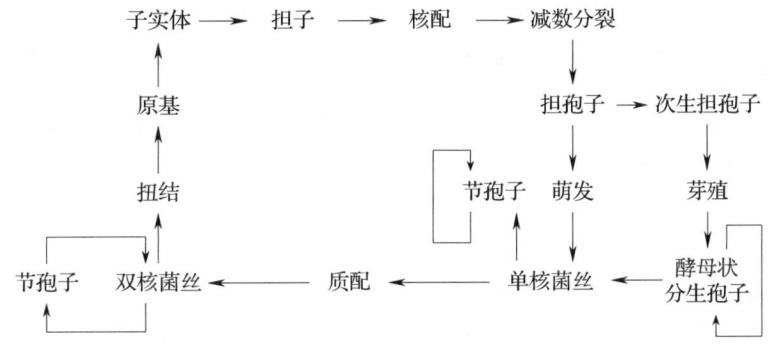

图6-37 银耳生活史

银耳的担孢子在条件不适宜时,会产生次生担孢子或芽殖,产生大量的酵母状分生孢子(芽孢);当条件适宜时,次生担孢子和分生孢子都萌发成单核菌丝。

菌丝生长遇到不利条件时会断裂成许多节孢子;如生长条件扭转,节孢子又会重新萌发成单核菌丝。银耳属于异宗配合类,四极性。

(三)生长条件

银耳不能像植物一样能进行光合作用,利用叶绿素自己制造养料,而是依靠其他生物体里的有机物质作为它的养料,吸取现成的碳水化合物、含氮物质和少量的矿物质元素。各种代用料培养基,是营养丰富的银耳生长的原料。此外在生长过程中,对营养、温度、湿度、空气(O_2)、光照以及酸碱度各个因素都有一定的要求。因此在栽培过程中,必须采取各种措施,符合银耳的生长发育特性,满足它的要求,才能达到稳产高产的目的,现将生长条件分述如下。

1. 营养

营养是银耳生长的物质基础,袋用料培养基的合成比(培养料配方),能最大限度地满足银耳对各种营养的要求。

因银耳菌丝分解木质素、纤维素能力很低,不能直接利用纤维素和木质素,只有香灰菌丝在酶的作用下分解木质素和纤维素,银耳菌丝才能更好地利用培养料。无论是段木栽培还是代料栽培,培养料中都应具备充足的氮素、维生素、P、Ca等矿物质元素以及微量元素,以满足子实体生长需求。

2. 湿度

水是银耳生命活动的首要条件,银耳对水的要求二适一多。即孢子在适湿的条件下(相对湿度70%~80%)萌发成菌丝,菌丝也在适湿的条件下定植,蔓延生长。并在一定的发育阶段分化和产生子实体原基。子实体在多湿环境(相对湿度在80%~90%)迅速发育,展出肥美饱嫩、玉骨冰肌的耳片。

3. 温度

银耳属中温性真菌,温度是银耳生命活动强度和生长发育速度的重要因素,菌丝(包括银耳芽孢和香灰菌丝)在16~30℃内均能生长,其中香灰菌丝24~28℃生长正常,银耳菌丝23~25℃生长最好,兼顾二者最理想的温度应是22~25℃。低于20℃或高于28℃菌丝纤弱。子实体分化的温度在16~28℃,低于16℃生长迟缓,高于28℃分化不良,出银耳最理想的温度应是20~25℃。

银耳抗寒力很强,孢子在0℃下2h,不会失去发芽力。

4. 空气

银耳是一种好气性真菌。菌丝萌发对O_2的需要,随着菌丝量的增加而增加。子实体的分化对O_2的需要也应掌握,耳大耗氧多,耳小耗氧少。在适温多湿的环境中,O_2充足,子实体分化迅速,在缺氧的情况下,菌丝生长缓慢,子实体分化迟缓,所以在栽培过程中,必须适当通风换气。

5. 光照

强烈的直射光不利于银耳菌丝萌发及子实体分化。散射光能促进孢子的萌发和子实体的分化。不同的光照对银耳子实体的色泽有明显关系,在暗光下,耳片黄、子实体分化迟缓;在适当的散射光下,耳片白、胶质优。

6. 酸碱度

银耳是弱酸性真菌，pH 应在 5.2~5.8，过酸或过碱对银耳都有一定的影响。

以上各因素，都不是孤立存在的，必须加强管理。想方设法满足银耳生长要求，从而达到高产、优质的目的。

三、栽培管理技术

（一）栽培季节

银耳菌种培养温度为 23~28℃最适宜且为变温培养，温度先高后低。栽培季节主要为春、秋两季，要合理安排栽培时间才能高产高效。

（二）菌种准备

栽培银耳要获得高产、优质的效果，菌种是关键。因银耳菌种的制作技术难度大，一般以购买菌种进行栽培。

有技术人员和制种条件的可以自己制作菌种。如前所述，银耳菌种的制作要先分离一级银耳母种，再扩大培养成二级、三级菌种。

一级银耳纯菌种的获得一般有孢子弹射和耳木分离，即有性生殖和无性生殖。无性生殖虽然方法简单；但菌种纯度不高，且易退化，产量也低；有性生殖菌种纯度高，产量高，但方法比较复杂，无论哪种方法都必须具备银耳和香灰菌两种菌丝，经过逐级扩繁形成健壮的栽培用菌种。

（三）代料栽培技术

银耳栽培方式主要有段木栽培和代料栽培。段木栽培在山区还较多，银耳品质好售价高；代料栽培容器主要有瓶子和塑料袋，在山区和平原都可进行。近年来，采用秸秆、木屑或棉籽壳等为原料，在室内或大棚内代料栽培银耳，已经成为很多地方实现乡村振兴的支柱产业。

代料银耳栽培是福建古田县食用菌的主栽品种技术，现在该栽培技术已经推广普及到全国各地。代料栽培具有原料广泛、成本低、周期短、产量高、销路好、经济效益高特点，大有发展前途。下面主要介绍银耳代料栽培技术。

1. 培养料配方

（1）配方 1　棉籽壳 83%、麸皮 15%、石膏 1.8%、尿素 0.2%、水 50%~53%。

（2）配方 2　木屑 80%、麸皮 16%、石膏 1.5%、过磷酸钙 1.2%、白糖 1%、黄豆粉 1.3%、水分 45%~55%。

（3）配方 3　木屑 43%、棉籽壳 40%、麸皮 15%、尿素 0.2%、$MgSO_4$ 0.3%、石膏 1.5%、水 45%~55%。

2. 拌料装袋

塑料袋厚度为 0.04cm，宽度 12cm，长度 55cm。培养料配制后，必须用手工或装袋机装入袋中，装袋要求装实，袋口留 8cm 长，然后用纱线或扎口机扎好。

料拌好后要迅速装袋，因时间拖延长会造成培养料发酵变酸，所以要集中人力，抓紧把料装入袋内，装好料的袋子要立即送进灭菌灶上灭菌。把料袋置于灭菌灶木架上，重叠而上，周围用塑料薄膜围住，不让漏气。灭菌要求尽快加温至 100℃，并持续 8~10h，然后将袋子搬进室内，待冷却到 28℃以下时，进行打穴接种。

3. 培养基灭菌

一般采取高压灭菌或常压灭菌，其中常压灭菌灶（或炉）造价低，好操作，比较实用。

培养料袋放入常压灶灭菌，开始时火力要大，力争5h内把温度上升达100℃以上，注意中途不加冷水、不停火、不降温，保持10~16h，再焖几小时出料，将培养袋取出，仔细观察，培养袋发现破袋应及时用胶带封贴，以防杂菌侵入。

灭菌结束后待料冷却至30℃以下再接种。操作时用打孔器每袋打3~4个接种穴，穴口直径1~1.2cm，穴深1.8cm，接着用干净布把袋面擦干净，粘贴透明胶带封口。

4. 菌种的选择

银耳菌种质量的好坏，直接影响栽培产量的高低，适宜代料栽培的菌种，首先必须通过试种后再观察栽培种，白毛团要求白色结实，早吐清黄水，羽毛状菌丝在木屑菌种瓶内生长均匀，4~8cm深。银耳菌种是由两种菌丝组成，冷天栽培选择白毛团偏少的菌种，热天选择白毛团较多的菌种。

5. 拌种与接种

接种室或接种箱要事先用消毒剂（紫外线灯、气雾剂或$KMnO_4$等）严格消毒。

栽培种预处理必须在接菌箱内无菌进行，首先将菌种用菌铲或拌菌机把白毛团拌碎，然后再与香灰菌丝搅拌均匀。一般白毛团与香灰菌丝混合比例为1:(30~50)。栽培种适龄期为6~18d，最适期为9~12d，幼龄期为6~8d，老龄期为3~18d。适龄期菌种可即拌即用或提前一天搅拌。老龄菌种因香灰较少、白毛团较多，必须将白毛团表面挖掉部分，达到相应的比例。而幼龄菌种因白毛团少，可以提前24h搅拌。

接种时，在每个袋子正面打4~5个穴，穴深2cm，口径1.5cm。接种后用胶带贴封穴口，也可以先打穴贴胶布，再将袋子经过灭菌冷却后搬进无菌室内接种，接种时再揭开胶布接种后及时贴紧。在接种室进行可以三人组合，以提高接种效率。

银耳栽培种也可用弹簧接种器接种，接菌器要经过酒精灯火焰的有效控制区，放入穴内，但穴内菌种要比胶带凹下一点（约5mm），有利于白毛团扭结成原基，加快出耳。

6. 发菌培养阶段

（1）萌发定植期　按种后，以"井"字形堆叠或直接将菌袋排放在菌架上，头3d为萌发定植期，发菌室要求干燥，空气清新，温度在25~28℃，让羽毛状菌丝以最佳的速度萌发生长，减少污染，若温度低于23℃，应提高温度至26℃，并适当通风，若温度超过30℃，必须通风降温，以防羽毛状菌丝细长无力，白毛团被烧死。

（2）菌丝大量繁殖期　3d后菌丝长至直径4cm左右，开始向纵深大量生长，袋内温度开始上升，室内温度应降至23~25℃，发现杂菌污染的菌袋及时取出处理，经过7~10d的培养，穴内白毛团菌丝逐渐扭结形成原基。

7. 出耳管理

（1）子实体形成期　菌袋通过发菌室培养7~10d后，就要转移到栽培室管理，此时袋内O_2已基本耗尽，如不及时开穴通气，菌丝将减慢甚至停止生长，白毛团出现吐黄水腐烂。故应将穴口胶带掀开5mm大的小孔，让新鲜空气进入袋内，促进菌丝生长及白毛团原基分化成子实体。从白毛团原基到子实体分化需要12~16d，这一段时间很关键，稍有疏忽就会导致减产或前功尽弃，温度控制在20~25℃，空气相对湿度在85%~93%，经常观察种穴是否有白毛团原基或黄水出现,若黄水过多,应把它倒掉并且降温保湿。温度高于28℃以上时,应加强通风喷水。以防高温导致白毛团萎缩下沉、出耳缓慢或烧死白毛团菌丝,产量下降。

(2)子实体生长期　当原基分化成子实体,占整批菌穴60%时,可以将原来接种穴胶带全部撕掉,菌袋一袋挨着一袋侧放,盖上报纸,并喷水使报纸充分湿润。空气相对湿度在90%~95%,穴内有零星水珠。温度控制在20~25℃。当子实体长至3~4cm,若湿度太低可掀开报纸将水直接适时均匀雾化喷洒在子实体上。遇低温应及时提高温度。若种穴内积满黄水,应及时倒干,以免腐烂,一般每天通风3次,每次15min,保证室内空气清新,无臭味、霉味。

(3)子实体成熟期　经过25~30d的科学管理,子实体已占满整个袋面。子实体生长逐步缓慢,若继续喷水,容易使耳片烂掉,因此成熟期湿度要逐步降低。其后管理主要是增加银耳的品质和重量,应停水降湿,让子实体充分吸收培养基的养分,一般停水5~8d即可以采收。

8. 病虫害及杂菌防治

银耳致病主要有杂菌感染,一般杂菌有青霉、毛霉、根霉、木霉和各种曲霉,可用75%的酒精注射杀灭(要用胶带封针口)。白粉病危害极大,发展也较迅速,严重时可使整批无收,一般可用石灰硫磺合剂对室内墙壁、地面喷洒,切忌对白粉病区喷洒以防传播,可在危害部位用药水擦拭或拿出棚外处理。害虫一般有食菌螨、线虫,在夏秋季,特别是出现烂耳时,蝇的危害较为严重,爬舔后生蛆状幼虫使烂耳迅速传染扩大。

造成杂菌感染是由多方面的因素构成的,如季节、环境等。但主要是没有按照无菌操作的要求去进行。如培养基灭菌不彻底,接种室接种环境和所用工具消毒灭菌不到位,操作人员的个人卫生欠佳,或者使用了被污染的菌种,都会造成杂菌大量感染,影响栽培产量,现将常见的杂菌分述于下。

(1)毛霉与根霉　这两种菌的形态相似,菌丝疏松,生长迅速,毛较长,毛霉的菌丝色白,根霉稍带土灰色,成熟后都长出灰色孢子囊,这两种菌都是在潮湿和通风不良环境中发展较快。

(2)曲霉　分为黑曲霉和黄曲霉两种。菌丝较粗短,孢子都是呈辐射状生长。黄曲霉色枯黄,黑曲霉的颜色呈灰黑的粉状颗粒。高温高湿时,蔓延较快。

(3)青霉　为青绿色菌落,分生的孢子像扫帚,顶端生有分生孢子,喜低温,多在潮湿、空气流通不良的地方发生。

(4)链孢菌　菌丝呈棉絮状,生有长串的链状孢子,菌落为鲜艳的橘黄色,培养基湿度大、温度高时蔓延较快。

(5)酵母和细菌　属于单细胞微生物,个体极小,种类繁多,培养基感染此细菌后,表面呈糊状或黏液状,使培养料发黏,带臭味或酒糟味,使菌丝死亡。

(6)防治原则及方法　防治原则为预防为主,综合防治。防治的方法可用药物如10%~20%的乐果、三氯杀螨醇等进行喷洒或熏蒸,但不能直接用于耳体,以免银耳留下残毒。对病虫害应本着防重于治的方针,按照无菌操作的要求,对培养基、培养室及各种用具彻底消毒灭菌。对周围环境要保持干净,消除病虫源,病虫害危害严重者要彻底隔离淘汰。

（四）段木栽培技术

银耳段木栽培在山区丘陵地域也是脱贫致富的主产业。段木银耳产品因其是"返璞归真"的"山珍"食材而备受消费者青睐；又因段木银耳产品的价格比代料银耳的高，且近几年价格也比较稳定，栽培户有利润可赚，所以在有些地方的栽培量比较大，与代料银耳形成各占"半壁江山"之势发展。

1. 段木准备

段木砍伐时间一般在秋末春初较好。这时树木处于休眠期，树干内贮藏的养分最丰富；砍树后树皮不易脱落；并且冬季杂菌和害虫较少，适宜栽培管理。

树木砍伐后需干燥去枝断梢，水分蒸发干燥快。去枝后，树干锯成 1~1.2m，即为段木。然后将段木搬入菇场或空闲地适当干燥，把所有的伤口、断口用浓石灰水或用0.5%波尔多液涂好。堆成"井"字形或三角形，上盖树枝遮阳备用。

2. 段木接种

银耳栽培时应选择新鲜、生活力强的菌种。春天接种以 2~3 月为宜，秋天接种以 9~10 月为宜。接种的最适气温为 5~15℃，日均温度 10℃左右为好。一般来说，以段木干燥 2~4 周，含水量在 40%~45% 接种成活率最高。接种工具一般有电钻、手摇钻、打孔器等。首先在段木上打孔，孔深入木质部 1~2cm 以上，孔的直径 1~2cm，孔距 30cm 左右，行距 10cm 左右，成梅花形排列。在孔内填上菌种，应填紧填满，再将预先制作的树皮盖或小木块盖在接种口上，用木槌轻轻打平，也可用石蜡封口，如图 6-38 所示。有些地域因气温适宜，银耳生长快而不再封口。接种时应避免阳光直射，整个接种应在清明前后尽快完成。

图 6-38　段木银耳接种

3. 发菌管理

发菌就是把接种后的段木集中堆放在适宜菌丝生长的良好环境中，上面盖上薄膜或茅草、树枝、树叶等，让菌丝生长的过程。发菌过程中要注意保温保湿，促使菌丝成活定植。接种两周后，能见到菌丝从种穴裂缝周围长出，形成一个白色的菌丝圈，这是已成活定植的标志。否则应根据具体情况补充水分、加强通风或提高温度。如有死穴需及时补接种。发菌 30~60d 要翻动段木一次，把上下里外的菇木互相调换位置，加强通风换气并调节菇木湿度，使菌丝继续蔓延。结合翻堆，除去杂草，进行菇场消毒，减少害虫和杂菌的危害。

已发菌成熟的耳木在气温降至 15~25℃时，原基相继出现，至黄豆大时应将堆放的耳木架起，让其出耳，称为起架或架木、立木。发好菌的标志是段木上少量吐黄水或有少量耳芽，此时就进行菇木的进棚或菇房排架立放，一般为覆瓦状或人字架，以利于通风、浇水保湿出耳。

4. 出耳管理

一般冬末春初接种的耳木，经过 2~3 个月的春季堆放发菌，菌丝可基本发育成熟，高寒地区或菇木过粗的，要经过更长的时间才能发菌成熟。

原基形成后向耳片分化，这个时期需要 5~7d，温度掌握在 22~25℃。银耳体生长时期空气相对湿度在 90%~95%，干湿交替，防止烂耳。此时，通风与保湿同等重要，也是这个时期的主要矛盾。生长期银耳的耳片每天可增长 0.3~0.5cm。常喷雾状水，自由下落。待耳片外伸 1.0~1.5cm 时，可直接向耳片上喷雾状水。还要给予一定的散射光，光照强度为 300~600lx，比黑木耳的要弱一些（一般需要搭棚）。同时保持空气新鲜，使之缓缓地分化，有利于优质耳的形成。

5. 采收与干制

耳片充分展开，子实体直径 8~12cm，边缘变薄下垂，耳片色泽由透明转为白色，耳根收缩，孢子将要弹出时采收。采收前 1~2d 停止喷水，及时降低空气相对湿度，大通风，空气相对湿度降至 80%~85%。用竹刀或不锈钢刀采收，可全茬采收，大小不留，全部采收干净，便于二茬耳的管理。也可采大留小，保护耳基，及时清理菇房，分选银耳并剪根、清洗、晾晒。一般每 10~15d 采收一茬，共可采收 3~4 茬。每次采收后，停止浇水 3~4d，使菌丝恢复生长，之后进行常规管理，采收下一潮银耳。

第八节　秀珍菇

一、营养保健特性

秀珍菇（*Pleurotus geesteranus*）又名袖珍菇、环柄侧耳、黄白侧耳、环柄斗菇、姬平菇和小平菇。它不同于普通的凤尾菇是因为其较小，柄有 5~6cm，盖直径 <3cm。秀珍菇其实是一个商业味比较浓厚的名称，菇体小巧玲珑、丛生数目多而得名，是凤尾菇、平菇的近缘种。

秀珍菇是一种高蛋白质、低脂肪的营养食品，它鲜美可口，具有独特的风味，美其名曰"味精菇"。

秀珍菇不仅肉质脆嫩，纤维含量少，口感特佳，味道鲜美，而且营养价值很高，其所含有的多糖被验证具有抗肿瘤的功能，其子实体内又富含优质菌体蛋白质和人体所需的 17 种氨基酸及多种微量元素，是一种营养价值极高的珍稀食用菌，有"菇中极品"的美誉。

二、生物学特性

（一）形态特征

秀珍菇是平菇的变异品种，在分类学上属于真菌门、担子菌纲、伞菌目、侧耳科、侧耳属。秀珍菇这个名称来源于中国台湾，原产于印度南部查摩省。早在 1974 年由菌物学家 Jandiaik C. L. 驯化成功，20 世纪 90 年代从中国台湾地区引进至大陆地区。又称"台湾小平菇"（图 6-39）。

秀珍菇因外形悦目、鲜嫩清脆、味道鲜美、营养丰富而获食客好评，其营养价值相当于牛乳。鲜菇中蛋

图 6-39　秀珍菇的形态

白质含量丰富，氨基酸种类较多，人体必需的9种氨基酸齐全。

秀珍菇子实体单生或丛生，菌盖扇形、肾形、圆形、扁半球形，后渐平展，基部不下凹，成熟时盖缘薄，初内卷、后反卷，有或无后沿，横径1.5~3cm或更大达4cm，灰白、灰褐、表面光滑，肉厚度中等，白色；菌褶延生、白色、狭窄、密集、不等长，髓部近缠绕型；菌柄白色，多数侧生，间有中央生，上粗下细，宽0.4~3cm或更粗，长2~10cm，基部无绒毛。

（二）生殖方式和生活史

秀珍菇属于异宗配合的担子菌。它们的生活史是由担孢子萌发形成单核菌丝体，经质配形成双核菌丝，最后形成原基，再形成子实体。

秀珍菇的生活史：子实体→弹射孢子→孢子萌发→形成菌丝体→子实体（图6-40）。

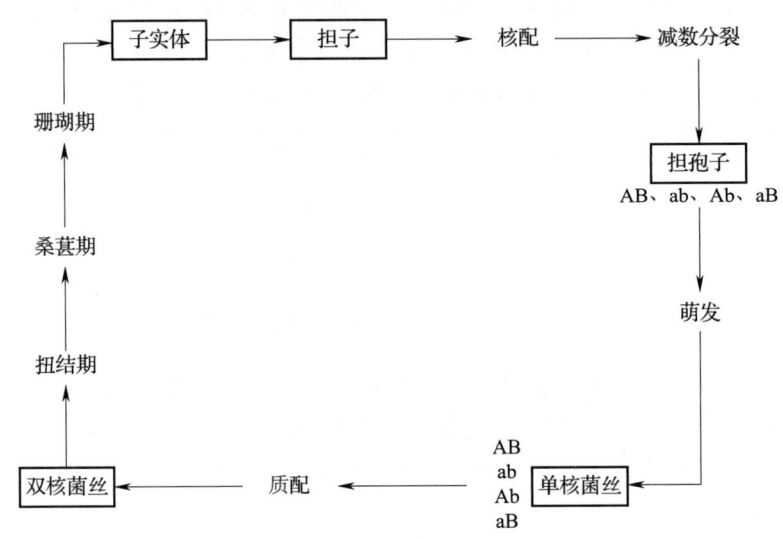

图6-40　秀珍菇的生活史

（三）生长条件

1. 营养

秀珍菇生长发育需要碳源、氮源和各种矿物质元素养分等。它是腐生性菌类，同其他真菌一样，不含叶绿素，不能自己进行光合作用制造养分，而完全依靠现成的有机物质营生活。在它的发育过程中所需要的碳源、氮源、矿物质元素及生长素等，均从栽培料内获得。

秀珍菇无论在食用、栽培和产量等方面均比通常栽培的平菇有更多的优点且菌丝生活力极旺盛，具有很强的腐生能力，可以在稻草、麦秆、香蕉秆、废棉、茶叶渣等各种植物废料上生长，极易进行人工栽培。

2. 温度

菌丝生长的温度范围为10~35℃，最适宜温度为25~27℃。温度低于10℃，菌丝基本停止生长；低于20℃，菌丝生长缓慢。温度高于30℃，菌丝生长稀疏，色泽变黄，易于老化；温度高于37℃，菌丝停止生长。子实体生长的温度范围较广，在10~32℃条件下都能出菇，这是与其他平菇不同的地方。原基形成和菇蕾生长最适宜温度是15~20℃，温度低于10℃，很少再产生原基。低于15℃，子实体生长缓慢。温度高于25℃，菇蕾生长快，成熟早，菌盖成熟时多呈漏斗状。出菇阶段，如果有较大的昼夜温差刺激，原基容易产生。

3. 湿度

秀珍菇的菌丝体生长的基本要求含水量65%，从原基形成至子实体成熟，要求空气相对湿度为85%~90%，空气相对湿度低于70%时，原基产生少，菇朵易干萎。相对湿度高于95%时，子实体易变软腐烂。

4. 空气与光照

菌丝体阶段，需要特殊的通气条件，子实体阶段，则需要有良好的通气条件，如果空气中CO_2浓度>0.1%，极易形成菌盖小、菌柄长的畸形菇。菌丝体阶段，不需要光照，子实体阶段，需要光照，散射光可诱导原基形成和分化。没有光照，子实体不能产生。子实体在光照强度为200~2000lx，生长正常，光照过暗，易形成畸形菇，过强，特别是直射光，子实体易干枯。

5. 酸碱度

秀珍菇适宜在偏碱性的环境生长，因此生产上常用3%~5%的生石灰水调节培养料的pH，一般调整至7.2~7.5。这样不仅能促进菌丝生长，而且还能抑制夏季高温霉菌的影响。

三、栽培管理技术

目前，秀珍菇在有些地方已经成为食用菌主栽品种之一，栽培前景与效益良好。秀珍菇栽培通过工厂化冷库低温处理，可进行周年栽培。

（一）栽培场所

菇房应选择通风良好、清洁的地区，四周没有杂草和臭水沟等菌蝇和菌蚊孳生的场所。菇房应安装通风设备，门窗均应安装细眼纱网，以防蝇蚊类进入。在菇房或棚中布置2~3个杀蚊灯，以便控制虫口密度。

（二）菌种准备

母种可以从外地购买，也可以自己分离制作。原种（二级种）、栽培种（三级种）可以从外地购买，也可以自己扩繁制作。栽培种发满后应该是菌丝洁白、均匀、健壮、无杂菌感染的优质菌种。

（三）栽培操作

1. 工厂化栽培工艺流程

原料配制→拌料、装袋或瓶→灭菌、冷却→接种→培养+催蕾→催菇→发育→采收→包装

工厂化栽培的设施设备安装要求与制袋操作要求同金针菇类似。

2. 培养料配制

（1）配方1　屑78%、麸皮或细米糠15%、玉米粉5%、蔗糖1%、石膏粉1%。

（2）配方2　棉籽壳43%、玉米芯50%、玉米粉5%、蔗糖1%、石膏粉1%。

（3）配方3　玉米芯50%、豆秧或花生壳33%、麸皮10%、玉米粉5%、蔗糖1%、石膏粉1%。

（4）配方4　木屑45%、玉米芯38%、麸皮10%、玉米粉5%、蔗糖1%、石膏粉1%。

按比例分别称好各种配料，先把蔗糖溶于水中，将配方中其他料混合均匀，再将糖水徐徐加入料中，边加水边搅拌，料与水之比为1∶1.2，并使其料与水混合均匀。或用手握料团估计法：用手握料时，手指缝有水渗出，但不滴下为宜。其料中含水量65%~70%，pH调至7~7.5。

3. 装袋

培养料拌好后，装袋机要及时装袋或瓶，装料时要注意上下松紧适宜并封口。

4. 灭菌

（1）采用高压蒸汽灭菌　采用高压蒸汽灭菌时，料袋必须是聚丙烯塑料袋，加热灭菌，随着温度的升高，锅内的冷空气要放净，当压力表指向0.1~0.15MPa时，维持压力2h不变，停止加热自然降温，让压力表指针慢慢回落到0位时，先打开放汽阀，再开锅出锅。

（2）采用常压蒸汽灭菌　采用常压蒸汽灭菌锅，开始加热升温时，火要旺要猛，从生火到锅内温度达到100℃的时间最好不超过4h，否则会把料蒸酸蒸臭。当温度达到100℃后，要用中火维持8~10h，中间不能降温，最后用旺火猛攻一会儿，再停火闷一夜后出锅。出锅前先把冷却室或接种室进行空间消毒。

5. 接种

具体做法是先将接种室进行空间消毒，然后把刚出锅的料袋运到接种室内；全部料袋排好后，再把接种用的菌种、75%的酒精棉球、棉纱、接种工具等准备放入。

关好门窗，打开臭氧消毒器或用紫外线灯消毒40min；关机15min后开门，接种人员迅速进入接种室外间，关好外间的门，穿戴好工作服，向空间喷75%的酒精消毒后再进入里间。接种按无菌操作（同菌种部分）进行。

挑取蚕豆大小一块菌种，接入栽培瓶内，要求菌种与培养料接紧，然后送入培养室培养。

（四）发菌期管理

发菌期——指从接种到菌丝长满菌袋或瓶子的时间。发菌期管理主要是调控最适宜的温度，不需要浇水，不需要光照。一般需30~40d的培养发菌才能完成。

（五）出菇管理

1. 出菇前准备

对菇房应该进行预处理，再用气雾剂熏蒸一夜，待气味散尽后，对菇房进行预湿处理，整个床架、房间（包括大棚）的地面和墙壁均应大量喷水，使整个房间的湿度增加。栽培袋入棚排架或垛（图6-41），将菌包摆放于栽培床架上或排成菌墙垛。排架高度以床架高度为准，搬入栽

图6-41　秀珍菇的排架出菇

培房中可以养菌 2d，不用通风，房间仍然喷水保湿。一个出菇大棚中能放多少菌包且放置多少层，这要与菇棚中的通风换气量匹配，确保适宜的出菇环境。

2. 第一潮菇出菇管理

秀珍菇第一潮菇菌丝的养分积累最为集中，所以产量也是所有潮次中最高的。开袋时沿着颈圈将塑料袋割掉，刮去原先老的菌种或肥大的原基。此时保持菇房的相对湿度达 90%（可通过在菇房中悬挂无纺布喷湿来实现，有加湿器则最好），连续保持 3~5d，房间温度保持在 23~25℃，每天给予一定的漫射光，此时菇房应该勤加喷水，在喷水的时候给予通风。此阶段对通风的要求不是非常严格，使 CO_2 浓度控制在 0.03% 以下即可。3~5d 后可见料面上原基已经开始分化，并形成大量的菇蕾，此时应该将无纺布收起来，增强通风和光照时间，或全天通风，但湿度一定要保持在 85%~90%，此时菇蕾分化很快，等菇柄伸长达 3~4cm，菌盖直径达 2cm 即菌盖渐平展时，可用细微喷雾器勤加喷雾，雾点可直接喷在菇体上，尤其在晴天干燥的天气条件下要细喷和勤喷。经过精细管理，条件合适，2~3d 后即可采菇。

3. 第二潮菇出菇管理

采菇后需要养菌，此时菇房的湿度只要维持在 70%~80% 即可，这样的目的就是让培养料表面干燥一点，这样可以防止霉病的大量发生及防止部分虫卵的孵化（太干燥时每天可用喷雾器稍稍喷一点细雾），在此条件下养菌 7~10d。

第二潮菇出菇前需对菌包进行浸水或注水处理，然后放入 4℃ 的冷库中 24h 给予低温刺激，同时给杂菌以抑制处理。低温刺激 1d，这个时间可以对菇房进行清洁处理，也可以用杀虫剂控制一下虫口密度。将菌包从冷库中搬出后，尤其要注意保湿处理，可以重新搭上无纺布随时喷水保湿，并增加菇房的光照时间和频次。待菇蕾再次显现后，管理同第一潮菇，此时通风与保湿显得尤为重要。第三潮、第四潮及五、六潮菇等的管理同第二潮菇类似，关键是养菌与增水的处理上要合适、精细。

第九节　榆黄蘑

一、营养保健特性

榆黄蘑（*Pleurotus citrinopileatus*）又称为金顶侧耳、金顶蘑、玉皇蘑等，它们属担子菌纲、伞菌目、侧耳科、侧耳属，菌盖金黄、油亮、优美喜人。榆黄蘑既具味道鲜美、香味浓郁、营养丰富的食用价值，可作为高蛋白质、低脂肪的保健食品，又具有滋补强身的药用价值，逐渐被人们所接受，发展规模逐渐扩大。榆黄蘑适应性强，适应温度范围广，抗高低温能力强。不但被国内消费者所喜爱，而且在国际市场较为抢手，生产和经营效益均较一般农产品高得多。栽培原料来源广泛，很适合代料栽培。凡含有纤维素、半纤维素的工农业废料均可栽培榆黄蘑。

榆黄蘑颜色艳丽夺目，栽培原料丰富，品质优良，适合当前乡村振兴的农业产业发展，尤其是建设"观光农业"产业园，具有"锦上添花"的观赏价值和生态价值。

二、生物学特性

（一）形态结构

1. 菌丝体

菌丝体呈洁白色、绒毛状，浓密、粗壮、爬壁力强，是多细胞分枝、分隔的丝状体。它们的双核菌丝就是通常培养的菌种。

2. 子实体

子实体是榆黄蘑的食用部分（图6-42）。子实体丛生、叠生，也有单生。菌盖直径5～15cm，扁球形或扁平形，上表面金黄色，成熟后中部逐渐下陷，呈扁形、漏斗状或贝壳状。菌肉白色、柔软。菌褶长短不等，在菌柄上部呈脉状直纹延生。菌柄侧生或偏生，白色，中实，长短因种而异，一般柄长1～5cm，粗0.5～2cm。子实体生理成熟时可从菌褶部位散发孢子，孢子圆形、卵圆形或圆柱形，无色、光滑。孢子印多为白色。

图6-42　榆黄蘑的子实体

（二）生殖方式和生活史

榆黄蘑属于担子菌，生殖方式具有担子菌的特点，进行有性生殖和无性生殖。

它们的生活史是由担孢子萌发形成单核菌丝体，经质配形成双核菌丝，最后形成原基，再形成子实体，这样循环完成它们的生活史（图6-43）。

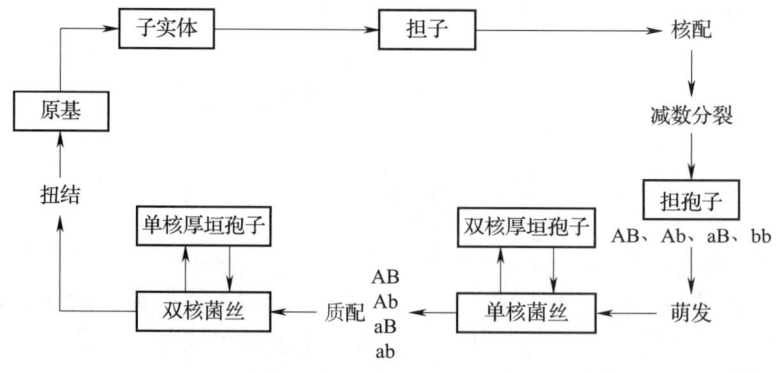

图6-43　榆黄蘑的生活史

（三）生长条件

1. 营养

榆黄蘑是腐生型真菌。生长发育过程中，需要的主要营养物质是有机态碳，即碳水化合物，如木质素、纤维素、半纤维素以及淀粉、蔗糖等。这些物质存在于木材、稻草、麦秸、玉米芯、棉花籽壳、豆秸、葵花籽壳等各种农副产品中，利用天然培养料，碳素营养能得到满足。氮源主要是天然培养料中的蛋白质，菌丝中所含的蛋白酶，使其分解成为氨基酸后再吸收利用。尿素、铵盐和硝酸盐等也是榆黄蘑的氮素来源，能被菌丝直接吸收。

生长所需的P、Mg、S、Ca、K、Fe等矿物质元素和维生素在天然培养基内的含量基本可适应其需要。

2. 温度

菌丝发育温度7~32℃，以22~26℃最适合，菌丝耐低温能力强，但不耐高温，40℃以上迅速死亡，子实体形成与生长的温度为14~28℃，以20~24℃最适，变温能促进子实体原基形成。

3. 湿度

培养料含水量要求达到60%~70%。空气相对湿度在菌丝生长阶段，应控制在80%以下，湿度过大，培养料吸潮，湿度增加，易招致杂菌感染；空气相对湿度过低，培养料中的水分很快蒸发散失，又会影响菌丝生长。

原基分化和子实体发育时，菌体新陈代谢活动较营养生长阶段旺盛，需要更多水分。空气相对湿度控制在85%~95%为宜。

4. 空气

榆黄蘑对CO_2较敏感，当子实体生长时，由于温度较高，菇体生长快，呼吸作用旺盛，需氧量增加，要加强通风换气。

5. 光照

菌丝生长阶段不需要光照。在强光照射下，生长速度降低40%。由营养生长转入生殖生长，即进入光敏感阶段。一般培养室的光照强度200~1000lx，菌丝能正常扭结出菇。光照强度太大（>2500lx），子实体原基不易形成，或形成后菌柄粗短，菌盖不易展开。在栽培中，菌丝长透培养料后，应给予散射光刺激，促进原基分化。

6. 酸碱度

在pH5.8~6.2菌丝生长适宜。在配制培养基时，需将pH调高一点，达到6.2~7.0（菌丝生长过程中，代谢产生有机酸）；按照通常配方配制的培养料，其自然酸碱度基本满足菌丝生长要求，无须测试调节。

三、栽培技术

榆黄蘑工厂化栽培工艺流程为：原料配制→拌料、装袋或瓶→灭菌、冷却→接种→发菌培养→出菇管理→采收→包装。

（一）栽培季节

根据榆黄蘑子实体分化和发育要求的温度，我国北方地区可在秋、冬、春三季进行栽培，南方地区则以秋冬两季较好。现在工厂化栽培不受季节限制，可以周年栽培。

（二）栽培场所

榆黄蘑抗杂菌能力强，生长发育快，可利用栽培的环境比较多，如闲置平房、菇棚、日光温室、塑料大棚、林下地畦等。

（三）栽培形式

榆黄蘑人工栽培依其原料处理方式不同，可以分为生料、发酵料和熟料三种形式，由于其抗杂菌能力强，菌丝生长发育快，我国大多采用生料和发酵料栽培。

依其出菇方式不同，可以分为上架出菇（图6-44）和码垛出菇（图6-45）。

（四）培养料配方及操作

1. 培养料配方

（1）棉籽壳100kg、石灰2kg，料水比1:(1.3~1.5)；该配方可生料栽培，也可发酵料栽培。

（2）玉米芯70kg、麦麸15kg、腐熟鸡粪15kg、生石灰4kg、尿素0.3kg，石膏1kg，料水比1:(1.3~1.5)。

2. 拌料及发酵操作

培养料建堆要求高1m、宽1.2~1.5m、长不限。建堆后轻轻压实料堆，然后用较粗的木棒在堆上自上而下均匀地打通气孔，以避免厌氧发酵。待堆内20cm处温度升至65℃左右时，维持12h翻堆。翻堆时，要上下、内外使培养料互换位置，翻拌均匀。第一次翻堆后，待料温再升到60℃以上时维持1~2d，再翻堆，前后共翻3~4次。当玉米芯变成深棕色、有发酵香味时，发酵成熟。

图6-44　榆黄蘑上架出菇

（五）装袋接种

摊开料堆，调培养料pH为7~8，即可装袋接种，方法与平菇等相同。

（六）发菌管理

发菌场所温度不要超过25℃，空气相对湿度以60%~70%为好，同时要注意遮光及通风换气。棚温要控制在28℃以下，超过28℃要注意散堆降温或通风降温。发菌一周后，检查菌丝萌发情况。若发现菌丝不萌发应补种；若发现少量杂菌感染，应加强发菌室通风降温，控制或抑制杂菌发展。若温度过低，还需保温、升温，保证菌丝正常生长发育。一般25~30d菌丝即可长满全袋。

图6-45　榆黄蘑码垛出菇

（七）出菇管理

菌丝长满袋后，再维持3~7d，即可进行出菇管理。生产中多采用菌墙出菇管理，菌墙的码垛方法与平菇相同。菌墙筑好后墙顶灌水，菇房（棚）温保持在15~20℃，空气湿度85%~95%，拉大温差，注意通风换气并给予一定的散射光刺激，约一周后，菌蕾就会大量出现。出菇期间往栽培场所地面、空间增加喷雾2~3次，并注意通风，保持空气新鲜，榆黄蘑从现蕾到采收一般需8~10d。

（八）采收

子实体菌盖边缘至最大平展或呈小波浪状时即可采收。采收前1d停止喷水。采收时一手压住料面，另一手将子实体拧下，或用刀将子实体于菌柄基部切下即可。墙式栽培，管理得当，可收4~6潮菇，一般生物学效率100%左右。

榆黄蘑丰收了

第十节 黄伞菌

一、营养保健特性

黄伞菌（*Pnoliota adiposa*）又名柳蘑、黄蘑、多脂鳞伞，为担子菌纲、伞菌目、球盖科、鳞伞属。原为野生食用菌，秋季8~10月生于杨柳、桦树等的倒木或枯枝上，有时也生于针叶树杆上。我国河北、山西、吉林、浙江、河南、西藏、广西、甘肃、青海、陕西、新疆、四川、云南等地林区均有分布。黄伞菌菇盖滑嫩爽口，可与牛肝菌相媲美；菌柄清脆、幼嫩、美味，是一种风味独特、别具一格的珍菇。

黄伞菌子实体富含蛋白质、脂肪和碳水化合物以及多种维生素和无机盐，对人体健康十分有益，尤其是子实体表面的一层黏液，经生化分析证明是一种核酸，有益于人体精力、脑力的恢复；因此是一种"可荤可素，药膳同功"的珍品。在日韩市场很受欢迎，在国内作为都市酒楼菜馆的时尚佳肴，深受青睐。

二、生物学特性

（一）形态结构

1. 菌丝体

由担孢子萌发形成单核菌丝体，经质配形成双核菌丝，其生长繁殖形成原基（菇蕾），具有形成子实体（菇体）的能力，故双核菌丝即为通常所说的菌种。

2. 子实体

黄伞菌子实体单生或丛生，菌盖直径5~12cm，初期半球形边缘常内卷，后渐平展，有一层黏液；盖面色泽金黄至黄褐色，附有褐色近似扁平状的鳞片，中央较密（图6-46）。菌肉白色或淡黄色，菌褶直生密集，浅黄色至锈褐色，直生或近弯生，稍密。菌柄纤维质长5~15cm，粗1~3cm，圆柱形，有白色或褐色反卷的鳞片，稍黏，下部常弯曲。菌环淡黄色，毛状、膜质，生于菌柄上部，易脱落。孢子椭圆形，光滑，锈色，（7.5~10）μm×（5~6.5）μm。菌丝初期白色，逐渐浓密，生理成熟时分泌黄褐色素。

图6-46 黄伞菌子实体

（二）生殖方式和生活史

黄伞菌的生活史与其他担子菌的类似，是由担孢子萌发形成单核菌丝体，经质配形成双核菌丝，最后形成原基（菇蕾），再形成子实体（菇体）。

在自然界这样生长、繁殖，周而复始完成它们的生活史。

（三）生长条件

黄伞菌属木腐性菌类，纤维素、半纤维素、木质素和淀粉是其主要碳源，其生活习性为中温偏低和变温结实型。

（1）营养　黄伞菌对原料选择不严格，多种农作物下脚料，如玉米芯、木屑、稻草都可栽培，辅料以玉米面最好，其次为麸皮，米糠较差。

（2）温度　黄伞菌菌丝生长的温度为23~26℃，最适27℃，30℃次之。子实体在13~34℃内形成，最适生长温度在15~18℃。

（3）湿度　培养料含水量以60%~65%为宜，发菌阶段空气相对湿度要在70%以下，出菇阶段则提高到85%~90%。

（4）空气　黄伞菌在菌丝生长阶段和子实体生长阶段都需要充足的O_2，尤其在出菇阶段，良好的通风可使子实体质肥大、色艳，从而提高产量。

（5）光照　发菌阶段不需光照，出菇阶段需要弱光照射。

（6）酸碱度　黄伞菌pH范围在4.5~8，最适pH为6.0~6.5。

三、栽培管理技术

黄伞菌以秋栽为主，一般当最高气温下降至23℃以下、最低气温在13℃以上时即为出菇的适宜季节。考虑到袋栽黄伞菌菌丝生长需要40~50d的时间，因此，出菇季节再往前推45d左右，即为播种时间，各级菌种制作相应提前进行。

（一）栽培配方

黄伞菌代料栽培的主要原料有木屑、棉籽壳等，辅料包括麸皮、米糠、玉米粉、豆饼粉、黄豆粉、石膏、$CaCO_3$、生石灰、白糖或红糖等，常见栽培配方如下。

（1）配方1　棉籽壳40%，木屑40%，麦麸10%，玉米粉8%，蔗糖1%，熟石膏1%，料水比为1:1.2。

（2）配方2　木屑78%、玉米粉20%、蔗糖1%、石膏1%，料水比为1:1.2。

（3）配方3　棉籽壳80%、麸皮18%、糖1%、石膏1%，料水比1:1.2。

（4）配方4　木屑80%、麸皮18%、糖1%、石膏1%，料水比1:1.2。

黄伞菌是一种腐生性极强的木腐菌，其菌丝在绝大多数培养料中都能健壮生长，并且菌丝洁白浓密，粗壮有力，与平菇菌丝生长和健壮度极相似，这也是其主料栽培成功的基础，从而也为自身高产奠定了一定基础。以上配方中，主料以棉籽壳最好；辅料以麸皮为好。

（二）配料

在加水前，应该将一些难溶于水的组分如木屑、棉籽壳、麸皮或米糠、玉米粉或豆饼粉等干拌均匀，糖可溶于水中拌入。石膏虽然难溶于水，但干拌会导致粉尘飞扬，因此也可溶入水中加入。

黄伞菌代料栽培要求培养料pH为5.5~6.5。一般情况下，各配方培养料拌好后，其自然pH已合乎要求，不需另外调节。培养料的含水量也可通过手握来估计：抓一把培养料，手握如果指缝中有水渗出但不滴下，表示培养料的含水量为55%~60%，含水量合适。

（三）灭菌及接种

灭菌可采用常压蒸汽灭菌，也可采用高压蒸汽灭菌。接种要在接种室（箱）中进行，提前消毒处理，保证接种控制住杂菌感染，提高成品率。

（四）发菌管理

发菌期间的管理，就是要使室内的温度、湿度、通风换气等环境因子相互协调。

与其他大规模栽培的食用菌相比，黄伞菌菌丝生长耐低温。高温条件下，易遭受杂菌污染。因而一定要严格管理，确保黄伞菌菌丝健康快速生长。

黄伞菌菌丝在偏低温度下生长较慢，如果发菌期间遇到了较长时间的低温天气，而菌丝也已经吃料较多，可采取刺孔的方法刺激菌丝生长。含水量多的菌袋可多刺孔，以使袋内水分散发，降低菌袋含水量。每次刺孔后再往室内空气中喷洒一次消毒药液，并经常通风保持新鲜空气，以避免杂菌污染。

（五）出菇管理

当子实体长至 4~5cm 高时，菇房内空气相对湿度的控制非常重要，此时应将空气相对湿度控制在 85%~90%，保持温度 15~18℃，适量通风换气，增加散射光照（光照强度为 300~500lx）。一定的散射光照可使子实体粗壮、色泽加深，提高商品质量。

（六）采收与加工

1. 黄伞菌的采收

黄伞菌原基生成后，首先形成 1~3cm 长的黄色覆有褐色鳞片的指状子实体，3~5d 后，指状子实体变长变粗，分化成菌柄和扁球菌盖，以后几天菌柄不再伸长。菌盖迅速增长，原基形成后 9~11d，当菌幕即将破裂时采收。头潮采收后，应消除培养料表面残余菇脚和枯萎幼菇，使菌丝复壮，积累营养 3~5d 后，再拉大温差刺激出菇。

2. 加工技术

黄伞菌采收根据市场商业要求及时进行加工。

（1）采收后　子实体可以直接分装鲜销。

（2）冷藏保鲜　来不及销售的可在温度 1~5℃条件下贮存，可保鲜 15d 左右。

（3）制盐水菇　制作方法可参考后面的食用菌产品加工技术。

第七章 传统优良药用菌栽培

药用菌是指能辅助治疗疾病，具有药用价值并对人体具有保健作用的一类真菌，人们熟知的灵芝、冬虫夏草、茯苓、桑黄等都属于药用菌。一些既可食用，又有医疗保健作用的食用菌（如银耳、猴头、黑木耳）也可称为药用菌。药用菌作为我国传统医药学的重要组成部分，从古代人们利用药用菌中的雷丸、灵芝等来杀三虫、逐毒气、中胃热到现代人们利用云芝、猴头菇、桑黄来辅助治疗肝炎、养胃、抗癌等，尤其是随着近两年新型冠状病毒的肆虐，药用菌茯苓、猪苓、灵芝、桑黄等在增强免疫力、预防新型冠状病毒方面得到人们的认可。随着一代又一代医药学家的不断传承与创新，其药效、临床应用及保健作用伴随着社会的进程不断得到充实、丰富和发展。

第一节 灵芝

一、食药兼优特性

（一）概述

灵芝（*Ganoderma lucidum*），又名灵芝草、仙草、神草、瑞草、丹芝、神芝、万年蕈等。在分类学上属于担子菌亚门、层菌纲、多孔菌目、多孔菌科、灵芝属。灵芝属全世界已知的有120多种，在我国就有63种，广泛分布于各地，市面上常见的有赤灵芝和黑灵芝。此外，在自然界还生长有紫灵芝、青灵芝、红灵芝、白灵芝、黄灵芝等，见图7-1。

在中国最早的医学巨著《神农本草经》中已有记载灵芝的功效。明朝李时珍编写的《本草纲目》中，已记载的野生灵芝共有六种：赤芝，又名丹芝，气味苦平无毒，主治胸中结，益心气；紫芝，又名木芝，甘温无毒，主治耳聋、利关节、益精气、坚筋骨、好颜色、疗虚劳、治痔；黄芝，又名金芝，甘平无毒，主治心腹五邪、益脾气、安神；白芝，又名玉芝，甘平无毒，主治咳逆上气、益肺气、通利口鼻、强意志、安魄；青芝，又名龙芝，酸平无毒，主治明目、补肝气、安精魂；黑芝，又名玄芝，无毒，主治癃，利水道，益肾气。由此可以看出，这些不同颜色的灵芝均具有相似的保健功效。

（二）主要药用成分

现代药学研究表明灵芝中主要化学成分可分为14类：① 三萜类；② 多糖类（含还原糖）；③ 甾醇类；④ 核苷类；⑤ 生物碱类；⑥ 呋喃类；⑦ 蛋白质、氨基酸、多肽类；⑧ 类脂；⑨ 维生素类；⑩ 酶类；⑪ 有机酸和长链烷烃类；⑫ 胡萝卜素类；⑬ 无机成分、常量元素及微量元素；⑭ 其他，一般化学成分。具体介绍如下。

1. 三萜类化合物

三萜类化合物为灵芝中主要化学成分之一，从其中已分离出150余种。很多三萜类化

图 7-1　不同种类的灵芝

合物具有较强的生理活性，如灵芝酸 A、灵芝酸 B、灵芝酸 C 和灵芝酸 D 能够抑制小鼠肌肉细胞组织胺的释放。丹芝醇 A、丹芝醇 B 等具有血管紧张素转化酶（ACE）抑制活性；灵芝酸 F 抑制作用最强；赤芝孢子酸 A 对四氯化碳和半乳糖胺及短棒菌苗造成的小鼠转氨酶升高均有降低作用；赤芝孢子内酯 A 具有降低胆固醇的作用；灵芝酸 C、灵芝酸 D 在体外能抑制刀豆球蛋白（Con A）和化合物 48/80 诱发的大鼠肥大细胞释放组胺。三萜类化合物作用广泛，如抗炎、抗艾滋病、保肝、抗血小板聚集、抗组织胺释放等。因此，对三萜类化合物的进一步深入研究，有利于阐明灵芝的药理活性，为临床使用提供科学依据。

早在 1982 年 Kubota T 等从灵芝子实体中分离出三萜类化合物，近年来，人们又研究分析了约 20 余种三萜类型的化合物及约 150 种三萜酸衍生物，主要有灵芝酸、灵芝甾酮、灵芝萜二醇、灵芝萜三醇、灵芝萜酮二醇、灵芝萜酮三醇、灵芝孢子酸（赤芝）、赤芝酸、赤芝萜酮、赤芝醇、赤芝萜醇、赤芝孢子内酯、灵芝内酯等。

2. 多糖类化合物

多糖类化合物是灵芝的重要生物活性成分之一。药理研究表明：从不同灵芝种类中分离出的多糖均具有抗肿瘤作用、免疫调节作用、降血糖作用、降血脂作用、抗氧化作用及抗衰老作用等。组成灵芝多糖的单糖类型以葡萄糖、半乳糖、甘露糖、木糖为主，还有少量岩藻糖、鼠李糖、葡萄糖醛酸、半乳糖醛酸、海藻糖等，少数多糖由单一葡萄糖组成。

不同产地的同种灵芝由于人工栽培条件的不同，会导致多糖含量的差异，李尽哲等以大别山红灵芝为研究对象，通过多年研究发现，在灵芝多糖含量方面，灵芝菌丝体 > 灵芝菌盖 > 灵芝菌柄。

3. 甾醇类化合物

灵芝属中灵芝类含有丰富的甾醇类，其是灵芝中常见的次生代谢产物，仅麦角甾醇含量就达 0.3% 左右。至今，从不同灵芝种类中已分离出甾醇类物质 20 余种，其中麦角甾醇是维生素 D 源，有增强人体抗病和预防感冒的功效。经常食用可预防治疗血钙代谢障碍而导致的佝偻病，还可防治机体各种黏膜炎及皮肤炎。

4. 核苷类化合物

核苷类化合物是由核糖和嘌呤、嘧啶等结合的化合物，也是生物的一种次生代谢产物，它能溶于水，有广泛的药理活性。核苷类化合物能治疗进行性肌营养不良、萎缩性肌强直，抑制肌强直症小鼠的血清醛缩酶、抑制血小板凝集，有镇静、抗缺氧，提高心肌组织营养吸收能力等，其中灵芝中分离出的腺苷功效最为显著，效果广泛。动物实验证明：尿嘧啶和尿嘧啶核苷对实验性肌强直小鼠血清醛缩酶有降低作用。试用该菌丝体治疗进行性肌营养不良和萎缩性肌肉，发现其有一定疗效。腺苷类能抑制血小板凝集，降低血液黏度；改善血液微循环，提高血红蛋白的含量；治疗心血管疾病；防止瘀血；诱导生成干扰素，增强免疫力；镇痛、镇静等。

5. 生物碱类化合物

灵芝类中生物碱的含量和种类不如三萜类、多糖类、甾醇类那样多，从灵芝子实体、灵芝孢子粉、薄盖灵芝中分离到的生物碱，有甜菜碱、胆碱、灵芝碱甲、灵芝碱乙、T-三甲氨基丁酸、甜菜碱盐酸盐、T-甲基氨基丁酸乙酯等。

灵芝总碱有增加麻醉犬冠状动脉血流量，降低冠状动脉阻力及降低心肌耗氧量，提高心肌对氧的利用率，增加心、脑血流量等，降低动脉静脉氧差、心肌耗氧量和心肌利用率，改善缺血心肌的心电图变化。药理结果表明：灵芝中的生物碱甲及其乙酰化合物均具有抗炎作用。

6. 蛋白质、多肽、氨基酸类化合物

灵芝中蛋白质以多种类型存在，主要包括真菌免疫调节蛋白、凝集素、糖蛋白、酶等。灵芝中含有丰富的氨基酸，至目前为止，已分析有18种氨基酸。分离出多肽化合物，两种为中性多肽，一种为酸性多肽，一种为碱性多肽，特别指出发现含硫氨基酸，经X射线衍射分析确定为硫组氨酸甲基内铵盐。肽类和氨基酸均具有一定的生理活性。

灵芝固体发酵液含有较为丰富的游离氨基酸及水解氨基酸，其中人类需要的9种必需氨基酸在灵芝发酵产物中基本上都有。氨基酸在医药上应用广泛，如医院中常用的氨基酸营养液，精氨酸、谷氨酸作为治疗肝昏迷药之一；蛋氨酸用于治疗肝硬化和脂肪肝；组氨酸用于治疗胃、十二指肠和肝炎等；赖氨酸和甲硫氨酸大量用于强化饲料和食品添加剂等。

7. 维生素类化合物

对灵芝中的维生素类化合物的研究也较少，仅有的文献报道是2012年福建农业科学院的学者对灵芝孢子油中脂溶性维生素的含量和抗氧化活性方面进行的研究，结果发现灵芝孢子油中脂溶性维生素在体外具有较好的抗氧化活性和较强的自由基清除能力。

8. 酶类化合物

研究发现灵芝中含有酯酶、麦芽糖酶、漆酶、蔗糖酶、棉籽糖酶、淀粉酶、纤维素酶、半纤维素酶、单宁酶、脲酶、胰蛋白酶、酯肽酶等。目前，尚无人对灵芝中酶类化合物的药用功效进行研究，分析认为，灵芝中的酶类化合物主要与灵芝的生长发育有关系。

（三）药用功效

1. 保肝护肝作用

宋代有一个著名的神话传说《白蛇传》，其中就有白素贞（白蛇妖）盗取灵芝仙草救许仙的情节，似乎灵芝具有"起死回生"的功效。现代科学研究分析灵芝的药效成分，虽然其没有"起死回生"的功效,但确实有保肝护肝、提高机体免疫力的作用。

临床实验显示灵芝多糖对乙型肝炎具有治疗作用。体外试验结果显示,不同浓度的灵芝三萜可以显著提高过氧化叔丁醇干预的人肝脏 HepG2 细胞的存活率,分别显著降低丙氨酸转氨酶、天冬氨酸转氨酶和血清乳酸脱氢酶的水平,进而发挥保护肝脏的作用。

2. 保护神经系统的作用

灵芝具有抗惊厥、镇静催眠、改善学习记忆、抗退行性病变等中枢神经保护作用。其主要是通过对抗神经细胞凋亡、降低神经细胞的兴奋性、降低神经系统损伤等途径起到抗癫痫的作用。研究发现,证明灵芝多糖能抑制 NF-κB(免疫相关复合蛋白)在细胞核中的表达,降低神经细胞的兴奋性。

3. 降血糖作用

现代医学研究发现,灵芝多糖、三萜、蛋白多糖和蛋白质均具有降血糖的作用。其中灵芝多糖可以升高小鼠血浆胰岛素水平,降低血糖浓度,起到降血糖的作用。

4. 抗氧化作用

灵芝当中,抗氧化主要成分是灵芝多糖和灵芝三萜。多种体外抗氧化实验表明灵芝多糖具有显著的自由基清除能力,如二苯基苦肼基(DPPH)的清除作用、还原作用、螯合作用、羟自由基清除作用、超氧自由基清除作用、过氧化氢清除作用。灵芝多糖表现出显著的抗氧化能力,且其抗氧化能力与三萜浓度相关。灵芝三萜可以抑制组胺释放,具有抗过敏的作用。灵芝三萜还可以通过抑制 HIV 吸附或膜的融合,抑制 HIV-1 反转录酶,抑制 HIV-1 蛋白酶,抑制病毒成熟等途径起到抗 HIV 作用。

二、生物学特性

(一)形态结构

灵芝可分为菌丝体和子实体两大部分。

1. 菌丝体

灵芝的菌丝呈无色透明,壁薄,原生质浓而均匀,直径为 $1\sim3\mu m$,不同部位的细胞有着形态结构上的差异,最窄的菌丝尖端只有 $1\mu m$,也是它最活跃的部位。灵芝菌丝体在固体培养基上成白色绒毛状,在显微镜下呈现透明的管状,在液体培养基中呈小球状,离心后呈现团状聚集体,具体见图 7-2。

2. 子实体

灵芝子实体由菌柄、菌盖和孢子(菌盖背面)三部分组成(图 7-3)。菌柄位于菌伞的下方,一般长 $2\sim6cm$,呈不规则的圆柱形。菌盖为扇形、肾形、半圆形或椭圆形,盖宽 $3\sim20cm$,表面有环状棱纹和辐射状皱纹,其背面是多孔的子实层。子实体的初期是白色、浅黄色,成熟后的灵芝子实体逐渐呈紫、褐、赤等颜色。子实体的形状、颜色视菌种培养条件的不同而不同。成熟后的灵芝子实体呈木质化,为木栓质,表面光滑且具明亮的光泽。灵芝子实体生长到一定阶段可从背面的菌孔中散发孢子。成熟的灵芝孢子呈卵形,棕色或褐色,有截头,双层细胞壁,细胞壁成分是由几丁质(几丁聚糖)组成,结构似纤维素,外层无色,表面光滑,孢内含细胞核、细胞质、油滴等。

在高倍显微镜下观察灵芝孢子的形态,可见其外形呈椭圆体状,顶端钝圆,棕色或褐色,由外到内结构依次如下所示。

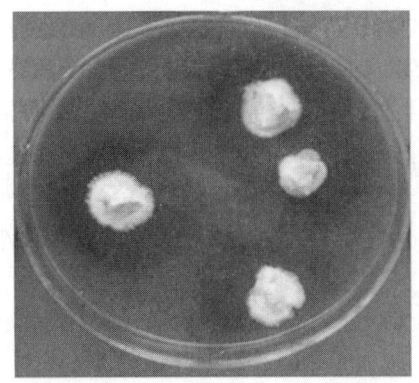 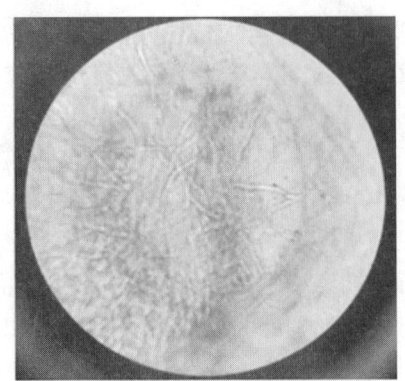

（1）生长在固体培养基上的灵芝菌丝　　　（2）显微镜下的灵芝菌丝

 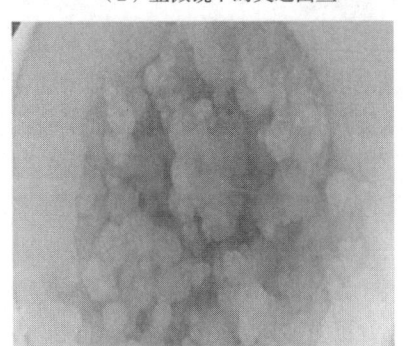

（3）生长在液体培养基中的灵芝菌丝　　　（4）灵芝菌丝聚集体

图 7-2　灵芝菌丝体形态结构图

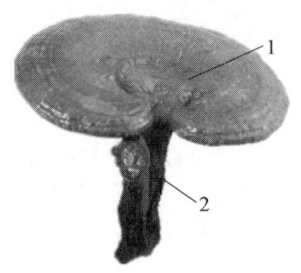  

图 7-3　灵芝子实体示意图

1—菌盖　2—菌柄　3—孢子

（1）外膜　膜上含有丰富有效成分。

（2）孢子壁　由内板与外板组成，壁上有许多萌发孔。

（3）孢子内容物　呈滴油状。

（二）生殖方式和生活史

灵芝的生活史就是它完成一个生命世代的历程。灵芝孢子均有"+""-"之分，菌丝性别与担孢子的本身性别是一致的，灵芝孢子从菌管中释放出来，遇到适宜的环境条件即开始萌发，为单核菌丝，单核菌丝生长细弱，不能形成子实体，两个相对的单核菌丝通过细胞质配合，形成具有两个细胞核的菌丝，称为双核菌丝，这种菌丝粗壮，生命力强，进一步发育达到生理成熟，形成子实体。子实体成熟时产生担子，每个担子顶端发育成四个担孢子，这就是灵芝的生活史，具体见图7-4。

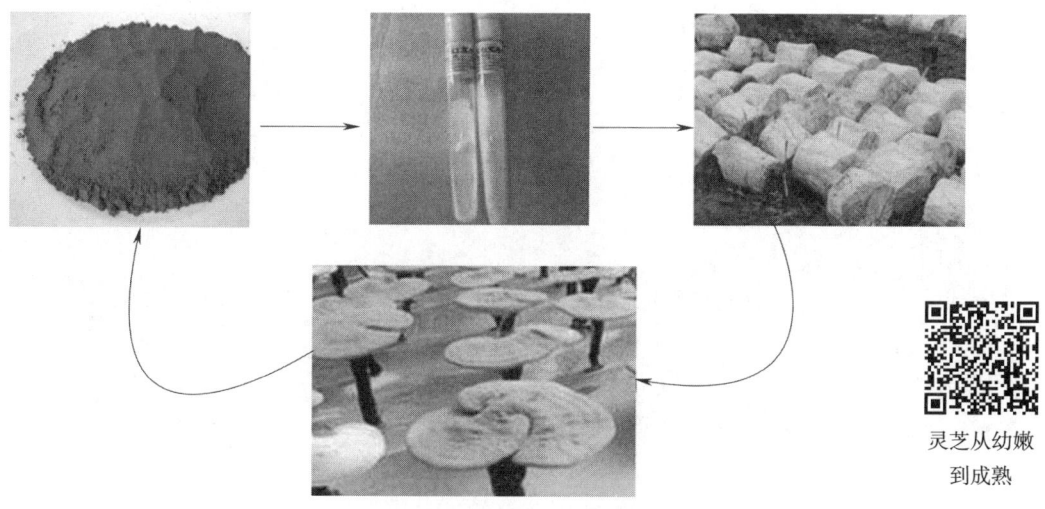

灵芝从幼嫩到成熟

图7-4　灵芝的生活史示意图

（三）生长条件

灵芝在生长发育过程中需要的生活条件主要有适宜的营养、温度、湿度、空气、光照和酸碱度等。

1. 营养

灵芝是一种木质腐生菌，自然界生长的灵芝多在夏秋雨季生长于树林内枯木、朽树之上，对木质素、纤维素、半纤维素、淀粉、果胶质等复杂有机物质具有较强的分解和吸收能力，所以很多阔叶树的段木及锯木屑、棉籽壳、玉米芯、棉花秆、甘蔗渣、玉米芯粉、稻草粉等均可用作灵芝的栽培料。为了提高产品的质量和档次，获得较高的经济效益，在人工栽培中还要添加少量的营养物质，如麦麸、米糠、玉米粉等含氮物质以及少量的矿物质元素和B族维生素，以满足灵芝生长发育对营养的需求。

2. 温度

灵芝属中高温型真菌，在生长发育过程中要求较高温度。菌丝生长范围是 8~35℃，最适生长温度为 25~28℃。子实体原基形成和生长发育的温度范围为 10~30℃，最适为 25~28℃。如长期在低于 20℃或高于 35℃的条件下培养，培养料表面菌丝会萎缩变黄，子实体过早僵化，产量降低，品质也差。

3. 湿度

灵芝培养料的适宜含水量为 60%~70%，低于 30% 时菌丝不能生长，菌丝生长期间，空气相对湿度应控制在 65%~70%。在子实体生长发育阶段，空气相对湿度应控制在 80%~95%，在室内或塑料棚内栽培时还要处理好通风与湿度的关系。

4. 空气

灵芝是好气性真菌，需要进行有氧呼吸。在子实体生长发育中 O_2 充足，子实体易开片、柄短、盖厚、圆整、商品价值高；通风不良，CO_2 浓度过高会影响子实体正常发育，当空气中 CO_2 浓度达 0.1% 时，促进菌柄发育而抑制菌盖生长，含量达 0.1%~1.0% 时，导致灵芝呈鹿角状分枝或甚至不长菌盖,具体见图 7-5。因此,在室内栽培灵芝时,子实体生长期间必须加强通风。

（1）氧气充足状态下　　　　　　　　（2）氧气不足状态下

图 7-5　O_2 对灵芝子实体发育的影响示意图

5. 光照

灵芝生长发育阶段不同,对光照的要求也不同。菌丝可以在完全黑暗或弱光条件下生长,强光可明显抑制菌丝生长。而菌蕾分化阶段,需要一定的散射光,子实体生长对光照十分敏感,光线不足子实体细小,盖薄且无光泽,灵芝子实体具有明显的趋光性,尤其子实体幼嫩时,趋光性特别明显,如果光线从单一方向来,菌盖生长倾向光源一边,如果光源方向经常变化或瓶袋多次搬动则易造成畸形菌盖。所以在人工栽培时,给培养室充足的光照,才能得到生长速度快、菌柄粗壮、菌盖发育良好的子实体。也可通过调整光照强度和光照方向对灵芝进行定向和定型培养,以培养出不同形态的灵芝盆景和瓶景供观赏,见图 7-6。

图 7-6　光照对灵芝子实体影响示意图

灵芝栽培与盆景研制

6. 酸碱度

灵芝喜欢在偏酸性的培养基上生长,培养基 pH 在 3.0~7.5 菌丝均能生长,最适宜的 pH 为 5.0~6.0。pH 在 3 以下,菌丝生长细弱,不易形成菌蕾,pH 在 8.0 以上,菌丝易提前老化,甚至萎缩。

三、栽培管理技术

（一）菌种制作

目前,在灵芝栽培过程中使用的菌种有十几种,有国内科学家自己分离纯化的,也有从日本和韩国等地引进的。常用的主要有泰山赤灵芝、赤芝、沪农灵芝 1 号、日本赤芝 1

号等。经过分子鉴定的手段分析发现这些灵芝菌种命名混乱，经常出现同名异种或者异名同种，灵芝菌种的命名有待建立统一标准。菌种的质量、纯度及生物学特性对灵芝生产影响巨大，因此，在生产过程中，应选用菌丝生长速度快、抗逆性好、子实体良好的优良灵芝菌种。

目前的生产中，灵芝同其他食药用真菌一样，也分为三级种，即母种、原种和栽培种。灵芝母种主要是斜面试管种，通过组织分离的方法从优良野生灵芝中分离后放入母种培养基上，28℃黑暗状态下培养1周左右获得，具体模式见图7-7。

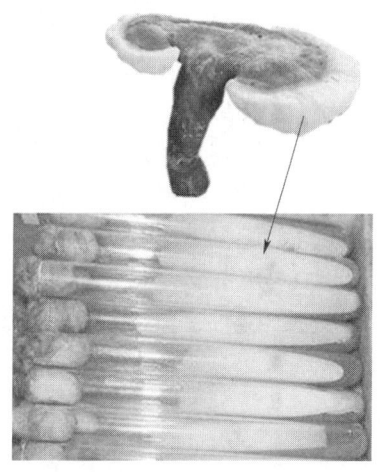

图7-7　灵芝母种分离模式图

1. 母种

灵芝的母种在生产上称为一级种，优良的灵芝母种应该具备如下特征：菌丝生长正常，无杂菌，无老化现象；在显微镜下，灵芝的菌丝呈现分枝状，有横隔，锁状联合明显；在配制的母种培养基上和适宜的温度、湿度条件下，生长迅速整齐、健壮有力。灵芝母种培养基主要是马铃薯葡萄糖琼脂综合培养基，在生产中常用的配方主要有如下几种。

（1）配方1　去皮马铃薯200g，葡萄糖20g，琼脂10~20g，水1000mL，pH自然。

（2）配方2　去皮马铃薯200g，葡萄糖20g，KH_2PO_4 3g，$MgSO_4$ 1.5g，琼脂10~20g，水1000mL，pH自然。

（3）配方3　去皮马铃薯200g，葡萄糖20g，蛋白胨5g，琼脂10~20g，水1000mL，pH自然。

一般来说，从接种到24~36h萌动，7~10d可长满斜面，初期气生菌丝洁白，后期从接种块周围开始产生淡黄色的色素，并逐渐向斜面两端扩开，老化时在斜面表皮形成一层比较硬的菌皮，斜面的背面呈淡黄色。

2. 原种

灵芝原种主要是由母种移植扩大培养获得，在生产中称为二级种。常常以玻璃瓶、塑料瓶或者塑料袋为容器。在生产中，灵芝的原种分为固体种和液体种，具体见图7-8。这

（1）固体菌种　　　　　　　　　　（2）液体菌种

图7-8　灵芝的固体和液体菌种

两种菌种各有优势，固体种的优点是保存时间长，在合适的条件下，能够保存1个月左右。但是其生产周期相对较长，需要20~30d。液体菌种的主要优势是生产周期短，根据发酵设备和培养基的不同，一般需要5~7d，但是保存时间较短，最佳接种时间是4~6h。目前，我国灵芝的生产过程中主要是以固体菌种为主。在生产过程中，优良的原种配方如下。

（1）配方1　小麦粒98%，蔗糖1%，生石膏1%。

（2）配方2　玉米粒69%，木屑20%，麸皮10%，蔗糖1%。

（3）配方3　棉籽壳54%，木屑30%，麸皮10%，玉米粉5%，蔗糖1%。

（4）配方4　杂木屑70%，麸皮或者米糠25%，蔗糖1%，石膏2%，过磷酸钙2%。

（5）配方5　玉米芯78%，麸皮20%，蔗糖1%，石膏粉1%。

（6）配方6　杂木屑78%，麸皮20%，蔗糖1%，石膏1%。

（7）配方7　小麦粒69%，木屑30%，蔗糖1%。

3. 栽培种

栽培种在生产上称为三级种，栽培种是可以直接用于生产出芝的灵芝菌种。在灵芝生产中栽培种的培养料可以使用原种的配方，但是为了降低成本，常单独配制灵芝栽培种培养料。其生产上常用的配方如下。

（1）配方1　木屑74%，玉米粉24%，石膏1%，蔗糖1%，含水量60%~65%。

（2）配方2　木屑40%，棉籽壳40%，玉米粉18%，石膏1%，蔗糖1%，含水量60%~65%。

（3）配方3　木屑78%，米糠或麦麸15%，玉米粉5%，石膏1%，蔗糖1%，含水量60%~65%。

（4）配方4　棉籽壳78%，米糠或麦麸加20%，蔗糖1%，石膏1%。

（5）配方5　稻草44%，木屑44%，麦麸10%，蔗糖1%，石膏1%。

（6）配方6　甘蔗渣培养料，甘蔗渣70%，米糠或麦麸28%，蔗糖1%，石膏1%。

（二）栽培流程

灵芝的栽培主要有段木栽培和代料栽培。代料栽培又分为塑料袋栽培和塑料瓶栽培，具体见图7-9。早期灵芝的栽培过程中主要以段木栽培为主，随着林木资源的枯竭和环保意识的加强，代料栽培逐渐变成灵芝的主要栽培方式。

图7-9　灵芝的代料栽培模式

代料栽培灵芝就是利用木屑、玉米芯、玉米秆或棉籽壳来代替段木进行灵芝栽培。代料栽培可节约树木资源，充分利用农副产品，对农业资源的再利用具有重要意义。

灵芝代料栽培的工艺流程：备料→粉碎加工→配料→装瓶或袋→灭菌→冷却接种→菌丝培养→排放或覆土→灵芝生长→采收贮存。

1. 塑料瓶栽培

瓶子一般用罐头瓶或用 750mL 菌种瓶作栽培瓶。培养料以杂木屑、农副秸秆、米糠、麦麸等为主。

（1）原种与栽培种培养料配方　原种与栽种培养料配方同菌种制作配方。

（2）培养料配制　根据当地资源，选好培养料，按比例称好，拌匀，加水至手捏培养料只见指缝间有水痕而不滴水为宜。

（3）装瓶、灭菌、接种　将拌匀的培养料及时装入瓶内，边装边适度压实，使瓶内培养料上下松紧一致，料装至瓶肩再压平，并在中间扎一个洞，以利接种。随即将瓶口内外用清水洗干净，塞好棉塞。进行高压或常压间歇灭菌。灭菌后，温度降至30℃以下时，移入接种箱，进行无菌操作接种，然后移入培养室培养。

2. 塑料袋栽培

塑料袋栽培灵芝因具有原料易得，成本低，产量高，便于管理和运输等优点，是目前代料栽培灵芝的主要方法。塑料袋栽培灵芝有室内栽培和室外仿野生栽培两种出芝方式，这两种栽培方式其配料、接种、料袋培养要求完全相同，在出芝时前者将料袋置于室内床架上或叠放室内地上，后者将料袋埋在室外荫棚下的土中仿野芝生长环境从土中长出。

（1）季节安排　代料栽培灵芝生产季节安排和灵芝的产量、质量有密切的关系。根据灵芝生长发育对温度的要求，黄河流域一般安排在4月下旬至5月中下旬。秋季栽培因产量低，子实体形态差而不常采用。

（2）塑料袋的规格　要求选用耐高温、韧性强、透明度好、厚度 0.045~0.055cm、宽度为 17cm 的聚乙烯菌袋，长度可采用 30cm 或 35cm 两种规格，短袋每袋可装干料 0.5kg 左右，长袋装 0.75kg 左右。若采用高压灭菌，应采用聚丙烯菌袋。

（3）培养料配方　常用培养料配方有以下几类。

① 配方1：杂木屑78%，米糠或麦麸20%，蔗糖、石膏粉各1%。

② 配方2：棉壳78%，麸皮20%，蔗糖、石膏粉各1%。

③ 配方3：玉米芯粉75%，过磷酸钙3%，麸皮20%，蔗糖、石膏粉各1%。

④ 配方4：玉米芯粉50%，木屑33%，麸皮15%，石膏、蔗糖各1%。

⑤ 配方5：木屑40%，棉籽壳40%，玉米粉（麸皮）18%，石膏粉、蔗糖各1%。

⑥ 配方6：木屑55%，稻草粉30%，麸皮13%，石膏、蔗糖各1%。

将上述配方中的稻草、木屑、玉米芯等去除杂质和霉变部分晒干粉碎，锯木屑、石灰、过磷酸钙等过筛，按规定比例分别称好，混合均匀。把蔗糖用清水溶化后徐徐加入混合料中，搅拌均匀，使含水量达60%~65%。用手紧握一把料，手指间有水迹即为适宜含水量。

（4）装袋与灭菌　培养料拌好后应及时装入袋中，以免杂菌繁殖，培养料变质。一般应掌握当天拌料，当天装袋灭菌。搬动时应轻拿轻放，装好的料袋应及时送入灭菌锅或炉内灭菌。常压灭菌时要求在100℃温度下，连续灭菌8h以上（规模大，菌袋多可适当延长灭菌时间）；高压灭菌在排冷气后 0.1~0.15MPa 压力下保持 1.5~2h。

（5）接种与发菌　灭菌后当料温降至30℃以下时，将袋子移入接种箱或无菌室，以无菌操作方式解开两端袋口装入蚕豆块状菌种，接种量应为干料重的1/10左右，然后扎好袋口进行培养。

培养室地面要以水泥、砖地为佳，在投入使用前应打扫干净，进行常规消毒。接种后的料袋送入培养室培养架上或码在地上，培养室温度应调控在25~30℃，空气相对湿度65%~70%，从培养期间检查菌丝生长情况及有无杂菌污染，发现杂菌污染的菌袋，应及时拣出并进行处理。经15~20d培养后，可松开袋口，让新鲜空气进入袋内，同时增加培养室湿度，加速菌丝生长。

（6）出芝期管理　当菌丝长满料袋，气温达到22℃以上时，就应解开袋口，增强通气，增加光照，促进子实体形成，进行出芝期管理。室内栽培灵芝由于温度、湿度、光照等环境条件容易控制，子实体生长快，虫害少，产量高。室外栽培增加了管理难度，但由于环境中空气好，光线均匀明亮，生长速度慢，所产子实体肉厚、质坚、光泽足，质量接近野生灵芝，在市场上更受欢迎。

（7）采收

① 子实体采收：一般来说，从灵芝形成菌盖到弹射孢子需要20d左右。子实体白色或浅色边缘基本消失时，从菌柄基部首先开始弹射担孢子，以收获灵芝子实体为目标的，此时就可以采收灵芝子实体了，采收的方法是用枝剪或者小刀切割菌柄或者用手旋扭菌柄，摘掉子实体，见图7-10。子实体采收原则是菌盖边缘黄色消失，菌盖不再生长，微微露出孢子粉。

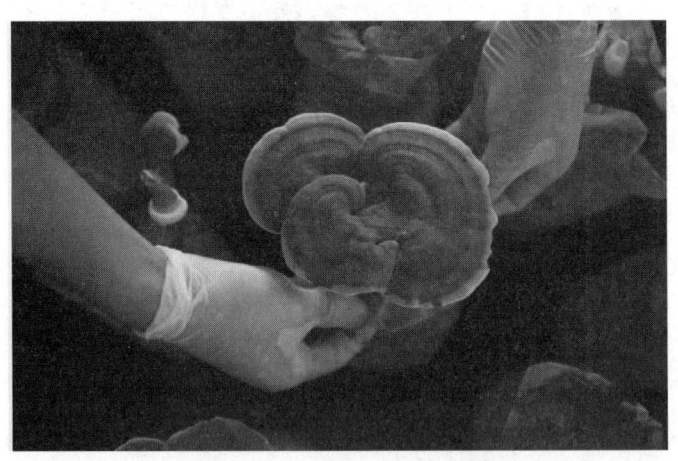

图7-10　采摘灵芝子实体

② 孢子收集：现代药理学研究发现，灵芝孢子聚集了灵芝的精华，含丰富的灵芝多糖、灵芝多肽、三萜类、氨基酸、蛋白质等活性物质，其功效远超过子实体。一般来说，灵芝散播孢子时间可以持续40d左右，从开始散播孢子的第一周为主要散孢时间，散播的孢子粉量占总量的60%。目前生产上，对于灵芝孢子粉的收集方法主要有如下三种。

a. 套袋法。该方法适用于代料灵芝、菌草灵芝栽培的孢子粉的采收。当灵芝喷粉时及时将纸袋套在灵芝生长出的菌筒上，待灵芝喷粉结束后，及时取下纸袋，将纸袋内的孢子粉倒出，集中收集并烘干，见图7-11。

b. 地栽套筒法。该方法适用于原木灵芝、代料灵芝下地覆土栽培的孢子粉的采收，见图7-12。每当灵芝生长展边后，10～15d，并开始喷粉时，预先处理干净硬纸筒或塑料筒（直径10～15cm，筒长度10～20cm），然后及时地将它套在灵芝上，以不碰到灵芝菌盖为度。然后在圆筒上部再覆盖一块圆板盖即可，待灵芝喷粉结束后，及时取下纸筒及纸盖，将纸筒内的孢子粉用干净毛刷取出，集中收集并烘干。

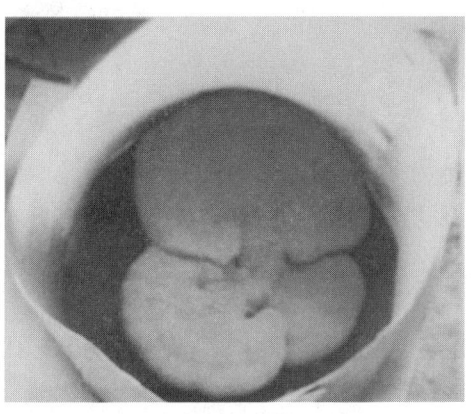

图7-11　套袋法收集灵芝孢子粉　　　　图7-12　地栽套筒法收集灵芝孢子粉

c. 地栽覆膜法。地畦上下覆盖薄膜的开放式收集孢子的办法，即"地栽覆膜法"，见图7-13。每当灵芝原基生长出现的时候，就将预先铺在地面上的干净的地膜，对着灵芝菌帽的地方剪开一个小孔，让灵芝菌柄生长出来；当灵芝大量喷粉的时候，及时将上层薄膜覆盖好，以便孢子粉散落在上下薄膜之间。当喷粉结束时，在灵芝子实体成熟后，必须先将灵芝子实体剪下，采收好，再小心翼翼地把孢子粉刷下收集，再烘干包装。

图7-13　地载覆膜法收集灵芝孢子粉

（三）室内栽培

室内栽培灵芝可采用单层卧式栽培和层叠式栽培两种，如图7-14所示。

1. 单层卧式栽培

菌袋摆放时，袋口朝向走道，在层架上放置两排，袋与袋之间相距3cm，菌袋朝上面每隔10cm用刀片划"十"字形出芝孔，划痕长度1.5cm左右，每袋划2～3个出芝孔，然后在

 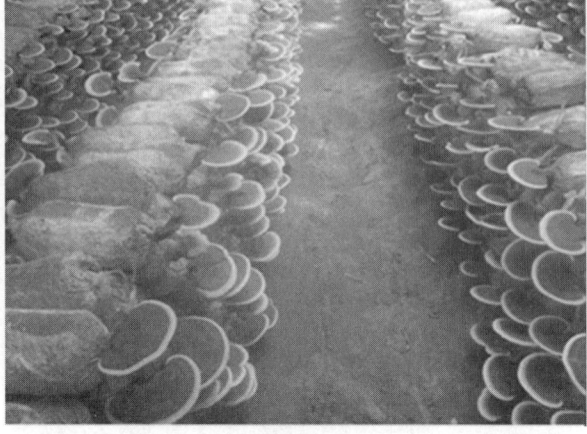

（1）单层卧式栽培　　　　　　　　　　（2）层叠式栽培

图 7-14　灵芝的室内栽培

划孔上覆盖较薄的塑料薄膜，使出芝孔内保持稳定的温度、湿度和空气环境，待菌蕾形成后再揭去薄膜。

2. 层叠式栽培

在地面上每隔 70cm 宽放一行两砖宽的单层砖，菌袋放置在砖上面，袋口朝向走道层叠放置，一般菌墙堆 10～12 个袋高。近年来采用的用菜园肥土和泥将菌袋一层泥一层袋砌成菌墙的栽培方式，由于产量能大幅度提高而被广泛采用。砌菌墙时在发好菌丝的菌袋表面均匀地刺孔 6～8 个，然后用泥砌菌袋形成菌墙。注意袋与袋之间离 1cm 左右空隙，中间用泥填实，使每一菌袋都有肥土包围，菌墙顶端用泥叠一个洼槽，用地膜铺在洼槽上，上用大头针均匀地刺成小孔，以保持菌墙湿润状态。干时在水槽内灌少许 0.5% 尿素和 KH_2PO_4 水溶液，让其缓慢下渗，这种方法由于能保持水分，供应养分，管理容易，产量能提高 30% 以上。

室内栽培灵芝温度应控制在 25～28℃，散射光应充足，空气相对湿度 90% 以上，墙式栽培经 10d 左右，在塑料袋口的培养基表面出现黄豆粒大小的白色突起，即为灵芝原基，此时应剪开两端袋口，加强管理，创造适宜的灵芝子实体发育条件，以获得优质高产的灵芝子实体。

（四）室外栽培

灵芝的室外栽培可分为室外脱袋覆土栽培、阳畦栽培、荫棚埋土栽培，具体见图 7-15。

（1）阳畦栽培　　　　　　　　　　（2）荫棚埋土栽培

图 7-15　灵芝的室外栽培

1. 室外脱袋覆土栽培

室外栽培灵芝有多种方式，但从建棚方式上应用较多的是荫棚地畦覆土栽培，从菌袋脱袋后的放置方式上又可分为平放和竖放两种。各地可根据不同条件灵活运用。

2. 阳畦栽培

阳畦栽培是指在向阳通风的地方开挖半地下式保护地进行的灵芝栽培方法。栽培时，将菌袋用刀片划破脱掉，如采用平放，畦深应10cm，袋间距1~2cm，畦间走道宽0.7m左右。菌袋之间最好用80%肥土，17%木屑和石膏、磷肥、糖各1%配制的营养土填至袋上3cm，表面用板刮平。

菌袋竖放时，畦深应挖到40cm，将脱去袋膜的菌筒竖直放入畦内，排放时注意筒顶应在同一平面上，筒距8cm左右，然后填土至筒顶3cm。覆土后应随时灌水，待畦内土壤松散时对表面进行修整，保持畦面平整。以后视畦土湿度再次喷水。一般要求畦土保持在土粒用手指能捏扁但不粘手，含水量18%~20%为宜，直至出芝结束一直保持这一湿度。

3. 荫棚埋土栽培

荫棚一般宽3~3.5m，高2m，长度视栽培数量而定。棚架用钢筋或毛竹、木棍做立柱，间距2m左右，棚顶、柱子搭建捆扎结实牢固，上盖遮阳网一层或两层。内挖两畦，畦宽1.3m左右，畦长不限，畦间走道60cm。

菌袋的覆土方法和要求与阳畦栽培基本相同，菌筒覆土后可再建拱形塑料棚，建棚用细竹竿或竹片弯成拱形，拱架间距60cm，拱高70cm，架好后盖膜将整个畦面盖住，以使灵芝生长有一个适宜稳定的环境。

灵芝室外脱袋埋土栽培由于受气候影响大，应注意加强管理，温度应控制在25~28℃，土壤水分保持在18%~20%，灵芝刚开片时不能喷水过多，雾滴应细小，子实体稍大时喷水量可适当增加，子实体散发孢子时停止喷水。注意通风换气，保持棚内空气新鲜。

当灵芝菌盖已充分展开不再长大，边缘浅白或浅黄色生长层消失，边缘色泽与菌盖中间颜色相同，菌盖木质化变硬有光泽，弹射棕红色担孢子时即为成熟，这时应及时在灵芝子实体下铺上塑料薄膜或套带盖纸筒并停止喷水，收集孢子粉，待灵芝充分成熟后，可将子实体采收。及时晾干或烘干，装塑料袋内保存，并注意经常检查，防虫防霉变。

第二节　天麻

一、食药兼优特性

（一）概述

天麻（*Gastrodia elata*）为名贵的兰科药用植物。入药已有两千余年的历史，历代本草都列为上品。天麻主要以地下块茎入药，主治高血压、头痛眩晕、口眼歪斜、肢体麻木、小儿惊厥等症。根据药理试验结果证明，天麻有镇静和镇痛作用。天麻注射液对三叉神经痛、血管神经性头痛、脑血管病头痛、中毒性多发神经炎等疾病均有调理保健作用。

天麻是名贵中药材，中国特产。天麻炖鸡补体虚，常食天麻粥和将鲜天麻如山药、马铃薯那样炒食或煮食、炖食，可增强人体抗体和免疫功能。

野生天麻分布在我国的云南、贵州、四川、西藏、陕西、甘肃、青海、湖北、湖南、江西、安徽、浙江、福建、台湾、河北、河南、山东、辽宁、吉林、黑龙江等省、自治区的部分高山地带；俄罗斯的西伯利亚地区，朝鲜的北部，日本的北海道及其北部，印度等地区也有分布。

贵州是我国天麻的主要产区之一。因贵州的气候、土壤、植被等环境条件非常适宜天麻的生长，所以产出的天麻质优价高。

天麻适宜覆土栽培，生长不需阳光，从种到收不施肥、不锄草、不喷农药，只需注意温度（地表10cm以下的温度15~28℃）和湿度（50%~65%）的人工调控适宜管理就能正常生长，因而不与农作物争地、争肥、争营养，是种植业项目中回报率最高的"懒汉黄金产业"。现在地方进行人工种植，有些地方已经形成工厂化、现代化、规范化种植，作为脱贫致富的支柱产业。

（二）有效成分及药用功效

现代药理学研究发现，天麻含有天麻素、香草醛、对羟基苯甲醛、天麻多糖和酚类等十余种活性成分，还含有多种氨基酸以及人体所需要的微量元素，其主要的药用功效如下所述。

1. 抗氧化和延缓细胞衰老

药理学家们经过试验研究证明，天麻多糖具有较强的抗氧化、延缓细胞衰老及清除自由基的能力。其主要原理是天麻多糖通过显著提高机体血清、肝、脑、心组织中的超氧化物歧化酶、过氧化氢酶活性，抑制机体血清、肝、脑、心组织中丙二醛含量及提高血清中谷胱甘肽过氧化物酶的活性，从而达到清除自由基和延缓机体衰老的功效。

2. 提高免疫力

有研究发现，天麻多糖具有增强机体非特异性免疫及细胞免疫的作用；天麻多糖不仅能提高免疫抑制小鼠的免疫球蛋白含量，也能提高免疫抑制小鼠的胸腺指数，具有良好的开发利用价值。

3. 降低血压、血脂

研究发现，天麻多糖对大鼠具有良好的降血压作用，其机制与促进内源性舒血管物质的生成及抑制内源性缩血管物质的释放，最终恢复二者拮抗效应的平衡有关。由于体内多种自由基以活性氧的形式存在，能使各种细胞的生物膜不饱和脂肪酸氧化，引发脂质过氧化链式自由基反应，从而破坏细胞膜，造成脂质代谢紊乱和动脉粥样硬化，而天麻多糖具有清除自由基的作用，可减少细胞膜的脂质过氧化而达到降血脂的目的。

4. 镇静催眠，抗焦虑

研究表明，天麻素可使脑内去甲肾上腺素和多巴胺含量降低，抑制中枢去甲肾上腺素能神经末梢和多巴胺能神经末梢对其递质的重摄取和储存，造成中枢抑制现象，进而产生镇静催眠效果。

二、生物学特性

（一）形态结构

天麻别名离母、鬼督邮、神草、独摇芝、合离草、定风草、赤箭芝、还筒子，在植物学中隶属植物门、被子植物亚门、单子叶植物纲、兰科、天麻属。为多年生草本植物。但是天麻无根、无绿色叶片，不能进行光合作用制造营养，而是与蜜环菌共生，依靠蜜环菌为天麻生长提供营养，具体见图7-16。

天麻下部分为块茎，长椭圆形（图7-17）。根据块茎形体大小、作用、生长成熟度将其分为：剑麻、白麻、米麻。

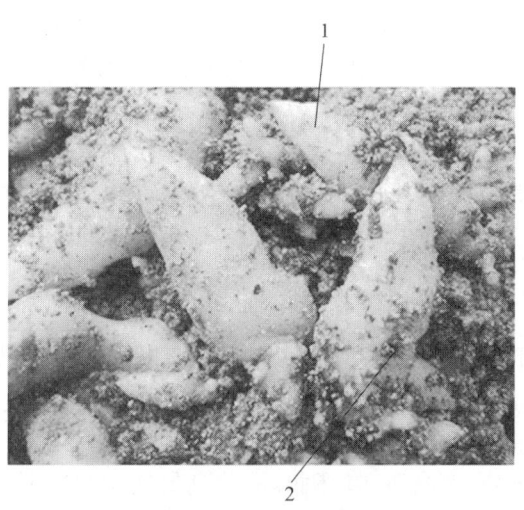

图7-16 天麻与蜜环菌
1—天麻 2—蜜环菌菌索

（1）地下部分　　　　　　（2）地上部分

图7-17 天麻的地下部分和地上部分实物图

1. 剑麻

剑麻是指成熟的天麻块茎。形状大小为（3~5）cm×（8~20）cm，质量50~500g，黄棕色或土黄色，肉质坚实、含水量低，供药用。顶芽红色或紫红色。

2. 白麻

白麻是指未成熟的天麻块茎。质量、成熟度较剑麻次之，白色或淡黄色，含水量高；顶芽淡粉色或白色，多作为种麻。质量在50g以上的也可加工供药用。

3. 米麻

米麻由天麻有性生殖的种子发芽形成；或由剑麻、白麻的芽眼处分生而成（即像马铃薯块上发出的小芽一样）。质量在5g以下，体型与颜色与白麻相似。作用：扩大繁殖天麻（即种麻）。

（二）生殖方式和生活史

天麻的生活史比较复杂，能够进行无性生殖和有性生殖。天麻自然生长状态能进行有性生殖，具有兰科植物的特性，可以抽薹接穗，开花结果，产生种子。

天麻人工栽培可以进行无性生殖：即蜜环菌＋木屑或木棒＋天麻种进行快繁生长。

（三）生长条件

1. 温度

天麻喜欢生活在冬暖夏凉的环境条件下，并且不同的生育阶段对温度有不同要求。秋天温度低于12℃，生长停止，进入休眠期（50d左右）。春天温度升为16~18℃，天麻开始生长，25℃左右最适宜生长。4~5月份，当气温升到15~20℃，剑麻开始抽薹开花，6月份气温升至22~25℃时果实成熟。从剑麻抽薹到果实成熟需要45~60d。

2. 湿度

天麻生长喜湿。一般要求空气湿度为80%；土壤含水量为40%~60%。

3. 光照

地下生长不需光照；地上生长（抽薹开花阶段），需一定的散射光，遮阳度以60%为好。

4. 空气

天麻生长需一定O_2，栽培室应有通风孔；栽培覆土通透性要好，一般用沙壤土箱栽或地窖栽培。

（四）天麻伴生菌——蜜环菌的生物学特性

蜜环菌又称小蜜环菌、蜜色环菌、蜜蘑、榛蘑、栎蘑、根索蘑。在真菌分类学上属于真菌门、担子菌亚门、层菌纲、无隔担子菌亚纲、伞菌目、口蘑科、蜜环菌属，是一种木腐菌，其子实体可食用。蜜环菌是一种能发光的真菌，在O_2充足时，生长旺盛的菌丝体（菌索）能发出较强的荧光，25℃发光最强。

1. 形态特征

（1）营养体　包括菌丝体和菌索，作用是分解基质，吸收营养和水分。

① 菌丝：是一种纤细的丝状物，纯培养的菌丝为黄白色，绒毛状。在显微镜下观察，为一根根无色透明的细丝，有分隔。菌丝体在木材上生长的初期，呈白色珊瑚状，肉眼可见。

② 菌索：由许多菌丝扭结形成菌丝束，同时由菌丝分泌出一种胶状黏液，经O_2氧化而形成一层韧膜包住菌丝束，并有很多的分叉。使之状似植物的须根，称为菌索。在培养基上，初期为白色，后逐渐变为棕褐色，坚韧不易拉断。菌索的颜色一般为棕红色，老化的菌索为黑褐色或黑色。因此，根据鞘的颜色不同，可以区分菌索的生活力。

（2）子实体　蜜环菌的子实体为菇类，由菌盖和菌柄构成，肉质，伞状。菌盖圆形，直径3~12cm，盖表面土黄色，菌肉白色。菌柄细长，圆柱形，菌柄中上端有一双层膜质菌环，故称为蜜环菌。孢子椭圆形。

2. 生长条件

蜜环菌的生长同样需要一定的环境条件。菌丝生长温度范围 6~30℃，最适生长温度范围 20~25℃；它要求有较高湿度，培养基的含水量要求 70% 左右，如果在不影响透气性情况下，湿度越高菌索生长越快。因此，培养蜜环菌用枝条作培养基，通常采用半液体培养菌种。它适宜在偏酸的环境中生长，适宜 pH5~6；它也是好氧性真菌，所以在培养菌棒和伴栽天麻过程中，须选择透气性好的土壤。

蜜环菌的菌丝生长不需光（伴生天麻也不需光）；子实体形成和发育需散射光。

3. 蜜环菌的菌种分离

天麻的人工栽培必须有蜜环菌相伴，而蜜环菌又以树木为主要营养来源，这样就必须分离出蜜环菌纯菌种，再培养出长有大量蜜环菌的树段称为菌棒或菌材，才能进行天麻栽培。

（1）利用菌索分离　在无菌箱内，把菌索剪成 0.6cm 的小段，在 70% 的酒精液里消毒 5s 后，用无菌水冲洗 2~3 次，用镊子接到灭好菌的斜面培养基上，再用接种铲将菌索接入培养基内部。放在 22~25℃ 下培养，10~12d 可萌发出菌丝，15d 左右在培养基内部长出菌索，初期为白色，后逐渐变为棕红色至黑褐色。经检查无杂菌污染即可作为母种。

（2）利用菌枝、菌棒分离　选蜜环菌棒，截取 10cm 长一段，削去表皮，放入无菌箱消毒（气雾消毒剂），然后用解剖刀在菌棒上劈取粗为 3mm×3mm 的小木条（比火柴棒稍粗），用剪刀剪成 0.6mm 长的小块，放到 70% 的酒精液里消毒 5s 后，取出用无菌水洗 2~3 遍，接入斜面培养基上培养（方法及要求同上）。

（3）利用天麻块茎分离　选缠有较多菌索的天麻，清洗干净后用刀切断；用解剖刀和镊子（经酒精灯消毒）从断面挑取表皮内 2mm 处的块茎肉约米粒大小，接入斜面培养基上培养。

4. 蜜环菌母种扩大繁殖

上述三种方法所得到的无污染的优质试管母种均可用于生产，但由于数量少，还必须扩大繁殖成二级原种、三级栽培种。

5. 二级原种制备（主要介绍固体原种）

（1）配方　枝条 50kg，锯末 7.5kg，麦麸 5kg，玉米粉 1.5kg，蔗糖（葡萄糖更好）0.5kg，NH_4NO_3 50kg。

（2）制作方法　按配方称量→拌料→装瓶或袋→灭菌。

选直径约 1cm 左右的阔叶树枝，截成 2cm 小段，把枝条放入蔗糖水溶液中煮沸，吸收水分和糖分，捞起沥去多余水，用多余的水将锯末、麦麸、玉米面调湿、拌匀，平均分为两份，一份装入罐头瓶内，料厚为 2cm，再加清水，装量为瓶高的 1/5（铺底）。另一份拌入枝条内，尽量使锯末、麦麸等辅料粘到树枝上，然后装入上述瓶中，最后每瓶装量为瓶容量的 4/5，擦干净瓶口并扎紧封口，再进行灭菌。

（3）接种（无菌室或箱内进行）　一支试管分作 4 份，用接种钩将菌索一同接入 4 个瓶中。20~25℃ 培养，40~50d 瓶中长满菌索即为原种。

6. 三级栽培种的制备

（1）材料和方法（基本同二级原种）　选直径 2cm，长 6cm（罐头瓶）的树枝，枝条截断时，斜面尽量大一些，并用小刀在枝条上砍一些小鱼鳞口，以便蜜环菌尽快侵入。

枝条、锯末、麦麸的处理、装瓶方法同原种（注意：此枝条长，都要直立瓶中，枝条之间要有空隙，有松动感）。灭菌后无菌接种。制作时间：5~6月。

（2）接种培养　将发好菌的原种菌枝接入瓶中间的枝条空隙内，每瓶接2~3段。20~25℃下培养45d，菌索长满瓶。

7. 菌棒的培养（7~8月进行）

栽培种主要用于培养菌棒。为了便于栽培，一般先把蜜环菌栽培种接入树棒培养，发菌旺盛了再排入地窖进行天麻栽培。

（1）树种的选择及树材处理　阔叶树木，以木质坚硬、树皮不易腐烂脱落为好。如法国梧桐、梨树、桃树、苹果树等。由于蜜环菌可以在活的植物体上定植生长，一边砍伐一边下窖即可。砍伐后截成50cm长的树段，直径5~7cm，超过7cm以上的，应用斧子劈成2~3段。每个树段上均砍2~3个鱼鳞口，口距5~7cm，深度到木质部。

（2）菌棒的培养方法（堆培或窖培法）

①室外窖培法：窖深30~40cm，宽50~60cm，长度不限，一般每窖排100~120根树段为宜。窖挖好后，把窖底土层翻松，铺平，然后再铺一层豆秸或玉米秸。铺好后上面一根挨一根排放树段，第一层树段排满后，用1:1的沙和锯末混合后作填料，把树段间的缝隙填实、填平。第二层树段和培养好的菌棒相间排放，树段与菌枝要紧密相挨。排好后仍用锯末与沙的混合物填平，再用第二层方式排放第三层。一般5~6层。全部排好后，用上述填充料覆盖3cm厚，然后用挖出的土把窖填成"龟背"形，且略高于地面（周围要有排水沟）。

②堆培法：在室内、山洞、地道、防空洞等处的水泥地面，采用堆培法培养菌棒。方法是用砖垒池，方法同上。

三、栽培管理技术

天麻在人工栽培条件下连续两三代以后就会产生生理退化，产量剧减，剑麻变长且细，一级品率下降。采用有性生殖，可以提高增殖倍数，防止退化，增强抗逆性。选择有性杂交的后代进行无性生殖，繁殖系数高，增重快，是无性生殖的优良种麻，也是防止天麻退化的极好方法。

天麻高产栽培技术

天麻的栽培品种，在自然界繁衍过程中产生了许多变异现象，形成变异个体及不同的分布，将其分为4个变异种，即红天麻、绿天麻、乌天麻、黄天麻，这几个不同种有着类同和不类同的基本特性。

（一）天麻有性生殖栽培技术

1. 有性生殖的特性及意义

如果以大剑麻作种栽，使其抽薹、开花、结果，并采用蒴果内的成熟种子繁殖后代，就称为天麻的有性生殖，见图7-18。

天麻是一种既没有根系，也没有绿色叶片的高等植物。它的营养器官高度退化，在种子发芽期间，胚根停止生长，胚突破种皮

图7-18　天麻花穗有性生殖

后，首先形成的是原球茎；继之形成初生营养茎，并形成一至数个短的侧枝；在主轴和侧枝的顶端形成地下块茎。叶退化成膜质鳞片，不能进行光合作用，除抽薹开花期外，整个生长期中85%的时间以块茎的形态潜居地下，块茎成为全部生长发育和无性生殖等生理机能的唯一个体。块茎的生长依靠蜜环菌供给营养，是一种典型的异养类型植物。

天麻种子成熟后借助流水或风力传播，在适宜条件下便萌发成新的个体。

根据栽培试验，5~6月播种，播种后2个月种子陆续萌发，当年形成原生球茎，翌年春由原生球茎分生出初生球茎，第三年春由初生球茎分生出次生球茎，并逐渐增大成为具花茎芽的剑麻，第四年春剑麻抽茎开花结实，种子成熟后又开始新的一代。在通常条件下，由种子萌发到形成剑麻约需两年半的时间，到新一代种子的形成约需3年的时间。

在自然条件下天麻种子虽可萌发，但萌发率极低。关于天麻种子的萌发条件，目前的研究报道认识尚不一致。科学家的研究认为，天麻种子是借助一种菌的活动而萌发的，并鉴定出这种菌为口蘑科小菇属的紫萁小菇。

天麻的有性生殖就是利用天麻开花结果形成的种子作为种源播种，进行天麻栽培。采用这种方法可以大大增加天麻的繁殖系数。以一枚剑麻结果30个，每果含种子2万粒，播种后出苗率30%计，繁殖一代苗数就可以增加20多万倍，这就从根本上解决了扩大天麻生产而种源缺乏的问题，而且有性生殖也为天麻的杂交育种和种性复壮提供了条件。

2. 栽培技术

（1）种植剑麻孕育种子 繁殖种子的第一步就是准备好剑麻。采收天麻时要选择完整无病的100g以上的剑麻。选择时特别要注意剑麻顶芽周围是否有深褐色的斑块以及芽基部是否有深棕色的痕迹，这都是带病的象征。如果剑麻要留作繁殖种子用，冬前采收时间宜晚不宜早。过早采收，剑麻前端的表皮还未老化，采收时容易受伤，虽然肉眼看起来还是好的，实际上它已有病菌侵入，经过越冬以后，病害就逐渐表现出来。越冬以后采收的剑麻，如在外表上看来是好的，一般不易产生病害。因此，繁殖种子用的剑麻，最好在2月下旬采挖，2月底至3月上旬种植。

剑麻越冬以后，4月气温达到15℃左右可抽薹露土，不同类型的天麻出土时间相差很大，原产地海拔较高的地区出土较晚，剑麻的抽薹、开花及结果不需要蜜环菌，也与光没有关系，唯一的需要就是保持剑麻必要的水分，所以栽种剑麻是很简单的。如果数量少，可用木箱、花盆栽种，芽头向上，盖上沙子、锯末或细沙土均可，这样可以随便移动，防止刮风的伤害，放在室内室外都行。如果数量较大，可在地面挖15cm左右深的坑栽种，上面再覆盖约5cm厚的沙土或沙子和锯末即可，以防止倒伏并保持温度。此时的管理主要是防止干旱和刮风。剑麻之间的排列距离，应在10cm以上，否则授粉时操作不便。

（2）授粉和采种 天麻花期持续时间较长，一般在4、5月。花薹上开花顺序是由下而上。每天开花时间并不固定，白天和晚上都可能开花；在自然界是靠土蜂来授粉，人工授粉并不只限于上午10时左右，一天24h都可授粉。每朵花开后24h以内授粉都是有效的，但是，我们提倡及早授粉。人工授粉具体操作方法是：左手固定花托，右手持小镊子或长针轻轻伸入花颈。如见到冠状帽顶起，淡黄色的花粉块松散时，便可取下冠状帽，将花粉夹放到异花朵，或不同品种的花朵底部有黏液的雌蕊柱头上，即达到了授粉的目的。给天麻人工授粉时应注意：① 必须注意花粉成熟的时间，花粉成熟时才能进行人工授粉；② 也可用大针挑放花粉，但不要刺破花底部的子房；③ 必须采用异株异花授粉，这样产生的种子生命力强，繁殖系数高，后代的抗病力和抗寒性强；④ 在雌蕊柱头上有黏液时，进行人工授粉最为合适。

天麻花授粉之后，子房逐渐膨大，一周后蒴果变色，种子逐渐成熟。果子成熟后，果上的几条缝就会裂开，这时种子就会从缝隙中流出，因种子细小，流出后就会随风吹走。所以种子成熟期要勤观察。只要看到有果实裂开小缝，就要将它和相邻的2~3个果实同时剪下，放在盘中摊开，使其自然干裂后，将种子从果实中抖出来，不要密闭，以防生霉。

（3）栽培原料准备 进行有性生殖必须同时具备种子萌发菌和密环菌。

① 优质天麻共生萌发菌——紫萁小菇菌种，要求菌丝洁白、生长粗壮紧密、菌龄3个月左右。

② 优质密环菌材，一般在冬末春初培育，播种时，密环菌生长良好、菌索健壮、均匀，无杂菌污染。

③ 阔叶树落叶，以板栗、尖栗、青杠树落叶为好，在冬季晴天收集保管。在播种使用前10d，用清水洒湿堆集，薄膜覆盖润透。

（4）播种技术 种子收获后，宜及早播种。播种时将萌发菌菌叶撕开，将种子均匀地撒在菌叶上，一边撒一边翻动菌叶，每袋菌叶拌入相当10~20个果子的种子量，每袋菌叶可播$1m^2$（一层），面积在$0.5m^2$以下的播种穴用一袋菌叶就可以。天麻种子直接撒在菌叶上的好处是使种子早接菌多接菌，然后将拌有种子的菌叶进行播种。

播种穴可用小树干或木板或砖围成90cm见方的箱池，规模栽培可制模具。首先在穴底部铺10cm粗沙砾，再铺河沙10cm，把浸过水的树叶撒一层并拍平，然后把拌有天麻种子的萌发菌碎叶片均匀地撒在树叶层上，在该播种层上码放木段7根，然后把蜜环菌菌种摆放在鱼鳞口处及木段两端，再把小木节在棒间斜形摆放，以引导蜜环菌上棒，上述工序完成后轻轻盖河沙厚约5cm，然后采用同样方法播第二层（也可以单层播），最上层覆盖河沙20cm并拍平。

（5）后期管理 天麻穴播种后首先进行遮阳保护，可使用遮光率为80%的遮阳网覆盖顶层及四周，也可用枝叶盖围，给麻穴创造一个阴凉的环境，便于蜜环菌的生长及安全越夏。据测试，遮阳良好的室外，夏季麻穴温度一般不超过30℃，通风良好的室内麻穴温度不超过26℃。其次是保湿问题，接种后沙基含水量55%左右，有利于两菌及麻种的生长，实践中播后一周左右，可在穴周围材料砖、木板及人行道上喷水，也可给穴表沙层喷少量水，1月后可在穴表沙层重喷水。同时栽培场所要通风良好，特别是室内栽培必须定期通风，防止菌材感染，促进麻种萌发生长及夏季降温。

（6）采收 天麻在播种当年，只能发育成小白头麻和米麻。11月进入第一次休眠期，这时的小白头麻长势好的可以挖出作为无性生殖栽培用种，一般的应留在畦内，到翌年11月进入第二次休眠期时，开始收获天麻。收获时要轻取轻放，不要损伤天麻，尤其不要损伤移栽用的白麻和米麻。收获的天麻要及时加工，防止腐烂。

（二）无性生殖栽培技术

1. 无性生殖的特性

天麻人工栽培的无性生殖法，因为播种的是仔麻，所以从播种至形成剑麻的时间要比采用有性生殖法短得多而通常被采用，但依所用种麻的大小而有所差别，一般播种大白麻1年就能形成剑麻，播种小白麻需要2年，播种米麻为3~4年。

2. 栽培技术

（1）栽培季节　一般秋天 10 月开始一直到翌年春天 3 月都可以进行栽培。但 10~11 月应适当降低水分，控制蜜环菌缓慢生长。否则，天麻在休眠期不能分解溶菌素，而蜜环菌菌丝深入天麻内部，吸收营养，使天麻变空腐烂。封冻前和解冻后这段时间内，有利于蜜环菌与天麻结合，使二者建立共生关系。当天麻开始萌动时（春季温度升到 16~18℃时），能及时得到蜜环菌所提供的充足营养，从而促进天麻的无性生殖和生长。

（2）种麻的选择　在天麻的无性栽培中，多采用白麻和米麻作为种麻，它们生活力强、繁殖率高、增重快。选种原则：选择无病斑、体型饱满、芽头浑圆、麻体姜黄色为最佳。每年 10 月至翌年 5 月为种植期。第一年秋季或翌年 4 月地温回升，天麻开始生长（10~15℃）时蜜环菌（6~8℃开始生长）已能供给天麻营养。

（3）室外窖栽法　一般在 10~11 月，选择遮阳好、土质肥沃疏松的地方挖窖。

① 挖窖的要求：窖深为 30~40cm，宽 45~60cm，长为 80~100cm。窖地要挖松，底层铺 2~3cm 玉米秸（基本同菌棒培养）。

② 固定菌床下种栽培：菌材（没有长蜜环菌的树段）、菌棒（已长蜜环菌的树段）及种麻的排放见图 7-19。

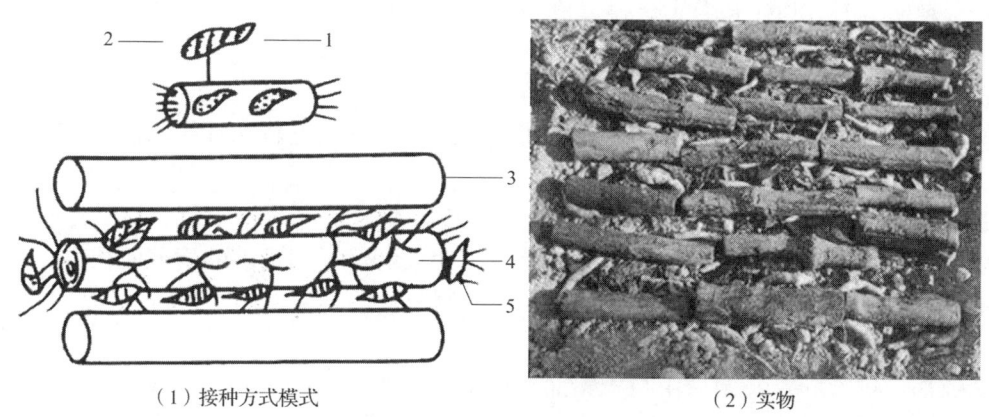

图 7-19　天麻接种方式模式和实物图
1—顶芽　2—脐部　3—新段木　4—菌材　5—种麻

先挖土坑成地窖或菌床，将蜜环菌菌种接种在木棒上培养形成菌材，把菌材用木屑或枝叶、泥土等填充物覆盖。播种时，使菌材两边下侧扒开露出，在菌材两边的下侧每隔 13cm 紧贴菌材顺放 1 个麻种，菌材两端各放 1 个，每根菌材放麻种 8~10 个。麻种放好后，在两根菌材间加放新鲜木段根，然后填充覆盖物（如麻栎树叶、稻壳、沙、腐殖土等）直至不见菌材。第一层栽好后，按上述方法再栽培第二层，上下层菌材间覆土 7cm，再盖一层树叶，然后坑穴覆土 10~20cm。

③ 管理：经常检查坑穴内温度、湿度。入冬前加厚覆盖 5cm 左右土，并加盖树叶防冻；夏季坑穴上加盖树叶、树枝，适当浇水，降低坑穴内温度，雨季清沟排水，防止雨水冲刷。旱季要适当浇水，以保持土壤湿润；春、秋季应增强光照，增加坑穴温度，以利天麻生长。

（4）箱栽法　在室内、地道等场所，为充分利用空间可进行箱式立体栽培。

① 接种方法：用木条或木板做成长 60cm、宽 50cm、高 35cm 的简易木箱。进行箱栽

时所用填充料、覆盖物及菌棒、菌材和种麻的排放与地窖栽培相同。一箱箱栽好后，可把箱与箱摞在一起，但在每层箱子之间要用树棒垫起，以利透气。

② 管理方法：种植天麻，栽培是基础，管理是关键。一是夏季要求场地凉爽，避免阳光直射，室外栽培要做好遮阳；二是水分要适当，长期存水易烂麻，过干则又不能生长，一般15~20d浇一次水，夏季天气炎热应增加浇水次数；三是冬季寒冷时要多盖些枝叶、稻草、麦秸用以保温。

（三）采收与加工

天麻的生产周期为8~12个月，即一年一收。收获时间最好在11月，天麻进入休眠期，此时天麻的质量好、药效高。

常用的加工方法有沙炒法或蒸煮法。收获后的天麻应及时加工，以防腐烂、变质，影响商品价值和药效。从10月下旬至次年3月，天麻处于休眠期，可进行天麻采收。剑麻、大白麻加工药用；小白麻、米麻留作种用，随采随种，避免贮藏不好受损。加工方法是将剑麻、大白麻洗去泥土，浸入水中，用石块磨去粗皮，并用水洗净后放于沸水中煮13min左右，取出一个麻体对光看，若见半透明无实心即可煮好后用炭火或煤火烘干，温度由小至大，逐渐升到70~80℃，以便麻体内的水分迅速蒸发干至7成时，边烘边整形，使之成为圆形，待干后即为成品。

（四）天麻退化原因及防治

1. 多代无性生殖，产量明显下降，甚至失收

应发展有性生殖或有性生殖与无性生殖交替进行，不断更新麻种，也可采挖野生球茎做种。

2. 蜜环菌衰退

菌索分枝能力弱，生长慢，扁形，易断等，使天麻得不到足够的营养而减产，采取孢子分离或菌索分离更新复壮蜜环菌，或在野生天麻地区培养菌材用于栽培。

3. 同窖连栽

造成病虫危害和蜜环菌分泌物积累而致使栽培失败，生产中应每年换窖，若同窖内栽培必须换土，最好异地栽培。

4. 密集深层栽培

密集深层栽培造成缺氧而减产，可改深层栽培为浅层、多导线栽培为两层；填充，覆盖物应疏松，种麻排放菌材四周，特别是菌材两端蜜环菌菌索多的地方。

第三节　竹荪

一、食药兼优特性

（一）概述

竹荪（*Dictyophora indusiata*），竹荪又名竹笙、竹参、竹松、竹笋菌、风纱菌、仙人笠、竹姑娘、风纱菇、纱罩女人、曾笠蕈、竹萼、竹鸡蛋、蘑菇皇菇、真菌之花等，是世界上珍贵的食药用菌之一。现已知竹荪有10多种，主要有长裙竹荪、短裙竹荪和红托竹荪。竹荪由于其外形美丽和俊俏，又加之食味佳美，瑞士著名真菌家高又曼称她为"真菌之花",又有人给她戴上"蘑菇女皇""竹荪姑娘"等华丽的桂冠。竹荪常于夏秋季,散生或群生于海拔 200~1500m 湿热地区,亚高山的楠竹、平竹、苦竹、慈竹等多种竹林下的落叶层;但多生在腐竹基部或偏酸性泥土中,野生竹荪遍布全国许多地区。在中国古代经常把竹荪列为"宫廷贡品",近代常作为国宴名菜。其营养丰富,蛋白质含量较高,可消化率达 72.73%,还含有多种无机盐及维生素,对高血压、肥胖症、肝炎、细菌性肠炎、流感等有一定疗效。

人工栽培的竹荪有短裙竹荪（*Dictyophora duplicata*）、长裙竹荪（*D. indusiatus*），如图 7-20 所示。近年来,我国食用菌工作者驯化栽培成功了两个新种,红托竹荪（*D. rubrovalvata*）和刺托竹荪（*D. echinovolvata*）。黄裙竹荪有毒,不宜食用。

（1）长裙竹荪

（2）短裙竹荪

图 7-20　长裙竹荪和短裙竹荪实物图

（二）营养价值

竹荪含有丰富的营养价值,它的子实体有 21 种氨基酸,其中 9 种人体必需的氨基酸在子实体各个部位都有;竹荪中含有多种维生素,如维生素 B_1、维生素 B_2、维生素 B_6 以及维生素 K、维生素 A、维生素 D、维生素 E 等,其中维生素 B_2（核黄素）含量较高。

（三）药用功效

1. 抗菌

药学家们对竹荪提取液的抗菌活性进行研究发现,竹荪提取液能够对金黄色葡萄球菌、大肠杆菌、沙门菌等人体有害菌产生抗性。在中性及碱性酸碱度下依然能够保持稳定的抑菌功效。

2. 抗衰老

研究发现,短裙竹荪多糖具有一定清除超氧阴离子自由基的作用,并能抑制人工细胞膜的脂质过氧化,可能是其抗衰老的主要作用机理。

3. 提高免疫力与抗肿瘤

在竹荪深层发酵菌丝体提取液对抗肿瘤及提高小鼠免疫功能的研究中发现,竹荪深层发酵菌丝体提取液能明显提高巨噬细胞的吞噬功能,明显增加小鼠胸腺、脾脏的质量,增强小鼠的免疫力。北京医科大学药理学系林志彬教授进行了十多年的真菌多糖体的药效学研究,认为真菌多糖具有直接或间接提高人体免疫功能,增强吞噬细胞的吞噬功能,达到抗肿瘤效果。

二、生物学特性

（一）形态特征

竹荪又名竹参，因自然生长在有大量竹子残体和腐殖质的竹林中而得名，世间罕有，罗帽雪裙，飘然若仙。

竹荪品种不同，性状有异。例如长裙竹荪菌丝生长快，个体大，产量高，是一个较好的栽培品种。短裙竹荪菌丝生长较长裙竹荪慢，因此栽培时生产周期较长。

商品竹荪，是经脱水加工的干品，仅保留可食的菌柄和菌裙两部分。完整的竹荪子实体包括菌盖、菌托、菌裙和菌柄等四部分（图7-21）。

图7-21 竹荪子实体实物图

1. 菌盖

菌盖为钟形，白色或略带土色，高2~4cm，表面有不规则的多角形凹陷。顶端平，有圆形或椭圆形小孔。子实层附着在菌盖的凹陷表面，孢子着生在其中，暗绿色或黄绿色，初期肉质，暴露在空气中后，迅速液化为黏稠状物，散发出浓烈的腥味，可引诱昆虫来舔食，以此传播孢子。孢子柱状，大小为 $(3~4)\mu m \times (2~3)\mu m$，无色透明，表面光滑。

2. 菌托

菌托为菌蕾破裂后的残留部分，下面与深入土壤内的菌索相连，上面支撑着菌柄。蛋形菌托呈鞘状，三层。外面一层称外菌膜，中间为白色的胶质体，里面一层为内菌膜。

3. 菌柄

菌柄为柱状，白色，中空，多孔，海绵质，脆嫩，是商品食用部分之一。

4. 菌裙

菌盖与菌柄之间撒下的白色网状组织为菌裙。下垂如裙，因此称为菌裙，它是主要商品食用部分。菌裙长 4~20cm 或更长，多数为白色，也有黄色的（黄裙竹荪）。

竹荪子实体是生长在地上的生殖器官，地下还有菌丝体和菌索。菌索的形成表明菌丝体内已积累了足够的养料，并达到了生理成熟。此时生育条件适宜，许多菌索便交织扭结在一起，菌索顶端逐渐膨大形成原基，进而长大成菌蕾，俗称菌球、菌蛋等。

在自然条件下，菌蕾生在离地表 1~2cm 处的腐殖土层中，由菌索先端逐渐膨大而形成，初期米粒状，白色。菌蕾内部是竹荪子实体的幼体，米粒状的白色菌球继续长大，经过一段时间，可发育成鸡蛋大或更大的卵形球。菌蕾表面初期有刺毛，后期刺毛消失，呈粉红色、褐色或污白色。

（二）生殖方式和生活史

成熟的竹荪顶端菌盖有凹陷的、具有暗绿色或黄绿色孢子液的盖帽，孢子着生在其中，在适宜的生长条件下，竹荪的孢子萌发出菌丝，菌丝体由无数管状细胞交织而成，呈蛛网状，开始萌发出来的菌丝是单核菌丝，这种菌丝质配后形成双核菌丝，粗线状。

双核菌丝进一步发育便成了组织化的索状菌丝，即三次菌丝，竹荪菌丝初期白色，经过较长时间培养以后，便具有不同程度的粉红色、淡紫色或黄褐色，这些色素受到变温、光照、机械刺激或干燥脱水后更为明显，色素也是鉴别竹荪菌种的主要依据。

在适宜的条件下，伸长到地表面的索状菌丝的尖端逐步膨大成白色小球，这就是竹荪子实体原基，经过40~60d，这些原基中的少数处于生长优势的部分便继续长大成熟成鸡蛋或鸭蛋大的卵形菌蕾，破土分化成子实体。成熟的子实体顶端产生孢子，从而完成其生长周期。

（三）生长条件

1. 营养

竹荪是一种腐生性真菌，对营养物质没有专一性，与一般腐生性真菌的要求大致相同，其营养包括碳源、氮源、无机盐和维生素。碳源主要由木质素、纤维素、半纤维素等提供，生产中常利用竹鞭、竹叶、竹枝、阔叶树木块、木屑、玉米秸、玉米芯、豆秸、麦秸等作为培养料来栽培竹荪。一般情况下，培养料中常添加少量的尿素、豆饼、麸皮、米糠、畜禽粪等作为氮源。在配制培养基时，也常加入适量的KH_2PO_4、$CaSO_4$、$MgSO_4$等来满足竹荪生长发育对无机盐的需求。

2. 温度

大部分竹荪品种（长裙竹荪和短裙竹荪）属中温型菌类，菌丝生长的温度为8~30℃，适宜温度为15~28℃，高于30℃或低于8℃，菌丝生长缓慢，甚至停止生长。子实体形成在16~25℃，最适为22℃。在适温范围内，子实体的生长速度随温度的升高而加快。引种时，须了解品种的温型，根据当地的气候条件适时安排生产季节。

3. 湿度

竹荪生长发育所需的水分，主要来自基质。营养生长期，培养基含水量以60%~65%为宜。进入子实体发育期，培养基含水量和土壤含水量要提高到70%~75%，以利养分的吸收和转运。同时，空气相对湿度对竹荪的生长发育也有很大影响。一般来说，竹荪在营养生长阶段，空气相对湿度以维持在65%~75%为宜。当进入生殖生长阶段，空气湿度要提高到80%；菌蕾成熟至破口期，空气湿度要提高到85%；破口到菌柄伸长期，空气湿度应在90%左右；菌裙张开期，空气湿度应达到95%以上，这时如果空气湿度低，菌裙则难以张开，黏结在一起而失去商品价值。

4. 空气

竹荪属好氧菌，因此，无论是菌丝的生长发育，还是菌球生长、子实体的发育环境，空气必须清新。否则，CO_2浓度过高，不仅菌丝生长缓慢，而且也影响子实体的正常发育。但也必须注意，在竹荪撒裙时，要避免风吹，否则会出现畸形。

5. 光照

竹荪菌丝生长发育不需要光照，遇光后菌丝发红且易衰老。在自然界中，竹荪生长在郁蔽度达90%左右的竹林和森林地上。这说明菌球生长及子实体成熟均不需要强光照，因此，人工栽培竹荪场所的光照强度应控制在15~200lx，并注意避免阳光直射。

6. 土壤及酸碱度

在自然界中，竹荪的生长离不开土壤，人工栽培竹荪，一定要在培养料面上覆3~5cm厚的土层才能诱导竹荪菌球发生。竹荪菌丝生长的土壤或培养料要求偏酸，其pH为4.6~6.0。

三、栽培及管理技术

（一）菌种制作

1. 母种制作

母种制作培养基配方如下。

（1）配方1　豆芽（黄豆）500g，琼脂20g，蛋白胨5g，蔗糖20g，KH_2PO_4 2g，$MgSO_4$ 1.5g，$CaCO_3$ 1g，维生素B_1 0.5g，水1000mL，pH5.5。

（2）配方2　竹屑300g，琼脂20g，蛋白胨3g，蔗糖20g，KH_2PO_4 2g，$MgSO_4$ 1.5g，$CaCO_3$ 1g，维生素B_1 0.5g，水1000mL，pH5.5。

具体操作与其他母种相同，灭菌0.1~0.15MPa维持30min，冷却后待余水即干可接种。分离方法：在无菌条件下：将竹蛋切开取中心组织部分约黄豆大一块，放入斜面培养基上恒温培养，待菌丝长满斜面即为母种。

2. 原种制作

原种制作培养基配方如下。

（1）配方1　牛粪60%，竹屑30%，麦麸5%，壤土1%，石膏1%，蔗糖1%，KH_2PO_4 0.5%，$MgSO_4$ 0.5%，过磷酸钙1%，pH5.5，含水量65%。

（2）配方2　竹屑70%，木屑20%，麦麸5%，壤土1%，石膏1%，过磷酸钙1%，KH_2PO_4 0.5%，$MgSO_4$ 0.5%，含水量65%，pH5.5，灭菌0.1~0.15MPa维持60min。

（3）接种　在无菌条件下，每支母种可接原种3~5瓶，放入无光的恒温条件下约60d，菌丝可长满瓶。

3. 栽培种制作

竹荪栽培种的原料与原种相同，菌丝一般50~60d才能长满瓶，若在自然常温条件下，大约需半年时间才能长满瓶。

（二）与林间或农作物间套种

在树林或竹林下，利用竹木加工后的废竹、木屑，农副产物（如甘蔗渣、作物秸秆等）进行竹荪栽培。这种方法具有应用范围广、投资省、用工少、管理方便、成本低、效益好等优点，是在广大农村的竹区、林区栽培竹荪行之有效的方法。

由于林间，无论是竹林或树林，特别是老年林，其地下的根交错盘踞，因砍伐或自然死亡等多种原因，使地下埋藏了不少腐根，这些腐根是竹荪生长所需的营养物质。在林间播种，菌丝不仅在投料的地方生长，而且同时也蔓延到其他有养料的地方。野外林间或农作物间套种竹荪，只要场地选择恰当，一般不需要搭棚可遮阳。因此，野外林间空地或农作物间套种竹荪是最经济、最常用的栽培方法。

1. 栽培原料选择

现行栽培竹荪的原料分为四大类。

（1）竹类　各种竹子的杆、枝、叶、竹头、竹根、竹器加工厂的废竹屑。

（2）树木类　杂木片、树枝、叶以及工厂下脚料的碎屑。

（3）秸秆类　豆秆、黄麻秆、谷壳、油菜秆、玉米芯、棉秆、棉籽壳、高粱秆、葵花籽秆壳等。

（4）野草类　芦苇、芒萁等，上述原料晒干备用。

2. 生产季节安排

竹荪栽培一般分春、秋两季。以春播为宜。我国南北气温不同,应把握两点:一是播种期气温不超过28℃,适于菌丝生长发育;二是播种后2~3个月菌蕾发育期,气温不低于10℃,使菌蕾健康发育成子实体。南方诸省竹荪套种农作物,通常春播,"惊蛰"开始铺料播种,"清明"开始套种农作物;北方适当推迟。播种后60~70d养菌,进入夏季5~9月出菇,10月结束,生产周期7个月左右。

3. 场地畦床整理

利用竹林竹园及苹果、柑橘、葡萄、桃、梨等果园内的空间地;山场树木以及高秆农作物空间地套种竹荪。要求平地或缓坡地,近水源,含有腐殖质的沙壤土。播种前7~10d清理场地残物或杂草,翻土晒白。果树上可喷波尔多液杀灭病虫害。一般果树间距3m×3m,其中间空地作为栽培竹荪畦床。畦宽60~80cm,人行道间距30cm,整地土块不可太碎,以利通气,竹、树或高秆农作物旁留40~50cm为作业道。

4. 播种覆土养菌

播种前将培养料浸水,控制含水量60%~70%拌料或提前发酵备用。播种采取一层料、一层种,菌种点播与撒播均可。每米²畦床铺放培养料10kg,菌种5瓶,一边铺料,一边播种,然后在畦床上覆盖地膜。播种后15~20d,一般不需喷水,最好每天揭膜通风30min,后期增加通风次数。春天雨水多,挖好排水沟,沟要比畦深30cm;菌丝生长温度23~26℃。播种后在畦床表面覆盖一层3cm厚的腐殖土,腐殖土的含水量以18%为宜。覆土后再用竹叶或芦苇切成小段,铺盖表面,并在畦床上罩好薄膜,防止雨水淋浸。若采用农作物套种方式的,套种品种有黄豆、豌豆、高粱、玉米、辣椒、黄瓜、向日葵等高秆或藤蔓作物。当竹荪播种覆土后15~20d,就可在畦旁挖穴播种作物种子,按间隔50~60cm处套种一棵。

5. 出菇科学管理

播种后正常温度下培育25~33d,菌丝爬上料面,可把畦床上盖膜去掉。菌丝经过培养不断增殖,吸收大量养分后形成菌索,并爬上料面,由营养生长转入生殖生长,很快出现菇蕾,形成子实体。此时正值果树和套种的农作物枝叶茂盛时期,起到遮阳作用。出菇期培养料内含水量以60%为宜,覆土含水量不低于20%,要求空气相对湿度85%为好。菇蕾生长期,除阴雨天气外,每天早晚各喷水一次,保持相对湿度不低于90%。菇蕾胀大逐渐出现顶端凸起,继之在短时间内破球,尽快抽柄撒裙形成子实体。

6. 采收加工包装

竹荪播种后可长菇4~5潮。子实体成熟都在每天上午12时前,当菌裙撒开至离菌柄下端4~5cm就要采摘。采后及时送往工厂脱水烘干。干品返潮力极强,可用双层塑料袋包装,并扎牢袋口。

(三)拱棚畦床栽培

1. 栽培场地

选择排灌方便的沙壤土林地,在郁蔽度达80%~90%的林下做畦,畦深15~20cm,宽40~50cm,南北走向,长度随投料多少和场地而定。

2. 铺料播种

选干燥不霉的原料,浸透水后或发酵处理后(含水量达65%左右),捞出进畦铺料播种，一层麦秸一层菌种，共两层料两层种。上层菌种占总播种量的2/3，播种量为每5kg麦秸用750mL装的菌种1瓶。第二层播种后，在上面再少放些浸过水的麦秸。培养料要压实，并高于地面2cm。

3. 季节安排

在华北地区，竹荪4~7月均可播种。4月播种，6~7月采收；5月播种，7~8月采收；6月播种，8~9月采收；7月播种，9~10月采收。在江淮地区，5~6月播种，7~9月采收；需搭建厚的遮阳凉棚或在阴凉的山区山洞培植方可。

4. 发菌管理

（1）覆土 播种后立即覆3~4cm厚的土层，覆土颗粒不要过粗过细，要求干净肥沃。播种后20d左右，当竹荪菌丝穿出土层表面后，可再覆土1次，厚1~2cm。

（2）遮阳 播种后当菌丝透出表层覆土，在畦面上搭一小拱棚，棚高30~50cm，宽依畦宽而定。棚上用草苫或旧麻袋等覆盖，既防风又遮阳。

（3）保水 保持栽培料和覆土层的含水量稳定，过干过湿均影响菌丝生长。在无雨天气，要注意每隔3~5d喷水1次，保持覆土及培养料的湿度。降雨时，要注意排水，为防水淹，要在畦边挖一排水沟。雨天小拱棚上要用薄膜覆盖。长裙竹荪菌丝在自然温度下经40~50d可生长透出覆土层。从播种到菌索末端膨大形成颗粒状的菌球，需60~65d。

（4）菌球期 在6~9月自然温度条件下，菌丝生长正常，在土壤表面的菌索尖端发生菌球。初呈米粒状，3~5d长成黄豆大小，乳白色，表面光滑。再经2~4d，具有花生米大小，菌球表面开始出现菌索状刺毛，呈灰白色。再过4~6d，可长至核桃大或鸡蛋大，至16d左右刺毛伸长后消退，菌球呈淡灰色或灰褐色，光线强时，菌球色较重，光线弱时较淡。当菌球不再增大时，表明已经成熟。

（5）成熟期 菌球从形成到成熟开裂，需经21~23d，此期须重点搞好湿度管理。一方面要适当喷水，使基质含水量由65%提高到75%；另一方面保证菌球生长的小环境空气相对湿度达80%以上。与此同时，还要给以弱光刺激，每天揭开拱棚上覆盖物1h，如遇刮风天气，盖严棚膜，防止菌球风干。

成熟菌球在22~26℃、空气相对湿度达85%~95%时，即可开裂。初始菌球顶端破裂，菌盖、菌柄依次从中挤出。当菌柄伸出后，从菌柄和菌盖之间吐出菌裙。

5. 采收加工

当菌裙开张度达最大时，应立即采收。采收时将整个子实体从菌托下方采下，摘去菌盖和菌托，菌裙、菌柄要保持完整，放在干净的竹筛子（垫白布也可）或白纱网上晒干或烘干。摆放时注意菌裙要展开，菌柄放直，以获得整齐美观的商品。干燥的时间越短，竹荪的颜色越鲜，光泽度越好。干燥的方法常为晒干和电热烘干。烘烤干燥的竹荪较脆，经回潮后变软方可包装。

（四）室内床架栽培

现在很多地方对竹荪进行了规模化栽培，例如广西织锦，该地区竹荪种植面积较大，并总结出短裙竹荪纯种栽培技术，一般生物学效率达70%以上，其技术要点简介如下。

1. 栽培季节

一般情况下，每年可以栽培2次。上半年为2月至3月上旬种植，3月下旬至4月中旬可分化现蕾，5月至6月中旬可以采收。下半年为8月上旬至9月上旬种植，9月下旬至

10月中旬可分化现蕾，11~12月采收。如果室内有控温设备，则可常年栽培。

在菇房内用竹、木等原材料搭建床架。床架以四层为宜，层距50cm，床宽100cm，长度依菇房情况而定，每个菇架之间距离约70cm，最好南北向排列，以利通风。

2. 菌袋制备

生产菌袋的培养料配方为：蔗渣或木屑73%，麸皮25%，蔗糖和$CaCO_3$各1%，KH_2PO_4和$MgSO_4$各0.1%，含水量用蔗渣的为65%~70%，用木屑的为60%~65%，pH6.0。制备方法同常规。菌丝满袋时间，蔗渣培养料111d，木屑90d。

3. 覆土准备

土壤为疏松、富含有机质、偏酸性的壤土或沙壤土，一般可用肥沃的菜园土。竹叶要新鲜、干燥、不霉烂，1m^2菇床用干竹叶约1kg。使用前土壤和竹叶要消毒，按1m^3的土壤或竹叶，用1%~1.5%的福尔马林加0.3%~0.5%的杀虫药混合液25L，边喷药边拌料，拌匀后覆盖薄膜，土壤覆膜4~5d，竹叶覆膜1~2d，然后掀开薄膜让药物挥发1~2d方可使用。

4. 压块种植

将发好菌的栽培料挖出，放入35cm×25cm×6cm或40cm×30cm×6cm的木框中压块，不要压得太紧，以免损伤菌丝，成型后脱框包膜保温，在20~28℃室温下培养7~10d，菌丝即可恢复生长并连接成菌砖块。若用聚丙烯薄膜袋培养，则不必压块，待菌丝长满料袋后脱去薄膜即可，但厚度仍以6cm为宜。菌块培养好后进行种植。菇床上垫好薄膜，先铺2cm厚土，再铺2cm厚的新鲜干竹叶，然后放上菌块，菌块间隔5~7cm，最后盖2cm厚的干竹叶和2~4cm厚的土。

5. 出菇前管理

接种后每天向菇床喷雾水，保持覆土层含水量15%~20%、基质含水量60%~65%。基质和土层太湿，通气不良，菌丝大量爬到表土，造成徒长；太干则菌丝长不到土层表面，在土层中分化，菌蕾也少。菇房空气湿度最好保持在75%~85%，不宜过低或过高。菇房还应通风良好，光照充足。

6. 出菇后管理

出菇后喷雾水要远离菇床，以防雾点落下冲伤小蕾。菇房空气湿度保持在85%~95%。气温低时要加温，可利用中午气温高时适当开窗通气；气温高时可通风降温。原基形成后，每隔10d喷1次营养液（KH_2PO_4 1g、硫酸镁1g、维生素B_1 10mg、葡萄糖或蔗糖5g、水1000mL），共喷3~4次，用量为500~1000mL/m^2，喷后轻喷1次清水，可提高产量和质量。

上半年种植因气温较低（14~20℃），50~60d才现原基，整个生育期为110~130d；下半年种植气温高（23~30℃），30~40d便可现原基，周期仅100~110d。

（五）采收与加工注意事项

竹荪的商品部分一般指菌裙和菌柄。裙、柄的完整性和颜色的洁白程度直接影响竹荪的产品质量，这就要求在采收和加工过程中要特别注意。

1. 采收时期

菌蕾破壳开伞至成熟为2.5~7h，一般12~48h即倒地死亡。因此，当竹荪开伞待菌裙下延伸至菌托、孢子胶质将开始自溶时（子实体成熟）即可采收。

2. 采摘方法

采摘时，用一只手扶住菌托，另一只手用小刀将菌托下的菌索切断，轻轻取出，放入瓷盘和篮子内。决不要用手扯，因为菌裙、菌柄很脆嫩，用手扯极易折断，采摘时应轻拿轻放。采收后，将菌盖和菌托及时剥掉，保留菌裙、菌柄。去掉菌托表面上的泥土，菌盖可在清水中浸洗除掉表面上的孢体，再进行干制。若裙柄已有少量污染，则应及时用清水或干净湿纱布处理干净即可。然后，将洁白的竹荪子实体一只一只地插到晒架的竹签上进行日晒或烘烤。商品要求完整、洁白、干燥。

3. 产品分级与贮存

产品分级标准如下所示。

（1）一级　长18cm以上，柄宽4cm，白色、完整。

（2）二级　长15～17cm，柄宽3cm，白色、完整。

（3）三级　长10～14cm，柄宽2cm，白色稍黄、略有破碎。

（4）四级等外品　长10cm以下，色黄、有破碎。

烘干后的竹荪按等级用食品塑料袋包装，每小扎25～50g，两端用线扎紧。长期保存，室温不要超过20℃，最好贮于低温干燥场所。

第四节　茯苓

一、食药兼优特性

（一）概述

茯苓（*Wolfiporia cocos*）是一味重要的中药材，又称松茯苓、茯灵、松白芋、松木薯、野苓等。在分类学上属担子菌亚门、层菌纲、非褶菌目、多孔菌科、卧孔菌属（又称茯苓属）。它是松树的亲密"伴侣"。它生在土里，紧紧围着松根，形似龟、兔，所以又称为茯龟、茯兔；抱根生的则称为"茯神"（图7-22）。

茯苓多寄生于气候凉爽、干燥、向阳山坡上的马尾松、黄山松、赤松、云南松等针叶树的根部，深入地下20～30cm处生长。我国以云南的"云苓"、福建的"闽苓"、安徽的"安苓"最著名。目前人工大量栽培茯苓的有湖北、安徽、河南、广西、广东和福建等省（自治区）。我国认识茯苓和应用茯苓有着悠久的历史，《史记》《神农本草经》等著作中就有关于茯苓的记载。

茯苓性平，味甘淡，无毒，能入心、脾、肺、肾，有利水渗湿，镇定安神，益脾健胃之功效，常用于治疗小便不利、体虚浮肿、脾胃虚弱、腹胀泄泻、心悸失眠、梦遗白浊等多种疾病，自古以来被誉为"除湿之圣药""仙药之上品"，是中药"八珍之一"。在我国医药库中有极其重要的地位，《神农本草经》《伤寒论》《汤液本草》《本草

图7-22　茯苓块

纲目》等古籍医药书中均有详细、确切的记载。

茯苓不但是可以入药的药用菌，而且也是有保健功能的食用菌。美国南部及印第安人将茯苓制作成"红人面包"，日本则将它制成颗粒称为"兵粮丸"，供海军作为保健食品，其他如"茯苓饼""茯苓糕""茯苓粥""茯苓包子"早在明清时期就在民间问世。

近代医药学研究表明，茯苓具有修正新陈代谢和激素代谢失调的药效，从茯苓中分离得到的茯苓多糖经处理，能转变成具有一定抗癌作用的葡萄糖胶，引起医药界的重视。

中国茯苓的栽培和应用有着悠久的历史，从天然生长发展到人工肉引栽培，纯菌种段木栽培和新近应用的树桩根栽、木屑栽培等，认识不断深入，产量不断提高。茯苓的人工栽培已成为我国某些地区发展地方经济的重要产业。

（二）茯苓的药用成分

1. 三萜类

茯苓三萜是茯苓皮的主要化学成分，目前报道出来的有 69 种，根据化学结构的差异分为四种类型。分别是羊毛甾 -8- 烯型三萜、羊毛甾 -7,9（11）二烯型三萜、3,4- 开环 - 羊毛甾 -7,9（11）二烯型三萜。

2. 多糖类

茯苓多糖是一种水不溶性多糖，主要是 β- 茯苓聚糖，其结构主链由 β-（1-3）-D- 葡聚糖构成，含有少量 β-（1-6）-D- 葡聚糖，还有一些多糖含有 D- 半乳糖、D- 果糖、D- 鼠李糖、D- 甘露糖、D- 木糖等。

3. 其他成分

除以上成分外，茯苓皮中还含有甾醇类、挥发性成分、脂肪酸、蛋白质、腺嘌呤、氨基酸以及 Ca、Mg、Fe、K 等无机元素。

（三）药用功效

1. 利水渗湿作用

药理学家赵英永等采用生理盐水负荷的水潴溜大鼠模型，评价不同剂量茯苓皮醇提取物和水提物的利尿活性，与正常对照组相比，醇提取物能使大鼠尿量明显增加，表明茯苓皮醇提取物具有较好的利尿效果。与生理盐水对照组比较，醇提取物对 Na^+ 的排出量明显增加，对 K^+ 的排出量明显减少，表明茯苓皮在利尿方面的作用机理是增加 Na^+ 的排出，减少 K^+ 的排出。

2. 抗氧化作用

有学者通过化学发光法、比色法实验发现茯苓皮醇提取物对 O_2^-、$\cdot OH$ 和 H_2O_2 有明显的清除作用，且清除率与质量浓度呈正比，一定浓度之后抑制率仍高于对照品熊果酸。同时，还证明茯苓皮提取物可以抑制红细胞的自发性氧化溶血和 H_2O_2 导致的溶血，且浓度越高，抑制作用越明显。

3. 降血脂作用

有试验结果显示茯苓皮和有氧运动均可显著降低大鼠血清甘油三酯、胆固醇和低密度脂蛋白水平，提高高密度脂蛋白水平，能显著升高大鼠血清谷胱甘肽过氧化物酶、超氧化物歧化酶、过氧化氢酶水平，同时降低脂质过氧化产物水平。

4. 免疫调节作用

有研究者认为免疫调节的活性成分主要为三萜类、多糖类或有机酸。经研究表明茯苓酸性多糖能使红细胞吞噬指数和吞噬率显著升高，能促进淋巴 T 细胞分泌，使氢化可的松导致的免疫功能低下的小鼠血清中的各种免疫因子水平显著升高，高剂量茯苓酸性多糖能使胸腺指数和脾脏指数显著升高，说明茯苓酸性多糖具有调节免疫功能。

二、生物学特性

（一）茯苓的形态结构

茯苓子实体生于菌核表面，呈平伏状，一年生，厚 0.3～1cm，初期白色，老后或干后变为浅褐色。菌核呈不规则的团块状，大小不一。呈球形、椭圆形、卵圆形等，直径 10～30cm 或更大，质量不等，可达数十斤甚至近百斤。

新鲜时稍软有弹性，表面粗糙多褶或瘤状，淡棕黄色至褐色，甚至黑褐色，内部白色或带浅粉红色，干后稍硬。

管孔多角形或不规则形，菌管长 2～8mm，偶有双层，厚可达 1～3cm，孔径 0.5～2mm，壁薄，孔口边缘老后呈齿状。孢子长方椭圆形至近圆柱形，（6～8）μm×（3～3.5）μm。孢子大量集中时呈灰白色。

茯苓形状不定，有球圆形、卵圆形、长圆形、扁圆形等。不过，不管哪种形状的茯苓，其表面都有褶，皮呈黑褐色或红褐色，内部纯白色或略带粉红色；鲜时如薯，干时如木。有厚而多褶的皮壳，表面褐色至红褐色，干后变为黑褐色。菌核内部粉粒状，外层淡粉色，内部白色（图 7-23）。中医认为形如鸟、兽、龟、鳖，肉带玉色，体糯质重者为佳。

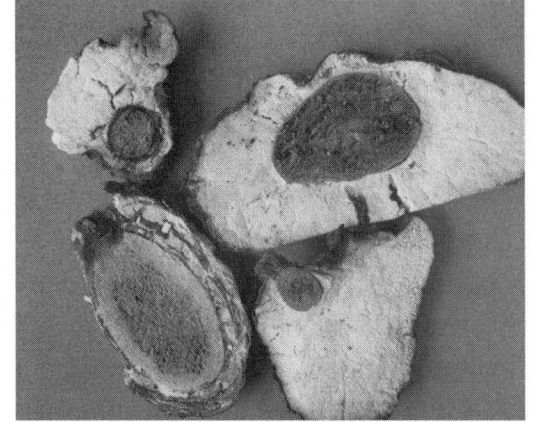

图 7-23 茯苓的菌核

（二）生殖方式和生活史

茯苓在人工培育和栽培的过程中往往是由菌丝到菌核，正常情况下不会有有性阶段，这样就不是茯苓完整的生活史。

茯苓在自然界中的完整生活史是从担孢子到子实体，其过程为担孢子在适宜的条件下萌发形成单核菌丝，单核菌丝相互进行质配，发育成双核菌丝，在条件适宜时形成菌核，并在菌核一定部位上产生子实体，由子实体产生担子。

担子先是完成核配，接着进行减数分裂，产生新的担孢子。但在某些情况下，也可由双核菌丝直接发育成子实体。

（三）生长条件

1. 营养

茯苓属于木腐菌，营腐生生活，以松属树木（松树的地下部分）作为其营养源。人工栽培主要的营养成分是碳水化合物、含氮化合物和矿物质元素。生产中，为了提高茯苓产量，补充松木等栽培材料中营养成分之不足，往往再加入一些糖和谷物皮壳类物质，来补充调节营养。

2. 温度

菌丝生长的温度范围为 6～32℃，最适温度为 22～28℃，0～6℃菌丝即进入休眠状态，35℃以上菌丝易衰老死亡。菌核的形成和生长温度在 25～35℃，菌核能耐受 40℃高温和 -10℃低温，昼夜温差大，有利于松木的分解和茯苓聚糖的积累而结苓。在 25℃左右，并伴有70%以上的空气湿度条件下，易产生子实体并产生大量孢子。

3. 湿度

段木下窖时的含水量应在20%左右，空气相对湿度控制在70%以下，土壤含水量50%~60%最适菌丝的正常生长。为便于土壤水分管理，苓场应排水通畅，干燥不积水。生产中段木茯苓窖要求干燥，否则从土层中吸湿过高，温度低，通气差，影响发菌。

4. 光照

茯苓菌丝生长和菌核的形成不需要光照，在无光的情况下都能正常生长。但是在栽培时要选择少树荫、光照强的地方作苓场。这主要是利用光照提高地温，加大昼夜温差，有利于菌核的形成。

子实体的形成需要一定光照，所以在人工栽培时，为了控制子实体的产生，在菌核生长过程中，当窖面膨胀露出菌核时，要及时覆土掩裂，避免菌核见光而产生子实体，降低茯苓的产量和质量。

5. 空气

茯苓属好气性真菌，对空气比较敏感。在通气不良时，如覆土过厚、土壤板结或湿度过大，则不易或不能形成菌核。试验表明，含水量70%左右的土壤，通气性和保水性都比较恰当，是理想的苓场。下窖覆土宜薄，厚度一般为5~7cm，为了兼顾保水和通气二者的关系，要求覆土为沙壤土。

6. 酸碱度

茯苓喜微酸性的培养条件，适宜的pH为3.0~6.5。因为茯苓的生长发育所需要的营养主要靠分解木质素、纤维素而来，而茯苓菌丝分泌的分解木质素、纤维素的酶类，在微酸性的条件下活性最强，所以栽培茯苓时，应选微酸性土壤作为栽培场。

三、栽培管理技术

（一）菌种选育

一般供生产用的菌种需每年选育扩培才能达到优质高产，选择种苓时要从好的品系（云苓、皖苓、鄂苓、建苓等）中选取好的个体，其标准是：个体大小适中，以3~4kg为好，质地坚实，苓期短，生长7~8个月，皮薄，龟裂多，形态好，肉色白而细润，结苓率高等。

种苓选取后，通过组织分离得到母种，最好通过对菌核的培养使之形成子实体，而后收集孢子进行分离获得母种，这种有性生殖法分离可以有效地防止菌种的衰退、老化，并明显提高茯苓产量和质量。

获得的母种应通过认真的筛选，优良母种标准是：菌丝绒毛状，旺盛均匀，分枝浓密粗壮，分泌乳白色露珠，平贴，洁白，纯净，无杂质。

（二）制种和栽培季节

茯苓栽培分春播和秋播，江南春播一般5~6月进行，多在夏初（芒种前后）接种栽培。秋播8~9月，往前推1~2个月制原种、栽培种。江淮地区秋播：夏季备的料，多在秋初（8月末至9月初）接种栽培。

（三）人工栽培模式简介

我国人工栽培茯苓的历史已有1500多年，可谓源远流长。古老的栽培方法是用小茯苓做种，把浆液渗入破开的松根中，选择沃土埋藏，经2~3年即可掘取。这种传统的栽培方法至今有些地方仍在使用，但因质量无法保证，产量不稳定，兼之做种用的茯苓约占总产量的 1/8，成本高，收益低，使茯苓的生产发展受到影响。

近 20 年来不少科研单位探索人工栽培茯苓的新方法，取得了可喜的成果。如用组织分离法从优良的茯苓种块上分离菌种，扩大培养，直接接种到松树根上就是一例。采用这种接种方法，茯苓的质量和产量都大大提高，既节省了种用茯苓，又增加了收益。近年发现，茯苓并非绝对要在松树根下营腐生生活，在其他树木上也可栽种，从而为人工栽培展现了广阔的前景。

1. 段木栽培

（1）选树　在常见的食药用菌栽培过程中，很少选择用松木栽培，茯苓的栽培则选择用松木，见图 7-24。其中马尾松、云南松、赤松、红松、黑松等均可，杉树、枫香等也可种植。

图 7-24　茯苓栽培的松木材料

树龄以 20~40 年的中龄树为好，老龄树心材大，松脂多，幼龄树材质疏松不均不宜采用，阴山比阳山树好，前者高大笔直松脂少，材质适中，茯苓产量高，后者树多弯枝，枝叶茂密，脂多，材质硬，不利菌丝生长，产量低，树径 10~40cm。

（2）砍伐　宜早不宜迟，一般大寒前全部砍完，砍倒后即剃去枝条，留下部分尾梢，促使蒸发干燥。

（3）削皮　伐木干后，从基部向梢部削去 3~7cm 宽、深达木质部的树皮，间隔 3~7cm 再削去 1 条，如此间隔削皮，称为"去皮留筋"，要求成单数，即 1、3、5、7 为宜，实践中一般先削 3~4 条，留下 1~2 条待接种前再削去，这样料面新，有利菌丝定植生长。削皮的目的是促进松脂和水分外溢挥发和加速树木干燥，留筋是有利于结苓和保护菌丝抵抗不良环境。

（4）截段堆叠　"去皮留筋"后半个月，将松木搬至苓场周围，削去树皮并锯成 60~80cm 的段木，锯时应避开节疤，选向阳、通风处，清理场地，铲除杂草，开好排水沟和撒杀白蚁药物，而后以石为枕，将段木以"井"字形叠放在石枕上，上盖薄膜或树皮防雨，让其干燥，播种前翻堆 1~2 次，使堆内段木干燥均匀。

（5）苓场准备

① 选场：以海拔 700～1000m 山地最为理想，不超过 1500m，海拔高，气温低，应全日有光照；海拔低，气温高，应半日照为好，坡度 15°～35° 最适，选阳山，即方向朝南或东南或西南，切忌朝北，因为北向阳光不足，土温过低，不利发菌、结苓，且易生白蚁。

② 整理：春节前后，先除场内杂草、灌木、树根、石块等杂物，然后深翻 60～65cm，并结合施撒杀白蚁药物，沿山势以"人"字形或"个"字形开好排水沟。

③ 做畦：接种前 10d 进行第二次翻土，并沿等高开沟做畦，畦面宽度根据坡度大小而定，缓坡畦宽 2.3～2.6m，畦内安排两行苓窖，陡坡畦宽 1～1.3m，只安排 1 行苓窖，畦间及苓场圈内开排水沟。

（6）备种　我国茯苓栽培目前使用的菌种有三种，即菌引、肉引、木引。菌引是我国 20 世纪 70 年代应用微生物分离培养技术，从优质菌核里分离出的茯苓纯菌丝体菌种。菌引的应用和推广，提高了茯苓菌种的质量，节约了大量种用茯苓，使茯苓栽培范围和产量有了大幅度增长，在生产中使用最广。肉引即是用鲜苓作种，一般用采挖后半月内的鲜苓。种龄最好控制在 1～2 代，最多不要超过三代，以防退化。野生苓或吊式苓的质量更好，其标准为以下几点。

① 个体健壮、皮薄，皮色呈紫红、淡红，有白裂花纹者为佳，菌核过嫩、过老，外皮粗糙，皮色发黑，干缩者不可作种。

② 肉色乳白，有大量浆汁，粉质洁白，手捏细腻，有黏性为好，若肉质呈棕色，浆汁少粉质呈褐色或赤色，手捏粗糙，无黏性的不能作种苓。

③ 种苓个体稍大，近圆形，与料筒接触的蒂口小，而不选体积过大、过小、畸形或与料筒接触蒂口大的茯苓作种。

④ 从木引上长出的第一代苓，由于生长时间短，有时体积虽小，但其皮色、浆汁、粉质均好，也可作种龄使用。

木引是老产区苓农用于扩大种源、复壮菌丝的一种菌种。

制备方法：在栽培接种前 2 个月左右，选择质地松软、直径 4cm 左右的料筒为培养料，肉引接种，接种量为培养料的 1/15。待菌丝长满培养料后，挖出即为木引。优质的木引表面呈灰黄色，质稍松软，茯苓气味浓，无杂菌污染。用木引栽培茯苓产量较低，但可复壮菌种，老产区仍在广泛应用。

虽然菌种来源分肉引、木引和菌引等，但是肉引和木引两种方法目前一般均不采用。菌引，即人工分离扩制的纯茯苓菌种，用它接种栽培易成功，且产量高，茯苓人工纯菌种的栽培种，一般用松木片制作，检查菌种质量需取出木片种 1 片，要求菌丝生长洁白，木片呈淡黄色腐状，无杂菌污染，用力掰木片时能将其折断或木片边皆能剥得动，若将木片表面菌丝刮去，置 25℃下经 20～24h 不能恢复，不能再用，或木片弄不断，剥不动，说明菌丝无分解木质素等的能力，也不能使用。

（7）接种　地温 20～30℃最适宜，选晴天接种。

① 挖窖：在畦面顺坡挖长 60～80cm，宽深各 30cm 的苓窖，窖底与山坡面平行，底土挖松 6～10cm，撒杀白蚁药物并盖 1 层薄土，每 1 亩（1 亩 =667m²）挖 300～500 个窖。

② 放段木：把干燥、径粗相近的段木排放窖内，每窖 3～5 根，15～20kg，分 1～2

层排放，且皮部彼此靠紧，四周用土固定。

③ 接种

a. 顺排法。将木片菌种，由上而下1片连着1片，放在两根段木之间的去皮部。段木接触菌种的去皮面接种前应再削1刀，露出新鲜木质，以利菌丝定植生长，排放菌种后，上面再压1~2根新削的段木。

b. 聚排法。将木片菌种集中放在离段木上部20cm处的削面上，而后压上1根段木，每瓶菌种接50kg段木或每空窖接6~8片菌种并加少许木屑种，空隙处填松木片，使之紧密结合。若单根稍粗的段木，可用斧头劈成两半，将木片菌种夹在离段木端6cm左右处。

c. 打洞法。离段木一端15cm处，以斧或凿子在每一面打1个洞穴，口径3~5cm，深入木质部6~10cm，然后填入菌种压紧，若洞穴太大可塞入一些松木片，洞口用木板紧封死，段木下窝时，接种洞穴应向一边倾斜，但不能朝向窖底，接种量每50kg段木用种1瓶，打洞接种可防止白蚁危害，出苓率高。

④ 覆土：接种后立即用土把段木四周填实，要松紧适中，再把平整的土覆盖在穴上，厚达3~6cm为宜，有条件的可在窖上盖薄膜3~5d，防雨渗入影响菌丝生长。

2. 树桩栽培

利用砍伐后的树桩代替松木栽培茯苓是一项新技术，这种方法省工省料，产量比段木栽培提高20%，结苓时间可延长2~3年。

（1）选桩　一般选用前1年露天或次年春天砍伐的树桩，要是树皮未脱落，树木桩宜粗，直径至少在12cm以上，无虫蛀、腐烂及松脂多的树桩，新砍伐的树桩也可接种。

（2）选场　选坐北朝南阳光充足、酸性土、质地松软、排水良好处进行栽培。

（3）整桩　清除树桩2m内的杂草、灌木，深挖50cm左右，捡去草根、树根、石块，将树桩露出地面离桩1m以外的树根砍去，使菌丝集中在树桩、树根中生长，以免根也去皮留筋，任其干燥，土中避开根撒杀白蚁药物。

（4）接种　5~6月进行，直径30~35cm的树桩，在2~3条粗根上各接入半瓶茯苓菌种。

① 高桩接种：指针对树蔸较高的松树树桩，在树桩与树根交接处，锯1个长12cm、深入树桩5~6cm的缺口，把木片菌种竖放入缺口内，捆紧，用湿草纸包住，并覆土。

② 矮桩接种：指矮粗的树桩，采用根接，即在粗侧根近树桩一头的侧面削去树皮，将晒干引种用的细小支根靠在去皮侧根和小支根上用松木片覆盖。

（5）覆土　高桩接种后覆土高于菌种4~7cm，树桩上部可露出地面，呈馒头状。

（6）管理　开好排水沟，防止苓场积水。树根易发生白蚁，应常检查，勤防治，一般接种后5~6个月开始结苓，若苓块外露要及时培土，松脂少的嫩树桩，1年可采收，老的大树桩需2年才能采收。

3. 速生栽培

人工创造茯苓生育最佳的环境条件，缩短生产周期提高产量，其方法与段木栽培相似。

（1）选场整地　参照段木栽培法。

（2）备料　在肥沃土质，松树林中，选15~20年生且直径15cm左右，含纤维多、油脂少的松木，秋末冬初砍伐，削皮风干半年或3个月将松木搬移至苓场，锯成长50cm的段木。

（3）播种　清明前后选晴天，边截断，边削新面边播种，每窖用段木25kg左右，用木片菌种半瓶，接种方法与段木栽培相同。

（4）苓场管理　因接种时间提早，处于低温多雨季节，因此接种覆土后，畦上覆盖地膜，夜间地膜上加草帘，增温防雨，促使菌丝迅速定植。当茯苓进入温度、湿度适宜生长的季节，需遮阳降温，苓场内温度保持24~27℃，窖内土壤含水量控制在50%~60%，7月以后开始结苓，这时应人为增加昼夜温差，协调好温度、湿度、通气间的关系，注意培土管理，促进菌核迅速生长，10月底至11月初苓成熟，段木养分已基本被分解利用即可采收。速生栽培法，工序烦琐，但能有效缩短生产周期提高产量。

4. 松木屑栽培

采用松木屑，仿照香菇袋栽法栽培茯苓，达到节约木材、利用废料、增加产出的目的。

（1）菌袋要求　选用低压聚乙烯或聚丙烯膜制袋。

（2）培养基配制　松木屑78%、料糠20%、石膏粉1%、红糖1%，料水比1:1.2，上述原料按常规加水充分拌匀。

（3）装袋灭菌　筒膜一端扎紧，用手工或装袋机装料，扎口后常压灭菌10h，取出充分冷却。

（4）接种培养　往菌袋两端接入菌种，也可在料袋同侧打孔接种后贴上胶布，置24~26℃条件下培养20~25d，菌丝长满袋，即可脱袋进行栽培管理。

（5）栽培方法　顺坡度在畦上挖长35~40cm、宽35cm、深30cm的苓窖，依段木栽培法撒杀白蚁药物，每窖内排放5根菌棒，上覆25~30cm厚的土层，保持土壤含水量为55%左右，控温22~30℃，20~25d后土壤湿度提高到60%，温度降到18~22℃，下窖约1个月开始生长菌核，待茯苓成熟后采收。此法成功率高、周期短、见效快，每千克松木屑可产鲜菌核500g。

（四）苓场管理技术

1. 清场护窖

清理接种后的杂物，开好作业道和排水沟，沟深超过窖底，以免窖内积水而烂窖。

2. 成活检查

清晨去苓场观察，凡窖面干燥表明接种后已成活，凡湿润则未成活，因为成活后菌丝呼吸强，释放热量，使表土干燥，也可挖穴检查，凡菌丝未延伸的应补种。

3. 培土填缝

覆土易遭雨水冲刷使段木外露，因此雨后注意检查培土，进入结苓期，苓块生长迅速，致使地面龟裂，也需及时培土填缝，否则易发生烂苓。

4. 调控水分

外面下雨窖内积水时，可将苓窝下端挖开，露出段木，日晒半天再覆土，如遇干旱，需培土保水，久旱无雨应设法灌水抗旱，方法是先用锄头在窝面中央挖个小坑，将水灌进坑内，然后再培土灌水，宜早晚进行，实践证明，这是秋旱夺高产的有力措施。

5. 病虫害防治

茯苓主要病害是腐烂病，多发生在茯苓生长旺盛时期，感病的茯苓一旦有黄色黏液流出，就失去了药用价值，发生腐烂病的主要原因是排水不良和收获太晚。因此，为了防止腐烂病的发生，在挖窖时，底部要平整而略有倾斜，使之不积水，段木不要埋得太深，排水沟要挖深，一经发现此病，就要提前采收。

白蚁是茯苓生产中的主要虫害，轻者"蚕食"菌丝引起减产，严重时白蚁经过 3~5d 相互传染，颗粒无收，因此，接种后 1~2 个月，需经常检查，一旦发现白蚁要全部消灭。

6. 防兽害

除防止野猪拱窖、盗食和毁坏苓场，牛、羊等家畜也应禁止进入苓场，工作人员也只能在作业道内走动。

（五）采收与产品加工

茯苓全年均可采挖，一般多在 7~9 月，挖后去泥、堆积，以草垫覆盖，使内部水分渗出，取出置通风处阴干，反复数次，直至干燥，即为"茯苓个"；在稍干、表面起皱时，削取外皮，为"茯苓皮"；中心部分切成块片，为"茯苓块"与"茯苓片"，带棕红色或淡红色部分切成的片块称为"赤茯苓"，近白色部分切成的片块称为"白茯苓"，带松根者称为"茯神"。

1. 采收

（1）采收时期　从播种到成熟一般需要 8~10 个月，栽培周期的长短与气温、土温和段木粗细程度有较大关系，温度高，菌丝生长和结苓快，段木细生长也快，反之则慢，因此采收时应先采收南面温暖的地段，而后逐渐采收温度相对较低的地段。

（2）采收标准　段木变为棕褐色，一捏即碎，苓块皮呈黄褐色，白色则太嫩，黑褐色则太老，苓块与段木相连接的苓蒂已松脱，同时，地面不再龟裂，说明苓块已不再长大，应及时采收。

（3）采收方法　若成熟期不一致，可采大留小，成熟一致的则全部采收，采收时，距苓窖 0.5m 处把土扒开，由坡下向上或由上向下逐窝采收，不遗漏，对于质地仍硬的段木，可将大苓采下，小苓连同段木重新埋放苓窖内，仍可结苓。

2. 产品加工

（1）发汗　鲜苓含水量 40%~50%，需自然水使之松软，不可烘烤或暴晒，以免失水。方法是先在不通风的房间铺上稻草，把起窖后的茯苓除泥沙，分层堆叠，上盖稻草，每隔 2~3d，将茯苓翻身 1 次，翻身应慢慢转动，不能一次就上下对翻，共翻 3~4 次后，改为单层晾干，然后再次堆叠，如此反复数次，至表面暗褐色，表皮皱起，有鸡皮状裂纹即可。

（2）切制　将苓皮削去，用平口刀把内部白色的苓肉与近处的红褐色苓肉分开，削时尽量不带苓肉，然后按不同规格切成所需的大小和形状，切时握刀需紧，应同时向前向下用力。

（3）干燥　切好的苓块或苓片平放摊晒，雨天则以文火烘焙，次日翻面再晒至七八成干，收回后让其回潮，稍压平后复晒或风干即成商品，成品要求干透、无霉、无泥、无杂质、无虫蛀，折干率约 50%。

第五节　蛹虫草

一、食药兼优特性

（一）概述

蛹虫草（*Cordyceps militaris*）又称北冬虫夏草、北虫草、蛹草，是菌虫结

蛹虫草

合的药用真菌，蛹虫草属于真菌门、子囊菌纲、肉座菌目、麦角菌科、虫草属，是现代珍稀中草药。蛹虫草营养齐全，具有重要的滋补价值，可与人参、鹿茸相媲美（图7-25）。

蛹虫草味甘，性平，有益肝肾、补精髓、止血化痰的功效；能调理肾阳不足、眩晕耳鸣、健忘不寐、腰膝酸软、久咳虚喘、痨咳痰血等症状。国内外近年来研究表明，虫草素具有抑制病毒、抗肿瘤细胞的作用。

野生蛹虫草分布广泛，主产于云南、吉林、辽宁、内蒙古、安徽、河南、湖北、湖南、江西等地，生于针叶林、阔叶林或混交林地表土层中鳞翅目昆虫的蛹体上。

图7-25　蛹虫草

目前已经在人工控制条件下实现了工厂化、规模化栽培，产业发展迅猛。因其含有虫草菌素和虫草多糖，其独特药理作用已日益引起药学界的高度重视，成为虫草属中药用虫草菌中的佼佼者。

（二）蛹虫草的药用功效

人工栽培的蛹虫草具有耐缺氧、抗疲劳、抗衰老作用，特别是具有增强非特异性免疫系统的作用，能增强巨噬细胞的吞噬功能，促进抗体形成，并能抑制S_{180}艾氏腹水瘤的效果，同时对化疗药物环磷酰胺具有增效和降低毒性的作用。

1. 提高免疫力

蛹虫草子实体中含有丰富的硒（Se），这种微量元素已被大家公认是人体必需的微量元素，能保护细胞膜的稳定性和正常的通透性，并刺激免疫球蛋白和抗体的产生，增强机体免疫和抗氧化能力。

2. 扶正益气

蛹虫草既能补肺阴，又能补肾阳，主治肾虚、阳痿、遗精、腰膝酸痛、病后虚弱。中医认为其起扶正益气作用，对老年慢性支气管炎、肺源性心脏病有一定的疗效，能提高肝脏解毒能力，起护肝作用，提高身体抗病毒和抗辐射能力。

3. 防治心脑血管疾病

蛹虫草不仅具有特殊的营养价值，而且有明显的药用价值。其所含的虫草酸是治疗心脑血管疾病的基本药物，具有清除自由基、扩张血管、降低血压的作用，能预防辅助治疗脑血栓、脑溢血，对改善、调节心脑血管相关疾病非常有效。

4. 止咳平喘

《本草纲目》中记载，蛹虫草味甘，性温，入肺、肾二经，有补肺平喘的功效。而且蛹虫草所含的虫草素，对结核杆菌等引起肺部感染的病菌有抑制和杀灭作用，且虫草酸和虫草多糖能修复已受损的肺泡细胞。适用于肺结核、老人衰弱之慢性咳嗽气喘。

（三）蛹虫草的主要有效成分

1. 蛋白质

蛹虫草中蛋白质含量高达40%以上，高于野生冬虫夏草的15%以上，其中有人体必需的9种氨基酸，种类齐全，数量充足，比例适宜。

2. 微量元素

研究发现，蛹虫草中含 21 种微量元素。其中 Se、Zn 等明显高于冬虫夏草，硒含量是冬虫夏草的 3 倍。

3. 维生素

营养学家研究发现，蛹虫草中含有大约 9 种维生素：维生素 A、维生素 E、维生素 D_3、维生素 C 及 B 族维生素等，其中，维生素 A 的含量是猪肝的 13 倍；维生素 B_2 的含量是猪肝的 84 倍、人乳的 43.38 倍，专家评价蛹虫草干品中维生素营养价值之高是惊人的发现，所有维生素含量都高于野生冬虫夏草的 5~10 倍。

4. 其他活性物质

现代药理学研究发现，蛹虫草中还含有虫草素，可以抗病毒、抑制肿瘤生长，干扰人体的 RNA 和 DNA 合成。虫草酸可以预防辅助治疗脑血栓、脑溢血、肾衰竭等。虫草多糖可以提高免疫力，抗衰老，保护心脏、肝脏。腺苷等核酸衍生物可以辅助治疗和预防脑血栓、脑溢血，抑制血小板聚集，防止血栓的形成。

二、生物学特性

（一）形态特征

蛹虫草的形态分为菌丝体和子实体两部分。

1. 菌丝体

蛹虫草的菌丝是一种子囊菌，其无性型为蛹草拟青霉。其菌体成熟后可形成子囊孢子，孢子散发后随风传播，落在适宜的虫体上，便开始萌发形成菌丝体。菌丝体在培养初期呈白色绒毛状，见光后呈现橙黄色绒毛状（图 7-26）。

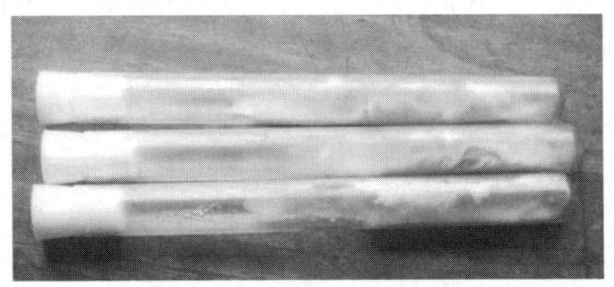

图 7-26　蛹虫草菌丝体形态图

2. 子实体

蛹虫草的子实体呈单生或丛生，根据蛹虫草培养基的不同，其子实体呈现的形态也略有差异（图 7-27）。一般来说，寄生于蛹体的虫草一般从寄生蛹体的头部或节部长出，颜色为橘黄或橘红色，全长 2~8cm，蛹体颜色为紫色，长 1.5~2cm，圆柱形或扁形，一般不分支，顶部稍宽，头部呈棒状。在大米、小麦等培养基上的蛹虫草一般是呈丛生状，颜色呈现为橘黄色或黄色。

（二）生殖方式和生活史

蛹虫草的孢子借助风力（水、树叶、土壤等）传播到宿主虫体后，孢子吸收水分和营养，长出芽管，芽管伸长并分支，进一步侵入虫体，逐步发育成白色的蛹虫草菌丝，菌丝

（1）蚕蛹虫草　　　　　　（2）大米蛹虫草

图 7-27　蛹虫草子实体实物图

一边破坏宿主虫体的组织和器官，一边吸收宿主的营养，借助宿主的营养成分，不断地生长，积累大量的菌丝体。

当蛹虫草菌丝体将虫体完全分解后，在适宜的光照、温度和湿度条件下，菌丝体开始扭结分化形成原基，随着原基不断地生长，逐步形成有柄的、顶部呈现长棒状的子实体。子实体上有无数个突出的子囊壳，随着子实体的成熟，从子囊孔中弹射出大量的孢子，孢子随各种媒介进行传播，传播到宿主虫体上，进行下一轮的侵染和出草，如此循环往复。

（三）生长条件

1. 营养

蛹虫草属兼性腐生菌。野生蛹虫草以蚕蛾科、舟蛾科、天蛾科、尺蛾科、枯叶蛾科等鳞翅目昆虫蛹为营养，人工栽培时可利用碳源、氮源、矿物质元素作为主要营养物质。

（1）碳源　蛹虫草可利用的主要碳源物质是葡萄糖、麦芽糖、蔗糖、淀粉、果胶等，尤其以单糖或小分子双糖的利用效果为佳。碳源物质中以甘露醇为最好，培养的菌丝生长最健壮。在蛹虫草的生产过程中，考虑到成本等因素，最常用的碳源为大米、小麦或者玉米。

（2）氮源　蛹虫草能利用的氮类物质是有机态氮和无机态氮，有机态氮的种类较多，如蛋白胨、豆饼粉、酵母膏等，无机态氮中以尿素为氮源效果为好。人工栽培蛹虫草时需加入一定量的动物蛋白，以蚕蛹粉、蛋清为最佳氮源。

（3）矿物质元素　蛹虫草菌丝及其子座生长中不可缺少矿物质元素，生产中常加些 KH_2PO_4、$MgSO_4$ 等。

（4）生长素　蛹虫草栽培中添加适量的生长素有刺激和促进蛹虫草菌丝生长、提高生物产量的作用，在生产中应适量添加些维生素 B_1、维生素 B_6、维生素 B_{12} 等。

2. 温度

蛹虫草属中低温型变温结实性菌类，温度是蛹虫草生长发育环境因素中最重要的因素之一。在蛹虫草的不同生长发育阶段都有最适温度。菌丝生长温度在 6~30℃，最适温度是 18~22℃，低于 6℃极少生长，高于 30℃停止生长，甚至死亡。子实体生长温度是 10~25℃，最适生长温度为 16~23℃。原基分化时需较大温差刺激，一般应保持 5~10℃ 的温差。在实际生产中一般把温度控制在，发菌时为 16~19℃，出草时为 18~20℃，长草时为 20~21℃。试验证明，蛹虫草在温度 10~20℃变温下培养需要 30~45d 才能出草，而在 19℃恒温条件下培养，仅需要 15~25d 就出草。在栽培中，尤其是菌丝生长期要避免高温，以减少细菌或真菌的污染。

3. 湿度

蛹虫草生长所需的水分绝大部分来自培养基，培养基含水量过高或过低均不利于菌丝生长，培养基含水量要求为 58%~65%，低于 55%，菌丝生长缓慢，高于 65%，培养基易酸败。当第一批子实体采收后，培养基含水量会下降到 45%~50%，此时若不及时补充水分将影响第二批子实体的生长，甚至不出第二批子实体，因此在转潮期应补足水分，结合补充营养，通常用营养液进行补水。

空气相对湿度对蛹虫草的产量和质量影响较大，尤其是在中后期，空气相对湿度在 85% 以上，可延迟蛹虫草的衰老时间，大大提高产量，即使在 95% 以上的湿度条件下，蛹虫草也能正常生长。菌丝体培养阶段的空气相对湿度应保持在 65% 左右，而子实体生长期间，要求空气相对湿度达 80%~90%。

4. 空气

蛹虫草是好气性菌类。菌丝和子实体发育均需要清新的空气。尤其子座发生期应增大通气量，CO_2 积累过多，子座不能正常分化或出现密度大、子座纤细的畸形虫草，因此在生产中要注意通风换气。

5. 光照

蛹虫草是喜光性菌类。孢子萌发和菌丝生长不需要光照，光照会使培养基颜色加深，易形成气生菌丝，并使菌丝提早形成菌被。在菌丝成熟由白色转成橘黄色的时候即原基形成时需要一定的光照，此时光照强度要保持在 100~200lx，刺激转色，每天光照时间达到 10h 以上，生产上夜间可用日光灯作为光源。光照过弱，原基分化困难，出草少，子实体呈淡黄色，产质量低。

6. 酸碱度

蛹虫草适应酸性环境，菌丝生长阶段适宜 pH5~8，最适 pH 为 5.4~6.8。但在生产中由于高温灭菌及菌丝生长中产生酸类物质，致使培养基 pH 会下降，因此在配制培养基时要将 pH 调高至 7~8，同时添加 0.1%~0.2% 的 KH_2PO_4 或 K_2HPO_4 等缓冲物质，以调节培养中 pH 的急剧变化对菌丝生长的影响。

三、栽培管理技术

蛹虫草人工栽培主要有蚕蛹培养基栽培和大米（小麦）培养基栽培。目前进行大规模生产蛹虫草的主要以大米（小麦）培养基栽培方式为主。

栽培工艺流程：菌种制备→栽培季节的确定→培养料的选择→培养基配制、装瓶→灭菌→冷却→接种→培养→转色管理→子座生长期管理→采收加工。

（一）菌种制备

选用菌丝洁白、适应性强、见光后转色和出草快、性状稳定的速生高产优质菌种，是获得栽培成功和高产的关键。

与其他药用菌相比，蛹虫草菌种极易退化，因此生产中正确选种、保种与用种很重要。一是不用 3 代以上的母种进行扩增制作；二是保种时不宜用营

蛹虫草栽培

养丰富的培养基，保种与生产中要轮换使用不同配方的培养基；三是长期保藏的菌种需转管复壮后方可使用。

蛹虫草人工培养大多数用液体菌种接种，常用的液体菌种培养基有以下几种。

（1）配方1　葡萄糖2%、蛋白胨0.4%、牛肉膏0.4%、KH_2PO_4 0.4%、$MgSO_4$ 0.4%、维生素B_1微量，pH6.5~7。

（2）配方2　玉米粉2%、葡萄糖2%、蛋白胨1%、酵母粉0.5%、$MgSO_4$ 0.05%，pH6.5~7。玉米粉加水煮沸10min，过滤取滤液，加入其他成分。

（3）配方3　马铃薯20%、乳粉0.5%、葡萄糖2%、KH_2PO_4 0.2%，pH6.5~7。马铃薯去皮切块加水煮沸10~15min，过滤取滤液，加入其他成分。

（4）配方4　葡萄糖1%、蛋白胨1%、蚕蛹粉1%、乳粉1.2%、KH_2PO_4 0.15%、Na_2HPO_4 0.1%、pH6.5~7。

配制好的培养基装入三角瓶内，一般500mL的三角瓶装量为100~200mL，塞上瓶塞，在0.1~0.15MPa（121~125℃）下灭菌20~30min，冷却后在无菌条件下接入母种，每支母种接6~8瓶，接种后先静置培养24h，再置于摇床上振荡培养，摇床转速为120r/min，培养温度为恒温19℃，3~5d后即可使用。优质液体菌种的标准：培养液澄清，棕色，无浑浊，培养液中有大量均匀的菌丝球，有浓浓的虫草香味。

（二）栽培季节

根据蛹虫草对温度的要求，可分春、秋两季栽培。适宜的播种时间由两个条件决定：一是播种期在当地旬平均气温不超过22℃；二是从播种时往后推1个月为出草期，当地旬平均气温不低于15℃。春播一般安排在4月上旬播种，秋播在8月上旬播种。立秋过后，气温由高转低，昼夜温差过大，正好有利于出草，是栽培的最佳季节。

（三）培养料的选择

蛹虫草人工栽培可选用大米或小麦等作为栽培主料，大米以粗糙籼米最佳，因其含的支链淀粉较少，灭菌后通气性较好，有利于菌丝的生长。选用的大米、小麦要求新鲜无霉变、无污染、无虫蛀。目前，人工栽培蛹虫草的培养基除了小麦、大米外，蚕蛹、禽蛋等也逐渐成为蛹虫草栽培的原料，根据所用培养基的不同，所栽培出的虫草分别称为蚕蛹虫草、禽蛋虫草（图7-28、图7-29）。

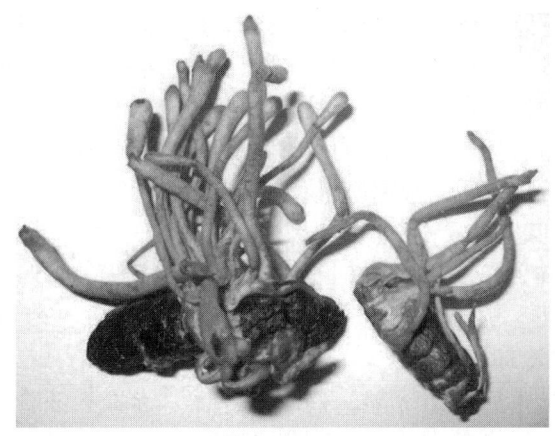

图7-28　蚕蛹虫草

蚕蛹虫草

（四）培养基配制与装瓶

蛹虫草人工栽培培养基配方有多种，如下所示。

（1）配方1　籼米35g、蚕蛹粉1g、营养液45mL。其中营养液组分：① 葡萄糖10g、蛋白胨10g、KH_2PO_4 2g、$MgSO_4$ 1g、柠檬酸铵1g、维生素B_1 10mg，捣碎，加水1000mL，pH7~8；② 马铃薯200g，煮汁去渣，滤液内加入蔗糖20g、乳粉15~20g、KH_2PO_4 2g、

$MgSO_4$ 1g、补足水至 1000mL，pH7~8；③ 葡萄糖 10g，蛋白胨 10g，KH_2PO_4 2g，柠檬酸铵 1g，$MgSO_4$ 0.5g，维生素 B_1 10mg，加水 1000mL。

图 7-29 禽蛋虫草

（2）配方 2　籼米 70%、蚕蛹粉 23%、蔗糖 5%、蛋白胨 1.5%、酵母粉 0.5%、维生素 B_1 微量。

（3）配方 3　籼米 89%、玉米（碎粒）10%、酵母粉 0.5%、蛋白胨 0.2%、KH_2PO_4 0.1%、$MgSO_4$ 0.05%、蚕蛹粉、蔗糖、维生素 B_1 适量。

（4）配方 4　小麦 94%、蔗糖 5%、KH_2PO_4 0.5%、$MgSO_4$ 0.1%、酵母粉 0.5%、蛋白胨 0.3%。

（5）配方 5　高粱 45%、玉米渣 40%、小米 10%、蔗糖 2%、蛋白胨 2%、酵母粉 0.8%、KH_2PO_4 0.1%、$MgSO_4$ 0.1%。

用罐头瓶、塑料瓶（耐高温高压）作为栽培容器，每瓶装配主料 30~40g。在制作培养基时要注意以下几个方面：一是主料与营养液的比例要适当，不能太干或太湿，适宜的含水量在 57%~65%；二是要严格控制培养基 pH 在 5.5~7.2；三是主料与营养液在灭菌前的浸泡时间不能太长，一般不能超过 5h，否则会发生培养基发酵和糖化，影响前期的转色和出草；四是培养基采用常压灭菌时必须在 3h 以内使灶内温度达到 100℃，否则培养基容易酸化变质，影响产量。

（五）灭菌

配制好的培养基应及时彻底灭菌，采用高压蒸汽灭菌为 40~60min，常压灭菌时为 8~10h 即可。灭菌后的培养基要求上下温度一致，米粒间有空隙，不能黏稠成糊状。

（六）冷却接种

灭菌结束后取出冷却，移入接种室，当培养基冷却到 30℃ 以下时，在无菌条件下接种，每瓶接种液体菌种 10mL 或固体菌种 10g。规模化蛹虫草生产一般以液体接种为主，如图 7-30 所示。在生产过程中为防止污染，可适当增加接种量，以利菌丝加快生长，迅速占领料面。接种完后即移入消毒和防虫处理的培养室内进行培养。

（七）菌丝培养

在接种后的 3 周内，要进行遮光培养。接种后最初将温度保持在恒温 16℃ 培养，以减少杂菌污染，当菌丝生长至培养基 1/2~2/3 时，可将温度升至 19~21℃，室内要保持黑暗、通风，空气相对湿度控制在 65% 左右。经 15~20d 菌丝可发满瓶或者发满整个盒子（图 7-31）。

图 7-30 蚕蛹虫草接种

图 7-31 蛹虫草发菌图

（八）转色培养

蛹虫草菌丝发满瓶子或者盒子后，需要进行见光转色，促进菌丝生理成熟（图 7-32）。光照强度一般为 500lx 以上，见光后蛹虫草菌丝由白色迅速转变为黄色（图 7-33），菌丝进入生理成熟期。在生产过程中，转色过程主要通过安装日光灯管进行诱导转色。一般 5～7d，蛹虫草菌丝就完成了转色。

（九）子座培养

蛹虫草菌丝逐渐转成橘黄色时，表明菌丝营养生长已经完成，此时菌丝已成熟，即可增加光照，同时给予 10℃ 左右的温差刺激，诱导原基形成。当培养基表面和四周有橘黄色色素出现，开始分泌黄色水珠，并伴有大小不一的圆丘状橘黄色隆起物时，子座开始形成（图 7-34）。此时室内温度保持 18～23℃，空气相对湿度 80%～90%。湿度太大容易产生气生菌丝，对子实体生长不利；湿度太低容易使培养基失水而影响产量。在子座形成之后，应根据蛹虫草有明显趋光性的特点，结合实际情况适当调整光源方向，保证受光均匀，避免光照不均匀造成子实体扭曲或一边倒，整个培养期间要适当通风，但不可揭掉封口塑料薄膜，可在薄膜上用针穿刺小孔，以利于气体交换。

图 7-32　蛹虫草转色图

图 7-33　生产中蛹虫草菌丝转色图

图 7-34　蛹虫草子座形成图

（十）采收加工

一般从播种到子囊成熟需要40d左右，菌丝扭结到子实体成熟需要20d左右，每瓶可生长子座10~20支，但只有5支左右商品性状最好，生物效率在30%左右。

当子座呈橘红色或橘黄色棒状，高度达5~8cm，头部出现龟裂状花纹，表面可见黄色粉末状物，如图7-35所示，此时应及时采收。如采收过迟，则子实体枯萎或倒苗腐烂。采收时，用无菌弯头手术镊将子实体从培养基轻摘下即可。

虫草采收后，应及时将根部整理干净，晒干或于低温下烘干。然后用适量的黄酒喷雾使其回软，整理平直后扎成小捆，并包装新鲜出售。也可以置入木盒中，50℃进行烘干后包装成干品进行销售（图7-36）。采用罐头瓶熟料栽培的方法，一瓶可出干品2~3g，采用25cm×50cm的盒子进行栽培的，一盒可出干品30~50g。

图7-35　蛹虫草子实体成熟

图7-36　蛹虫草烘干图

（十一）转潮管理

虫草采收后应停水3~4d，然后注入培养基内加入5~10mL无菌营养液，再扎薄膜放到适温下遮光培养，使菌丝恢复生长。待形成菌团后再进行光照等处理，使原基、子实体再次发生，一般10~20d后可生长第二批虫草。

第六节 羊肚菌

一、食药兼优特性

羊肚菌（Morchella esculenta）是世界上珍贵的稀有食用菌之一，属于子囊菌亚门、盘菌目、羊肚菌科、羊肚菌属。别名羊肚菜、编笠菌、羊肚蘑、阳雀菌等。羊肚菌是一种珍稀野生食药用真菌，具有较高的营养和药用价值，以子实体和菌丝体入药。羊肚菌香味独特，营养丰富，富含多种人体所需的氨基酸，有益肠胃、助消化、化痰理气、补肾壮阳、补脑提神等功效；还含有抑制肿瘤的多糖，抗菌、抗病毒的活性成分，具有增强机体免疫力、抗疲劳、抗病毒、抑制肿瘤等作用。其中所含丰富的硒，是人体红细胞谷胱甘肽过氧化酶的组成成分，具有抗氧化作用，能改变致癌物的代谢方向，并通过与癌细胞结合而解毒，从而减少或消除致癌的危险。这是今后进一步深入开发利用的重要方向，在医学应用上将很有前途。同时，其含有稀有的氨基酸，若能把该物质提纯出来，加入饮料或调味品中前景广阔。如何采用发酵工艺生产该调味品是一个重要研究开发项目。

市面上关于羊肚菌真菌多糖、蛋白质及氨基酸、不饱和脂肪酸、微量元素和维生素、γ-谷氨酰转肽酶和纤维素酶等活性物质的研究和报道屡见不鲜。这些活性成分使得羊肚菌在新型功能食品的开发领域中有着多重价值。羊肚菌真菌多糖有减轻肿瘤患者因放化疗引起的恶心、头疼、食欲减退等副作用的功效。亚油酸和油酸分别有降低人体胆固醇浓度和降低低密度脂蛋白、升高高密度脂蛋白的功能，有助预防动脉粥样硬化。羊肚菌的蛋白质含量较高，所含氨基酸中人体所需9种必需氨基酸占总量的47.47%。研究表明，其中有一些稀有氨基酸，如顺-3-氨基-L-脯氨酸、α-氨基-异丁酸和2,4-二氨基异丁酸等，与羊肚菌的奇鲜风味有直接关系。

羊肚菌中矿物质元素含量也非常丰富、种类齐全，人体必需的K、Ca、P等常量元素、Fe、Mn、Zn等微量元素含量均很高。这些主要微量元素是人体生理代谢酶的主要组成成分，其丰富的含量也是羊肚菌有别于其他药用菌的主要特征之一。

二、生物学特性

（一）形态特征

羊肚菌子囊果近球形至卵形，顶端钝，菌盖长4~7cm，宽4~6cm。凹坑不定型至近圆形，似羊肚状（图7-37），黄褐色，棱纹色较浅，不规则地交叉；菌柄长5.5~7cm，直径为2~2.5cm，近白色，中空，子囊孢子椭圆形、大小（20~24）μm×（12~14）μm，侧丝顶端膨大，粗达12μm。菌丝体白色，有分隔，多核，无锁状联合，异宗配合，常产生菌核。

（二）生殖方式和生活史

羊肚菌的生活史即从孢子到孢子的发育全过程，包括有性生殖、无性生殖、菌核形成（图7-38）。子实体或子囊果的产生是羊肚菌有性生殖周期成熟的表现，含子囊孢子的成熟子囊果是生活周期的终极，其显著特征是两个单倍体核配对后形成双倍体核，再经减数分裂形成新的单倍体子囊孢子，孢子萌发形成菌丝，减数分裂前的配对可进行自体配对和异体配对。无性生殖是由菌丝形成孢子囊梗，在顶端发育子囊，囊内生成分生孢子，当孢子囊成熟，散出分生

图 7-37 羊肚菌

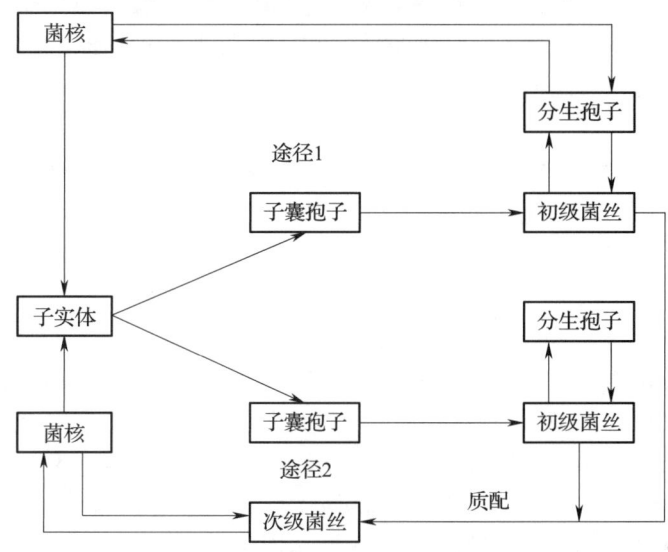

图 7-38 羊肚菌的生活史

孢子，分生孢子遇适宜环境又萌发产生单倍体核的新菌丝。此外，在某些条件下，营养菌丝或异核菌丝可直接形成菌核，菌核在不利情况下处于休眠状态；适宜条件下营养菌丝形成的菌核便萌发成新的初生菌丝，进行营养生长；异核体萌发后，可形成次生菌丝，或形成子实体。在羊肚菌生活史中，产生分生孢子层——菌霜，菌丝体形成菌核都是重要的标志和重要阶段。

（三）生长条件

1. 营养

羊肚菌属于腐生型真菌，菌丝可在多种真菌培养基上生长。羊肚菌可利用的碳源有：可溶性淀粉、果糖、麦芽糖、蔗糖、葡萄糖、糊精等。氮源有半胱氨酸-盐酸、天冬氨酸、天冬酰胺、尿素、$NaNO_3$、$NaNO_2$、各种铵盐。但柠檬酸脲，硫脲有毒害作用。蛋白胨、NH_4NO_3 作用不明显。维生素、矿物质元素及苹果提取液、木材提取液对其生长都有促进作用。

2. 温度

研究认为羊肚菌属低温型真菌。菌丝在 3～28℃ 均能生长，最适温度 18～22℃，低于 3℃ 休眠，停止生长，高于 28℃ 也停止生长或死亡。孢子萌发适宜温度为 15～20℃。子实体在 4.4～22℃ 范围内均能生长，最适宜温度为 15～18℃，昼夜温差大，能促进子实体的形成，但温度低于或高于生长范围均不利于子实体的正常发育。

3. 湿度

羊肚菌适宜在土壤湿润的环境中生长。营养生长阶段，土壤含水量在30%~70%均可生长，但以土壤含水量45%~55%为宜，人工栽培的培养基含水量以60%~65%为宜，含水量超过70%菌丝停止生长。子实体形成时最适空气相对湿度为80%~95%。

4. 空气

据观察菌丝生长阶段对空气无明显要求，但在子实体形成和生长发育阶段对空气十分敏感，CO_2浓度超过0.3%时，子实体长势衰弱，瘦小，畸形，甚至腐烂。

5. 光照

营养生长阶段不需要光照，菌丝在暗处或微光条件下，生长很快；光照过强会抑制菌丝生长。但光照对子实体的形成有一定的促进作用，有较强的趋光性。子实体往往趋向有光照的方向弯曲生长，覆盖物过厚或树林过密，太阳光直射的地方都不适宜羊肚菌的生长。最适于自然树林或人工遮阳棚下的光照。

6. 酸碱度

培养基或土壤的pH在5~8为宜，最适pH为6~7.5，中性或微碱性有利生长，pH在5和8时生长速度明显下降；pH在4.5以下或高于9.0以上菌丝停止生长或死亡。

三、栽培管理技术

（一）菌种

1. 人工栽培的品种

近几年，经过人工大田栽培的实践，可栽培的羊肚菌品种有变红羊肚菌（*Morchella rufobrunner*）、梯棱羊肚菌（*M. importuna*）、尖顶羊肚菌（*M. conica*）、六妹羊肚菌（*M. sextelata*）、七妹羊肚菌（*M. septimelata*）、粗柄羊肚菌（*M. crassipes*）以及普通羊肚菌（*M. esculenta*）。我国栽培的羊肚菌以黑色品系为主，六妹羊肚菌以其产量高及稳定性好占栽培总面积的95%以上；梯棱羊肚菌和七妹羊肚菌次之，开发潜力较大；黄色品系粗柄羊肚菌栽培面积小，稳定性及产量有待提高。

羊肚菌丰收

羊肚菌栽培流程

2. 菌种分离

羊肚菌采用孢子分离、组织分离或基内菌丝分离获得纯种，而以孢子分离的方法最为有效、可靠。分离的菌种必须经过选择与鉴定，且须经过出菇试验后才能大规模用于生产。分离组织在20~25℃条件下培养2d可萌动，4d左右可形成初生菌落，在无菌条件下挑起菌落的尖端进行纯化培养或者扩大培养。

3. 菌种生产

母种采用马铃薯葡萄糖琼脂加腐殖土培养基，配方为：马铃薯200g（煮汁过滤）、葡萄糖20g、琼脂20g、水1000mL、腐殖土少许，pH自然。菌丝在22℃条件下培养约7d即可长满试管。优良的母种，菌丝生长均匀，初期菌丝粗壮、洁白，气生菌丝旺盛，爬壁力强，约8d后菌丝产生色素，菌落变黄色至棕色。大部分菌株，培养5d左右即开始形成菌核。菌核初期为针尖大小的白点，后为芝麻粒大小或更大些，颜色变黄，最终为棕黄色。

一般情况下，一支18mm×180mm的试管母种可接6~7瓶（袋）原种。原种培养基配方为麦粒48%、谷壳20%、麦麸18%、粗木屑10%、石膏粉1%、轻质$CaCO_3$ 1%、腐殖土2%。培养料装袋灭菌冷却后接种，如图7-39所示。

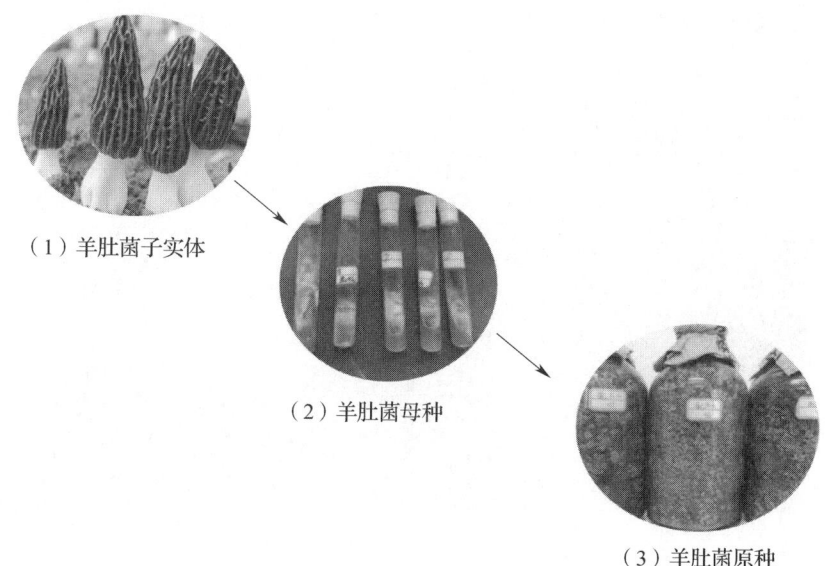

（1）羊肚菌子实体
（2）羊肚菌母种
（3）羊肚菌原种

图 7-39　羊肚菌母种和原种

栽培种培养料配方为麦粒 46%、谷壳 20%、麦麸 18%、粗木屑 10%、石膏粉 1%、轻质 $CaCO_3$ 1%、腐殖土 4%，拌匀的培养料装袋灭菌冷却后接种。菌种生产的时间一般在 8~9 月，须 18℃ 控温培养，以确保菌种质量。一袋 170mm×330mm 规格的原种一般情况下可以接 50 袋栽培种。

在平均最高气温连续数天低于 20℃ 时就可进行羊肚菌栽培，一般海拔高于 600m 的地方可以提前到 10 月底播种。海拔低的地方 11 月初至 11 月中旬播种。

（二）栽培前地畦处理

羊肚菌在 100~3500m 的海拔都可生长。栽培场地可选择坡度 0°~5° 的水稻田、旱田、林地、果园、荒地等，以水田最佳，病虫害少，可以连作；就近有干净的地下水源、自然流水或库堰水，保证栽培期间每亩供水 15~20t；背风向阳，不在风口上。

栽培前土地要翻耕杀虫，用生石灰和广谱杀虫药进行杀虫灭菌处理。流程为：地表喷洒杀虫药→石灰→旋耕→再喷洒杀虫药。

把大的土块耙小，石灰用量为每亩 50~75kg。经大田处理后即可做畦。根据田地的形状，沿着沥水的方向做畦，一般畦宽 100~120cm、高 20cm（不沥水的田适当高一些），走道宽 30cm。做畦后，搭建遮阳棚柱桩。遮阳棚高 2m，就地选择木桩或者较粗的竹子，长 2.5m，将其中 0.5m 打入地下，桩与桩之间用铁丝连接和固定。遮阳棚根据栽培地区的海拔高低和播种时的气温选择覆盖遮阳网，高海拔地区，建议于春节后气温回升时覆盖，以防被大雪压垮。

（三）播种

羊肚菌播种方式有穴播、撒播、行播等，多采用撒播，撒播即将菌种均匀撒于畦面上，然后用土覆盖，覆土厚约 3cm。菌种用量为每亩 250~300 袋。播种后，马上进行覆膜，使用黑色的地膜进行直接平铺覆盖，或者起小拱覆盖，以保温、保水和抑制杂草生长。播种 7~10d 后，土壤表面即可出现白色的"菌霜"，如图 7-40 所示。

图 7-40　羊肚菌菌霜图

（四）排放营养袋

羊肚菌栽培过程中，二次营养的加入是栽培成功的关键，目前排放的方式是以麦粒、谷壳、棉籽壳以及木屑为原料，按一定的比例装袋灭菌后放置于大田。营养袋的配方是：麦粒40%、谷壳30%、草粉20%、麸皮10%。每亩放置300～500袋，每袋间隔20～30cm，如图7-41所示。

图 7-41　羊肚菌营养袋

一般播种后10～15d，当菌床上长满像白霜一样的分生孢子时，开始放置营养袋。放置时将营养袋的一侧打满孔，打满孔的一面朝下平放在菌床表面，稍用力压实。营养袋放置后，在温度适宜的情况下，15d左右菌丝就会长满菌袋，40～45d后，袋内麦粒的营养被羊肚菌菌丝耗尽，麦粒由饱满变瘪，此时可移走或不移走营养袋（图7-42）。

图 7-42　羊肚菌地畦排放营养袋

（五）保育和出菇管理

羊肚菌整个菌丝生长过程要做到雨后及时排水，干旱时及时补水，保持地表的土粒不发白，使土壤湿度保持在 20%~25%。土壤太干，菌丝生长缓慢；土壤太湿，则缺乏空气，菌丝无法生长，导致绝收或者减产。如果立春前长期少雨，可喷 1~2 次大水，用水量为 5~10kg/m^2。若有杂草，须及时清理。

当春季气温回升到 6~10℃时，喷一次大水，用水量 10~15kg/m^2。调节空气湿度至 85%~90%，土壤含水量至 65%~75%，增加散射光照射，早晚各通风 1 次，时间约 30min，进行催菇处理。出菇期间保持温度和湿度适宜是栽培成功的关键。幼嫩菇蕾期要精细管理，协调好温度、湿度和通风的条件，否则易夭折死亡造成减产。

（六）采收及加工

当羊肚菌的菌盖长 4~7cm，黄褐色或黑色，棱纹不规则地交叉，棱与凹沟较显著；菌柄长 5.5~7cm，直径为 2~2.5cm 时即可采收，采大留小（图 7-43）。

采收后清理干净菌柄基部的泥土，晾干或低温烘干。

图 7-43　羊肚菌地畦栽培

羊肚菌栽培获高产

第七节 桑黄

一、食药兼优特性

(一) 概述

桑黄（*Phellinus igniarius*）是人们熟知的一种药用真菌的俗称，属担子菌门、锈革孔菌科，又称树舌灵芝、桑臣、桑耳、胡孙眼、桑黄菇、马蹄菌，是一种珍贵的药用真菌，有"森林黄金"之美称（图7-44）。

（1）杨树桑黄　　　　　　　　　　（2）桑树桑黄

图 7-44　杨树桑黄和桑树桑黄实物图

桑黄因寄生于桑树而得名。最早的桑黄文字记载出现于《药性论》中，记载无毒，更早的记载名称是桑耳；《神农本草经》中记载"桑耳黑者，主女子漏下赤白汁"。有学者考证认为桑耳即桑黄。《药性论》记载：桑黄味微苦，性寒，在我国传统中药中用于治疗痢疾、盗汗、血崩、血淋、脐腹涩痛、脱肛泻血、带下、闭经；在日本作为利尿剂使用。

(二) 有效成分

现代研究发现桑黄含有多糖、落叶松蕈酸、脂肪酸、固醇类、三萜类、芳香酸、氨基酸、酶和黄酮等多种活性成分以及 Fe、Zn、Ca、Mg 等十多种元素。但是，由于用于研究的样本产地不同、品种不同和方法、侧重点不同等，因此在研究成果方面也有些差异。研究发现，在这些有效成分中，落叶松蕈酸是桑黄子实体中特有的成分，其菌丝体中不含有。桑黄子实体多糖主要由甘露糖、半乳糖、葡萄糖、树胶醛醣和木糖构成，子实体蛋白质部分包含了大量的天冬氨酸、谷氨酸、丙氨酸、甘氨酸和丝氨酸等氨基酸。桑黄菌丝体发酵液中分析得到二丁基羟基甲苯、棕榈酸、9,12-亚油酸甲酯、二十碳烷、二十六碳烷 5 种化学物质。

(三) 药用功效

1. 肝纤维化抑制作用

第二军医大学的张万国等学者，对桑黄抗纤维化作用进行了试验研究，考察桑黄对其产生干扰素的增强作用。结果表明：桑黄能显著提高血清 L- 干扰素水平，并且呈浓度依赖性，认为桑黄具有明显的抗肝纤维化作用，而诱导干扰素的生成可能是其作用机制之一。

2. 抗氧化、抗肿瘤活性

药理学家用 CCl_4 诱导大鼠肝纤维化过程中，脂质过氧化是其主要的肝损伤机制。模型组大鼠血清活性氧显著升高，肝组织脂质过氧化产物丙二醛大量生成，超氧化物歧化酶活性受到明显抑制。桑黄可以一定程度提高超氧化物歧化酶活性，并且使血清中活性氧明显降低，表现出较好的清除氧自由基作用。

而桑黄酸性多糖能够刺激产生 NO，并通过增加表面分子引发细胞调节免疫性，从而表现出抗肿瘤活性，这个过程可能就是酸性多糖具有医疗效果的作用机理。

3. 降血糖作用

Kim 等用桑黄多糖喂用链佐星导致的糖尿病大鼠，结果显示：桑黄多糖能够降低血糖，同时减少总胆固醇、三酰甘油和天冬氨酸转氨酶含量。这个结果让我们相信桑黄多糖在治疗人类糖尿病上将有所作为。

4. 抗肺炎作用

药理学家们用桑黄提取物预处理大鼠的实验中，发现桑黄提取物能够抑制肺炎大鼠炎症细胞包括嗜中性粒细胞的数量及白介素的水平。这个结果表明：桑黄提取物在抑制人类急性肺炎方面可能会有很大的作用。

二、生物学特性

桑黄属于担子菌门、层菌纲、非褶菌目、锈革孔菌科、针层孔菌属，是一种多年生的珍稀药用真菌。

（一）形态结构

1. 子实体形态特征

目前，针层孔菌属至今已经发现 251 种左右，在我国发现 62 种，桑黄别名比较多。从形态上看，子实体中等至较大，马蹄形至扁半球形，无柄，硬而木质化。初期有细绒毛，颜色黄褐色或咖啡色，以后光滑，变暗灰黑或黑色，老熟后龟裂，无皮壳，有同心环棱，管孔多层，与菌肉同色，刚毛基部膨大，顶端较尖，子实层中通常有大量的锥形刚毛存在。从形态上看，有很多种具有褐色蹄形的子实体，因此与很多种具有相似之处。目前，文献中常报道的主要有以下三种：裂蹄木层孔菌、鲍氏层孔菌、火木层孔菌。

2. 菌丝体形态特征

由于桑黄的种类较多，一般来说，大多数桑黄的菌丝体形态类似。以淡黄木层孔菌为例，该菌的菌丝体生长速度较快，菌丝在 1～2 周内覆盖平板。生长新区均匀，轻微升高的气生菌丝体延伸到生长区的边缘。菌落最初白色，为轻微升起的短棉絮状，渐变成烟褐色、茶褐色和棕褐色，为更紧实的毡状和丝绒状。反面无变化或在有色的菌丝体下变为蜜黄色和土褐色，无气味。

（二）生殖方式和生活史

桑黄的生活史就是它完成一个生命世代的历程。桑黄孢子均有"+""-"之分，菌丝性别与担孢子的本身性别是一致的，桑黄孢子从菌管中释放出来，遇到适宜的环境条件即开始萌发，为单核菌丝，单核菌丝生长细弱，不能形成子实体，两个相对的单核菌丝通过细胞质配合，形成具有两个细胞核的菌丝，称为双核菌丝，这种菌丝粗壮，生命力强，进一步发育达到生理成熟，形成子实体。子实体成熟时产生担子，每个担子顶端发育成四个担孢子，这就是桑黄的生活史。

（三）生长条件

1. 营养

营养是桑黄生命活动的物质基础，也是丰产的根本保证。桑黄是兼性寄生，但以腐生为主。具有很强的纤维素、木质素分解能力，生长过程中需要C、N、矿物质元素、生长素等营养。

（1）碳源　碳源是菌丝体生长繁殖和多糖合成的主要基质，菌丝和子实体发育均受碳源种类和浓度影响。碳源是构成细胞结构的物质和供给菌丝繁殖所需要的能量及其代谢调节的物质，是最重要的营养之一。主要碳源为单糖、寡糖、多糖、有机酸和醇类，其中的葡萄糖、麦芽糖、蔗糖等可以直接被吸收利用，而大分子的淀粉、纤维素、半纤维素、果胶、木质素等需要经过菌丝细胞分泌的各种水解酶将它们分解成可溶性糖及其小分子物质后，才能被很好地吸收利用。木屑、作物秸秆、棉籽壳等农副产品的下脚料，均含有纤维素、半纤维素和木质素，晒干后都可以用于桑黄的栽培。目前，在桑黄的人工栽培过程中，主要使用桑树木屑和杨树木屑作为碳源。

（2）氮源　凡是提供药用真菌生长发育所需要的氮素的营养物质，称为氮源。氮素是构成菌丝体蛋白质、核酸及酶类的主要成分。氨基酸、尿素、铵盐等小分子化合物能直接被菌丝吸收利用，大分子蛋白质需要通过蛋白酶，将其水解为氨基酸或氨才能被吸收利用。通常，有机氮源优于无机氮源。菌丝生长阶段所需要的氮源要多些，子实体发育所需要的氮源要少些。因此，在桑黄发育的不同阶段，应该注意适当的碳氮比（C/N）。一般在营养生长阶段的C/N以20:1为宜；在子实体形成阶段C/N以（30~40）:1为好。

（3）无机盐　无机盐是生命活动所不可缺少的物质。其主要功能是构成菌丝体成分、作为酶的组成部分、酶的激活剂或抑制剂、调节培养基渗透压、调节pH和氧化还原电位等。矿物质元素分为大量元素和微量元素，微量元素包括Fe、Cu、Mn、B、Co、Mo等。

（4）生长素类　生长素类物质就其化学结构和生理功能而言，是指维生素类和核酸类，虽然用量很小，但是不可缺少，如维生素B_6、维生素B_{12}、泛酸、叶酸、烟酸和生物素等。马铃薯、麸皮、米糠、麦芽和酵母中含有丰富的维生素，用这类原料配制培养基时就不用加维生素。维生素不耐高温，在120℃以上时易被破坏，因此，在培养基灭菌时需要防止温度过高。

2. 温度

桑黄菌丝生长的不同阶段，适应生长的温度范围不同。桑黄是喜温型真菌，在生长发育过程中，要求较高的温度。菌丝生长温度以24~28℃为最佳，子实体在18~26℃长势最好。

3. 湿度

发菌期间，培养室内保持空气相对湿度50%~60%。当菌丝长满后，出黄时空气相对湿度提高到90%~95%。采收桑黄后，除去塑料袋口部的老菌皮，培养袋重新排放在棚内，提高湿度至90%~95%，温度仍然保持在25℃左右，一周后，又可在原来菌柄上继续生长出子实体。桑黄培养过程中湿度控制在90%左右。室内若空气湿度低，地面上可稍泼一点水，但不能长期积水。空气湿度太大，杂菌的孢子容易萌发引起染菌，可以撒些干石灰，或者用除湿机除湿防止染菌。

4. 光照

桑黄菌丝生长时不需要光照，强烈的光照会降低菌丝的生长速度。子实体形成时以散射光为主,避免日光强直射。

5. 空气

桑黄菌丝生长对 CO_2 含量较敏感,浓度过高,菌丝生长就会被抑制,菌丝生长速度慢、细弱,严重时,菌丝停止生长,子实体畸形。所以,在子实体生长期间必须加强通风,补充 O_2 以满足生长发育的需要非常重要。

6. 酸碱度

桑黄适宜在偏酸性的培养基上生长,在培养基 pH 为 3~7.5 时菌丝生长速度无明显差异,最适宜的 pH 为 5~6。pH 低于 4 时菌丝生长严重受阻,不易形成菌蕾。pH 在 10~12 时菌丝稀疏,长势弱,菌丝易提前老化,甚至萎缩。

三、栽培管理技术

(一)菌种的准备

首先选优良的麦粒,去除虫蛀粒及石块等杂质,用热水浸泡后,装瓶进行高压灭菌,在 121℃下高压灭菌 1.5h。冷却后,在无菌条件下接入优良的桑黄母种,于 28℃的恒温室中培养。优良的桑黄菌株一般 30~45d 即可长满菌种瓶(具体视菌种瓶的大小而定)。由于桑黄菌株极易退化,因此,接种前一定注意选择生长旺盛的菌株,否则使用了退化的菌株,不但生长速度慢,且易染杂菌,给生产带来不必要的损失。

(二)菌材的准备

1. 树种的选择

桑树、杨树、桦树、柞树等阔叶树均为栽培桑黄的良好树种,但桑树上生长的桑黄子实体入药最佳,因为桑树自身也是中药材的一种,桑黄在利用桑树上的营养进行生长发育时,可以吸收桑树中的有效成分,这就是桑树桑黄好于其他树种栽培桑黄的原因所在。

2. 最佳采伐期间

树木休眠后和第 2 年萌发前,此时树干的营养最丰富,为最佳采伐期,采伐树木主要采用砍伐枝桠材或间伐两种方式,将采伐的树木放在通风阴凉处,以免长杂菌。在用之前,将采伐下的树木和枝桠材截成 15~20cm 长的木段,并对木段表面进行修理,有树结的地方易长杂菌,且易扎破塑料袋,因此将其修平,去掉毛刺,避免造成生产中不必要的损失和浪费。

(三)菌棒的制备

用直径 (17~25) cm×(40~45) cm 的耐高压菌种袋,将锯好的木段,用水浸泡后,装入高压菌种袋中,细的枝桠材扎成直径 16~24cm 的把,扎实,以免刺破菌种袋;粗木段直接装入高压塑料袋中,木段的两头填充一些麦麸和木屑的混合物,这样既利于发菌,又可避免木段断面的木刺刺破菌种袋。菌棒经灭菌后,接入优良的二级麦粒菌种。将接种后的菌棒置于 25℃恒温的培养室中发菌,桑黄最适合的生长温度为 28℃,由于桑黄菌丝生活力比较弱,菌棒发菌时间长,如将菌棒放在 28℃下培养,大量的菌棒堆在发菌室中,杂菌繁殖快,菌棒极易被污染,造成浪费,如图 7-45 所示。因此,将菌棒放在 25℃的条件下可减少污染。桑黄在菌棒发菌阶段,应在黑暗条件下进行,有光照条件下,菌丝很快变黄老化。桑黄菌不易与其他药用菌、食用菌同室发菌,由于药用菌、食用菌均为好气菌,而桑黄菌生活力弱,与其他菌同室发菌,无法与其他菌竞争培养室中的 O_2,造成生长速度减慢，易染杂菌。

（四）栽培场地的选择和大棚的搭建

1. 栽培场地的选择

桑黄的栽培场地应选在易管理，水、电比较方便的地方；地势平坦及缓坡地均可。整地：栽培场地选择好后，去除土中的石块，为了减少病虫害的发生，在菌棒下地前，在土中撒些生石灰。

2. 大棚的搭建

桑黄栽培主要采用塑料大棚，大棚上覆盖遮阳网或者覆盖草席，利于温度的控制。如果

7-45　桑黄发菌图

条件允许，采用可以控温的大棚是桑黄菌高产、稳产的关键。大棚搭建好后，将菌棒成"品"字形或正方形埋在处理好的土中，一半埋在土中，一半露在土面上。菌袋可采用全脱袋或环割两种方式。全脱袋菌棒易干，应在菌棒上方盖一些保湿效果好的湿沙；环割一般保湿效果好（图7-46）。

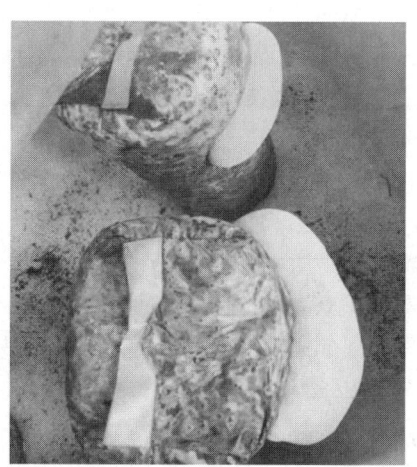

图7-46　桑黄栽培图

（五）管理要点

1. 发菌期管理

接种后的桑黄栽培袋移入培养室内进行发菌，温度控制在25℃恒温培养为好，空气相对湿度保持在70%以下。一般在3～5d菌丝定植萌发，这段时间不要翻动，接种7d后检查杂菌污染和菌丝生长状况。发菌期间要注意通风换气、降温、避光，防止室温过高而烧菌。在25℃条件下培养60d左右，桑黄栽培菌袋即可发满。发好的桑黄菌袋菌丝呈乳黄色至深黄色，局部始出现突起的黄褐色瘤状桑黄子实体原基。

2. 出芝期管理

（1）温度管理　桑黄属于高温型药用真菌，其出菇温度在25～30℃，温度低于25℃，高于30℃子实体生长缓慢甚至停止。子实体最佳生长期在春秋两季，夏季需要人工控制温度，子实体方可正常生长。变温处理，如昼夜温差的刺激利于子实体的发生和生长。

（2）湿度管理　桑黄菌子实体的形成需要高湿的条件，土壤湿度达50%~60%，空气相对湿度达90%以上，有利于子实体的形成和生长。甚至将桑黄菌棒的一头泡在水里，菌棒顶部照样有桑黄子实体形成和生长。

（3）光照管理　桑黄子实体的发生需要有一定的光照，子实体发生期的光照应适宜。光照太强，一方面子实体的形成受到抑制；另一方面，棚内温度升高，也抑制子实体的生长。一般棚内光的透射率以10%左右为佳。

（4）通气管理　桑黄与其他药用真菌一样，通气是子实体形成的重要环节，O_2不足子实体生长受到抑制，子实体颜色由亮黄色变暗黄色。每天通风换气至少2次以上，早晚各1次，特殊情况还应具体分析。如棚内温度过高，除喷雾降温外，还可以强制通风的方式降温。在进行桑黄栽培中发现，夏季高温季节，桑黄菌生长停止。为了提高桑黄的产量，早春、晚秋季节，将遮阳网放在棚内，既可遮阳，又利于棚内温度提高；菌棒发菌快，做到增产、增收。夏季高温季节，将遮阳网放在棚外，在遮阳的同时起到降温的作用。

（5）出黄管理　当菌丝长满后，可用刀片把两端割成5分硬币大小的圆形口，以利出黄。出黄时棚温保持在18~26℃，空气相对湿度提高到90%~95%，并提供散射光和充足的氧气。保持地面存有浅水层，每天向墙四周及空间喷水3~4次。每天上午8时以前及下午4时以后打开门通风换气，气温低时在中午12时至下午2时通风换气。原基膨大3~5d，逐渐形成菌盖，要增加喷水保湿，气温过高要喷水控温。通风不良易出畸形桑黄，出现畸芽要及时割掉。当菌盖颜色由白变浅黄再变成黄褐色，菌盖边缘白色基本消失，边缘变黄，菌盖开始革质化，背面弹射出黄褐色的雾状形孢子时，表明桑黄子实体已成熟（图7-47），即可及时采用（从割口到采收一般需50d左右）。

图7-47　生长中的桑黄子实体

（六）采收及加工

1. 采收

桑黄采收前1周停止喷水，关闭通风口，通道地面铺上塑胶薄膜，以便把散发的孢子粉收集起来。采收桑黄时从柄基部用剪刀切下或用手轻扭摘。采收桑黄后，除去料袋口部的老菌皮，培养袋重新排放于棚内，提高湿度至90%~95%，温度仍保持在25℃左右，一周后，又可在原来菌柄上继续生长出子实体。按照前一阶段的方法培养管理，25~30d又可采收第二茬，一般可采收 3~4 茬。每 100kg 干料可生产干桑黄成品 3kg 以上。

2. 加工

采收后晒干或烘干至含水量 12%（图 7-48），装袋置于干燥的室内保存或出售入药。

图 7-48　成熟桑黄的干制

第八节　猴头菇

猴头菇（*Hericium erinaceus*），又名猴头、猴头菌、刺猬菌、花菜菌、山伏菌。既是珍贵的食用佳肴，又是重要的药用菌。其子实体圆而厚，常悬于树干上，布满针状菌刺，形状似猴子的头而得名。近年来，人工栽培尤其代料瓶栽的成功使得产区日益广泛，加上可用于栽培的原料种类多，生长周期短，成本低，收益大，猴头菇的生产得到迅速发展。

一、食药兼优特性

猴头菇是我国传统的名贵菜肴，肉嫩味香，鲜美可口，色、香、味上乘，是我国著名的八大"山珍"之一。自古就有"山珍猴头，海味燕窝"之说，并与熊掌海参一起列为四大名菜。其营养价值高，每 100g 干品中含蛋白质 26.3g，而且在其蛋白质中含有 16 种氨基酸，包括人体不可缺少的 9 种必需氨基酸。

猴头菇也是珍稀药材，具有滋补健身、助消化、利五脏的功能，其菌体所含多肽、多糖和脂肪族的酰胺物质，对消化道肿瘤、胃溃疡和十二指肠溃疡、胃炎、腹胀等有一定疗效。以猴头菇为原料制成的"猴头菌片"可以作为辅助治疗消化道系统溃疡和抗肿瘤的一种保健品。"猴头饼干"已经成为人们喜爱的保健即食食品。

二、生物学特性

猴头菌属于真菌门，担子菌纲、多孔菌目、猴头菌科、猴头菌属。猴头菇在自然界中寄生在树木的枯枝上，主要产于我国东北、西北各省区，其他各省也有生产，但数量稀少。

（一）形态特征

猴头菇由菌丝体和子实体两部分组成。菌丝体在不同的培养基上略有差异，在试管培养基上，初时稀疏呈散射状，后变浓密粗壮，气生菌丝呈粉白绒毛状；在木屑培养料基质中，浓密呈白色或乳白色。其菌丝细胞壁薄，有分枝和横隔，直径 $10\sim20\,\mu m$。子实体肉质，外形倒卵形（图7-49），基部着生处较窄，外布有针形肉质菌刺，刺直伸而发达，下垂毛发，棘长 $1\sim5cm$，直径 $1\sim2mm$。新鲜子实体洁白或微带淡黄，干后变淡黄褐色，形似猴子的头，直径 $3.5\sim10cm$，人工栽培的可达 $14\sim18cm$。猴头刺面布有子实层能产孢子。孢子椭圆至圆形，无色，光滑，直径 $5\sim6\,\mu m$，内含油滴大而明亮。

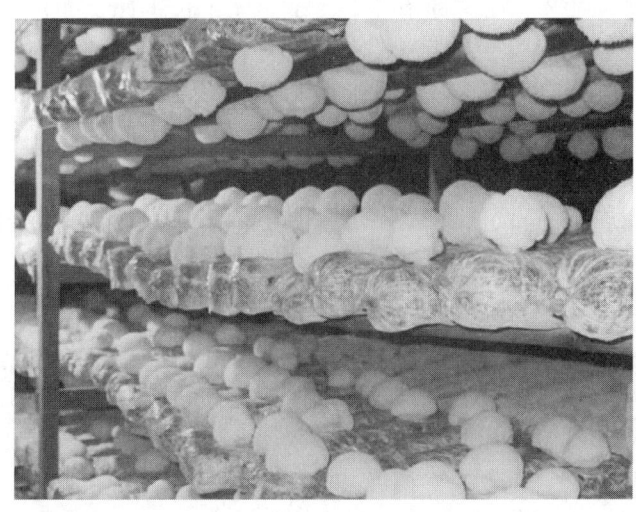

图 7-49　猴头菇的子实体形态

（二）生殖方式和生活史

猴头菇完成一个正常的生活史，必须经过担孢子、菌丝体、子实体、担孢子几个连续的发育阶段。猴头菌孢子萌发后产生单核菌丝，单倍体，又称一次菌丝，不同性别的两种单核菌丝接触，两个细胞互相融合，形成双核菌丝（即二次菌丝）。二次菌丝达到生理成熟，就形成子实体。子实体上长出菌刺，在菌刺上形成担子。担子中的两个细胞核进行核配，很快又进行减数分裂，形成4个单倍体的细胞核，然后4个单倍体的细胞核进入担子小梗的尖端，形成担孢子。一个猴头菇子实体上可产生数亿个担孢子。在干燥、高温等不良环境条件下，产生厚垣孢子，在适宜条件下，厚垣孢子又会萌发菌丝，继续进行生长繁殖。

（三）生长条件

1. 营养

猴头菇是一种腐生真菌，分解纤维素、木质素的能力相当强，能使朽木变白色，称为白腐。猴头菌在生长发育过程中能利用纤维素、木质素、有机酸、淀粉等作碳素营养，通过分解蛋白质、氨基酸等有机物质，吸收利用硝酸盐、铵盐等无机氮化合物作氮素营养。同时还需要一定量的 K、Mg、Ca、Fe、Cu、Zn 等矿质营养。目前棉籽壳、甘蔗渣、锯木屑、稻麦秆、酒糟、棉花秆等，已被用作碳素营养的来源。猴头菇的氮源来自蛋白质等有机氮化合物的分解。锯木屑、棉秆、甘蔗渣等蛋白质含量较低，必须添加含氮量较高的麸皮、米糠等物质。在猴头菇营养生长阶段碳氮比25:1，在生殖生长阶段碳氮比（35~45）:1为宜。

2. 温度

猴头菇属中温型真菌。但适应范围较广，菌丝正常生长的温度为10~34℃，最适生长温度为20~26℃。子实体属低温结实型和恒温结实型，最适温度为16~20℃。菌丝体在0~4℃温度下保存半年仍能生长旺盛。

3. 湿度

菌丝体和子实体生长要求培养料的含水量为60%~70%；子实体生长发育的最适空气相对湿度一般为85%~90%。在这种条件下，子实体生长迅速，颜色洁白；如相对湿度低于60%，子实体很快干缩，颜色变黄，生长停止；如相对湿度长期高于95%以上，会生长长刺，很易形成畸形的子实体，产量低。

4. 空气

猴头菇是一种好气性真菌。菌丝体生长阶段对空气的要求并不严格，而子实体的生长对CO_2特别敏感，当通气不良，CO_2浓度过高时，子实体生长受到抑制，生长缓慢，常出现畸形，如图7-50所示。在栽培时，子实体生长阶段要特别加强通风换气，空气中CO_2含量以不超过0.1%为宜。

图7-50 畸形猴头菇

5. 光照

菌丝体可以在黑暗中正常生长，不需要光照，子实体需要有散射光才能形成和生长。在栽培上必须注意控制光照条件，避免阳光直射。

6. 酸碱度

猴头菇喜偏酸性菌，在酸性条件下菌丝生长良好，最适pH为5~6。所以在人工栽培时，培养料内加入适量的柠檬酸对菌丝的生长有促进作用。

猴头菇菌丝在培养基中生长时，由于分解有机物质而产酸，使培养基变酸，形成了反馈抑制作用而影响自身生长，所以在培养基中加一定量的石膏粉或$CaCO_3$，不但增加猴头菇的钙质营养，而且还会调节培养基中的酸碱度。

三、栽培管理技术

人工栽培猴头菇有瓶栽、袋栽、菌砖栽、段木栽培等多种方法。但目前应用较多,且周期短,管理方便,成功率高的是瓶栽和袋栽。

代料栽培
猴头菇

(一)猴头菇的栽培工艺流程

备料→培养基配制→装瓶→灭菌→冷却接种→发菌管理→出菇管理→采收

(二)栽培季节

目前大多是利用春秋两季自然气温适宜的季节下进行栽培。黄淮及长江中下游地区,春栽在3～6月,秋季以9月上旬至11月中下旬为适宜。

(三)原材料的准备

1. 培养基的选择

代料栽培猴头菇选用的培养料,以木屑、棉籽壳、玉米芯和麸皮较多,还有稻草、甘蔗渣、米糠、麦秸、甜菜废丝等。最好选用新鲜、无病虫害、不结块的材料。如果材料隔年,应暴晒2～3d,并放在通风阴凉处保存,因防止霉变或腐烂。

2. 原料的处理

原料的处理包括稻草和麦秸的处理。

(1)稻草的处理 选干燥、新鲜、无霉变、无腐烂的稻草,用铡刀切成2～3cm长,放入1%～2%的石灰水中浸泡12～24h,除去稻草表面的蜡质和消灭部分病虫害,然后用清水洗至中性,沥干备用。

(2)麦秸的处理 选新鲜、无霉变的干麦秸,用1.5mm网底的粉碎机粉碎。用2%的石灰水中浸泡24h,然后用清水洗至中性,沥干备用。

(四)培养基配方及配制

1. 培养基配方

目前生产上常用的培养基配方有以下五种。

(1)配方1 棉籽壳78%、谷壳10%、麦麸10%、蔗糖1%、石膏1%。

(2)配方2 棉籽壳100%或另加1%石膏粉。

(3)配方3 甘蔗渣78%、麦麸10%、米糠10%、石膏粉2%。

(4)配方4 锯木屑78%、米糠10%、麦麸10%、石膏2%。

(5)配方5 玉米芯78%、麦麸20%、蔗糖1%、石膏1%。

2. 培养基配制

根据当地资源,选好培养基配方,按比例分别称好各种配料。如果有蔗糖,先把蔗糖溶于水中,将配方的其他料混匀,再将蔗糖水徐徐加入料中,边加水边搅拌,使其料与水混合均匀,用手握料时,手指缝有水渗出但不滴下为宜。其料中含水65%～75%,pH调至5～6。

(五)袋栽和瓶栽的装料

1. 袋栽的装料

袋栽具有降低生产成本、简化栽培工具的优点。与瓶栽相比,生长周期可缩短15d左右。目前国内袋栽猴头菌有袋口套环栽培法和卧式袋栽法两种方式。

(1)袋口套环栽培法 采用长50cm、宽17cm、厚0.6cm的聚丙烯塑料袋作容器。培养料含水量要比瓶栽低一些。装料时逐渐压实,然后,在袋口套上塑料环,代替瓶口的作用。再用聚丙烯薄膜或牛皮纸封口，灭菌接种。

（2）卧式袋栽法　将长50cm的聚丙烯塑料膜做成筒形袋。装料后两头均用线扎口，并在火焰上熔封。用打孔器在袋侧面等距离打4~5个孔，孔径1.2~1.5cm，深1.5~2cm，用胶布贴在接种孔上，然后灭菌接种。

2. 瓶栽的装料

将配好的培养料装入培养瓶（菌种瓶可用广口瓶代替），边装边用木棒捣实，使料上下松紧一致，料装至瓶肩再将斜面压平，并在中央用捣木向下打一洞穴，以便接种。装好料后用清水将瓶口内外及瓶身洗干净，塞上棉塞，进行灭菌。

（六）灭菌

培养料装满瓶或袋后，按常规进行高压灭菌或常压灭菌。用高压蒸气锅灭菌时，在0.14~0.15MPa压力下，持续2~3h；用常压灭菌时，在100℃条件下，持续8~10h以上，再闷一夜。冷却后迅速将袋移入无菌箱或无菌室进行接种。

（七）接种

待料温降到28℃时，按无菌操作规程撕开胶布，接入菌种后再将胶布封好，移入培养室培养。瓶装的菌种，拔开棉塞进行操作。

（八）栽培管理

1. 菌丝培养

培养温度25~28℃，瓶栽约20d菌丝可以发到瓶底。袋栽培养15~18d，即两个接种穴菌丝开始接触时，应揭除胶布，以改善通气状况，约1个月后袋内菌丝长满。

2. 出菇管理

当菌丝长至料中2/3时，原基已有蚕豆粒大小时，开始催蕾（瓶要竖立并去掉封口纸）盖上湿报纸，保持空气湿度80%左右，50~400lx微弱散光，通风良好，温度调至18~22℃。

3. 子实体发育期

当幼菇长出瓶口1~2cm高时，便进入出菇期管理。室温18~22℃，空气湿度85%~95%，水分管理时，切忌直接向子实体喷水，否则会影响菇的质量。

（九）采收

在子实体充分长大而菌刺尚未形成，或菌刺虽已形成，长度在0.5~1cm，尚未大量弹射孢子时采收。此时子实体洁白，含水量较高，风味纯正，没有苦味或仅有轻微苦味。采收的方法，用弯形利刀从柄基割下即可。采割时，菌脚不宜留得过长，太长易于感染杂菌，而且也影响第二茬猴头菇的生长。但也不能损伤菌料，一般留菌脚1cm左右为宜。

工厂化猴头菇栽培丰收了

（十）猴头菇发生畸形的原因与防治

畸形猴头菇，影响其商品价值，必须尽力防止。常见的畸形类型有珊瑚丛集型、光秃型和色泽异常型等。出现以上畸形的原因主要是在栽培过程中管理不当所致。若生长中湿度大，通气差，CO_2浓度超过0.1%时，就会刺激子实体基部产生分枝，形成珊瑚状，致使不能形成球状子实体；若温度高25℃以上，加上空气湿度低，会出现不长刺的光秃子实体；若温度低于14℃时，子实体即开始变红，并随温度下降而加深。

防治方法是：当出现珊瑚状子实体时，应加强通风透气，促进子实体健壮生长。产生光秃型子实体时，要加强水分管理，向空间喷雾状水或地面洒水，以降温补水。当子实体出现红色时,加强温度管理。此外,若因菌种传代次数较多,种性退化而产生畸形猴头菇时,应提纯复壮,培育优良菌种,若因感染菌造成子实体变黄,则应及时连同培养基一并挖除,再做消毒处理。

第九节 白参菌

一、食药兼优特性

白参菌(*Schizophyllum commune*),别名裂褶菌、白蕈、树花、鸡毛菌,隶属于担子菌亚门,伞菌目,裂褶菌科。白参菌是一种食药兼用名贵珍稀菇菌。其子实体秀雅,质地脆嫩,味道清香,鲜美爽口;富含多糖、蛋白质、麦角甾醇、裂褶菌黄素;还含有多种酶。白参菌中含有人体必需的9种氨基酸,并富含Zn、Fe、K、Ca、P、Se、Ge,而且有较高的药用价值。据《药用真菌》等书籍记载,此菌"性平,味甘,气味(根)苦、微寒、无毒"。白参菌含有的裂褶菌多糖具有抗癌作用和滋补强身的功效。我国西南区域民间,认为白参菌有清肝明目、滋补强身的功效,特别对小儿盗汗、妇科疾病、神经衰弱、头昏耳鸣等症疗效明显。因此,民间常常将白参菌作为保健食品使用。

二、生物学特性

(一)形态特征

野生白参菌子实体个小,呈侧耳状、扇形、肾形或掌状开裂,形似小菊花,又名裂褶菌(图7-51)。人工驯化栽培的白参菌个体较大,通常覆瓦状叠生、簇生或群生,菌盖长为0.6~5cm,宽0.8~3cm,厚0.1~0.3cm(图7-52)。菌盖表面白色、灰白色、肉褐色至黄棕色,密披茸毛或粗毛,具有多个裂瓣,韧肉质至软革质,边缘内卷。子实层体假褶状,假菌褶白色或黄棕色,菌肉薄,厚度约1mm;菌肉白色,革质,质地韧;基部狭窄,菌褶窄,基部呈辐射状长出,白色或灰白色,后期淡肉色带粉紫色。子实体无柄或短柄。白参菌孢子印白色或淡肉色。孢子无色透明,圆柱形,(5~5.5)μm×2.5μm,双核,孢子壁平滑。担孢子圆柱形至腊肠形,无色,光滑,大小为(4~6)μm×(1.5~2.5)μm。菌丝体白色、疏松、茸毛状,气生菌丝较旺。菌丝有隔,有分枝,粗细不均,直径1.25~7.5μm。单系菌丝系统,生殖菌丝有锁状联合,无色,交织排列,直径为5~8μm。

图7-51 野生白参菌

图 7-52 人工驯化栽培白参菌

（二）生殖方式和生活史

目前，大部分菌物学家认为白参菌从属于担子菌亚门、层菌纲、伞菌目、裂褶菌科。白参菌是典型的由两个交配因子控制的双因子四极性异宗配合的担子菌，是研究担子菌遗传的优良材料。只有当白参菌的两种交配因子（A、B）的基因位点杂合时，才能形成锁状联合、具有结实能力的双核菌丝，进而扭结形成子实体。

（三）生长条件

1. 营养

白参菌能适应各种不同的碳源，包括各种单糖、双糖、低聚糖、淀粉、纤维素、木质素等，但不同的碳源对菌丝的生长效应不同。有实验表明，其营养生长阶段的最适碳源为果胶和可溶性淀粉，生殖生长阶段最适碳源为果胶和蔗糖，也有研究表明其最佳碳源为葡萄糖。裂褶菌菌丝生长能利用多种氮源，天然氮源有黄豆粉、米糠、麦麸等，有机氮源有蛋白胨、酵母膏、氨基酸等，无机氮源有铵态氮、$(NH_4)_2SO_4$ 等。不同氮源对菌丝生长效果不一，从总体上看，天然氮源优于有机氮源，有机氮源优于无机氮源，无机氮源中的铵态氮优于硝态氮，铵态氮中的 $NH_4H_2PO_4$ 优于其他铵盐。白参菌营养生长阶段氮源以碱性氨基酸为好，生殖生长阶段以酸性氨基酸为好。很多学者研究发现，当选择碳源为玉米淀粉，氮源为酵母浸粉时，白参菌菌丝的生长状态最为良好，菌丝体干重大，且发酵液中白参菌素的产量最高。除碳、氮源外，白参菌生长还需要矿物质元素和生长素，P、Mg、K 三种尤为重要。P 为核酸和能量代谢所必需，没有 P，C 和 N 就不能被很好地吸收。有研究表明，白参菌菌丝对无机盐的利用存在差异，添加 KH_2PO_4 和 $MgSO_4$ 的培养基中菌丝生物量最大。

2. 温度

白参菌菌丝在 8～34℃下均能生长，在 23～26℃时，生长速度较快，5d 可长满试管斜面，呈白色。子实体分化和生长适温 18～20℃，低于 18℃延缓成熟；超过 25℃时，展薄片，品质下降。

3. 湿度

白参菌较耐旱，人工驯化栽培，培养基含水量应控制在 60%，菌丝生长阶段培养室的空气相对湿度不宜太高，一般控制在 70% 为宜。子实体生长阶段栽培室的相对湿度要保持在 80%~85%。

4. 空气

菌丝体发育阶段需氧量大，适当通气和保湿，是人工栽培管理白参菌的关键。

5. 光照

菌丝体生长阶段不需要光照，在菌丝扭结形成原基，并分化成子实体时，需要有光照强度为 300~500lx。子实体有明显的向光性，但光照过强，子实体颜色变褐、品质变差。

6. 酸碱度

菌丝体生长的最适 pH 为 4.5~5.5；子实体生长最适 pH4~4.5。pH 低于 3.5 或高于 8 时，菌丝停止生长。

三、栽培管理技术

（一）生产季节安排

白参菌属于中温型菌类，菌丝生长适温 23~26℃，长菇适温 16~23℃，从接种到采收仅 20d 左右。其最佳栽培季节，秋栽 9~10 月，春栽 3~5 月。

（二）场地的选择和对菇棚的要求

白参菌栽培场地要选择环境清洁，地势平坦或缓坡地，交通方便，靠近水源，排水方便，用电方便的地方。棚顶盖黑色薄膜加草帘，四周用茅草或草帘围护。棚内搭摆袋架，架宽 90~100cm，架床分设 8 层，层距 25cm。地面整平夯实，铺上细沙。每个架床用塑料薄膜覆盖成保湿棚。室内栽培只要有对流门窗的房间就可以。北方可以利用蔬菜大棚栽培，棚内按空间大小，分设栽培架 5~6 层。中间为作业道，棚房开通风口，棚顶设排气孔。

（三）菌种的培养

白参菌通过组织分离、孢子以及基内菌丝均可获得母种纯种，并可在液体或固体培养基上培养获得二级、三级菌种。

1. 母种培养

一般采用马铃薯葡萄糖琼脂综合培养基或者用葡萄糖 20g、$MgSO_4$ 0.5g、KH_2PO_4 1g、蛋白胨 2g、酵母膏 3g、琼脂 16g、水 1000mL（pH4.6）配制的培养基。

2. 原种、栽培种培养

以阔叶树类木屑为培养基质效果最好，棉籽壳、甘蔗渣、药渣也可作为培养基质。培养基常用配方有以下两类。

（1）配方 1　杂木屑 88%、麸皮 10%、石膏 1%、石灰 1%，含水量为 65%~68%。

（2）配方 2　杂木屑 60%、棉籽壳 20%、麸皮 10%、玉米粉 8%、石膏 1%、葡萄糖 1%，含水量为 65%~68%。

（四）栽培常用培养基配方

在白参菌的栽培研究中，所用培养料的配方较多，一般以杂木屑、棉籽壳及各种农作物秸秆为主料，加麸皮、米糠、玉米面、石灰和少量微量元素，常用培养基配方简介如下。

1. 木屑为主的配方

（1）配方 1　杂木屑 88%、麦麸 10%、石灰 1%、石膏粉 1%、含水量 65%，灭菌前 pH6.5~7（以下同）。

（2）配方2　杂木屑80%、豆秸8%、麦麸10%、石膏粉1%、蔗糖1%。

（3）配方3　杂木屑60%、棉籽壳20%、玉米粉8%、麦麸10%、石膏粉1%、葡萄糖粉1%。

各种材料应新鲜、无霉烂、无害虫，木屑应选用适于菇类生长的杂木屑。

2. 棉籽壳为主的配方

（1）配方1　棉籽壳80%、豆秸8%、麦麸10%、蔗糖1%、石膏粉1%。含水量60%~63%，pH灭菌前6.5~7（以下同）。

（2）配方2　棉籽壳58%、玉米芯20%、麦麸18%、玉米粉2%、石膏粉1%、钙镁磷肥1%。

（3）配方3　棉籽壳50%、杂木屑28%、玉米粉2%、麦麸18%、石膏粉1%、$CaCO_3$ 1%。

（五）菌袋接种培养

1. 菌袋制作

栽培袋分为短袋与长袋两种。短袋规格（17~18）cm×（22~26）cm×0.003cm，为低压聚乙烯塑料袋，每袋装干料250~300g，用皮筋或撕裂膜绳扎口，装料的松紧度一致，一头或两端扎口处不粘培养料。长袋为规格12cm×55cm×0.004cm的折角袋，每袋装干料量500g。料袋采用常压灭菌，灭菌的罩膜内鼓足气后5h，料温度达100℃时开始计时，保持18~24h，灭菌效果好。

2. 消毒接种

料袋灭菌后，需冷却至28℃以下方可接种。为防止"病从口入"，严格进行无菌操作，做到"四消毒"：接种箱（室）使用前，采用紫外线或气雾消毒；菌种、料袋和工具搬入后再次进行气雾消毒；操作人员消毒；菌种迅速通过酒精灯火焰消毒，接入料袋内。接种时，长袋打6个接种穴，接入菌种后胶布封口；短袋的拔出袋口棉塞，接入菌种后复原棉塞。

3. 室内养菌

接种后的菌袋，摆放于培养室层架上或做平地垛叠培养。发菌培养环境要求适温、干燥、避光、通风。温度以23~26℃为好，不低于18℃，也不可超过32℃；空气相对湿度70%以下，注意防潮；门窗遮阳避光；每天通风2次，更新空气。室内养菌一般7d左右，袋壁上菌丝浓白密集。白参菌整个养菌期仅10d，当手指按压袋面有凹陷时，即可离室转入棚内。

（六）诱蕾

1. 开口诱蕾法

菌袋进入菇房上架摆袋催蕾要区别不同袋形，短袋拔去袋口的棉塞，拉直袋膜，增氧保湿诱蕾；也可采取袋壁四周每隔8cm，用锋利刀片划1~2cm的出菇口后，将菌袋竖立或倒置摆放于地面或预先铺好塑料薄膜的菇床架上，以多口出菇的方式，袋间距离1cm左右。菌袋进房后，横排于架层上适应环境2d，再把穴口上的胶布扯掉，穴口向上长菇。菌袋开口摆放后，上面覆盖塑料薄膜，使之形成一个适宜于菇蕾分化的稳定小环境。当菇蕾形成并稍有分化时，揭去覆盖的薄膜，重新排放菌袋，加大菌袋间距至4~6cm，以利于子实体生长。

2. 脱袋铺料诱蕾法

采取春季大棚栽培的较多,栽培场所应选择在环境清洁、无污染、通风良好、四周开阔、地势平坦的地方。可采用熟料袋栽和瓶栽。接种后,置于25~28℃、空气相对湿度65%以下、黑暗或弱光的菇房中培养20d左右,菌丝即可发满菌袋。菇床上先铺薄膜,再将培养成熟的菌袋,脱去塑料膜,掰成蚕豆粒大小菌丝块铺于菇床上,厚度为5~7cm,铺好后用木板轻轻拍平,覆盖塑料薄膜。保持空气相对湿度90%左右,并覆盖架层罩膜保湿。提供光照强度为50lx左右的散射光;每天喷水时,注意揭膜通风;每隔3h左右掀动覆盖膜1次,以补充料面的O_2。7~8d后,料面开始形成菇蕾。菇蕾形成后,用小竹片将覆盖的塑料薄膜撑起,使覆盖膜和菌块表面有1~2cm距离,促使菇蕾开片。菇蕾开片后,即将覆盖膜全部揭掉,以利于子实体生长。

(七)出菇管理

1. 控制温度

温度应控制在18~23℃,不低于18℃,不超过25℃。气温高时,夜间开门窗通风,白天密闭门窗,同时进行室内空间喷水降温。

2. 调整湿度

根据子实体生长发育需要,空气相对湿度应保持在85%~95%;每天早、中、晚向空间喷雾状水1次,不宜直接喷于菇体上。

3. 通风换气

菇棚内需要充足的O_2,每天开窗通风1~2次,保持室内有清新的空气。气温低时,白天开门窗;气温高时,夜间开门窗。

4. 适度光照

长菇需要光照强度为100~300lx散射光。光照强度超过500lx时,子实体生长速度会减慢。一般接种15~20d就可以出菇,可采收三潮菇,生物学效率在35%~50%。

第十节 榆耳

一、食药兼优特性

榆耳(*Gloeostereum incarnatum*)又称榆蘑、沙耳、肉灵芝,口感柔中带脆、味道极其鲜美、肉质柔软,营养十分丰富。野生榆耳在我国主要分布在东北三省较多,黑龙江是榆耳的主要产地,它喜欢生长在光线较暗、湿度高的榆树的枯枝或树桩上,是一种典型的木生真菌。

榆耳除食用价值外,还有很高的药用价值,有辅助治疗腹泻、抑制病菌,还有提高人体免疫功能的功效;榆耳有通便、调节肠胃、治疗痢疾的功效,尤其是抑制人体的红白痢疾、沙门杆菌,是一种食药兼用真菌。

二、生物学特性

(一)形态特征

榆耳子实体无柄,菌盖肾形、耳状或扇形。色泽红褐色,近似灵芝的颜色,故又称为肉灵芝。近几年人工栽培的榆耳高产，个体较大，通常覆瓦状叠生、簇生或群生，菌盖长为 0.6~8cm，宽 0.8~3cm，厚 0.3~1.0cm（图 7-53）。菌盖表面肉褐色至黄棕色，密披茸毛，具有多个裂瓣和环纹（类似灵芝的扇形环纹），韧肉质至软革质，边缘内卷。子实层体假褶状，基部呈辐射状长出，子实体无柄或短柄。白参菌孢子印黄褐色或淡肉色，担孢子褐色，卵圆形，大小为（5~6.5）$\mu m \times 4.5 \mu m$。

图 7-53　人工栽培的榆耳菌

（二）生殖方式和生活史

它们的生殖方式和生活史与其他担子菌类似，其变化为：担孢子→单核菌丝→双核菌丝→子实体→担孢子。

当榆耳菌大量繁殖时，能形成大量黄褐色的担孢子，遇到合适的环境条件就萌发成菌丝体，进而分枝生长而扭结形成子实体。

（三）生长条件

1. 营养

野生榆耳主要生长在榆树的朽木、枯枝、树桩上，从中吸收生长发育所需要的养分。人工栽培可以用棉籽壳、杂木屑、玉米芯等为主要原料，以麸皮、玉米粉、过磷酸钙、石膏等为辅助原料，按配方配制即可满足它的营养需求。

2. 温度

适宜菌丝体生长的温度在 25℃左右，温度低于 15℃时生长缓慢，温度高于 30℃，虽然生长很快，但长势较弱；适宜原基形成的温度在 10~22℃；适宜子实体生长发育的温度在 20℃左右，温度低于 10℃或高于 25℃时，原基难以分化成子实体。

3. 湿度

培养料水分含量在 65%左右，适宜菌丝体生长，培养料含水量低于 55%时，菌丝体虽然还能生长，但不能分化原基；出耳阶段空气湿度要保持在 90%左右，低于 80%原基难以长成子实体。

4. 空气

榆耳菌是一种喜欢氧气的菌类，菌丝体生长阶段、原基分化时以及子实体生长发育阶段都需要新鲜的空气。菌丝体发育阶段需氧量大，注意适当通气和保湿。

5. 光照

菌丝体生长阶段不需要光照，在黑暗环境下菌丝体生长粗壮；原基分化时则需要一定的散光刺激，光照不足或光照过强都不利于原基的分化；子实体在生长过程中有一定的向光性，光照强耳片色深，光照弱耳片色浅，所以，子实体的品质与出耳阶段光照强弱有密切的关系。

6. 酸碱度

菌丝体生长喜微酸性，最适 pH 为 5.5~6.5；子实体生长最适 pH 为 4~5.5。

三、栽培管理技术

（一）生产季节安排

榆耳属于中温型菌类，菌丝生长适温 23~27℃，长菇适温 18~25℃。其最佳栽培季节，秋栽在 9~10 月，春栽在 3~5 月。

（二）场地的选择和搭棚

栽培场地要选择交通方便，靠近水源，排水方便，用电方便的地方，环境清洁。

普通钢筋搭棚。棚内搭摆袋架，架床分设 6~8 层。地面整平不积水。棚内或室内栽培要求对流门窗或空调房间更好。中间为作业道，棚房开通风口，棚顶设排气孔并配排气扇。

（三）菌种

榆耳的菌种可以从外地购买引种，也可以通过组织分离、孢子以及基内菌丝获得母种纯种，再培养获得二级、三级菌种。

（四）栽培常用培养基配方

现在人工栽培榆耳有段木栽培、袋栽和瓶栽三种方式，下面主要介绍榆耳袋栽的栽培方法。

榆耳的栽培工艺流程：备料→配料→装瓶→灭菌→冷却接种→发菌管理→出耳管理→采收。

人工栽培榆耳可以用棉籽壳、豆秸、杂木屑、玉米芯等为主料，常用的辅助材料为麸皮、玉米粉、过磷酸钙、石膏等。

1. 配方

（1）配方 1　棉籽壳 68%、麸皮 17%、木屑 10%、玉米粉 2%、石膏和蔗糖各 1.5%，料水比例 1:1.3。

（2）配方 2　废棉 47%、木屑 30%、麸皮 20%、石膏和石灰各 1.5%，料水比例 1:1.2。

（3）配方 3　棉籽壳 90%、玉米粉 5%、过磷酸钙 1%、石灰和石膏各 2%，料水比例 1:1.2。

（4）配方 4　玉米芯 84%、麸皮 14%、石膏 1%、石灰和过磷酸钙各 0.5%，料水比例 1:1.3。

2. 菌袋制作

根据当地的资源选用上述配方中的一种配制栽培料，用聚乙烯塑料袋每袋装料 1kg，按常规方法灭菌、接种。

3. 发菌期管理

接种后的菌袋移到黑暗的培养室中，培养室的温度要控制在 25℃左右，一个月的时间菌丝体就可长满袋，这时要把菌袋移到有一定散射光出耳培养场所，并把场所的温度控制在 22℃左右。

4. 出耳期管理

完成发菌后，适宜的环境下，码垛（图7-54）或上架排菌袋（图7-55），10d左右就会分化出子实体，当出现粉红色至浅黄褐色子实体原基时，要解开袋口，并在产生原基的地方用刀片将薄膜隔开小口，室内的温度要保持在15~22℃，气温高时，要适量的喷雾状水；夜间开门窗或排气扇通风，白天密闭门窗一定时间，以拉大昼夜温差，刺激多出原基。

图7-54 码垛出榆耳

图7-55 上架排菌袋出榆耳

随着原基不断膨胀，要把袋口解开，在此期间要定时打开门窗通风换气，棚内保持适宜的散射光，当耳片长到3cm左右时，温度控制在18~20℃，空气湿度控制在95%左右，从出现原基到子实体成熟要25d左右。注意通风换气，菇棚内需要充足的O_2，每天开窗通风1~2次，保持环境有清新的空气。注意适度光照。出耳期需要光照强度为300~800lx散射光。适当加强光照有利于耳片展开，提高产量。

5. 适时采收

当耳片充分展开、边缘卷曲、耳片的颜色由粉红色变成咖啡色时（图7-56），用小刀沿耳根割下，采大留小，采收后要停止喷水，用塑料薄膜覆盖，再进行水分管理，就可长出第二潮子实体，管理细致可采收三潮或更多榆耳。

6. 加工干制

采收的榆耳很少新鲜出售，所以采摘后要及时晒干或者用烘干机烘干，制成干品后放通风干燥处贮藏或销售。

图7-56 可采收的榆耳

第八章 新推广的珍稀菇栽培

第一节 杏鲍菇

一、营养保健特性

杏鲍菇（*Pleurotus eryngii*）又称雪茸、刺芹侧耳。属担子菌纲、伞菌目、侧耳科、侧耳属，是近年来开发栽培成功的集食用、药用、食疗于一体的食用菌新品种。杏鲍菇以其"香味浓郁似杏仁，味道鲜美如鲍鱼"而得名，子实体硕大粗壮、营养丰富、菌柄洁白、菌肉肥厚、质地脆嫩，既可保鲜加工，又可与鱼、肉等合一烹饪，是近年来我国重点开发的菇种之一。

杏鲍菇的营养丰富，植物蛋白含量高达25%，寡糖含量是灰树花的15倍、金针菇的3.5倍、真姬菇的2倍，是一种高蛋白低脂肪的营养保健食品。子实体内含多种氨基酸及部分矿物质元素等对人体有益的营养成分，且其呈味物质十分丰富，有令人食后不忘的杏仁味。杏鲍菇不但味美，其保健功能十分显著，有益气、杀虫和美容作用，可促进人体对脂类物质的消化吸收和胆固醇的溶解，对肿瘤也有一定的预防和抑制作用，是一种具有药用功能的理想保健食品，备受消费者青睐。

二、生物学特性

（一）形态特征

1. 菌丝体

菌丝浓白，有锁状联合，抗杂菌能力较强，生长速度比白灵菇快。

2. 子实体

依据品种可分为棒状和保龄球型两种。单生或群生，由菌盖、菌褶和菌柄三部分组成。菌盖直径2~12cm，初期盖缘内卷呈半球形，成熟后菌盖展平但边缘不上翘，菌盖表面有丝状光泽，平滑、细纤维状。菌肉白色，具杏仁味。菌柄长2~15cm，直径0.5~5cm，光滑、中实，乳白色，肉质纤维状，长球茎状，脆嫩可口。菌盖和菌柄是主要的食用部分（图8-1）。孢子近纺锤形，平滑，孢子印白色。

（二）生殖方式和生活史

杏鲍菇属于异宗配合的担子菌。它们的生活史是由担孢子萌发形成单核菌丝体，经质配形成双核菌丝，生长扭结形成原基，继续生长形成硕大的子实体。

杏鲍菇的生活史：子实体→弹射孢子→孢子萌发→形成菌丝体→子实体。

图 8-1 杏鲍菇的形态

（三）生长条件

1. 营养

杏鲍菇为营腐生性食用菌。对栽培原料的适应范围相当广泛，营养条件包括碳源、氮源、无机盐和维生素类物质。一般认为，调配基质碳氮比在 20：1 左右时菌丝活力明显增强，产菇量也随之提高。栽培料中添加一定量的有机氮，如蛋白胨、酵母或麦芽汁可加速菌丝生长。添加适量的棉籽壳、玉米粉、黄豆粉，可以提高子实体产量。实际生产中可将木屑、玉米芯等作为主要原料，调配氮源时以麦麸等作为主要辅料，以降低生产成本，并同时提高菌丝生长速度及其活力。

2. 温度

杏鲍菇属于低温菌类，且子实体生长的温度范围较窄。因此，在生长上选择北方适宜的出菇季节和品种是栽培成功关键之一。杏鲍菇菌丝生长的温度 8~30℃，最适生长温度 20~25℃；原基形成温度 8~20℃，最适温度 12~15℃。子实体生长发育的温度 10~20℃。子实体形成期，温度低，菇生长慢，粗大，但失水多，易结球；温度高于 18℃时，子实体生长快，细长，菇体组织松软，品质差。在子实体生长过程中，因其属恒温结实的菇类，除在原基形成期给一定温差外，生长期尽量给予恒温管理。

3. 湿度

杏鲍菇比较耐旱，水分的多少决定着产量的高低。杏鲍菇在出菇阶段不宜往菇体上喷水，因此菌袋的含水量多少对产量有直接影响。在菌丝生长阶段，培养料含水量以 60%~65% 为宜，在低温季节制袋可提高含水量到 70% 左右。出菇阶段，空气相对湿度原基形成期间为 90%~95%，子实体生长发育阶段为 80%~90%。

4. 空气

菌丝体生长阶段需氧量相对较少，低浓度的 CO_2 对菌丝生长还有刺激作用，随着菌丝的生长，袋（瓶）中的 CO_2 浓度由正常空气中含量的 0.03% 渐升到 2% 以上，菌丝仍能很好生长。现原基期 CO_2 浓度应下降到 0.5% 左右，否则原基不分化而膨大成球状。菇体生长发育期 CO_2 浓度以小于 0.01% 为宜。

5. 光照

菌丝生长不需光，在黑暗或弱光下菌丝生长良好。原基形成和子实体生长要求一定散射光，适宜的光照强度为 500~1000lx。若光照过强，菌盖变黑；过于黑暗，菌盖则变白，菌柄变长。出菇期，要给予一定的蓝光照射，以保证子实体生长一致，出菇整齐（图 8-2）。

图 8-2　利用蓝光照射杏鲍菇

6. 酸碱度

菌丝喜欢偏酸性环境，在 pH4~8 范围内均能生长，以 pH5~6 为最适宜。但在调制培养料时，pH 可适当调至 7.5~8。随着培养料的发酵或灭菌，pH 会下降至最适范围，出菇阶段 pH 为 5.5~6.5。

三、栽培管理技术

杏鲍菇栽培生产工艺流程：原料配制→装袋→灭菌→接种→发菌培养→开袋搔菌催蕾→出菇管理（疏蕾）→采收。

（一）菌种准备

杏鲍菇母种可以从外地购买，也可以自己分离制作。原种（二级种）、栽培种（三级种）可以从外地购买，也可以自己扩繁制作。栽培种的优质特征是菌丝洁白，均匀，健壮，无杂菌感染、无异味。

（二）栽培方法

根据出菇时要求的温度和当地气候特点确定适宜的栽培时期。有调控条件的工厂化栽培时，可不受季节限制进行周年栽培生产。目前大面积栽培均采用塑料袋栽培方法，在袋式栽培法中有床架式出菇（图 8-3），网格菌墙出菇（图 8-4）等形式。

1. 培养料的选择与配制

栽培杏鲍菇的主料是棉籽壳、玉米芯、木屑、蔗渣、豆秸及食用菌废料等。辅料为麸皮、玉米粉、$CaCO_3$、石膏、石灰等。所有原料应新鲜、无霉变、无虫蛀。培养基配方仅介绍几种供参考选择。

图 8-3 杏鲍菇床架式出菇

图 8-4 杏鲍菇网格菌墙出菇

（1）配方1　棉籽壳40%、木屑38%、麸皮20%、$CaCO_3$ 2%。
（2）配方2　玉米芯46%、棉籽壳40%、麸皮6%、玉米粉6%、蔗糖和石膏各1%。
（3）配方3　木屑30%、棉籽壳28%、菌糠20%、麸皮15%、玉米粉5%、蔗糖和石膏各1%。
（4）配方4　木屑20%、玉米芯60%、麦麸18%、石膏2%。
（5）配方5　豆秆46%、花生壳35%、麸皮15%、玉米粉2%、$CaCO_3$ 和蔗糖各1%。

以上配方中含水量均为 60%~65%，pH7.5~8.0（用石灰水调 pH）。

在调制培养料时，凡有棉籽壳的培养料都要先将棉籽壳加水预湿，然后再与其他料一起拌匀，因为棉籽壳不易吸收水分。将易溶于水的物料先溶解在水内，再拌入料内，水要逐步加入，边拌料边加水，反复拌数遍，达到无结块，无白心，含水量一致。拌好的料可及时装袋灭菌，也可将拌好的料先堆积发酵后，再装袋灭菌。

2. 装袋

将拌好的料或发酵好的料，利用装袋机装入塑料袋中，袋的规格多用 16cm×35cm 或 17cm×35cm。

3. 灭菌

装好的袋要及时灭菌，不可久放。采用高压灭菌时，0.1~0.15MPa，维持 2h，常压灭菌时，当锅内温度达 100℃时，维持 10~16h，依据栽培量灭菌时间适当调整。

4. 接种

灭菌后的料袋取出放入接种室或干净场所冷却，待袋温降至 30℃以下时接种。采用两端接种，接种量 10%。一般每 500mL 瓶或 750mL 瓶菌种可接 10~12 袋或 15~18 袋。并且菌种尽量取块接入，减少细碎型菌种，以加速萌发，尽快让菌丝覆盖料面，最大限度地降低污染，提高发菌成功率。

5. 发菌培养

启用培养室前应执行严格消毒工作，门窗及通风孔均封装高密度窗纱，以防虫类进入接种后的菌袋。一般应调控温度在 15~30℃。最佳 25℃，湿度 70% 左右。并有少量通风。尽管杏鲍菇菌丝可耐受较高浓度 CO_2，但仍以较新鲜空气对菌丝发育有利。在 24~26℃条件下发菌，35~40d 菌丝可长满袋。

6. 开袋搔菌催蕾

菌丝长满袋，后熟时间的长短直接影响到出菇率、转化率、菇体畸形率和产量的高低。菌丝长满袋后，必须再经过 30~40d 的培养，使菌丝粗壮、洁白、浓密，才达到生理成熟。由营养生长转入生殖生长，并积累足够的养分，才能开袋出菇。控制温度在 12~15℃，空气相对湿度 85%~90% 条件下打开袋口，搔去袋口料面老菌种块和老菌皮，但不撑开袋口，以便保持袋口料面湿度。当原基已在袋口形成，并出现 1~2cm 小菇蕾时，撑开袋口供氧让其生长发育。

7. 出菇管理

当菌丝长满菌袋后，再培养 8~10d 进行后熟，然后进行出菇管理。根据出菇方式的不同，采取不同的码放出菇，现介绍层架式和菌墙两种出菇方式。

（1）层架式出菇

① 码放：多采用半地下式菇棚，可建成温室型或两边用泥墙搭成的房屋型。层架多为宽 15m、高 2~2.2m，层高 50cm，底层离地 20cm 的出菇架，菌袋排在架上。

② 催蕾：当菌袋码放好后，进行增湿、降温，使棚内的湿度达到 85% 以上，温差 10℃左右，但不要低于 8℃或高于 20℃，持续 5~10d。当有新菌丝出现形成大量的白色块状原基后，开始进入子实体生长管理。

③ 通气疏蕾：当菌丝复壮，有白色菌丝出现后，解口通气。此时，保持棚内空气 90% 以上。培养 8~15d 原基出现，当原基出现后，适当加大通气量，以利菌盖的分化，

增加空气湿度,保持 12~15℃的温度。当菇蕾长到 1cm 左右时,可用竹片或刀片进行疏蕾,即去掉生长点(伞盖),留菇形较好的 2~3 个即可。在留菇蕾时,一定要分清茬次,以利生长。

(2)菌墙出菇　把菌袋放入棚内增湿,把菌袋的 2/3 塑料袋去掉,留下 1/3。在棚内地上隔 60cm 码放菌袋,每个菌袋间隔 2cm,中间用泥土填实,每层回缩 2cm,两边码菌袋,中间用土填充,一般垛 5~6 层,上层有 5~10cm 间隙,中间用铁棒从上到下每隔 30cm 扎眼,菌墙完成后,用水把中间土润湿。当菌袋有原基出现后,进行解口管理,但疏蕾一定要轻。现在工厂化栽培,用网格立体墙式排袋,其管理方法同层架式出菇。

8. 采收及采后管理

当子实体基本长大,基部隆起但不松软、菌盖基本平展并中央下凹、边缘稍有下内卷但尚未弹射孢子时,即可及时采收,此时大约八成熟。采收后,清理干净料面,盖薄膜养菌约 15d,待见料面再现原基后,进行二潮菇的出菇管理。当菇体充分长大,菌盖展开或按市场要求规格及时采收,然后把采下的菇分级、包装出售。

第二节　茶薪菇

一、营养保健特性

茶薪菇(*Agrocye chaxingo* Huang)隶属于担子菌亚门、层菌纲、伞菌目、粪锈伞科、田头菇属,又名茶菇、油茶菇、柱状田头菇、杨树菇、柱状环锈伞、柳松茸等。原为江西广昌境内的高山密林地区茶树蔸部生长的一种野生蕈菌。现在,经过优化改良的茶树菇,盖嫩柄脆,味纯清香,口感极佳,可烹制成各种美味佳肴,其营养价值超过香菇等其他食用菌,属高档食用菌类。

根据国家食品质量监督检验中心(北京)检验报告,茶薪菇营养成分为:每 100g(干菇)含蛋白质 14.2g、纤维素 14.4g、总糖 9.93g、含 K 4713.9mg、Na 186.6mg、Ca 26.2mg、Fe 42.3mg。茶薪菇是一种高蛋白低脂肪,集营养、保健、调理于一身的食用菌。中医认为:茶薪菇性平,甘温,无毒,有益气开胃,健脾止泻,补肾滋阴功效。

临床实践证明,茶薪菇对肾虚尿频、水肿、气喘,尤其小儿低热尿床,有独特疗效。现代医学研究表明,茶薪菇由于含有大量的抗癌多糖,其提取物对小白鼠肉瘤 180 和 S_{180} 艾氏腹水癌的抑制率高达 80%~90%,可见有很好的抗癌作用(张想等,2021)。因此,人们把茶薪菇称作"中华神菇"。

二、生物学特性

(一)形态特征

1. 菌丝体

由担孢子萌发形成单核菌丝体,经质配形成双核菌丝,继续生长扭结形成丛生的子实体。

2. 子实体

单生、双生或丛生,菌盖多为半圆形,直径 5~10cm,表面平滑,初暗红褐色,有浅皱纹。菌肉白色，有纤维状条纹（图8-5）。菌褶直生或不明显隔生，初褐色，后浅褐色。菌柄中实，粗0.5～2cm，长4～12cm，淡黄褐色。菌环白色，膜质，上位着生。孢子卵形至椭圆形，浅褐色，孢子印咖啡色。

图8-5 茶薪菇的形态

（二）生殖方式和生活史

茶薪菇属于异宗配合的担子菌。它们的生活史是由担孢子萌发形成单核菌丝体，经质配形成双核菌丝，生长扭结形成原基，继续生长形成丛生的子实体。

茶薪菇的生活史：子实体→弹射孢子→孢子萌发→形成菌丝体→子实体。

（三）生长条件

1. 营养

茶薪菇为木腐菌，缺乏漆酶活性，分解利用木质素能力弱，但蛋白酶活性强，在栽培时必须添加氮源物质来满足其营养要求。适宜碳源：葡萄糖、麦芽糖、蔗糖、玉米粉、可溶性淀粉等。适宜氮源：酵母粉、酵母膏、大豆提取物、蛋白胨、尿素、无机氮等。菌丝能够在较宽的碳氮比（25～70）:1范围内正常生长，在最适碳氮比（60:1）下，菌丝生长粗壮，产量高，优质菇多。常以棉籽壳、杂木屑、玉米芯等作为栽培主料，适当添加10%～30%玉米粉、麦麸等氮源。随着棉籽壳、木屑和玉米芯等传统原材料价格上涨，可适当选用油菜秸秆、莲子壳、桑枝屑、油茶壳等新型农林废弃物替代。

2. 温度

茶薪菇为中温型食用菌菌类。菌丝在5～34℃下均能生长，最适生长温度为24～26℃，达32℃时菌丝尚有微量生长，超过34℃菌丝不再生长，但不会死亡。子实体形成温度为13～28℃，最适温度18～24℃，温度较低时，子实体生长发育缓慢；温度较高时，菇体容易开伞；子实体发育期适当增加昼夜温差，有利其子实体的发育。

3. 湿度

菌丝培养阶段，培养料含水量以65%左右为宜，在这湿度条件下菌丝生长快，偏干或偏湿均不利于菌丝生长。发菌期，空气湿度不能超过70%，湿度大易发生杂菌污染。子实体生长期，要求空气相对湿度较高，以85%～90%为宜。

4. 空气

茶薪菇为好氧性真菌，因此发菌环境要经常通风换气，但要注意不能因通风换气而使温度波动过大。现原基时需氧量大，要多通风换气，但子实体分化后要控制通风量和通风方法，培养室空气要新鲜，而袋口膜内 CO_2 含量稍高，有利于菇柄伸长，从而可提高菇的质量和产量，这种现象类同于金针菇的培养方法。

5. 光照

菌丝生长期不需要光照，子实体有明显的趋光性。没有光刺激则不会现原基，现原基后没有散射光子实体也不能分化，在微弱的光下子实体呈灰白色，所以在子实体生长阶段，培养室要有较强（光照强度 500lx 左右）的散射光。

6. 酸碱度

茶薪菇喜在弱酸性环境中生长，pH4~6.5 菌丝均能生长，最适 pH 为 5~6，栽培时可采用自然 pH。

三、栽培管理技术

茶薪菇栽培生产工艺流程：原料配制→装袋→灭菌→接种→发菌管理→菇棚准备→开袋催蕾管理（排场、转色）→出菇管理→采收。

（一）菌种准备

1. 母种

茶薪菇母种可以从有关科研部门引进，也可以自己进行组织培养获得。不管菌种是从何种渠道取得，都必须先经过去杂、提纯、复壮几个过程。

综合培养基：新鲜无霉变的棉籽壳 200g、马铃薯 200g、琼脂 20g、葡萄糖 20g、KH_2PO_4 3g、$MgSO_4 \cdot 7H_2O$ 1.5g、维生素 B_1 4mg，定溶 1000mL，pH 自然。综合培养基制作方法与马铃薯葡萄糖琼脂培养基类似，只是棉籽壳与马铃薯同煮后取过滤液，再加入琼脂 20g，完全溶化后再加入葡萄糖 20g、KH_2PO_4 3g、$MgSO_4 \cdot 7H_2O$ 1.5g、维生素 B_1 4mg（王金枝等，2009）。

2. 原种

（1）谷粒培养基　谷粒（麦粒、玉米、高粱等）99%，石膏 1%。

（2）棉籽壳、杂木屑培养基　棉籽壳 62%、硬杂木屑（堆积 6 个月以上）15%、麸皮 18%、糖 1%、生石灰 3%、石膏粉 1%，料含水量 60%，pH 自然。

（3）制作方法　将上述原辅料加水后充分拌匀，堆闷 6~8h 后装入菌种瓶，塞棉塞，用牛皮纸或双层旧报纸封口，装好后立即装筐灭菌。高压灭菌（0.12MPa、115℃）2.5h，冷却至 35℃时接种。

（二）栽培方法

1. 栽培季节

根据茶薪菇对温度要求，科学安排栽培季节，具体要掌握两个要点：一是接种后 40~50d 内，当地气温不超过 34℃；二是从接种日起，往后推 60d，当地气温不能超过 28℃，不能低于 13℃。

2. 培养料配方

（1）配方 1　木屑 38%、玉米芯 35%、麦麸 15%、玉米粉 6%、豆饼粉 3%、石膏

2%、红糖 0.5%、KH_2PO_4 0.2%、$MgSO_4$ 0.3%。

（2）配方 2　茶籽壳粉 70%、米糠 20%、茶粕饼粉 5%、蔗糖 2%、石灰 1%、石膏 1%、KH_2PO_4 1%。

（3）配方 3　干稻草粉 15%、麦麸 15%、棉籽壳 59%、玉米粉 7.4%、石灰 3%、KH_2PO_4 0.3%、$MgSO_4$ 0.3%。

（4）配方 4　木屑 36%、棉籽壳 36%、麦麸 20%、玉米粉 5%、茶籽饼 1%、石灰 1%、蔗糖 1%。

培养料要求新鲜、无霉变。粉碎木屑、茶籽壳时要加 20%~30% 的树皮，以提高木屑含氮量。木屑颗粒粗细应适度，过筛颗粒小于 0.4mm，料水比以 1:（1.2~1.25）为宜。在气温较高的季节配料时，可用量含纯品 50% 的多菌灵，按 0.1% 的比例拌入料中，可抑制红色链孢霉，但多菌灵使用过多会造成药害。

3. 装袋

为防止培养料在配制后堆放时间过长而变质，要求从配料至开始装袋其时间以不超过 4h 为宜。采用 17cm×33cm×0.0085cm 的聚丙烯塑料袋，套成两层后装料。装袋可采用装袋机或人工装料。不论采用机械或人工装料，都要装料紧实无空隙，光滑均匀，特别是料与膜之间不能留有空隙，否则袋壁之间易形成原基，消耗养分。

4. 灭菌接种

装料后的料袋应及时进行灭菌，通常采用常压灭菌。要求点火后 2h 达到 100℃，然后保持 20h 左右。待料袋温度降到 60℃ 以下时，趁热搬运到接种室内，待料温冷却到 28℃ 以下时接种。接种按无菌要求操作，一般每瓶原种接种 25 袋。

5. 发菌管理

接种后将菌袋移入栽培室（棚）内堆放发菌，袋口两端向外，行与行之间留操作道。堆高根据栽培季节而定，春栽堆 10~12 层，秋栽只能堆 5~8 层，以利保持或调节堆内温度。为有利菌丝健壮生长，应根据不同发菌阶段进行管理。

（1）发菌前期　菌袋接种后 1~2d 内就可萌发，并开始吃料，然后菌丝向四周辐射生长，占满料面，这段时间约需 15d。此阶段菌丝处于恢复和萌发阶段，故料温一般比室温低 1~2℃，空气温度宜掌握在 27℃ 左右，使袋内料温处于菌丝生长的最佳温度。

（2）发菌中期　菌袋中的菌丝封口后，继续向培养料内深入，当菌丝生长越过菌袋长度的 50% 时，由于菌丝生长旺盛，呼吸加强，代谢活跃，自身产生热量，应解开袋口补充 O_2，排除 CO_2。此时如管理跟不上，料温比室温高 4~5℃，易出现烧菌或缺氧窒息现象。

（3）发菌后期　解开袋口增氧后，菌丝旺盛生长，浓密而白，菌丝量急剧增大，呼吸强度旺盛，对培养料的分解和转化活性增强，菌丝体内营养积累增多。此阶段温度宜在 23~24℃，特别注意防止高温。

经过 60~80d 发菌，菌袋表面全部转色，培养料的颜色进一步变淡，菌丝体累积了大量营养物质，培养料含水量达 70% 以上，用手捏菌袋感到柔软、有弹性时，这是生理成熟的表现，可进行催蕾管理。

6. 菇棚准备

可利用空闲房屋作出菇室，也可搭建简易菇棚。采用室外菇棚可以充分利用休闲地扩大栽培面积，增加产量，节约成本，提高经济效益。

7. 催蕾管理

（1）菌袋排场　适时割袋排场，是生产成功和产量高低的关键。割袋时间要根据以下条件来决定。

① 生理成熟：营养物质的积累与酶解有关。茶薪菇菌丝体依靠自身合成各种氧化酶。菌丝生长初期，酶的活性较低。菌丝体经过 30~50d 生长，胞内酶合成达高峰期，也是胞外酶量达到最大的时期。

② 菌龄：从接种之日算起，正常发菌培养的时间称菌龄。茶薪菇菌丝达到生理成熟一般要 60d。由于培养时间的温度会影响菌龄的长短，因而在生产上可以将茶薪菇的有效积温作为生理成熟的指标。

③ 菌袋色泽：这也是反映菌丝是否达到生理成熟的一种标志。如果菌袋内长满白色菌丝，长势旺盛浓密，气生菌丝呈棉绒状，菌袋口出现棕褐色斑或吐黄水，将引起转色。

菌丝达到生理成熟所需的条件和所表现出来的特征，加上当时当地的气温为 12~27℃，这就是割袋的适宜时期，应及时割袋。割袋与排场同时进行，要将被杂菌污染的或被部分污染的菌袋挑出隔离。开口前，要用消毒剂对菌袋消毒和场地灭虫处理。割袋时，用锋利小刀沿扎口绳，将菌袋的口部割掉。

（2）转色管理　割袋之后，断面菌丝受到光照刺激，供氧充足，就会分泌色素吐黄水，使菌袋表面菌丝渐渐转化成褐色，随着时间的延长，菌丝体褐化和菌丝体颜色的加深，袋口周围表面的菌丝会形成一层棕褐色菌皮。这层菌皮对菌袋内菌丝有保护作用，能防止菌袋水分蒸发，提高对不良环境的抵御能力，加强菌袋的抗震动能力，保护菌袋不受杂菌污染和有利原基的形成。转色正常的菌皮呈棕褐色和锈褐色，且具光泽，出菇正常，子实体产量高，品质优良。

转色是一个复杂的生理过程，为了促进菌袋正常转色，在割袋后 3~5d，要保持室温 23~24℃，并加强通风，提高菇棚内相对湿度，促使割开的袋口迅速转色。

（3）催蕾　在褐色菌皮形成的同时，茶薪菇子实体原基也随之开始形成。变温刺激是促进原基形成的重要措施，温差越大，形成的原基就越多。除变温刺激外，还必须注意创造阶段性的干湿差和间隙光照条件，并采用搔菌及拍击等方法进行刺激。干湿交替，是指喷水后结合通风，使菌袋干干湿湿。处理 3~5d 后，菌袋面上出现细小的晶粒，并有细水珠出现，再过 2~4d，在袋面会出现密集的菇蕾原基。原基的形成是生殖生长的开始，随着原基生长，分化出菌盖和菌柄，标志着菇蕾的形成。

8. 出菇管理

菌袋转色后 7~8d，第一潮菇开始形成。这时，要及时开袋，拉直袋口，地上浇水，保持栽培室空间湿度 35%~95%，并给予一定散射光和通风。菇蕾发生后，在袋口上面覆盖报纸或无纺布，喷水保湿，使室内相对湿度保持在 85%~90%，促使子实体发育长大。

9. 采收

子菇蕾形成以后，10~15d 子实体长成八分成熟以后就可以采收了。采收第一潮菇后，应立即清理菇场，剔除残留在袋内的菇脚、老根和死菇，将培养料表层整平，防止菇脚腐烂和杂菌侵入，并停止喷水 7~10d，增加通风次数，延长通风时间，降低菌袋表面湿度，使菌丝迅速恢复生长积蓄养分，以供第二潮菇生长，依次可供第三、四潮菇。若在第二潮菇采收后转入脱袋埋土栽培，补充菌筒内水分，可提高产量。

茶薪菇产品加工主要有鲜销与干制（图8-6）。鲜销要在采收后及时整理、分级，再进行冷藏或速冻加工；干制要在采收后及时晒干或烘干。茶薪菇的干品香味更浓郁，泡水复发后的菌柄仍然脆嫩可口，风味更鲜美，是制作炖菜、干锅的好食材。

图8-6 茶薪菇干制

第三节 鸡腿菇

一、营养保健特性

鸡腿菇学名毛头鬼伞（*Coprinus comatus*），属担子菌纲、伞菌目、鬼伞菌属，别名为毛头鬼伞、鸡丝菌，因形状似肥嫩鸡腿故而得名鸡腿菇。野生鸡腿菇在世界多数国家均有分布，多于夏、秋季节发生在田野、果园、沟边和树荫周围，生长在腐熟秸秆、杂草、落叶及畜禽粪中。鸡腿菇适应性强，栽培方法简单，很容易栽培成功，栽培原料广泛且价格低廉，栽培周期短，见效快，产量高，是极具广阔发展前景和巨大市场潜力的珍稀菌类。

鸡腿菇的菌肉细嫩，味道鲜美，不仅营养丰富，而且具多种医疗保健功效。据分析，每100g干品中含粗蛋白质25.4g、脂肪3.3g、总糖58.8g、纤维素7.3g、灰分12.5g。在蛋白质中有20多种氨基酸，其中人体必需的9种氨基酸齐全，尤其富含谷类和蔬菜中缺乏的赖氨酸和亮氨酸。鸡腿菇味甘性平，有安神、益脾、健胃等功能，可助消化，增加食欲，属食药兼用菌类，深受消费者欢迎。

二、生物学特性

（一）形态结构

1. 菌丝体

菌丝体贴生于培养基上，其颜色因品种和培养基性质而不同，有灰白色或白色。气生菌丝一般不发达，前期为绒毛状，细密而整齐，生长迅速，后期变为线状呈匍匐状，菌丝致密。显微镜下观察，菌丝细长管状，分枝少，菌丝中间有横隔，大多数无锁状联合。

2. 子实体

子实体单生或群生，高9~30cm，直径2~15cm，由菌盖、菌褶、菌柄和菌环四部分构成（图8-7）。菌盖幼时呈白色乳头状，菌盖与菌柄紧密结合。随着子实体生长，菌盖与菌柄结合松动并逐渐脱离，子实体形状由乳头状变为圆柱形状、钟形，最后展开呈伞形。颜色也由最初白色变为淡红褐色或土黄色。菌盖表面的鳞片初平伏在菌盖表面，随子实体形成和成熟鳞片逐渐裂开并反卷。菌柄圆柱状，白色纤维质，有丝状光泽，长12~35cm，直径1~4cm，中空或中松。菌环白色膜质，可上下移动，易脱落。菌褶较密，离生，初白色，老时变为黑色。孢子卵圆形、黑色，孢子印黑色。

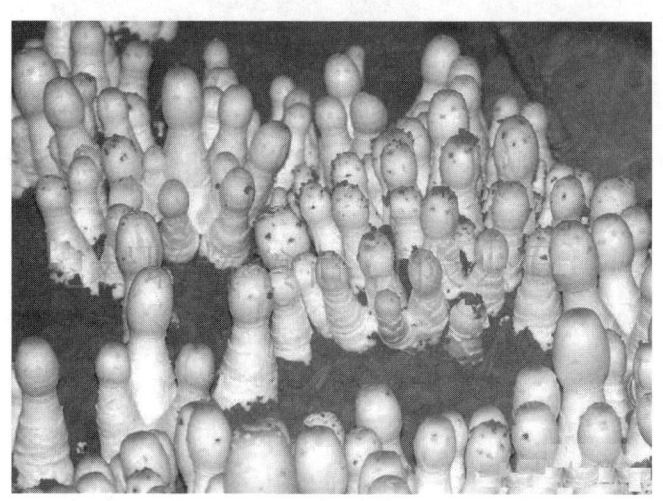

图8-7　鸡腿菇的形态

（二）生殖方式和生活史

鸡腿菇属于异宗配合的担子菌。它们的生活史是由担孢子萌发形成单核菌丝体，经质配形成双核菌丝，生长扭结形成原基，继续生长形成丛生的子实体。

鸡腿菇的生活史：子实体→弹射担孢子→担孢子萌发→形成菌丝体→子实体。

（三）生长条件

1. 营养

鸡腿菇能利用的碳源很多，如葡萄糖、果糖、蔗糖、纤维素、半纤维素和木质素等，而最好利用的是葡萄糖。在人工制备培养基时，多用葡萄糖作碳源。主要的氮源有蛋白胨、酵母膏，也可利用$(NH_4)_2SO_4$、NH_4NO_3、尿素等。它还可分解吸收复杂的有机态氮，如麸皮、米糠、豆饼粉等。鸡腿菇所需的无机盐种类很多，既有大量元素也有微量元素，但最主要的是P、K、Ca、Mg、Fe等。鸡腿菇所需的维生素营养中主要是维生素B_1，其能促进菌丝生长和发育。若维生素B_1缺乏，菌丝生长受阻，子实体不能正常形成。

在制备培养基时，常以葡萄糖和果糖为碳源，蛋白胨和酵母膏为氮源。而在栽培鸡腿菇时，多以秸秆、棉籽壳、玉米芯等富含纤维素的物质为碳源，麸皮、玉米粉、豆饼粉、尿素等为氮源营养，石膏、$CaCO_3$、KH_2PO_4、$MgSO_4$等补充无机盐营养。其他的微量元素和维生素类物质，因需要量很小，在各种农副产品中以及水中的含量就能满足，不必另外添加。

2. 温度

鸡腿菇属中温型菌类，菌丝生长的温度范围3~35℃，最适生长温度22~27℃。子实体分化温度 8~28℃，以 10~20℃最适宜。在适温范围内，温度偏低，虽然子实体生长缓慢，但个体肥大，结构紧密，质量好，耐贮藏；若温度偏高，子实体生长快，但柄长，盖小而薄，易开伞。

3. 湿度

栽培鸡腿菇时，培养料的含水量为 60%~70%，最适为 65%。若含水量偏少，菌丝生长缓慢和稀疏；若水分偏多，可引起供氧不足，菌丝延伸慢或停止生长。一般床畦栽培时，培养料含水量适当偏高 65%~70%；袋栽时含量稍低，60%~65%即可。菌丝生长要求空气相对湿度 80%左右，而子实体形成时，空气相对湿度要保持在 90%上下。

4. 光照

菌丝生长不需要光照，在黑暗或微弱光下，菌丝生长健壮。强光对菌丝有抑制作用，并加速菌丝衰老。子实体形成和生长需要一定散射光，最适光照强度范围为 50~900lx。

5. 空气

鸡腿菇属好气性菌，菌丝生长和子实体生长都需良好的通气，要保持环境空气流通而清新。但菌丝生长需要的通气量较小，而子实体生长要求大量 O_2，此时要加大通气量。若通气不良，生长迟缓，易形成瘦小的畸形菇，开伞老化。

6. 酸碱度

鸡腿菇的菌丝能在 pH2~10 范围内生长，而以 pH6.5~7.0 最适宜。由于菌丝在生长过程中，产生的代谢产物积累使基质中 pH 下降，因而在调制培养料时，一般应将 pH 适当调高些，即调至 pH7.5~8.0，随着菌丝的生长，pH 逐渐降至最适范围。

7. 覆土

鸡腿菇子实体的形成和生长都需在有土的基质内，没有土层的刺激子实体不能形成，具有"不覆土不出菇"的特性。因此，覆土是鸡腿菇生活的必需条件之一，也是鸡腿菇栽培和管理的重要环节。覆土材料要求土质疏松，土粒直径大小为 0.5~2cm，腐殖质含量丰富，土壤 pH 中性或微碱性，含水量适中，即手握成团，触之即散的程度，并要提前消毒处理干净，畦床栽培时覆土备用。

三、栽培管理技术

鸡腿菇栽培生产工艺流程：原料处理→发酵→铺料（装袋）→接种→发菌管理→出菇管理（覆土）→采收。

（一）菌种准备

1. 母种制作

一级试管母种可以从外地购买，也可以自己分离扩繁制作。母种培养基为马铃薯葡萄糖琼脂或综合马铃薯葡萄糖琼脂培养基，鸡腿菇母种培养温度为 22~25℃，一般 7~10d 培养一批。

2. 原种制作

（1）培养基配方

① 配方 1　发酵棉籽壳 50%、玉米芯 46%、麸皮 2%、石灰 2%，料水比为 1:(1.1~1.2)。

② 配方 2　发酵棉籽壳 40%、秸秆或废菌料 40%、麸皮 10%、玉米粉 8%、石灰 2%，料水比为 1:(1.1~1.2)。

③ 配方3　麦粒95%，麸皮、石灰、石膏粉分别为3%、1%、1%，料水比为1∶1.1~1.2）。

（2）培养基配制和分装　以上培养基配制方法：先将石灰溶于1.1~1.2倍的培养基量的水中，然后将培养基主辅干料先均匀拌和，再加入石灰水拌匀。培养料拌好后，应立即装瓶。

麦粒培养基配制方法：先将石灰溶于水中，麦粒投放石灰清液中浸泡，要求麦粒充分吸足水分，透心有弹性。浸泡时间应视气温高低而定，气温高时浸泡时间短些，气温低时浸泡时间长些，夏季浸泡时间约为24h，冬季约为48h。浸泡结束后，将麦粒捞出，沥至无水滴，摊开麦粒撒上麸皮和石膏粉，均匀拌匀，在拌料中千万不能破损麦粒。每瓶装麦粒（干重）180g左右。

（3）灭菌、冷却、接种、培养过程　参照前文菌种生产技术有关内容。

（二）栽培方法

1. 栽培料配方

（1）配方1　棉籽壳95%、专用肥1%、石灰2%、石膏2%。

（2）配方2　玉米芯80%、干畜粪10%、麸皮6%、草木灰2%、石膏2%。

（3）配方3　菌糠80%、碎麦秸15%、专用肥1%、石灰2%、石膏2%。

（4）配方4　碎麦秸85%、麦麸8%、石灰4%、石膏2%、专用肥1%。

以上几种配方均加入2%的多菌灵溶液。

2. 原料处理与发酵

玉米芯要加工成玉米粒或花生米大小，麦秸要过无箩底粉碎机打成短片状，或压场压出的短碎麦秸，脱粒机加工的圆杆不能直接用。菌糠加工是将平菇、金针菇、木耳等出过菇、耳的废料去袋晒干打碎，有杂菌的袋去掉不要混入。

培养料发酵是鸡腿菇栽培中重要的环节，一定要做好。把以上任一配方料掺在一起拌匀，将多菌灵加入所需水中搅匀洒在料上，用铁锨扫帚等把料拌均匀，料含水量55%~60%，即拌好料用手紧握指缝间有水透出，但不下滴为好。然后建堆，料少时可堆成圆堆，不能用铁锨拍实以利通气；堆好后用木棒在料堆上每隔30cm打一到底的通气孔，其上盖一不太严的薄膜，开始发酵。当料堆20cm深处温度达60~70℃时开始计时，24h翻堆，翻堆时上下里外料互换位置。复堆操作同上，一般翻3~4次即可。中间翻堆时如蛆虫多可喷少量杀虫剂；最后一次翻堆料干可加石灰水调至用手握指缝间有水流出但不下滴。最后一次堆温60~70℃保持12h，摊堆降温至30℃以下即可装袋接种。

3. 装袋或铺畦床与接种发菌

（1）发酵料栽培　用25cm×50cm聚乙烯袋，三层料四层种，装袋（图8-8）方法与平菇袋栽一样，如果铺畦床（图8-9），接种操作与双孢菇畦床栽培一样，接种前不需要灭菌，直接接种，用种量为15%。

（2）熟料栽培　装袋、灭菌、冷却、接种如同菌种制作，要严格按技术规程操作。采用20×45cm的塑料筒，将筒袋一头扎紧，然后从另一头装进培养料，要求代料松紧适度，即两头紧、中间松，袋壁紧、袋心松，料装好后扎紧袋口。灭菌方法与原种要求相同，由于菌袋较大，灭菌的时间应适当延长，否则灭菌不彻底。灭菌的菌袋放到接种室冷却至28℃，接种前须用臭氧发生器进行消毒灭菌，20min以后即可在接种室进行开放式接种。菌袋两头接种，并放置无菌棉塞扎好，有利菌袋内外气体交换。

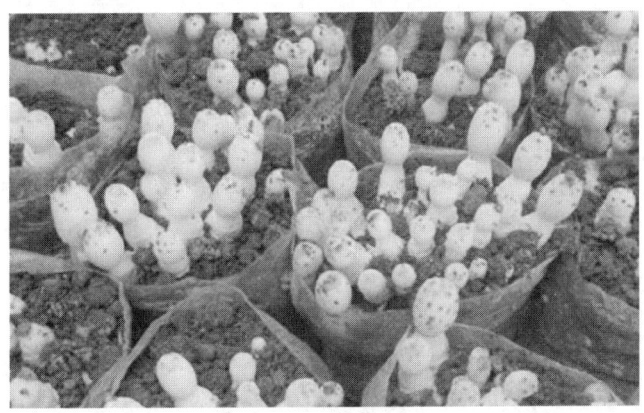

图 8-8 鸡腿菇袋栽

图 8-9 鸡腿菇畦栽

4. 发菌管理

（1）发菌前期的管理 将料温控制在 20~30℃是播种后菌种能否顺利成活和吃料生长的关键。播种后 1~7d 为发菌前期，1~3d 的管理重点是保湿、控温和换气。保湿的方法是覆盖好薄膜，若遇到雨天还要清沟排渍，防止雨水浸入料内。控温的措施主要有：① 勤检查，将膜内料温控制在 22~28℃，最高不能超过 30℃；② 料温偏高时，加厚膜棚上的草苫或将草苫上淋井水降温；③ 将床中间的薄膜升高 1~20cm，揭开薄膜的头通风散热，加速膜内空气流动；④ 遇上低温寒潮天气，应将薄膜盖严实，减少膜面覆盖物，增加光照，提高料温。播种后 4~7d，菌种块上的新生菌丝已萌发齐全，开始定植吃料，向料内生长。此期则以换气为主，每天通风不得少于 2h，促使菌丝快速封面，适当降低料表面湿度，使料面稍显干燥，减少杂菌污染，也可加速菌丝向料内生长。膜内料温控制在 22~28℃，相对湿度保持在 70%~75% 较为理想。

（2）发菌中期的管理 后 8~12d 为发菌中期，也称为料层发菌期，菌丝吃料并在料内纵横生长。此期应以小通风为主，大通风为辅。操作要点是：常通不止，不使通风造成温差、湿差过大；温度低时中午前后通风，一早一晚少通，反之则早晚多通、中午不通或少通，使棚内空气新鲜，又保持棚内温度基本稳定。此期的料温应控制在 28℃ 以下，相对湿度控制在75%左右。若自然温度超过30℃，晴天中午前后应揭开薄膜的两头通风，搭建的遮阳棚若遮阴度不够，应加厚覆盖物，同时对棚上覆盖物喷水降温，确保料温处于适温范围之内。若自然温度在15℃以下，应盖好薄膜少通风，尽量利用阳光提高膜内料温，使菌丝正常生长。

（3）发菌后期的管理　播种后13~20d为发菌后期，也是养菌阶段。温度控制在22~28℃，相对湿度保持在70%~75%。为了使料层的菌丝健壮生长，适应覆土后的环境条件，可将科层用木棒撬动一次，增加中下层料内的O_2供应，有利加速菌丝生长。后期只要加强通风换气，确保棚内和料内的温度正常，控制料面湿度，就不易发生病虫害。

5. 覆土出菇及管理

鸡腿菇有不见土不出菇的特性，所以发满菌后一定要排袋入畦覆土出菇。

（1）覆土配制与处理　用田园土、菜园土等各种土均可，内加5%干鸡粪、10%杂木屑、2%石灰粉、1%草木灰，加水至40%，即手握成团，触之即散。堆在一起用薄膜盖严，顶上做成凹形，放容器加甲醛和$KMnO_4$气化闷杀菌48h，然后揭膜散堆放气3d备用，不可淋雨。

（2）脱袋、入畦、覆土　最好在大棚内畦栽。畦宽1m，深20~30cm，长不限。先在畦底及四周撒一薄层石灰粉；然后将发满菌丝的料袋去膜，从中间切成两段，切面向下排入畦中，袋间留2~5cm空隙，用处理好的覆土填满；再在菌块顶部普遍盖一层3~5cm厚的覆土，盖上薄膜保温。

注意覆土不可过干或过湿，要求将覆土的湿度调至以手握成团、触之即散为宜。土覆上后要用短齿耙进行耙梳，使菌棒之间的空隙填满土，再在菌棒上面覆盖一层土，厚度2~3cm。菇床的菌棒四周用潮湿的覆土抹上，在抹边之前用水将四边的菌棒淋一下，调湿发菌。当覆好土抹好边后，就要进行调水。一次性调重水，调至大土粒中心湿透，温度为25℃发菌。当天气干燥时，如冬季菇房空气湿度偏低，可在发菌前期床面加盖地膜，最好是无纺布，以便保持适宜的湿度。

6. 出菇管理

气温20~27℃，10d左右菌丝可长到土表，此时可去膜，往空中或墙上喷水保湿，气温15~25℃。一般10~15d形成子实体原基，此时就应将室温逐渐下调2~3℃，当子实体全面形成，室温控制在20~22℃。随着子实体不断长大，温度逐渐下调。子实体1cm时，温度调至18~20℃，18℃为最宜。温度高，菇肉松，品质差。待第一潮菇大部分采摘后，又可将温度逐步调高，当第二潮菇的子实体原基形成后，再按上述要求逐步下调温度。

7. 采收

采收前4h之内不要喷水，以免手捏菇体处变色。采收时，应一手按住基部的培养料，一手握住子实体轻轻转动。丛生的菇，由于菇丛很大，其个体成熟度不一，为避免采收时伤害幼菇，可以先将部分应采收的个体用刀从子实体基部切下，防止带动其他菇体而造成死菇。采菇后清理料面，去除死菇、残菇等杂物；喷一次重水，再覆盖一层1cm厚的土，10d后可出第二潮菇。

采收要求采大留小，不带幼菇，不连根拔起，不伤土层菌丝。鸡腿菇子实体采收后，用刀削去基部泥土，直接进入市场鲜销，或进行保鲜或盐渍加工成盐水菇出售。

第四节 白灵菇

一、营养保健特性

白灵菇（*Pleurotus nebrodensis*）又名白阿魏菇，是刺芹侧耳的白色变种。白灵菇是一种品质特优的大型肉质伞菌，其子实体洁白如玉，质地细腻，味如鲍鱼，久煮不烂，食之脆嫩可口。

据国家食品质量监督检验中心分析，白灵菇含有 18 种氨基酸，尤其是谷氨酸和精氨酸含量特别高，蛋白质含量高达 14%。野生白灵菇生长在中药阿魏植物上，因而具有中药阿魏相同的医药疗效。据报道，白灵菇具有消积化瘀，清热解毒，治疗胃病、伤寒等功效，所含真菌多糖，能增强人体免疫功能。其含不饱和脂肪酸，有降低血压、防止动脉硬化的作用。

二、生物学特性

（一）形态特征

1. 菌丝体

白灵菇的菌丝体在马铃薯葡萄糖琼脂试管斜面上，较侧耳属的其他种更浓密洁白，菌苔厚且较韧，在显微镜下观察，菌丝也较粗，锁状联合明显。菌落形态（稀密度）因菌株不同而异。原种、栽培种菌丝密集、洁白、长势均匀、粗壮、呈棉毛状，有爬壁现象。

2. 子实体

白灵菇子实体稍大，单生或群生。它们因菌株不同而菌盖形状有差异，有的品种菇盖为掌形，形态较大，柄短而菌盖肥厚。有的菌株菇盖为棒形，菇体圆长如胡萝卜，柄长而盖小。菇盖直径 5～15cm，初期盖缘内卷呈半球形，后渐变平，中央浅凹。幼时褐色，成熟后浅色。菌肉白色（图 8-10）。菌褶向下延生，密集。菇柄与白灵菇的区别是向下渐细，较短，手感与口感较松软。孢子印白色或浅黄色，孢子近纺锤形，平滑。

图 8-10 白灵菇的形态

(二) 生殖方式和生活史

白灵菇时异宗配合的担子菌，其生活史与平菇相似。它们的生活史是由担孢子萌发形成单核菌丝体，经质配形成双核菌丝，生长扭结形成原基，继续生长形成丛生的子实体。

白灵菇的生活史：子实体→弹射担孢子→担孢子萌发→形成菌丝体→子实体（菇体）。

(三) 生长条件

1. 营养

白灵菇在自然界主要生长在伞形科多年生草本植物上，如刺芹、阿魏、拉瑟草等植物的茎根。主要营腐生生活，有时也兼有寄生性质。

2. 温度

白灵菇是一种中低温型食用菌，菌丝生长最适温度为25～28℃，菇蕾分化温度为0～13℃，子实体发育最适温度为15～18℃，但在6～25℃均能生长。

3. 湿度

白灵菇菌丝体生长所需要的水分和湿度，培养料含水量为65%，空气湿度不得高于70%。子实体生长发育阶段，空气湿度应保持在85%～95%。若湿度过低，菌盖表面易生龟裂。

4. 空气

白灵菇为好气性真菌，其生长发育全过程均要求有足够的O_2，发菌室和出菇场均要求空气新鲜。尤其是子实体形成时，代谢旺盛，呼吸增强，对O_2需求量很大，通风不良时，子实体生长缓慢或变黄。

5. 光照

白灵菇菌丝生长不需要光照，在黑暗条件下生长良好。菇蕾分化需要散射光刺激，光照弱时，易形成柄细长、菌盖小的畸形菇，但在直射光和全黑暗条件下均不易形成子实体。

6. 酸碱度

白灵菇的菌丝能在pH 2～10范围内生长，而以pH 6.5～7.0即微酸性最适宜。

三、栽培管理技术

白灵菇工厂化栽培工艺流程如下：培养料→配制→拌料→装袋（瓶）→灭菌→冷却→接种→发菌管理→后熟期管理→搔菌、催菇管理→出菇管理→采收。

(一) 菌种准备

1. 母种的制作

白灵菇是用孢子分离和组织分离法获得菌丝体后扩大转管制作母种，母种最好到专业厂家购买。

2. 麦粒菌种的制作

白灵菇工厂化袋栽常采用麦粒种和枝条种（图8-11），瓶栽自动化程度高一般采用液体菌种。枝条种，菌丝长势好，但菌丝培养时间长。麦粒种，接种方便，菌丝强壮，出菇整齐，周期较短。液体种，繁殖快，周期短，菌龄一致，接种快速，成本较低。目前工厂化栽培白灵菇多采用麦粒种，麦粒种制作过程如下：

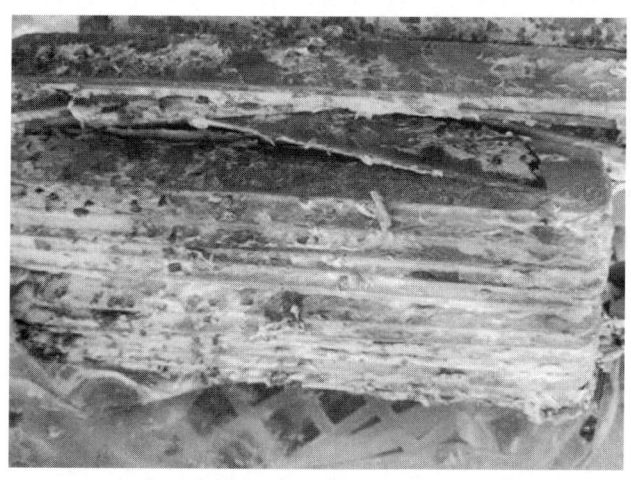

图 8-11　枝条种

配方：小麦 10kg、杂木屑 1kg、麦麸 2kg、石膏粉 0.3kg（可装 50 瓶）；麦粒用 1% 的石灰水浸泡 1d，沥干水，煮至外熟内生，捞起后倒入冷水里冷却后，再沥干水，晾至手上有水印而不湿手。石膏粉、麸皮和一半的木屑拌匀，再与麦粒拌匀，装入菌种瓶 2/3 处。另一半木屑用煮麦粒水加湿至手握有成线水珠滴下，加入菌种瓶麦粒上层约 1cm 厚，轻压，塞上棉花塞即可灭菌。经过接种、培养即可进行栽培生产。

（二）栽培方法

1. 栽培料配方

（1）配方 1　棉籽壳 40%，木屑 40%，麸皮 10%，玉米粉 8%，糖 1%，石膏 1%。

（2）配方 2　豆秸粉 60%，玉米芯 20%，麸皮 10%，玉米碎粒 8%，糖 1%，石膏 1%。

（3）配方 3　稻草 60%，棉籽壳 10%，玉米芯 10%，麸皮 10%，玉米粉 8%，糖 1%，石膏 1%。

上述配方，以配方 1、2 使用较多，生物学效率可达 67.2%，并且原料来源丰富，成本较低。

2. 装袋（瓶）灭菌

一般采用机械化装袋，选用低压聚乙烯或聚丙烯筒袋，规格为 17cm×34cm×0.04cm。培养料中间插入直径 2.5cm、长 11~12cm 的塑料打孔棒，接种时拔出。灭菌一般用常压灭菌灶，袋要成"井"字形码放，这样竖直上叠，可使温度均匀或排袋于推车架上直接灭菌。严封灶门后及时向灶内送入蒸汽，使灶内温度达 100℃ 保持 14~16h。灭菌后打开灶门将料袋取出放冷却室散热降温。要特别注意在装袋、搬运、进灶、出灶、冷却等各项操作中，轻拿轻放，以免划破料袋而造成污染。

3. 接种培养

将灭菌后的菌袋冷却到不烫手 30℃ 以下时，移入接种室（箱）内，接种室（箱）预先要用臭氧机或气雾剂消毒，并用紫外线灯照射 30~40min。接种操作三人一组，两端开袋接种，菌种用量以覆盖菌袋两端表面为宜。接种后扎好袋口，顺序码放于培养室（或大棚）内培养，培养室温度应保持在 22~28℃，并注意室（棚）内通风换气。培养 4~5d，要仔细检查有无杂菌污染，小块污染点可用 1% 多菌灵稀释液注射污染点，并用塑料胶带块封住针孔，大块污染袋应取出室外处理。菌袋培养 10~15d，菌丝长满袋端表面，此时应进行一次翻堆，以促发菌均匀一致。

4. 发菌管理

整个培养发菌期间应注意调节温度、湿度、空气和光照。发菌温度保持在 22~24℃，发菌室内空气湿度越低越好，空气湿度在 70% 以下，如果发菌室内湿度较大，要在发菌室内放置一些石灰块吸潮降温。发菌前期不用通风，10d 后应结合温度高低进行通风换气，保持空气新鲜。白灵菇喜欢在避光条件下发菌，更不能有直射光，如冬季发菌需掀开覆盖物增温，可在发菌室内铺一层遮阳网，要暗光培养。一般培养 35~40d，白灵菇菌丝可长满袋。

5. 后熟期管理

白灵菇菌丝长满菌袋后必须经过一段时间的后熟培养，才能达到生理成熟，这时的管理方法和发菌期基本相同。袋温在 20~24℃，生理成熟期为 30d 左右。菌袋没有达到生理成熟所要求的时间与积温，也有少量菌袋形成原基开始出菇。遇到这种情况我们不要急于出菇，而是仍按白灵菇后熟期管理。如果此时降温出菇，由于多数菌袋仍没达到完全生理成熟，其结果不但出菇率低，而且产量也低。

6. 搔菌、催菇管理

白灵菇菌袋达到生理成熟前 5d 进行搔菌。搔菌的方法是：将菌袋两头打开，用消毒过的小钩，扒掉料面中央部位直径为 3~4cm 范围内的菌种。注意尽量不要伤害菌丝并迅速将袋口拧死，以防料面水分蒸发。搔菌的目的就是防止白灵菇原基在老菌种块上形成，以便幼菇生长健壮。白灵菇菌袋搔菌 5d 后进入催菇管理阶段，出菇要注意以下方面。

（1）温度 温度调控原则是：昼夜温差在 10℃ 以上，晚上必须有低于 10℃ 的低温刺激，最好能控制在 3~8℃，温差及低温刺激的天数在 10d 以上。

（2）湿度 空气相对湿度保持在 85%~95%。具体做法为在地面上浇一次大水，此后如果发现湿度不够，可用喷雾器加湿。

（3）通风与光照 在保证催菇要求的温度、湿度条件下，尽量多通风，光照强度 1000lx 以上。

7. 出菇管理

（1）温度 温度应保持在 8~16℃。温度过低子实体发育缓慢；温度过高子实体生长虽快，但菌盖薄商品价值较低。需要注意的是，白灵菇对温度较敏感，如果袋温超过 25℃ 后，原基有可能死亡，此后很难出菇。

（2）湿度 湿度保持在 80%~90%，不要在菇体上喷水。同时防止菌袋或塑料布上的水珠滴在菇体上，以免形成污斑，降低商品价值。采菇前可适当降低空气湿度，从而保持菇体表面洁白。

（3）通风与光照 良好的通风是生产优质白灵菇的重要条件之一。生产中在协调好温度、湿度的前提下尽量保持室内良好的通风状态。通风的目的就是降低温室内 CO_2 的浓度，促进菌盖的正常发育。生产优质白灵菇还需有足够的散射光，光照强度要求在 1000lx 以上。但不能有直射光照到菌袋或菇体上。如果光照过强，菌盖颜为土黄色而非优质白灵菇的洁白色。

（4）疏蕾 当原基长至玉米粒大小时要及时疏蕾。疏蕾需要大量人工，要提前做好准备,以免错过最佳疏蕾时间。疏蕾工具定时用 75% 的酒精消毒一次,以免细菌性病害的交叉感染,每个菌袋一端或两端各留 1~2 个健壮的幼菇,疏蕾工具不能碰伤保留的幼菇及幼菇基部的菌丝(图 8-12)。

图 8-12 疏蕾后白灵菇

8. 采收

白灵菇从催菇到现蕾约 15d,从现蕾到采收约 15d,过早或过晚采收都将影响其商品价值。白灵菇采收前一天应停止喷水并适当通风降湿,适宜采收的标准是:白灵菇菌盖充分展开,呈手掌状,边缘向下无破碎,无向上翻卷,菇形圆整。采收时先洗净双手,一手按住菌袋,一手将其拧下,削去老化菌柄,放入干净的筐内。

实验室栽培的白灵菇丰收了

第五节 真姬菇

一、营养保健特性

真姬菇[*Hypsizygus marmoreus*(Peck)H. E. Bigelow],又名玉蕈、斑蕈,因具有独特的蟹香味,又称蟹味菇。属担子菌亚门、层菌纲、伞菌目、白蘑科、离褶菌族、玉蕈属。其味比平菇鲜,肉比滑菇厚,质比香菇韧,口感甚佳,还具有独特的蟹香味。真姬菇的蛋白质中氨基酸种类齐全,还含有多种多糖体,其子实体的水和有机溶剂提取物有清除人体自由基的作用,这意味着经常食用真姬菇有提高免疫力、预防衰老、滋补养身、延长寿命的功效,可以说是食用菌界的"金枝玉叶"。

二、生物学特性

(一)形态特征

1. 菌丝体

白色,棉毛状,气生菌丝不旺盛,具有较强的爬壁能力,老化后气生菌丝贴壁、倒伏,呈浅灰土色,不分泌黄色液滴,不形成菌皮。

2. 子实体

丛生,每丛 15~50 株不等,有时散生,散生时数量少而菌盖大。菌盖幼时半球形,边缘内卷后逐渐平展，直径 4~15cm，近白色至灰褐色。

近年来经过人们选育的优良品种有两大品系，菌盖黄褐色、中央带有深色大理石状斑纹的蟹味菇（图 8-13）及菇体洁白如玉的白玉菇（图 8-14）。菌褶近白色，与菌柄成圆头状直生，密集至稍稀。菌柄长 3~10cm，粗 0.3~0.6cm，偏生或中生。孢子阔卵形至近球形，显微镜下透明，成堆时白色。

图 8-13　蟹味菇的形态

图 8-14　白玉菇的形态

（二）生殖方式和生活史

真姬菇属于异宗配合的担子菌。它们进行有性生殖和无性生殖，无性生殖产生无性孢子，如分生孢子；有性生殖产生有性孢子，如担孢子。它们的生活史是由担孢子萌发形成单核菌丝体，经质配形成双核菌丝，生长扭结形成原基，继续生长形成丛生的子实体。

真姬菇生活史：子实体→弹射担孢子→担孢子萌发→形成菌丝体→子实体。

　　　　　　　　　　　　　　　　　　　　　　　　　↓　↑
　　　　　　　　　　　　　　　　　　　　　　　　　分生孢子

（三）生长条件

1. 营养

真姬菇是一种低温型的木腐菌，栽培原料比较广，如木屑、玉米芯、甘蔗渣和棉籽壳等都可作为主要原料，以用棉籽壳的产量最高。在栽培过程中加少量的辅料，如米糠、麸皮、大豆皮、棉籽饼和玉米粉等可以提高单产。

2. 温度

真姬菇为中低温型菌类，与金针菇、滑菇、香菇和平菇等一样具有变温结实特性。菌丝发育温度范围为 9~30℃，适温 22~24℃；子实体原基分化在 4~18℃，生长适温为 10~14℃。

3. 湿度

真姬菇培养料含水量以调到 65% 左右为宜。因其发菌时间较长，培养料会逐渐失水变干，出菇前应补充水分，使含水量达 70%~75%。菇蕾分化期，菇房相对湿度应调节到 98%~100%。菇体发育时，菇房相对湿度应为 90%~95%。

4. 光照

真姬菇菌丝生长阶段不需要光照，但菇蕾分化阶段应有弱光刺激。子实体生长时有向光性,如在地下室或山洞栽培真姬菇,每昼夜应开日光灯 10~15h。

5. 空气

真姬菇生长的各个阶段都需要新鲜空气。防止菇房的 CO_2 过浓,原基大量发生时每小时应通风 4~8 次。

6. 酸碱度

菌丝生长阶段的最适 pH 为 6.5~7.5,适宜在微酸性条件下生长。

三、栽培管理技术

真姬菇栽培方式与平菇相似,可采取瓶栽或袋栽。

真姬菇工厂化栽培生产工艺流程如下:培养料配制→拌料→装袋(瓶)→灭菌→冷却→接种→发菌培养→出菇管理(搔菌、催蕾、育菇)→采收。

(一) 菌种准备

真姬菇菌种制作分母种、原种和栽培种三个阶段,菌种的制作基本上与白灵菇和平菇一样。如果购买菌种,各种菌种最好到有菌种生产资质的专业厂家购买。

(二) 栽培方法

1. 培养原料

(1) 配方 1　棉籽壳 85%、米糠(麸皮)10%、蔗糖 1%、石灰 3%、石膏粉 1%,pH7.5。

(2) 配方 2　木屑 77%、米糠(麸皮)20%、蔗糖 1%、石膏粉 1%、石灰 1%,pH7.5。

(3) 配方 3　甘蔗渣(鲜)95%、石膏粉 1%、石灰粉 3%、过磷酸钙 1%,pH8.0。

(4) 配方 4　酒糟(新)70%、木屑 20%、玉米面 6%、石灰 3%、石膏粉 1%,pH8.5。

配制方法:以配方 1 为例,装料前一天下午,将经过翻晒的棉籽壳和辅料按比例称好,翻料均匀,再把 3% 的石灰称好,放入容器内加水,搅拌,使石灰溶解,取其澄清液,按比例混入应加水中,然后一边拌料一边加水,将应加的水全部加进去后,打成圆堆,盖上塑料薄膜过夜。次日把堆摊开,撒入米糠、石膏继续翻料,以手握法试水分(即指缝有二、三滴水为度),用广泛试纸测 pH,调到合适为止。

2. 配料

根据当地原料来源,参考培养料配方合理配料。装袋真姬菇发菌时间长,出菇时间较长,一般采用 30cm×15cm×0.05cm 的聚丙烯袋或 17cm×33cm×0.05cm 低压聚乙烯袋。装袋时要小心,防袋破损。装袋可采用人工或装袋机装袋。袋装后及时套圈封口,或用包装线扎紧袋口或用旋口机封口。

3. 灭菌和接种

与其他品种栽培要求相同,保证灭菌彻底和无菌操作接种。

4. 发菌培养

菌袋应及时搬到发菌室发菌,室温保持 18~26℃。经 40~60d 菌丝基本长满,再培养 40d 左右,菌丝分泌浅黄色素时,才达到生理成熟。

5. 出菇管理

(1) 搔菌　打开袋口,搔去料面四周的老菌丝,其目的是促使原基从料面中间接种块处成丛地形成,使以后长出的幼菇向四周发展,形成菌柄肥实、菌盖完整、菌肉肥厚的优质菇。搔菌后往料面注入清水,2~3h 后,倒去尚未被吸收的水。

（2）催蕾　在袋口盖上潮湿的报纸或粗白布，同时降温至13~15℃，增加通风量，促使菇蕾形成。一般经10~15d，料面上可以看见针头状的灰褐色菇蕾。

（3）育菇　菇蕾出现后，揭去覆盖物，菇房温度保持在14℃左右。采取向周围和地面喷水的办法保持90%的湿度，切勿直接向菇蕾喷水。加强通风，使空气新鲜，并有光照强度为500lx左右的光照，5~7d，真姬菇即可育成针状菇蕾发育成深褐色球形小菌盖。这时可将袋口卷起，露出菇蕾，进行出菇管理。

（4）形成期管理　随着菇体的发育长大，增加菇房通风量，同时及时补水调湿，每天喷水2次，以提高菇体周围的空气湿度。在适宜条件下，出菇整齐，生长迅速，菇体幼嫩肥大，产量高，品质好。

6. 采收

真姬菇长到一定标准时，即菌盖1.5~4cm时就应及时采收。采收时，一手按住料袋或瓶，一手握住菌柄，轻轻地将整丛菇拧下。第一潮菇采收完后，及时清除料面上残留的菌柄、碎片和死菇，并进行补水管理。大约15d第二潮菇蕾就会形成，如前所述继续管理，就可采收第3、4潮，有的可采收第5潮菇。

第六节　大球盖菇（赤松茸）

一、营养保健特性

大球盖菇（*Stropharia rugosoannulata* Farlow）又名皱环盖菇、皱球盖菇、酒红球盖菇、赤松茸，是欧美各国人工栽培的珍稀名贵食用菌新品种，也是联合国粮农组织（FAO）向发展中国家推荐的，在国际市场上畅销的十大菇种之一。大球盖菇属草粪生菌类，夏秋季节生于草地、牲畜粪土内，人工栽培适宜用秸秆、木屑、牲畜粪便栽培生产，这种能"变废为宝"地利用农副产品、秸秆废料生产模式，既有经济价值，又有生态环保价值。

大球盖菇鲜品色泽艳丽，肉质脆嫩、滑爽，味清香，味道鲜美，营养丰富，富含蛋白质、糖类、矿物质元素、维生素及多种氨基酸，其中维生素B_3的含量是甘蓝、番茄的10倍，生物活性物质中的总皂苷、总黄酮和酚类的含量高于0.1%，人体必需的9种氨基酸齐备，且具有较高的营养和药用价值，对预防冠心病、帮助消化等有功效。该菇口感好，干菇浓香，是珍稀菇类的后起之秀，颇受消费者青睐。

二、生物学特性

（一）形态特征

1. 菌丝体

在马铃薯葡萄糖琼脂培养基上的气生菌丝相对较少且呈白色丝状，紧贴培养基蔓延生长，双核菌丝具有锁状联合。

2. 子实体

单生、丛生或群生，中等至较大，单个菇团可达数千克重。菌盖近半球形，后扁平，直径5~45cm，菌盖肉质，湿润时表面稍有黏性。细嫩子实体初为白色，常有乳头状小突起,随着子实体逐渐长大,菌盖渐变红褐色至暗褐色,老熟后褪为褐色至灰褐色。有的菌盖上有纤维状鳞片,随着子实体的生长成熟而逐渐消失。菌盖边缘内卷,常附有菌幕残片。菌肉肥厚,色白。菌褶直生,排列密集,初为污白色,后变成灰白色,随菌盖平展,逐渐变成褐色或紫黑色。菌柄近圆柱形,靠近基部稍膨大,柄长5～20cm,柄粗0.5～4cm,菌环膜质,较厚或双层,位于柄的中上部,白色或近白色,上面有粗糙条纹,深裂成若干片段,裂片先端略向上卷,易脱落,在老熟的子实体上常消失(图8-15)。

图8-15　大球盖菇的形态

(二)生殖方式和生活史

大球盖菇野生时从春至秋生于林中、林缘的草地上或路旁、园地、垃圾场、木屑堆或牧场的牛马粪堆上。人工栽培除了7～9月未见出菇外,其他月份均可长菇。在自然界以孢子、菌丝体、子实体的变化完成其生殖和生活史。

大球盖菇的生活史:子实体→弹射担孢子→担孢子萌发→形成菌丝体→子实体。

(三)生长条件

1. 营养

大球盖菇对营养的要求以碳水化合物和含氮物质为主。碳源有葡萄糖、蔗糖、纤维素、木质素等,氮源有氨基酸、蛋白胨等。此外,还需微量的无机盐类。实际栽培结果表明,稻草、麦秸、玉米芯、木屑等可作为培养料,能够满足大球盖菇生长所需的碳源。麸皮、米糠不仅是氮素营养和维生素来源,也是早期辅助的碳素营养源。

2. 温度

(1)菌丝体生长阶段　大球盖菇菌丝生长适温范围是5～36℃,最适生长温度是24～28℃,在10℃以下和32℃以上生长速度迅速下降,超过36℃,菌丝停止生长,高温延续时间长,会造成菌丝死亡。

(2)子实体生长阶段　大球盖菇子实体形成所需的温度范围是4～30℃,原基形成的最适温度为12～25℃。在此温度范围内,温度越高,子实体的生长速度越快,朵形较小,易开伞;而在较低的温度下,子实体发育缓慢,朵形较大,柄粗且肥,质优,不易开伞。

子实体在生长过程中，遇到霜雪天气，只要采取一定的防冻措施，菇蕾就能存活。当气温越过 30℃以上时，子实体原基难以形成。

3. 湿度

菌丝在基质含水量 65%~80% 的情况下能正常生长，最适宜含水量为 70%~75%，子实体发生阶段一般要求环境相对湿度在 85%~95% 为宜。

4. 光照

大球盖菇菌丝的生长可以完全不要光照，但散射光对于子实体的形成有促进作用。在实际栽培中，栽培场所选半遮阳的环境，栽培效果更佳。

5. 空气

大球盖菇属于好气性真菌，新鲜空气是保证正常生长发育的重要环境之一。在菌丝生长阶段，对通气要求不敏感，空气中的 CO_2 浓度可达 0.5%~1%；而在子实体生长发育阶段，要求空气中的 CO_2 浓度要低于 0.15%。在子实体大量发生时，更应注意场地的通风，只有保证场地的空气新鲜，才有可能获得优质高产。

6. 酸碱度

大球盖菇在 pH4.5~9 均能生长，但以 pH 为 5~7 的微酸性环境较适宜。在 pH 较高的培养基中，前期菌丝生长缓慢，但在菌丝新陈代谢的过程中，会产生有机酸，使基质中的 pH 下降。

7. 覆土

大球盖菇菌丝营养生长阶段，在没有土壤的环境能正常生长，但覆土可以促进子实体的形成。不覆土，虽也能长菇，但时间明显延长，这和覆盖层中的微生物有关。覆盖的土壤要求含有腐殖质，质地松软，具有较高的持水率。覆土以园林中的土壤为宜，切忌用沙质土和黏土。土壤的 pH 以 5.7~6.0 为好。

三、栽培管理技术

大球盖菇栽培生产工艺流程如下：培养料→预湿→发酵→铺料播种→发菌期管理→覆土出菇管理→采收。

（一）菌种准备

大球盖菇菌种生产方法和双孢菇、草菇菌种生产方法基本相同，可用组织分离法和孢子分离法获得纯菌种。

1. 母种培养基

（1）麦芽糖酵母琼脂培养基　大豆蛋白胨（豆胨）0.1%、酵母 0.2%、麦芽糖 2%、琼脂 2%，加水至 1000 mL。

（2）马铃薯葡萄糖酵母培养基　马铃薯 30%（加水煮 20min，用滤汁）、酵母 0.2%、豆胨 0.1%、葡萄糖 1%、琼脂 2%。

（3）燕麦粉麦芽糖酵母琼脂培养基　燕麦粉 8%、麦芽糖 1%、酵母 0.2%、琼脂 2%。

上述三种配方中如不加琼脂，即可作为液体培养基。以上培养基需按常规配制、分装、灭菌、接种和培养。

2. 原种和栽培种培养基

（1）小麦秆、豆秆或玉米芯，切碎（长 2~3cm），泡湿，装瓶，高压灭菌后备用。

（2）小麦、燕麦、高粱、玉米、稻谷等谷粒浸泡，煮透至没有白心但表皮不破，加 2%$CaCO_3$，装瓶，高压灭菌后备用。

（3）木屑和小木片各40%、麸皮20%，制作栽培种培养基。

还可用杏鲍菇或金针菇下脚料作培养基添加料，重新灭菌后备用。

3. 接种

可以用培养3~4d的液体菌种接种。若用固体菌种必须加大接种量，接种量最小10%，最好15%~20%。

4. 培养

接种后，把菌种瓶或袋放在20~28℃培养室中培养。大球盖菇菌丝生长几天后，菌丝生长速度会逐渐缓慢，加速菌丝生长的方法是搅拌。用液体菌种接种的无菌麦粒培养基，每隔3~7d摇瓶一次，把菌丝摇断，可以刺激菌丝再生，能保证菌丝生长旺盛。

（二）栽培方法

1. 栽培材料

大球盖菇可利用农作物的秸秆原料，可以是稻草、小麦秆、大麦秆、黑麦秆、亚麻秆等。早稻草和晚稻草均可利用，但晚稻草或单季稻草生育期长，草秆的质地较粗硬；用于栽培大球盖菇，产菇期较长，产量也较高。稻草质量的优劣，对大球盖菇的产量有直接影响。适宜栽培大球盖菇的稻草应是干的、新鲜的。贮存较长时间的稻草，由于微生物作用可能已部分被分解，并隐藏有螨虫、线虫、跳虫、霉菌等，会严重影响产量，不适宜用来栽培。

2. 栽培方式

大球盖菇可以在菇房中进行地床栽培、箱式栽培和床架栽培，适合集约化生产。目前德国、波兰、美国主要在室外（花园、果园）采用阳畦进行粗放式裸地或保护地栽培。在我国也多以室外生料栽培为主，因为不需要特殊设备，制作简便，且易管理，栽培成本低，经济效益好。

3. 栽培季节

根据大球盖菇的生物学特性和当地气候、栽培设施等条件而定。在中欧各国，大球盖菇是从5月中旬至6月中旬开始栽培。在我国华北地区，如用塑料大棚保护，除短暂的严冬和酷暑外，几乎全年可安排生产。在较温暖的黄淮地区可利用冬闲田，采用保护棚的措施栽培。播种期安排在9月中下旬，使其出菇的高峰期处于春节前后；或按市场需求调整播种期，11月中下旬~12月初，使其出菇高峰期处于蔬菜淡季或其他食用菌上市时少的季节。

4. 栽培场所

室外栽培是目前栽培大球盖菇的主要方法。温暖、避风、遮阳的地方可以提供适合大球盖菇生长的小气候，半荫蔽的地方更适合大球盖菇生长，但持续荫蔽（如大树下的浓树荫）会严重影响大球盖菇的生长发育。

栽培场的选择：① 宜选择近水源，而排水方便的地方。因栽培中使用的大量稻草需要浸湿，整个管理过程中需要喷水保湿，都需要有水源。但场地在多雨的时候不可积水，以保证大球盖菇的正常生长。② 在土质肥沃、向阳，而又有部分遮阳的场所。大球盖菇喜生长在半遮阳的环境，切忌选择低洼和过于阴湿的场地。如在柑橘、板栗、园林或冬闲田里进行立体种植，果菌、林菌结合，合理利用光能资源，有明显的经济、生态和社会效益。

5. 整地做畦

首先在栽培场四周开好排水沟，主要是防止雨后积水，整地做畦的具体做法是先把表层的土壤取一部分堆放在旁边，供以后覆土用，然后把地整成垄形，中间稍高，两侧稍低的畦。

6. 浸草、预堆

（1）稻草浸水　在建堆前稻草必须先吸足水分，把净水引入水沟或水池中，将稻草直接放入水中浸泡，边浸草、边踩草，浸水时间一般为2d左右。采用水池浸草，可以加入2%的石灰。除直接浸泡外，也可采用淋喷的方式使稻草吸入水分。具体做法是把稻草放在地面上，每天喷水2~3次，并连续喷水6~10d。如果数量多，还必须翻动数次，使稻草吸水均匀。对于浸泡过或淋透了的稻草，自然沥干12~24h，让其含水量达70%~75%。可以用手抽取有代表性的稻草一把，将其拧紧，若草中有水滴渗出，而水滴是断线的，表明含水量适度；如果水滴连续不断线，表明含水量过高，可延长其沥干时间。若拧紧后尚无水渗出，则表明含水量偏低，必须补足水分再建堆。

（2）发酵处理　在白天气温高于23℃以上时，为防止建堆后草堆发酵、温度升高，而影响菌丝的生长，需要进行预发酵。在夏末秋初季节播种时，最好进行预发酵。具体做法是将浸泡过的稻草放在较平坦的地面上，堆成宽1.5~2m、高1~1.5m的长度不限的草堆，待料温升至60~75℃翻堆，隔一天翻一次堆，翻2~3次，发酵5~7d即可移入栽培场铺料播种。

7. 铺料播种

铺料时，堆制菌床最重要的是把秸秆压平踏实。草料厚度20cm，用干草量20~30kg/m^2，用种量600~700g。堆草时每一层堆放的草离边约10cm，一般堆三层，每层厚约8cm，菌种掰成鸽蛋大小，播在两层草料之间。播种穴的深度5~8cm，采用梅花点播，穴距10~12cm。增加播种穴数，可使菌丝生长更快。建堆完成后，选3~4个有代表性的草堆插入温度计观察堆温。

8. 播种后管理

建堆播种完毕后，在草堆面上加覆盖物，覆盖物可选用干净旧麻袋片、稻草、无纺布、草帘、旧报纸等。旧麻袋片因保湿性强，且便于操作，效果最好，一般用单层即可。大面积栽培用草帘、稻草、玉米秆覆盖也行。

（1）发菌期的管理　温度、湿度的调控是栽培管理的中心环节。大球盖菇在菌丝生长阶段要求堆温22~28℃，培养料的含水量70%~75%，空气相对湿度85%~90%。

（2）覆土　播种后30d左右，菌丝接近长满培养料，这时可在堆表面覆土。有时表面培养料偏干，看不见菌丝爬上草堆表面，可以轻轻挖开料面，检查中、下层料中菌丝，若相邻的两个接种穴菌丝已快接近，这时就可以覆土了。把预先准备好的壤土铺洒在菌床上，厚度2~4cm，最多不要超过5cm。覆土后必须调整覆土层湿度，要求土壤的持水率达36%~37%。土壤持水率的简便测试方法是用手捏土粒，土粒变扁但不破碎，也不黏手，就表示含水量适宜。覆土后较干的菌床可喷水，要求雾滴细些，使水湿润覆土层而不进入料内。菌床内部的含水量也不宜过高，否则会导致菌丝衰退。

（3）子实体形成期间的管理　菌丝长满且覆土后，即逐渐转入生殖生长阶段。一般覆土后 15~20d 就可出菇。此阶段的管理是大球盖菇栽培的又一关键时期，主要工作的重点是保湿及加强通风透气。大球盖菇出菇阶段空气的相对湿度为 90%~95%。气候干燥时，要注意菇床的保湿，通常是保持覆盖物及覆土层呈湿润状态。长菇期间，若遇到霜冻，一要注意加厚草被，盖好小菇蕾；二是要少喷水或不喷水，防止直接受冻害。出菇期的用水、通气、采菇等常要翻动覆盖物，在管理过程中要轻拿轻放，特别是床面上有大量菇蕾发生时，可用竹片使覆盖物稍隆起，防止碰伤小菇蕾。

9. 采收

（1）采收时间　大球盖菇应根据成熟程度、市场需求及时采收，子实体从现蕾即露出白点到成熟需 5~10d，随温度不同而表现差异。在低温时生长速度缓慢，而菇体肥厚，不易开伞。相反在高温时，表现朵型小，易开伞。整个生长期可收 3 潮菇，一般以第 2 潮菇的产量最高，每潮菇相间 15~25d。

（2）采收标准　当子实体的菌褶尚未破裂或刚破裂，菌盖呈钟形时为采收适期，最迟应在菌盖内卷、菌褶呈灰白色时采收。若等到成熟，菌褶转变成暗紫灰色或黑褐色，菌盖平展时才采收就会降低商品价值。不同成熟度的菇，其品质、口感差异甚大，以没有开伞的为佳。

（3）采收方法　用拇指、食指和中指抓住菇体的下部，轻轻扭转一下，松动后再向上拔起，注意避免松动周围的小菇蕾，轻拿轻放地放入采收框或箱中（图 8-16）。采过菇后，菌床上留下的洞口要及时补平，清除留在菌床上的残菇，以免腐烂后招引虫害而危害健康的菇。

图 8-16　采收的大球盖菇

第七节　姬松茸

一、营养保健特性

姬松茸（*Agaricus blazei* Murr.）又称为巴西蘑菇、小松菇，属担子菌亚门、层菌纲、伞菌目、蘑菇科、蘑菇属。它原产于巴西、秘鲁、英国、美国等。我国于 1992 年从日本引进，目前栽培较多的是福建、江西、山东、河南、河北等省。因栽培历史较短，栽培面积有限，产品少，市场价较高。几年来推广栽培发展很快，在某些地域已经成为支柱产业和主打产品。

新鲜子实体含水分85%~87%；可食部分每100g干品中含粗蛋白40~45g、可溶性糖类38~45g、粗纤维6~8g、脂肪3~4g、灰分5~7g；蛋白质组成中包括18种氨基酸，人体的9种必需氨基酸齐全，还含有多种维生素和麦角甾醇。据报道，其多糖含量为食用蕈菌之首，特别是所含甘露聚糖对抑制肿瘤（尤其是腹水癌）、辅助治疗痔瘘、增强精力、防治心血管病等都有功效。

二、生物学特性

（一）形态特征

1. 菌丝体

菌丝无锁状联合。在不同培养基上，其菌落形态有比较明显的差异。在马铃薯葡萄糖琼脂培养基上，菌丝体呈白色绒状、纤细、无明显色素分泌。在粪草培养基上，菌丝呈匍匐状，而且菌丝整齐粗壮。两种培养基上，菌丝在前期有的会形成细索状。而后期呈粗索状，并形成菌皮，菌丝的爬壁力很强。

2. 子实体

菌盖扁圆形至半球形，直径5~11cm，表面淡褐色至栗褐色，菌盖边缘有菌幕碎片（图8-17）。菌肉厚，色白，受伤时变为橙黄色。菌褶离生，较密集，初为乳白色，受伤后变成褐色。圆柱状，基部稍膨大，长4~14cm，粗2~3cm。菌环着生在菌柄上部，白色膜质。孢子暗褐色，宽椭圆形至球形，表面光滑，孢子印黑色。

图8-17 姬松茸的形态

（二）生殖方式和生活史

姬松茸在自然界以孢子、菌丝体、子实体的变化完成其生殖和生活史。

姬松茸的生活史：子实体→弹射担孢子→担孢子萌发→形成菌丝体→子实体。

（三）生长条件

1. 营养

姬松茸生长需要的营养主要包括碳源、氮源、无机盐类。姬松茸最宜利用的碳源是蔗糖和葡萄糖,也可分解利用纤维素、木质素等复杂的有机碳化合物,不能利用可溶性淀粉作为碳源。它可很好利用铵态氮、硝态氮及尿素等中的氮源,不能利用蛋白胨等有机态氮。所需无机盐种类很多,但主要是 P、K、Ca、Mg、Fe 等。其他的元素因为需要量极少,在栽培的主料和辅料中均含有,不需另外添加。

2. 温度

姬松茸菌丝生长的温度范围 10~37℃,以 22~26℃最适宜;子实体生长温度范围 20~33℃,最适生长温度范围 22~25℃。

3. 湿度

培养料含水量 60%~65%,即料水比 1:(1.2~1.4),覆土的最适宜含水量 18%~20%,即手握成团,触之即散。菌丝生长阶段要求空气湿度 50%~75%,子实体发生和生长适宜空气湿度 85%~90%。

4. 空气

姬松茸属好气性菌,菌丝体生长和子实体生长都需要良好的通气条件。菇房气体能对流,空气清新,CO_2 浓度 0.3% 以下。

5. 光照

菌丝生长不需光或微弱光,强光下菌丝易衰老。子实体发生和生长要求一定散射光,但比一般菇类要求光线偏暗。

6. 酸碱度

姬松茸适应 pH 范围较广,菌丝在 4.5~8.0 范围均能生长,以 pH 6.5~7.2 最适宜。

三、栽培管理技术

姬松茸栽培技术与双孢菇类似,其栽培生产工艺流程为:培养料预处理→建堆→翻堆→铺料播种→发菌管理→覆土→出菇管理→采收。

(一)菌种准备

姬松茸菌种不耐低温贮藏。1997 年我国两次从韩国引进姬松茸母种,菌种的菌丝生长正常,但扩繁后均无一成活。而后,我们通过子实体分离获得了菌种,经扩繁和栽培均获成功。但经冷藏保存后的姬松茸菌种,再次扩繁时又无一成活,而在室温下保存的菌种却可以转接成活。由此可见,姬松茸母种及原种的生产工序以及对环境的要求都非常严格。因此,姬松茸母种及原种的生产一般都是在食用真菌研究所内进行的,栽培地所需原种可从供种单位引进。

(二)栽培方法

1. 栽培季节

姬松茸属中高温菌类,栽培分春、秋两个栽培季节。春栽,长江以南在 3~4 月,海拔高的山区和长江以北地区可推迟到 4~5 月,秋季栽培多在 8~9 月,以播种后经 50d 左右发菌进入出菇期时,自然温度稳定在 20~25℃确定最适宜播种期。

2. 栽培料配方

栽培姬松茸的主料是稻草、麦秸、棉籽壳、玉米秆、甘蔗渣等富含纤维素和木质素的农副产品下脚料。辅料有禽畜粪,过磷酸钙、尿素、石膏、石灰等。所有的料要新鲜,无霉变和虫蛀。

培养料的主要配方（以100m²栽培面积计）如下。

（1）配方1　稻草1500kg，干畜禽类粪500kg，杂木屑500kg，尿素4kg，过磷酸钙25kg，石膏25kg，石灰25kg。

（2）配方2　稻草或麦草700kg，牛粪或其他牲畜粪150kg，棉籽壳125kg，石膏10kg，过磷酸钙10kg，尿素5kg。

（3）配方3　玉米秆360kg，棉籽壳360kg，麦秸115kg，鸡粪150kg，$CaCO_3$ 10kg，$(NH_4)_2SO_4$或尿素5kg。

（4）配方4　稻草或麦秸750kg，木屑700kg，过磷酸钙10kg，$(NH_4)_2SO_4$ 10kg，尿素10kg，石膏30kg。

（5）配方5　食用菌废料60%，稻草或麦秸20%，牲畜粪15%，麸皮3%，石膏粉1%，过磷酸钙1%（此配方按百分比计算）。

3. 培养料堆积发酵

（1）预堆　将秸秆类浸入1%~2%石灰水，浸泡2~3h，捞起沥至不滴水，堆积成宽1.5m、高1.5m的草堆，堆积1~2d。作用是使秸秆软化，吃水均匀。畜禽粪类提前捣碎晒干，加适量水，堆积1~2d。

（2）建堆　选地势较高、排水畅通的地方建堆。地面上撒一层石灰，铺一层用石灰水浸过的湿玉米秆，宽1.2~1.5m，长度不限。在玉米秆上，先铺预堆后的秸秆，撒一层牲畜粪，接着铺第二层秸秆，撒一层粪，如此，一层草一层粪往上堆积，至堆高1.5m，宽1.2~1.5m。从堆第三层开始喷水调湿，喷水量视秸秆干湿情况而定。一般是中层少喷水，上层多喷水。堆中间插上竹竿或木棒作为通气孔。堆顶做成龟背形，上盖湿稻草和塑料薄膜。

（3）翻堆　夏季建堆后3~4d，堆温可升至65~70℃，当温度下降时开始第一次翻堆。春季因为温度较低，建堆后5~7d堆温才能上升至65℃以上，第一次翻堆时间在建堆后6~8d。翻堆时，将堆扒开，翻拌松料，使上下、内外料倒换混匀重新建堆，应边翻料边建堆。在第一次翻堆时，加入尿素、硫酸铵等无机化肥。建堆后4~6d，当温度再次上升至65℃以上，进行第二次翻堆。翻堆时加入石膏粉，并加水调湿。第二次翻堆后3~5d，进行第三次翻堆，翻堆时加入过磷酸钙。再经3~4d，可进行第四次翻堆，并加石灰调pH。发酵良好的培养料，秸秆呈红棕色，手拉易断，疏松有弹性，无氨味、臭味和酸味。含水量适中，pH7.0~7.2。培养料若在前发酵基础上，再进行后发酵，效果更佳。有条件的地方，尽可能采用二次发酵法。

4. 栽培方式

栽培方式有室内床架式栽培和塑料大棚、阳畦栽培。

（1）室内床架式栽培

① 菇房消毒：若培养料只进行一次发酵，菇房消毒应进行两次，即进料前和进料后各消毒1次。进行后发酵的菇房，只在进料前消毒1次即可。进料后消毒：将经最后1次翻堆的发酵料堆积在床架上，再以进料前的消毒方法进行1次消毒。

② 铺料播种：当料温降至30℃以下时，将料均匀铺在床架上，厚度15~20cm，然后播种。播种方法以穴播加撒播为好。先将经严格挑选好的菌种，用酒精棉球或0.1%$KMnO_4$液消毒瓶口和瓶壁，然后去掉封口，挖除表面老菌皮，将菌种挖到消过毒的

容器内，掰成核桃大小的菌块。以 10cm×10cm 穴距点播于播种穴内，穴深度 4~5cm，菌种稍露出料面。将剩下的碎菌种撒在料面上，轻轻拍实，上盖一薄层发酵料。每平方米用草粪菌种 5~8 瓶，或麦粒菌种 2~3 瓶。

（2）塑料大棚、阳畦栽培

① 整地做畦：选择空闲地、果园、收割后稻田搭建大棚或阳畦。棚内地面深翻 1 遍。然后整地做畦。床畦四周挖好排水沟，沟深 25~30cm，床畦上撒石灰消毒。

② 铺料播种：与大球盖菇类似，采用穴播加撒播或层播加撒播的方法。播种结束后，床面上盖一层湿稻（麦）草并覆塑料薄膜保湿。

5. 发菌管理

菌丝生长要求最适温度 25~27℃，空气湿度 75%~80%，通气良好，暗或微弱光。播种后一般料床上不再喷水，但若料面太干，可少量喷雾湿润料面。空气湿度保持在 75%~80%。当空气干燥时，喷水调节湿度。

6. 覆土

覆土也是姬松茸增产的主要措施，覆土方法多采用粗、细土混合，调湿度，消毒后一次性覆土。当菌丝长至料底或深入料层 2/3 时，在料面上均匀撒一层消毒后的土粒，厚度 2~5cm。要求覆土厚薄一致，表面平整。

7. 覆土后至出菇前的管理

这一段的管理仍属于发菌管理。给予菌丝生长的适宜条件，促使菌丝顺利在土层中蔓延生长。覆土后喷 1 次重水，调足覆土层的含水量，水要勤喷轻喷，在一天内喷 5~7 次完成调水工作。覆土调水后，一般情况下菌床不再喷水。但当气候干燥、土粒偏干时，可喷雾状水保持表面湿润。当小菌蕾出现时，停止向菌床喷水，以免小菌蕾受刺激而死亡。覆土后盖上塑料薄膜保湿，2~3d 内不揭膜，5d 以后揭膜通气。当菌丝长至覆土层一半时，开门窗通气，随着菌丝生长，酌情加大通气量。覆土后的菇房温度仍控制在 25℃左右。

8. 出菇管理

正常情况下，从播种到出现菇蕾 35~40d。这阶段的管理主要注意调节温度、湿度、光照和通风。室外栽培时，应注意遮阳或覆草被，以避免受强烈直射阳光的不良影响。7d 后出现白色粒状原基，适当掀开两端薄膜，进行通风。由于畦内湿度大，不需浇水，否则会造成烂菇。当菇蕾逐渐长大时，耗氧量也增加，要按时通风供氧，精细管理。第一批菇采收后，盖上薄膜直至第二批蕾出现。畦内湿度以掀盖薄膜口大小和覆盖草帘来控制，每批栽培周期采收 3~4 潮菇。

9. 采收

子实体长至七成熟时，即以菌盖尚未开伞、表面淡黄色、有纤维状鳞片、菌幕尚未破裂，菌盖直径长至 4~10cm，柄长 6~14cm 时采收为宜。若过熟采收，易开伞且菌褶会变黑，降低商品价值。一般一天要安排采摘 3~4 次。采摘时，先向下稍压并轻轻旋转采下，不带动周围小菇，随即用工具剔除菌柄基部的泥土，注意轻拿轻放，以防柄盖分离和机械损伤。

第八节 灰树花

一、营养保健特性

灰树花（*Grifola frondosa*），属担子菌亚门、层菌纲、非褶菌目、多孔菌科、灰树花菌属。灰树花的异名很多，有些文献称为贝叶多孔菌，河北称为栗子蘑、栗蘑，四川称为千佛菌。灰树花具有松蕈样芳香，肉质柔嫩，味如鸡丝，脆似玉兰，能烹调成多种美味佳肴，是极其珍贵的高档的食药兼用蕈菌。

现代研究表明，灰树花富含 Fe、Cu、Se、Cr、Ca、维生素 C、维生素 D 等物质，具有极高的医疗保健功能。据文献报道，它有抑制高血压和肥胖症的功效；由于富含 Fe、Cu 和维生素 C，它能预防贫血、坏血病、白癜风，防止动脉硬化和脑血栓的发生；它的 Se 和 Cr 含量较高，有保护肝脏、胰脏，预防肝硬化和糖尿病的作用。

二、生物学特性

（一）形态特征

1. 菌丝体

由担孢子萌发形成单核菌丝体，经质配形成双核菌丝，其生长繁殖形成原基，具有形成子实体的能力。菌丝细胞壁薄，多分枝，有横隔，无锁状联合。

2. 子实体

灰树花子实体肉质灰色，短柄，呈珊瑚状分枝，末端生扇形至匙形菌盖，重叠成丛，像牡丹花（图 8-18），大的丛宽 40~60cm，重 3~4kg；菌盖直径 2~7cm，灰色至浅褐色。表面有细毛，老后光滑，有反射性条纹，边缘薄，内卷。菌肉白，厚 2~7mm。菌褶背面的菌管长 1~4mm，管孔延生，孔面白色至淡黄色，管口多角形。孢子无色，光滑，卵圆形至椭圆形。

图 8-18 灰树花的形态

（二）生殖方式和生活史

灰树花的生活史与其他担子菌的类似，是由担孢子萌发形成单核菌丝体，经质配形成双核菌丝，最后形成原基，再形成子实体。

灰树花的生活史：子实体→弹射担孢子→担孢子萌发→形成菌丝体→子实体
　　　　　　　　　　　　　　　　　　　　　　　　　　　↓　↑
　　　　　　　　　　　　　　　　　　　　　　　　　　　分生孢子

（三）生长条件

1. 营养

碳源以葡萄糖最好，人工栽培时可利用杂木屑、棉籽壳、蔗渣、稻草、豆秆、玉米芯等作为碳源。氮源以有机氮最适宜菌丝生长，硝态氮几乎不能利用，生产中常添加玉米粉、麸皮、大豆粉等增加氮源。维生素 B_1 是子实体正常生长发育必不可少的营养物质。

2. 温度

灰树花属于中温型菇类。菌丝生长温度范围较宽，5~37℃范围均能生长，最适温度是24~27℃。原基形成温度为15~25℃，20℃最适宜。子实体生长发育温度为10~27℃，最适温度为15~20℃。在适温范围内，温度较低子实体生长相对较慢，菌肉厚、颜色深；而较高温度时，子实体生长变快，但盖薄、质松、色淡。

3. 湿度

培养基含水量为60%，含水量太低出菇不整齐，过高菌丝体分泌黄水较多，影响子实体发生。在菌丝生长阶段，空气相对湿度要求60%~65%。在子实体生长阶段，空气相对湿度以85%~95%为宜，低于80%时，子实体易失水枯死，超过95%以上，往往因通气不畅而使菇体腐烂。

4. 空气

灰树花属好氧型真菌。子实体发育阶段要求保持经常对流通风，室内一般难以满足，因而出菇多在通风较好的室外进行。O_2 不足时，子实体菌盖呈珊瑚状畸变，开片也会比较困难，色泽也不正常；严重缺氧时，子实体会停止生长，甚至出现霉烂的现象。

5. 光照

菌丝生长对光照要求不严格，子实体生长要求较强的散射光和稀疏的直射光，光照不足色泽浅，风味淡，品质差，并影响产量。

6. 酸碱度

适宜在微酸性环境中生长，菌丝 pH 在 3.5~7.5 范围内均可生长，最适 pH 为 5.5~6.5。

三、栽培管理技术

灰树花最早是日本开始人工栽培（1970年），产量逐年提高，最近年产已超过万吨。近十几年来，我国浙江、河北、四川、云南、福建、上海等地一些科研单位进行了引种驯化和实验栽培。浙江省庆元、河北省迁西、北京市昌平等地区开始了规模化生产种植。

灰树花的栽培生产工艺流程为：培养料配制→装袋→灭菌→接种→菌丝培养→出菇管理→采收。

（一）菌种准备

不同菌种和菌种质量对灰树花的产量和质量有决定性的作用。有的菌种质量低劣，甚至干脆就不出子实体。因此一定要选用经生产验证、抗逆性强、生长快、产量高的优良菌种。无论是引进的或自己分离的菌种，采用优良品种，在大规模栽培前都应进行出菇试验。

1. 母种

灰树花母种适宜的培养基为马铃薯葡萄糖琼脂综合培养基和麸皮培养基，也可用谷粒培养基。这三种培养基可用于灰树花母种的分离和转扩，分离部位以灰树花菌盖与菌柄连接处的内部菌肉为佳。选择待分离株应是品系中分化好的健壮株，分离和转扩均在无菌操作下进行。

2. 培养基配方

配方1：栗木屑80%，麦麸皮8%，石膏和葡萄糖各1%，沙壤土或壤土10%。

配方2：棉籽壳80%，麸皮8%，石膏和葡萄糖各1%，沙壤土或壤土10%。

培养基配水拌匀，含水量60%，拌好后装瓶、灭菌、接种，在25～26℃培养，30d左右即可满瓶。经质量检查，菌丝粗壮，无杂菌污染方可使用。

（二）栽培方法

1. 培养料配方

（1）配方1　栗木屑70%，麸皮20%，生土8%，石膏和葡萄糖各1%。

（2）配方2　杂木屑50%，玉米芯粒40%，生土8%，石膏和葡萄糖各1%。

（3）配方3　栗木屑50%，棉籽壳40%，生土8%，石膏和葡萄糖各1%。

各配方加105%～110%水拌料，使含水量达55%～57%。湿度过大，子实体形成时渗出棕色液体太多，易导致子实体腐烂。

2. 装袋、灭菌、接种

按前述要求控制关键环节，保证灭菌彻底，无菌操作接种。

3. 菌丝培养

保温25～28℃，室内湿度70%以下，避光培养，每日通风1～2次。15d后加散射光，加强通风，温度22～25℃，30d后菌丝长满袋底，表面形成菌皮，然后逐渐隆起，逐渐变成灰白色至深灰色，即为原基，可以进入出菇管理。

4. 出菇管理

灰树花出菇有袋式出菇和仿野生出菇两种管理方式。

（1）袋式出菇　将长原基的菌袋移入出菇室，保持温度20～22℃，空气湿度85%～90%，光照200～500lx，3～5d后除去环、棉塞，直立床架上，袋口上覆纸，纸上喷水，每天通风2～3次，每次1h。20～25d后，菌盖充分展开，菌孔伸长时采摘。采摘时，可用小刀将整丛菇体割下，连采2～3潮，生物效率30%～40%。

（2）仿野生出菇　木屑料培养基的栽培菌袋，菌丝满袋后，脱去塑料袋，将菌棒整齐地排列事先挖好的畦内，菌棒间留适当间隙，在菌棒缝隙及周围填土，表面覆上1～2cm的土层。这是覆土栽培的一种形式，生物效率可达100%～120%。

5. 排菌时间及方法

灰树花在北方栽培，最佳排菌下地期在11月至次年4月底。因为此时空气和土壤中的杂菌、病虫不活跃，不侵害菌丝，而灰树花菌丝耐低温，菌丝连接紧密，长势健壮，对菌丝吸收营养有利。低温期排菌下地尽管发育期较长，但出菇早、产量高，可在雨季前完成产量的80%，4月底以后栽种的灰树花因为气温高、杂菌活跃，灰树花菌袋易感染，并会出现子实体生长快，单株小，总产量低，易受高温和暴雨危害。

（1）场地　选择向阳、干燥、地势高、近水源、不积水、排灌方便、远离厕所或畜禽圈的地方。

（2）挖地坑　要求东西走向，挖宽45~55cm、长2.5~3.0m、深25cm的地坑，地坑之间的距离为60~80cm，在其中间修排水沟，以便于行走、管理和排水。

（3）栽前预备工作　地沟挖好后，要先灌一次大水，目的是保墒。水渗干后，在沟底和沟帮撒一层石灰，目的是增加钙质和消毒，再在沟底和沟帮撒一薄层敌百虫粉，最后在沟底铺少量表土。

（4）排放菌棒　将发好菌丝的菌袋全部剥去塑料袋，将菌棒横成排竖成行地排放在沟内，相邻菌棒要挨紧，每4个菌棒之间要有一个空隙。同时，要通过扒或垫沟底的回土，使排放在沟内的菌棒上表面齐平。这样在沟内可排放4~5行菌棒。

（5）填缝隙　将菌棒与菌棒之间和菌棒与沟帮之间的空隙填上土，至菌棒以上1cm。

（6）灌水　往坑内放水使土落实，有空隙或凹坑用湿润土拢平，保持表层土厚1~2cm。

（7）包帮　用塑料薄膜或尼龙袋将坑四周包严，以防坑边土脱落。2月以前排菌下地的还需在畦内铺一层薄膜，在薄膜上覆盖5~7cm土层，到4月中旬将畦内薄膜和浮土铲净，准备出菇管理。

（8）搭荫棚　在坑北侧和坑中部立两道横杆，中部横杆距地面15cm，北侧横杆距地面25cm，在横杆上搭塑料布和草帘，呈南低北高倾斜状。4月以前，北侧塑料布直铺到地面上，并用土压紧，东西两侧留排气孔。

（9）铺砾　冬季下菌时盖浮土和薄膜的要在铲除浮土和薄膜后铺砾。畦内平铺一薄层1.5~2.5cm直径的光滑石砾。

6. 后期管理

（1）水分管理　4月下旬，自然气温达到15℃以上，在畦内灌一次水，自动渗下后，每天早、中、晚各喷水一次，水量以湿润地面为宜，并尽量往空间喷。高温季节还需要往草帘和坑外空地洒水，降温增湿。低温季节喷水和灌水时最好用日光晒过的温水，以利保温。雨季降雨充足，可以少喷水或不喷水，干旱燥热需在白天中午增喷一次大水。

（2）温度管理　保持温度20~22℃，4月下旬或5月上旬以保温为主，晚上要盖严草帘和塑料布，或者草帘在下塑料布在上，并在日光充足时适当延长阳光直射畦面的时间。6月下旬至8月高温高热期应以降温为主，可以用喷水降温和增加草帘上的覆盖物来增加遮光程度。

（3）通气管理　每天早晚要揭开草帘通风1~2h。注意低温时和大风天气要少通风，高温和阴雨时要多通风，早晚喷大水前后，适当加大通风。通风要和保温、保湿、遮光协调进行，菇蕾分化期少通风多保湿，菇蕾生长期多通风促蒸发。

（4）光照管理　用支斜架的方法保持灰树花生长的稳定散射光，每天早晚晾晒1~2h，增加弱直射光。

（5）光照、温度、水分、空气协调管理　光照、温度、水分、空气这些因子必须协调执行，在不同的季节、不同的时期和不同的天气情况，以及栽培管理条件，温度与通风、喷水同时进行协调管理，创造适宜生长发育的条件。

7. 采收

灰树花由现蕾到采收的时间与子实体生长期的温度有关。一般地说，如果温度在 23~28℃，由现蕾到采摘需 13~16d，如果出菇时的温度在 22℃以下至 14℃，由现蕾至采摘要经过 16~25d。

如果阳光充足，灰树花幼小时颜色深，为灰黑色，长出菌盖以后在菌盖的外沿有一轮白色的小白边，这轮小白边是菌盖的生长点。随着菌盖的长大，菌盖由深灰色变为黄褐色，作为生长点的白边颜色变暗，边缘稍向内卷曲，此时可采摘。将采下的灰树花除掉根部的泥土、沙石及子实体上面的杂草等即可鲜售。

第九节　滑菇

一、营养保健特性

滑菇（*Pholiota nameko*），表面附有一层黏液，食用时滑润可口，因而得其名。滑菇的中文学名又称为光帽鳞伞、光滑锈伞、珍珠菇等，属于担子菌纲，伞菌目，丝膜菌科，鳞伞属。滑菇人工栽培始于日本，20 世纪 70 年代我国引种栽培。目前主要在辽宁、吉林、黑龙江、北京、山西、河南、山东等地已规模化生产。滑菇是低温菇类，辽宁省是我国滑菇的主要产区，年出口量在 8500t 左右，主要以滑菇罐头和盐渍品对日韩出口，近几年已打入东南亚和欧洲市场，产量已跃居世界首位。

滑菇质嫩味美，营养丰富，据分析：每 100g 滑菇干物质中含粗蛋白质 20.8g、脂肪 4.2g、碳水化合物 66.7g、灰分 8.3g。菌盖表面所分泌的黏多糖、核酸，对保持人体的精力和脑力大有益处，具有抑制肿瘤的作用，并可增进人体的脑力和体质。还可预防葡萄球菌、大肠杆菌、肺炎杆菌、结核杆菌的感染。因此，颇受国内外消费者青睐。

二、生物学特性

（一）形态特征

1. 菌丝体

滑菇菌丝为绒毛状，稠密，爬壁能力强。初期为白色，后变淡黄色。在适温条件下，一般 8~10d 即可长满试管。滑菇为双核菌丝，经扭结而组织化，形成近球形的原基，在条件适宜时发育成子实体。

2. 子实体

滑菇子实体丛生，个体较小，开伞前菌盖直径 1~3cm，开伞后菌盖直径 3~8cm。菌盖黄褐色，很黏，半球形至扁球形，菌褶较密，直生。菌柄长 3~7cm，近圆柱形或向下渐粗，纤维质，菌环以上为白色至浅黄色，菌环以下同盖色，近光滑、黏，内部实心至空心（图 8-19）。菌环膜质，生柄上部，黏性易脱落。

（二）生殖方式和生活史

滑菇的生活史与其他担子菌的类似，是由担孢子萌发形成单核菌丝体，经质配形成双核菌丝，最后形成原基，再形成子实体。

图 8-19 滑菇

(三) 生长条件

1. 营养

滑菇属木腐菌类。人工栽培常采用阔叶树木屑或某些针叶树（不能单独使用，必要时可加 20% 左右）作为主要的碳素营养，添加一定量的麸皮或米糠作为氮素营养和维生素营养的补充。添加石膏粉或 $CaCO_3$ 等补充无机盐养分。代料栽培也可选棉籽壳、玉米芯、豆秸等农副产品下脚料。

2. 温度

滑菇属低温型变温结实性菌类。菌丝生长的温度为 5~30℃，最适生长温度为 20~25℃，超过 32℃ 菌丝停止生长，35℃ 以上死亡；子实体生长的温度为 6~20℃，最适生长温度为 15℃ 左右。昼夜如能形成 7~12℃ 的温差，有利于原基的产生。高于 20℃，子实体分化较少，菌柄细，菌盖小，开伞早，低于 5℃，子实体生长得非常缓慢，基本上不生长。

3. 湿度

滑菇是喜湿性菌类。在菌丝体生长阶段培养料的适宜含水量为 60%~65%，空气相对湿度为 60%~70%；子实体生长阶段培养料的适宜含水量为 70%~73%，空气相对湿度为 90% 左右。空气相对湿度会影响产量，但培养料表面积水又会导致烂菇，且容易孳生霉菌。因此，在菌蕾形成阶段，不要直接向料表面喷水，可逐渐加大空气相对湿度。

4. 光照

滑菇菌丝体生长阶段不需要光照，因此要避光发菌；子实体分化和生长发育阶段必须有一定的散射光，300~800lx 的光照强度可促进子实体的形成。

5. 空气

滑菇是好气性菌类。菌丝、子实体阶段生长均需要大量的 O_2。因此，滑菇栽培室中如果通风不良或培养料的通透性差时，菌丝出现老化现象，严重时菌丝出现自溶，培养料松散，菌块解体；出菇期间通风不良，菇蕾生长缓慢，菇盖小，菇柄细长，易开伞，甚至不出菇。因此在栽培管理中，加强通风换气至关重要。

6. 酸碱度

滑菇是喜弱酸性菌类。适宜 pH 为 5~6.5，pH>7.0 时生长受阻，>8.0 时停止生长。生产中正常调制的培养料 pH 基本上符合滑菇生长发育的要求，一般不需要调整。

三、栽培管理技术

滑菇人工栽培可分为段木栽培和代料栽培，段木栽培方法近年来很少采用，目前主要采用代料栽培。代料栽培按栽培方式又可分为压块栽培、袋栽、瓶栽、箱栽等。

（一）菌种准备

1. 菌种来源

建议初次栽培者以直接引进种源为上，尤其是没有制种技术基础和经验的生产者，不要盲目分离菌种并直接用于生产。有制种技术基础的可以通过组织分离或菇木分离获得纯菌种。试管母种的配方及制作可参考前面所述的内容。

2. 原种、栽培种的配方及制作

建议进行商品化栽培的企业，应在至少进行 2 批小试的基础上再展开制种；一般试验性栽培的散户，以直接购入三级种进行栽培为好。有制种技术基础的可采用常规制作程序自己扩繁菌种。

（二）半熟料块栽方法

滑菇半熟料块栽是指栽培滑菇的培养料拌料后用常压蒸锅蒸散料 2~3h，然后压块播种、发菌出菇的一种栽培方法。这种栽培方法采用早春低温播种，经过春、夏两季发菌，使菌块达到生理成熟，晚秋 9~11 月出菇。这种栽培方法生产工艺简单，操作方便，容易在广大农村普及推广，是我国滑菇主产区的主要生产模式。

滑菇半熟料块栽工艺流程：准备工作→半熟料制作→压块播种→发菌管理→越夏管理→出菇管理→采收。

1. 准备工作

（1）搭建菇棚　小规模生产，可以在房前屋后田园或空地上搭建简易菇棚。使用前要收拾干净，地面撒白灰。菇棚内设置床架，进行多层次栽培。

（2）备种　菌种的准备要计算好时间及数量，选择好适宜的品种，以保证栽培时使用优质的适龄菌种。

（3）备料　滑菇生产主要原料是阔叶树木屑，在木屑资源贫乏地区，可用粉碎后的玉米芯、豆秸与木屑混合使用。所有的培养料都应在生产前备足。

（4）准备托帘、木框、压料板等　托帘是承托菌块的秸秆帘，可用玉米秆或高粱秆制作。帘的规格为 61cm×36cm，用 2 根坚硬的枝条穿插固定，1 个托帘需要 7~8 段玉米秆或高粱秆。生产多少菌块就准备多少托帘。在制作托帘时应注意，无论用哪种材料，做成的托帘均要求光滑无刺，以免扎破塑料膜，造成污染；木框是制作菌块的模子，规格为 60cm×35cm×8cm，准备 2~3 个即可。制作木框的木板要求内外光滑，厚度 2cm 左右；活动托板的规格与托帘相同大小即可。塑料薄膜是包菌块用的，可选用聚乙烯塑料薄膜，裁成 130cm×120cm 大小，膜厚 0.02mm。

2. 播种时间

滑菇的半熟料块栽，播种的气温以 1~5℃为宜，因为滑菇菌丝发育的起点温度为 5℃，全国各地区可根据当地的气候条件确定适宜的播种时间。在东北地区多是春季播种，秋冬收获，一年一个生长周期。如牡丹江地区的栽培时间以 3 月中下旬为宜。此时日平

均温度较低（一般在 1～2℃），低温接菌易控制杂菌污染，提高接种成功率，而且正值农闲，不与农业争劳力，接种后气温升高，菌丝在 4～8℃生长繁殖，外界气温升高至 10℃以上时，菌丝已基本封面，抑制了杂菌的污染。

3. 培养料的选择

滑菇生产中的主要原料是以硬杂木屑为主，或和棉籽壳、玉米芯、豆秆粉等混配栽培。使用前玉米芯粉碎成玉米粒大小的颗粒状。木屑使用前要过筛，或拣去大木柴棒，以免装袋时刺破料袋。麸皮、米糠、石膏等可作为滑菇栽培的辅助原料。原料要求新鲜、无结块、无霉变。滑菇栽培的配方很多，应因地而异，选择合适的主料，现将生产中常用的配方介绍如下。

（1）配方 1　木屑 87%，米糠 10%，玉米粉 2%，石膏 1%。

（2）配方 2　木屑 40%，棉籽壳壳 40%，玉米粉 10%，米糠 8%，石灰 2%。

（3）配方 3　木屑 40%，玉米芯 40%，玉米粉 10%，米糠 8%，石灰 2%。

（4）配方 4　木屑 40%，玉米芯 20%，豆秆粉 20%，玉米粉 10%，麸皮 8%，石灰 2%。

4. 半熟料制作

按比例称取原料。为了达到混拌均匀，先将比例少的原料混拌均匀，再将其比例大的原料进一步混拌，干料拌均匀后，再拌水，培养料的含水量以 55%～60% 为宜，料拌好后准备蒸料。

蒸料时，锅上放入帘子，往锅内注水，水面距帘 20cm，帘上铺放编织袋或麻袋片，用旺火把水烧开，然后往帘上撒培养料。首先撒上一层约 5cm 厚的料，随着蒸汽的上升，哪里冒蒸汽就往哪里撒料，即见汽撒料，一直撒到离锅口 10cm 处为止。撒料时要"勤撒、少撒、匀撒"，不可一次撒料过厚，造成上汽不均匀，产生"夹生料"。最后用厚塑料薄膜和帆布封锅顶盖，外边用绳捆绑结实。上大汽后，塑料膜鼓起，呈馒头状，这时开始计时（锅内料温为 100℃），保持 2～3h，停火后再闷 2h 后出锅。

5. 出锅压块

出料前 30min，对出料室、所用工具、托帘及操作人员的衣服用配好的 2%～3% 来苏儿溶液进行喷雾消毒。出料压块一般需 4 人操作，1 人出料，用锹从锅内挖出蒸过的培养料，2 人包块，1 人搬运。在托帘上依次放上活动托板、木框，再将浸泡消毒后的薄膜铺在木框模具内，趁热快速将蒸好的料铺在塑料膜上，用压料板压平，料的厚度为 5.5cm，特别注意框内四角要压实，以防塌边，用薄膜将料块包紧，随即抽出活动托板、撤下木框，用托帘承托料块，送到消毒后的接种室中，每 5～10 个码放一垛，冷却到 28℃播种。

6. 播种

播种时将栽培种袋打开，挖弃袋内表面一层老菌丝，把菌块掏出，放在消过毒的盆中，掰成玉米粒大小备用。揭开料包薄膜，迅速将菌种均匀撒在培养料表面，每块播种量为 1/4 袋栽培种（17cm×33cm 菌种袋），稍压实，立即包严。压块和播种时揭膜的时间是播种成败的关键。播种时，一般以 3 人相互配合为宜，1 人搬料块、1 人揭膜、1 人播种。做到动作准确迅速，同时要尽量减少挖出的菌种在空间滞留的时间，及时用完。

7. 发菌管理

（1）前期管理　一般播种后，初期外界温度在 1～3℃，达不到菌丝生长的最低温度要求，此时要以保温为主，尽量勿使菌块结冰。室外堆积 5~7d，菌种开始变白；经过 10d 左右，菌块上的白色菌丝开始向料内生长。大约 30d 培养料表面可长满菌丝并开始向料内穿透；发菌期间，不要向菌块喷水，要注意通风换气，防止烧料。

随着外界气温的不断升高，菌丝逐渐布满整个料面，此时应适当提松塑料膜，通风换气，以利于菌丝生长，经 50~60d，菌丝便遍布整个菌块。正常情况下，经过 60~70d，菌块上菌丝转色形成蜡质层。蜡质层形成的好坏，对产量结果影响很大。正常的蜡质层有橘黄色和红褐色之分，厚度在 0.5~0.8mm，蜡质层对块内菌丝起保护作用，既防止水分蒸发，又防止外部害虫和杂菌的侵入，形成良好的蜡质层，也是菌丝健壮和高产的重要标志。

（2）越夏管理 滑菇菌丝培养后能否安全越夏是生产成败的关键。越夏管理的主要任务是控制菇房温度，加大菇房的遮阳程度，防止阳光直射菇房而导致温度升高。这个时期应使菇房温度控制在 26℃以下，如果超过 26℃，在加强通风、遮阳的同时可采取喷冷水降温的措施。因为滑菇不耐高温，特别是处于老熟休眠阶段的菌丝，超过 30℃连续 4h 就会受到伤害。

8. 出菇管理

靠自然温度养菌，要到立秋后，气温降到 15℃才能出菇。黑龙江省在 9 月开始出菇，辽宁省则从 9 月下旬至 10 月上旬出菇，出菇前需要如下管理。

（1）揭膜划面 将料包的塑料膜揭开，将菌块表面的蜡质层划破进行搔菌处理，刺激菌块进入出菇期。

在揭膜前，首先要清扫菇房，喷 3% 来苏儿溶液消毒防虫，喷药 30min 后揭膜，底膜不动，菌盘四边膜揭到底，有利于边缘出菇。

划料面时用有刃的金属工具每隔 4cm 划一道，深度根据表面蜡质层厚薄而定。对于较厚的锈红色蜡质层划面以 1cm 深为宜。较薄发白的蜡质层要轻划，菌块表面未形成蜡质层的可不划。通过揭膜和搔菌处理，使菌块内部得到新鲜的空气，能够促进菌丝扭结，形成原基。

（2）水分管理 蜡质层划好后，管理的重点是水分管理。滑菇是喜湿耐水的菌类，出菇期间空气相对湿度为 90%~95%，才能出菇整齐，产量高。因此，应抓住水分管理的几个关键环节：第一环节是轻喷划面水。划面 7~10d 内喷水要轻，保持培养料表面湿润即可；第二环节是重打扭结水。在滑菇的水分管理中，打扭结水是最重要的环节，此时气温已下降至 20℃以下。每天早、午、晚及夜间各喷一次水，喷水量要大，使菌块含水量增加到 70% 左右，即用手按菌块有水溢出，并见指纹，同时要保持空气相对湿度为 90%~95%，棚内地面也要经常洒水，保持潮湿状态。当菌块吸收到适宜的水分后，即在表面出现小米粒状的菇蕾，此时就不要再往菌块上喷水，以免菇蕾窒息死亡。但要将空气相对湿度调节到 90%~95%；第三环节是控制转潮水。滑菇每次采收后，要控制 2d 不喷水，但要保持菌块表面不干，使菌丝体积累贮备营养。在正常情况下，打包划面喷水后 30d 左右，菌丝即可开始扭结，菌块表面出现白色原基，逐渐形成黄色的幼菇，再经过 7~8d 的生长即可采收。

9. 采收

一般在菌膜即将开裂之前，在菇盖直径达 2~3cm，菇盖呈橙红色半球形，表面油润光滑，质地鲜嫩时采收为好。大面积栽培时，菇盖直径达到商品规格标准的上限与下限之间为采收适期。

（三）熟料袋栽方法

滑菇的熟料袋栽是指培养料配制装袋后经高温灭菌，再进行播种、发菌、出菇的一种的栽培方法。它与滑菇半熟料块栽方法相比较，其最大优点是一年四季均可以进行栽培，只要出菇场所环境条件适宜，可周年出菇，满足市场的需求。

滑菇熟料栽培工艺流程：培养料配制→装袋→灭菌→接种→发菌管理→出菇管理→采收。

1. 菌袋制作

培养料配方和配制、装袋灭菌方法，可参考上述其他品种中的有关内容。

2. 冷却接种

袋温降至30℃以下时，即可接种，接种室的温度在5℃以下时，可以采用开放式接种，一般污染率不会高于1%，如果温度上升至10~15℃，可以采用接种帐接种，否则会增加污染率。接种前1~2d对接种帐进行消毒灭菌。首先，地面撒白灰，然后用菇保1号等气雾消毒剂对空间消毒。接种时必须严格按无菌操作规程进行。

3. 发菌管理

接种后，菌袋要放入发菌室。发菌室在使用之前也要进行消毒灭菌，其方法和上述接种室消毒灭菌方法相同。现在，很多菇农一般将接种室与发菌室合为一体，即接种后菌袋就在接种室内发菌，这样就减少搬运造成的杂菌污染。目前袋栽滑菇一般利用自然温度培养菌丝，摆成9层高的菌墙，养菌期间，菌墙之间的距离可以小些，一般采用双墙紧靠的方式，因为前期温度比较低，菌丝萌发较慢，这样有利于保温。

发菌室对环境的要求是温度最好控制在20~25℃，菌袋内温度不得超过25℃；空气相对湿度控制在60%~65%，过干过湿对发菌不利；发菌室始终保持通风良好，以便于进行气体交换；光线要求黑暗，养菌期间注意老鼠危害。

4. 出菇管理

6月下旬开始转色，7月初转色完毕。当室温降至13~15℃时，此时应将塑料袋袋口剪去，露出培养基，培养2~3d，进行喷水增湿，空气相对湿度保持在85%~90%，经常进行通风换气，散射光以能阅读报纸为宜，出菇期光照、温度、水分、空气主要因子必须协调管理，为其创造适宜生长发育的条件，获得高产。

5. 采收

采收标准及方法同半熟料块栽。如果条件适宜，可采收3潮菇。每潮菇采收后，要停水一周，让菌丝恢复生长，待原基出现后再进行出菇管理。

第十节　绣球菌

一、营养保健特性

绣球菌 [*Sparassis crispa* (Wulf.) Fr.] 又称为绣球菇，是一种食药兼用的真菌，野生数量极少，自然分布于黑龙江、吉林、西藏、河北、云南、福建等地，在欧洲、大洋洲和北美洲也有发现。绣球菌对阳光需求量大，因此被称为"阳光蘑菇"。绣球菌的香味十分独特，初闻仿佛是药香，再闻又仿佛是茴香，其香味清新又激起人的食欲，在国内外都非常受欢迎。

绣球菇营养丰富，据测定绣球菌每 100g 干品中含蛋白质 15.58g，脂肪 7.95g，还原糖 48.7g，甘露醇 12.93g，戊聚糖 1.72g，海藻糖 7.41g，灰分 4.49g；还含有维生素 B_1、维生素 B_2 及维生素 C 等成分，灰分中的矿物质元素高于一般菇菌（丁湖广，2006）。根据日本食品分析中心的分析，每 100g 绣球菌含有 β- 葡聚糖高达 43.6g，比灵芝和姬松茸高出 3~4 倍。可以说，绣球菌所含的 β- 葡聚糖为菇类之最。其维生素 E 含量位居菌藻类食物前列，Zn、Mn、Fe 的含量也比一般食用菌高很多倍，超氧化物歧化酶的含量位居食用菌之首，常称它为"梦幻神奇菇"或者是"万菇之王"。

二、生物学特性

（一）形态结构

1. 菌丝体

绣球菌的菌丝体是由担孢子萌发形成单核菌丝体，经质配形成双核菌丝，生长扭结形成原基，再形成子实体。

2. 子实体

绣球菌的子实体呈洁白色或米黄色，个体较大，肉质骨脆嫩滑的口感，菌柄基部貌似树根状，由一个粗壮的柄上发出许多分枝，枝端形成无数无序曲折的瓣片，枝端伸展洁白的瓣片，外形像个绣球，很像朵朵大银耳，这也正是人们称它为绣球菇的缘由（图 8-20）。

（二）生殖方式和生活史

绣球菌的生活史与木耳、银耳的类似，是由担孢子萌发形成单核菌丝体，经质配形成双核菌丝，最后形成原基，再形成子实体。

图 8-20　绣球菌的形态

（三）生长条件

1. 温度

绣球菌菌丝生长的适宜温度为 24~26℃，子实体发育的最适温度为 17~19℃。要求偏窄的温度条件，乃是绣球菌发生数量极少的主要原因之一。

2. 湿度

在菌丝生长阶段，相对空气湿度应在60%~65%；子实体生长阶段，对湿度的要求较高，应保持在85%~95%，当空气相对湿度低于80%时，子实体容易因失水而萎蔫死亡，而空气湿度达到或接近100%持续数日，原基又容易烂掉。

3. 光照

菌丝生长可适应弱光、暗光或无光；子实体生长阶段需要有光照诱导，一般光照强度控制在500~1200lx，才能维持绣球菌子实体的正常发育。

4. 空气

由其野外着生的特性决定，良好的通风条件是绣球菌生长的基本条件之一，即使发菌阶段，也应控制 CO_2 浓度在0.1%以下。

5. 酸碱度

绣球菌适宜在偏酸性条件下生长，培养基的pH在3.5~7，菌丝可以正常生长，最适pH为4.5~6，pH超过7.5时菌丝生长受到阻碍，pH低于3时菌丝难以生长。

三、栽培管理技术

绣球菌栽培工艺流程：培养料配制→装袋→灭菌→接种→发菌管理→出菇管理（原基诱导、原基分化、培育菌球）→采收。

（一）菌种准备

绣球菌原始母种有条件的可以从子实体上自行提取，但是由于制作过程要求严谨，难度较高，所以一般建议从国家认可的研究单位购买，买回后直接进行母种的扩繁就可以。

母种培养基的配方：复合糖蛋白30g，蛋白胨1g，大豆粉1g，KH_2PO_4 1g，琼脂粉20g，水1000mL。

（二）栽培方法

1. 栽培料配方

硬质杂木木屑53%，棉籽壳25%，麦麸10%，玉米粉5%，豆饼粉3%，石灰粉1%，蔗糖1%，轻质钙肥2%，三维精素0.12kg或B族维生素片60mg。

注：松木细木屑较合适。

2. 栽培袋制作

木屑提前加入石灰粉拌匀堆闷2d，期间翻堆2~3次；豆饼粉提前2d浸泡；棉籽壳、麦麸提前1d加水拌匀堆闷；待木屑吸水软化，确认没有干白芯时，按配方将全部原辅材料共同拌匀。

3. 分装灭菌

一般可采用扁宽16~18cm的聚丙烯折底袋，每袋装料（以干料计）400~500g；套环封口；高压灭菌以0.15MPa压力维持2h即可；常压灭菌时可在100℃均匀圆汽后维持10h左右；根据经验，冷却至40~50℃时取出；冷却到30℃以下可按常规操作。

4. 接种

常规操作即可，不再赘述。

5. 发菌管理

通过调控适宜的温度在 17~19℃、相对空气湿度应在 60%~65%、照光（暗光或无光）和通风供氧，40~60d 即可完成初步发菌。菌丝后熟将完成初步发菌的菌袋移入 4℃及以下的恒温库中，静置培养 20d 左右，即可完成后熟培养。

6. 出菇管理

（1）原基诱导　将菌袋立排于出菇架，提高棚（室）温至 22℃左右，保持空气湿度 80% 左右，光照强度 500lx 以上，必要时，可以松动封口盖，或者解开扎口绳（但不拉开袋口），并采取红光间断性照射，以刺激菌袋尽快现出原基。精细调控条件，一旦菌袋有原基现出，即应调整温度至 15~18℃，保持湿度 80%~90%，加强通风做到"常通不止、保持新鲜"，打开光源，保持 500~1500lx 每天照射不少于 12h。

（2）催促原基分化　根据原基发生位置，确定开袋的方式或位置：如着生于出菇面大约中部位置，直接去掉套环，然后将袋口打开或剪掉，使之发育无碍；如果着生在周边袋壁，就不要去掉封口盖，只需切开塑料袋膜，使之从容发育即可；注意将未来菌球生长的方向朝上，以使其形态周正，色泽正常。原基直接接触空气后，继续保持上述调控条件，约需三周左右，待分化结束。

（3）培育菌球　开袋后应将条件调控至温度 16~19℃，空气相对湿度为 90%~95%，800~1000lx 的散射光以及新鲜的空气。注意要点：空气湿度可以高，但不要在刚刚分化的叶片上结成水珠；空气必须新鲜，但不可有骤然的大风进入。

（4）成菇管理　当子实体主柄逐渐分化出小叶片后，注意不要有袋口的塑料薄膜妨碍生长，子实体必须全部暴露在空气中，这样有利于子实体的正常发育。在这样的环境条件下培养 30d 后，子实体就可以视为发育成熟。绣球菌子实体的发育成熟期没有明显标志，只要生长环境适宜，其叶片会不断地伸展和分层，而其基部则随之老化，食用价值逐渐降低，因此，不能无限期地延长菌球的生长培育时间。

7. 采收

叶片展开、边缘呈现大波浪状，背面略显白色"绒毛"，子实体叶片颜色由乳白色、惨白色转向淡黄色时适宜采收。采收时，握住子实体，用不锈钢刀片从基部割下就可以。

第十一节　鸡枞菌

一、营养保健特性

鸡枞菌（*Termitomyces albuminosus*），又名鸡肉丝菇、鸡菌、伞把菇、蚁巢伞、三坛菌，属真菌的担子菌纲，伞菌目，白蘑科。野生鸡枞菌是一类与大白蚁亚科昆虫共生的大型真菌（图 8-21）。白蚁通过觅食为鸡枞菌的生长提供植物有机质；鸡枞菌则对白蚁觅食草料进行发酵、降解，以利于白蚁的消化吸收。

鸡枞菌的营养丰富，尤其蛋白质的含量较高，蛋白质中含有 20 多种氨基酸，其中人体必需的 9 种氨基酸种类齐全。中国历代都称赞鸡枞菌味道，美不绝口，营养丰富。在灰分中含丰富的矿物质元素 Ca、P、Fe、Mn 等；还含有麦角固醇、多种氨基酸以及维生素 C 等。现代医学研究证明，鸡枞菌有增强人体免疫功能、预防肠癌、养血、润燥、健脾胃、益胃、

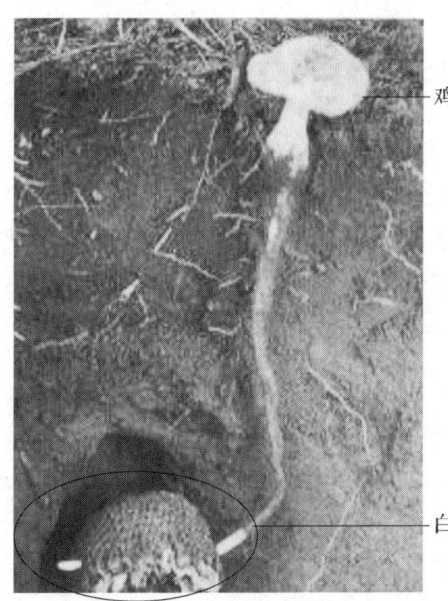

校园内发现的鸡枞

图 8-21 蚁巢与鸡枞菌

清神、治痔及降血脂等功效。具有很高的食用和药用价值，也是我国传统的药用真菌之一。因其鲜嫩醇香、肉质细嫩、洁白如玉、口感独特、食药两用、营养丰富而备受人们的青睐。

野生鸡枞菌在我国分布较广，主要分布于我国气候中温、高温的丘陵山区。据经验介绍，每年端午节前后 15d 为野生鸡枞菌生长出菇高潮期，此时采集为最佳时期。然而，现在人们驯化栽培的黑皮鸡枞菌并不需要蚁巢，并且人工畦床栽培已经获得高产。

二、生物学特性

（一）形态结构

1. 菌丝体

菌丝浓密，粗壮，洁白，匍匐型。

2. 子实体

鸡枞菌子实体中等至大型。菌盖宽 3~23.5cm，幼时圆锥形至钟形并逐渐伸展，顶部显著凸起呈斗笠形，灰褐色或褐色至浅土黄色，长老后辐射状开裂，有时边缘翻起。菌肉白色，较厚。菌褶白色至乳白色，长老后带黄色，弯生或离生，稠密，窄，不等长，边缘波状。菌柄较粗壮，长 3~15cm，粗 0.7~2.4cm，白色或同菌盖色，内实，基部膨大具有褐色至黑褐色的细长假根，长可达 40cm。菌盖和菌柄上部是主要的食用、药用部分（图 8-22）。

图 8-22 鸡枞菌的食用、药用部分

(二)生殖方式和生活史

鸡枞菌具有担子菌纲的特征,无性生殖产生分生孢子,有性生殖经过质配、核配、减数分裂三阶段产生担孢子。

鸡枞菌是异宗配合的菌类。子实体成熟后虽能产生大量的担孢子,但在生活史中,除有性过程外,还有几个无性生殖的循环,分生孢子在无性循环中占有重要的地位。如分生孢子萌发成初生菌丝,经双双融合形成次生菌丝,又产生分生孢子;双核的次生菌丝产生分生孢子后,分生孢子萌发又形成次生菌丝,然后可以扭结产生子实体。

鸡枞菌生活史:子实体→弹射担孢子→担孢子萌发→初生菌丝体→次生菌丝体→子实体。
　　　　　　　　　　　　　　　　　　　　　　　　　　　　　　　　↓　↑
　　　　　　　　　　　　　　　　　　　　　　　　　　　　　　　　分生孢子

(三)生长条件

1. 营养

鸡枞菌属于土生木腐菌,对营养要求苛刻,可以在木屑、棉籽壳、玉米粉等多种原料上生长,一般种植香菇、黑木耳的原料均可栽培鸡枞菌。

2. 温度

鸡枞菌属于中高温型食用菌。孢子萌发的温度范围是 12~24℃;菌丝生长的最适温度是 16~20℃,18℃时从接种到满管仅需 10d,细丝每天长 0.73cm。子实体的温度为 25~35℃,最适温度为 25~30℃,日温差为 5℃;当温度高于 35℃时,子实体仍能照常发育。

3. 湿度

培养料水分含量可达 60%~75%,最佳为 65%;原基形成期空气相对湿度不低于 80%,子实体生长阶段为 85%,子实体开伞需要超过 95% 的空气相对湿度。

4. 空气

鸡枞菌是能够耐受高浓度 CO_2 的少数几种食用菌之一。高浓度的 CO_2 能促进菌丝体的生长,但对于形成子实体是不利的。因此,在正常条件下,菌丝体在蚂蚁巢内生长很大,并不构成子实体。子实体的生长和发育需要充足的 O_2,人工培养期间应观察通风。

5. 光照

孢子萌发,菌丝生长,原始分化子实体的生长和发育不一定需要光照。当子实体开放时,需要一定量的散射光使其分化良好。

6. 酸碱度

鸡枞菌菌丝最适 pH 4.0~4.5,不利于细菌和其他微生物的生长。

三、栽培管理技术

鸡枞菌以其野生数量少、人工培育难等原因,在古代被列为贡品。现经过科技人员多年钻研试验,于 2006 年培育出珍稀食用菌品种——黑皮鸡枞菌,攻克了"黑皮鸡枞菌无法人工培育"的难题,填补了国内鸡枞菌商业化生产的空白,为农业经济发展和农业产业结构调整以及食用菌行业的发展开发出一个优势项目,让更多的人能享受到这山珍美味(图 8-23)。经过近几年的驯化、试验栽培,黑皮鸡枞菌的种植技术已经成熟并已规模化种植。

鸡枞菌栽培工艺流程：培养料配制→装袋→灭菌→接种→培养菌丝→覆土→出菇管理→发菌管理→采收。

（一）菌种准备

1. 母种

鸡纵菌的种源可从野生子实体和地层白蚁巢菌圃分离获得。常用以下分离母种方法。

（1）贴附法　用75%酒精对鸡纵菌的子实体表面消毒，在无菌条件下，取一小块成熟并经消毒处理的菌褶，将其蘸少许琼脂粘贴在马铃薯葡萄糖琼脂培养基试管斜面正上方的管壁上，注意菌褶腹面应朝斜面方向，待孢子下落在斜面培养基上后，除去菌褶，2d左右即获得孢子。

（2）组织分离　用无菌操作法切取鸡纵菌子实体组织块 0.5cm×0.3cm，将其接入试管培养基中央。

（3）小白球菌分离　在白蚁巢菌圃上挑取小白球分别置于培养基上。

图 8-23　黑皮鸡枞菌

母种分离培养基配方为马铃薯 200g，葡萄糖、琼脂、白蚁巢各 20g，水 1000mL。按常规方法灭菌接种，接种后放置在 18℃的恒温环境下培养 10d 左右，待菌丝体长满管，即为母种。

母种提纯和移管的栽培基可采用加富培养基，配方为马铃薯 200g，葡萄糖、琼脂各 20g，白蚁巢渗出液 1000mL，按常规方法灭菌、接种，置于 21℃的恒温环境下培养。

2. 原种、栽培种

培养基的配方：阔木树木屑 77%，麸皮 20%，蔗糖、石膏各 1.5%，原料与蚁巢渗出液比例为 1∶1.2，按常规方法灭菌后接入母种，在 18℃的恒温环境下培养，两个月左右菌丝即可长满瓶，即为原种。

（二）栽培方法

1. 培养基配方与制作

（1）配方 1　锯木屑 29%、玉米芯 29%、麦麸 20%、玉米粉 10%、豆粕 10%、轻质碳酸钙 1%、石灰 1%。

（2）配方 2　棉籽壳 35%、麦麸 20%、玉米芯 18%、锯木屑 18%、玉米粉 5%、豆粕 3%、石灰 1%。

在制作培养基之前先把锯木屑和玉米芯提前预湿，将预湿好的锯木屑和玉米芯放在太阳下面暴晒增温进行有氧发酵，半个月后就可以使用了。将发酵好的锯木屑、玉米芯和按配方比例配好的原料一起放入自动搅拌机加水进行搅拌，使培养基的含水量保持在 65%。

2. 装袋灭菌

把搅拌好的培养料通过自动传输带送到自动装袋处，操作人员将聚乙烯塑料袋套在自动装袋机上,这里选用的是宽17cm,长33cm,厚0.05mm的聚乙烯塑料袋。装完以后称量菌袋,确保每个菌袋的质量在1.2~1.4kg,用透气防潮的塑料盖封口。封好口的菌袋也需要放入高温灭菌器进行加热灭菌,灭菌的方法和原种培养袋一样,待菌袋冷却以后就可以接种。

3. 接种

接种在无菌的接种间内进行操作,并且操作人员一定要穿着经过消毒的工作服,接种前先将菌袋敲打几下,打散菌块,再用消毒后的小刀将原种培养袋的底部1~2cm的部分切掉,以便于接种的都是发菌均匀的菌种,然后用接种夹从原种袋里取出一根枝条种放进栽培袋中,再掰下一块菌种放进栽培袋中,大小能塞进接种袋又能填满为好,用盖子封好口就算接种完成了。每个菌袋接30袋栽培种并确保无漏接。接种完成后就可以将栽培种放到培养室中进行培养了。

4. 培养

把菌袋直接摆放在架子上就可以了,每排架子间隔1~1.2m,相邻排的架子间隔20cm左右,为了防止地面潮湿,架子下面在放三到四行砖,架子上使用铁丝结成的方块网格,网格的大小要与栽培袋的直径相当。菌种培养需要30~40d,在这段时间内要注意培养室内温度、湿度的控制,培养室内的温度保持在20~25℃,湿度控制在65%~68%,室内每天通风两次,早晚各一次,每次不超过半小时(图8-24)。

图8-24 鸡枞菌菌袋培养

黑皮鸡枞生产车间

5. 覆土

在建好畦的菇棚内,将菌袋的塑料袋去掉,把菌棒取出。为防止杂菌感染,要把菌棒顶端残余原种挖去大约1.5cm,然后将菌棒竖立放入菌床内。菌棒与菌棒之间的间隔为5cm,上面覆土,直到把菌棒盖严,用大水浇透,最后在覆上一层3~5cm的草炭土,使土壤的pH保持在5.5~7(图8-25)。

6. 发菌管理

棚内温度在25~30℃,昼夜温差控制在10℃左右。地温控制在25~27℃,空气湿度保持在90%左右。

按照三分阳七分阴的原则,给予鸡枞菌一定的散射光照,光照强度控制在300lx左右。

图 8-25 黑皮鸡枞菌覆土培养

如果温度过高要打开排风扇进行降温，温度过低，降下保温棉被增加棚内温度。菌床变干的时候，可以在菌床与菌床之间的过道里浇水，以增加菌床湿度。这个时候要注意不要直接往菌床上浇水，会导致已出菇的鸡枞菌变质腐烂，并且每周要有两次的消毒工作，消毒时用石灰粉在菇棚的过道和地面上均匀地撒一遍，防止人员进出带入病菌，感染鸡枞菌。

7. 出菇管理

鸡枞菌覆土后 25d 左右就开始出菇了，这个时期的管理不能忽视，否则会影响鸡枞菌的质量。出菇时期的棚内温度要保持在 15～30℃，昼夜温差控制在 10℃ 左右，在 8～10℃ 的温差刺激下有利于子实体的快速分化，地温控制在 25℃ 左右。空气湿度控制在 85%～95%，要及时通风降温，降温时打开排风扇，一般通风 1h。出菇时期鸡枞菌需要一定的散射光照，光照强度应控制在 100～300lx。

8. 采收

出菇 5d 左右，当菌盖直径长到 2～5cm 时即可采收第一潮菇。采收鸡枞菌要抓紧时间，鸡枞菌以顶上菌盖未完全张开时最鲜嫩肥美，菌盖一张开菌肉就老了，会影响鸡枞菌的口感。平均每潮每平方米可采收鲜菇 2～4kg，一共可以采收三潮菇，采收的第一潮菇的质量最好，每潮菇的间隔时间为 10d 左右。

采收时手握菌柄轻轻旋转连根一同拔起，放入筐内。鸡枞菌采收完以后还要对床面进行处理。每潮菇采完以后，床面上留下的菇根和死菇都应及时清理干净，以免引起腐烂，导致杂菌感染。

第九章 食用菌病虫害无公害防治

第一节 食用菌病虫害防治概述

一、食用菌病虫害类型及特征

食用菌病害可分为病原病害和非病原病害两大类。食用菌在生长、发育或运输、贮藏过程中，遭受到病原生物的侵害称为病原病害。由于不适宜的生活条件和不当的栽培管理措施或遗传变异，引起食用菌生长发育障碍和生理性障碍，产生的各种异常现象，称为非病原病害。

食用菌虫害是由一些害虫引起的。

食用菌病虫害引起子实体外部形态或内部构造、生理机能发生异常的变化，严重的引起菌丝体死亡或子实体畸形、死亡，降低菌菇类产品的质量和产量。

（一）菌丝体阶段病虫害的症状及发生规律

1. 感官症状 食用菌在菌丝体阶段极易发生病虫害，并有一定的感官症状。

（1）形 在菌丝体阶段，正常生长或旺盛生长的菌丝萌发快、生长快，菌丝生长均匀，延伸整齐，多数品种的菌丝粗壮呈羽毛状或束状（图9-1、图9-2）。

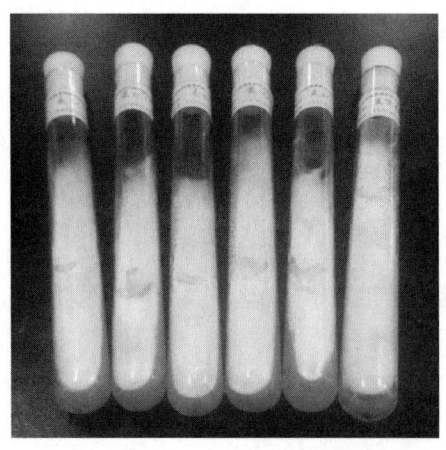

图9-1 试管母种菌丝体

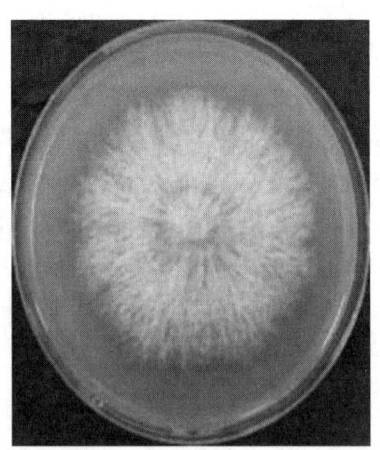

图9-2 平板母种菌丝体

菌丝体阶段出现病虫害在形态方面的症状主要表现：① 菌丝不萌发或萌发后生长慢甚至停止生长，大多是菌丝稀疏、萎缩，老化、退化甚至死亡；② 颗粒固体菌种的菌瓶或菌袋中菌丝干缩、脱壁，有些有黏液或膜状物；③ 液体菌种的菌瓶内有黏液或气泡。

（2）色　食用菌的菌丝体多数都是白色或浓白色；少量菌菇的菌丝体呈特殊颜色：① 银耳菌种因其有伴生菌 香灰菌丝常常呈黑灰色或墨绿色；② 羊肚菌的菌丝体因其产生菌核呈黑灰色或黄褐色；③ 香菇菌丝后期转色而呈现黄褐色；④ 蛹虫草菌丝体后期转色而呈现橘黄色。除此之外，食用菌的试管中或菌袋（瓶）中菌丝体，如果呈现不同的颜色，如黑、黄、红、绿、灰等颜色，可以鉴别为感染杂菌，且大多数为霉菌感染，因为霉菌感染其孢子呈现特殊的颜色，这也是鉴别霉菌感染的特征之一。

（3）味　在菌丝体阶段，正常生长或旺盛生长的菌丝体呈清淡菇香味，没有异味。如果食用菌在培养过程中发生了病虫害，就会呈现特殊的异味：① 细菌、霉菌感染后多数呈腐败酸味、酸臭味；② 酵母菌感染后多数呈酒糟酸味；③ 线虫污染后多数呈腥臭味。

（二）子实体阶段病虫害的症状及发生规律

子实体阶段发生病虫害在形、色、味方面都有症状，常见的子实体病虫害症状有变色、斑点、凹陷、软腐、萎缩、畸形等。

随着食用菌产业迅速发展，由于多品种的周年性生产，以及作坊式简陋的生产方式，缺乏配套性病虫害防治措施，使病原物、害虫种类日趋增多，危害加重，病虫害已成为食用菌高产、稳产的重要限制因素。掌握病虫害发生规律，采取有效的无公害防治方法，是食用菌生产中的重要管理内容。

二、食用菌病原病害

食用菌由于受到其他有害生物寄生，而引起的病害属于病原病害，也称侵染性病害。病原病害具有传染性，也就是说病害的发生是由少到多，由点到面，由轻微发病到严重发病，具有明显扩张蔓延的特性，也称为传染性病害。引起食用菌病原病害的生物称为病原物，病原物主要有细菌、放线菌、酵母菌、病毒、霉菌（如木霉、青霉、黑曲霉、疣孢霉、链孢霉、轮枝霉等）。

（一）真菌性病害病原菌

1. 毛霉和根霉属

（1）污染症状　先从棉塞上形成银白色菌丝（胡须状）潜入培养基，气生菌丝十分旺盛，生长十分迅速，数日出现大量黑色孢子囊。

在显微镜下毛霉和根霉的区别是：毛霉一般出现较早，初期呈白色，后期变为黄色、灰色或褐色。菌丝无隔膜，不产生假根和匍匐菌丝，直接由菌丝体生出孢囊梗（图9-3）。根霉与毛霉相似，其菌丝无隔膜。但其在培养基上能产生弧形的匍匐菌丝，向四周蔓延，并由匍匐菌丝生出假根，菌丝交错成疏松的絮状菌落。菌落生长迅速，初时白色，老熟后变为褐色或黑色（图9-4）。

（2）污染原因　湿度太大，消毒不彻底。

2. 曲霉类

曲霉属于子囊菌，营养体由具横隔的分枝菌丝构成。菌落颜色多种多样，最常见的是黄色、褐色、绿色等，呈绒状，絮状或厚毡状，有的略带皱纹。

（1）污染症状　常在棉花塞和瓶颈交接处或培养基面上出现曲霉的污染斑，用放大镜可看到一丛丛黄色、土黄色、褐色、烟色、黑色成丛簇的色斑。

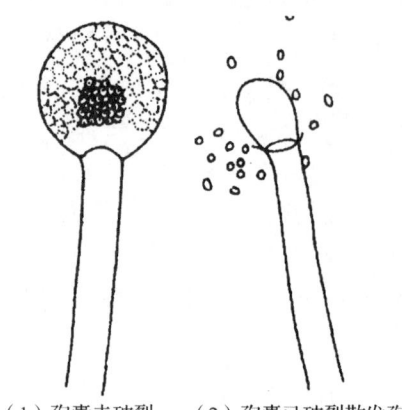

（1）孢囊未破裂　（2）孢囊已破裂散发孢子

图9-3　毛霉的孢囊孢子

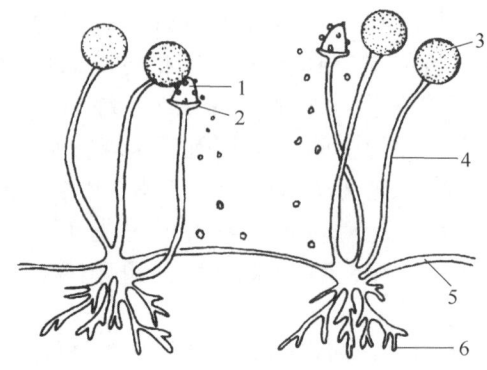

图9-4　根霉

1—囊轴　2—囊托　3—孢子囊
4—孢囊梗　5—匍匐枝　6—假根

（2）污染原因　菌种瓶填料后没有马上清洗或清洗不彻底，为杂菌孳生提供场所，使用劣质、短绒棉花做棉塞，灭菌过程棉花塞受潮，加上棉花塞制作过于松散，有利于曲霉孢子顺着棉塞和瓶壁之间侵入；棉塞经过高压灭菌后部分脱脂，在梅雨季节空气相对湿度高，棉塞吸潮，在菌种扩接时，如果瓶口没有经过认真检查及火焰消毒，棉塞一打开，曲霉分生孢子就会随接种操作过程产生的气流带入待接的培养基内，造成污染。

3. 青霉类

青霉的菌丝体无色、淡色或有鲜明的颜色，具横隔，为埋伏型，或为部分埋伏型、部分气生型。气生菌丝密毡状或松絮状，后期长出分生孢子梗及成串分生孢子，呈青绿色。菌落质地可分为绒状、絮状、绳状或束状，多为灰绿色，且随菌落变老而改变。

（1）污染症状　青霉同样是一种常见的污染菌。在28~32℃高温高湿条件下，青霉分生孢子在1~2d就萌发成菌丝。菌丝体初期白色，繁殖迅速，很快出现蓝绿色粉状分生孢子，星点状散布在培养基的表面，或形成菌斑。

（2）污染原因　同曲霉。

4. 链孢霉

链孢霉俗称红色面包霉。菌落最初白色，粉粒状，很快变为橘黄色，绒毛状。菌落成熟后，上层覆盖粉红色分生孢子梗及成串分生孢子。分生孢子链呈橘黄色或粉红色（图9-5）。

（1）污染症状　初期从棉塞上长出须状的白色菌丝，垂下直到培养基面上。菌丝很快变成橘黄色，绒毛状，随后透过棉塞出现馒头形，长出分生孢子梗及成串分生孢子，橘黄色或橘红色，这种链孢霉能杀死食用菌菌丝，引起菌

图9-5　链孢霉污染

瓶发热，发酵生醇，因此很容易从菌种室内嗅到酒味。

（2）污染原因　通常在常压灭菌后潮湿的棉花塞上生长，特别是5、6月雨季更易出现。菌种接种时，宁可将湿棉塞弃之，换上预先灭菌过的干棉花塞，也不可存有侥幸心理。

5. 木霉类

木霉俗称绿霉，适应性强，尤喜酸性环境。危害对象：菌种、木腐菌或粪草菌的培养料，以及食用菌本身。在培养基上，菌落外观为浅绿、黄绿或绿色。

（1）污染症状　菌落生长迅速，棉絮状或致密丛束状。菌落表面颜色有不同程度的绿色，有浅绿、黄绿、绿色或深蓝绿色。

（2）污染原因　同曲霉。此外，培养料预湿不足，灭菌时间不够，培养料颗粒内所附带的杂菌未被全部杀死，接种后数天，瓶壁或袋壁出现细小水珠，几天后突然爆发形成绿色木霉分生孢子。

6. 酵母菌

酵母菌喜偏酸性环境。危害对象：菌种、培养料。在显微镜下观察为圆形、卵圆形单细胞。常见种有啤酒酵母菌、红酵母菌、橙色红酵母菌等。

（1）污染症状　在一级种斜面试管培养基上，出现外观为无色或红色、黏稠状、烛滴状圆形菌落。在麦粒二级种或三级种培养基上也常会出现。在培养料上可形成白色菌膜或菌醭，打开棉塞或袋口有一股难闻的酸败酒味。

（2）污染原因　灭菌不彻底。

7. 鬼伞

鬼伞为大型真菌。

（1）特征　在草菇栽培上最为常见，从子实体形成到溶解为黑色黏汁，只需24~28h，子实体在菇床上腐烂，发生恶臭。常发生在培养料堆制发酵不彻底的菇床上。

（2）发生规律　喜高温、高湿、酸性、含氮量高的环境，繁殖力极强，一旦发生，如不及时防治，则迅速成为整个菇床的优势种。

（二）真菌性病害的症状及其防治

侵染性真菌病害子实体主要有褐腐病、褐斑病、软腐病、枯萎病等。病原菌主要是上述介绍的各种霉菌类。

1. 褐腐病

褐腐病又称白腐病、水泡病、湿泡病、疣孢霉病。主要危害双孢菇、草菇、平菇等（图9-6）。

（1）病症　只感染子实体，不感染菌丝体。子实体受到感染时，表面出现一层白色棉毛状病原菌菌丝，菌柄肿大成水泡状畸形，进而褐腐死亡，故又称湿泡病。如子实体未分化时被感染，则分化受阻，形成不规则的组织块，表面有白毛绒状菌丝，组织块逐渐变褐，从内部渗出褐色的汁液而腐烂，并散发恶臭气味。

图9-6　双孢菇褐腐病

（2）病因　病原菌为疣孢霉。疣孢霉的厚垣孢子可在土壤中休眠数年，首次侵染主要来源于土壤；菇棚内的再度侵染和病害蔓延，则主要是病原菌孢子通过人体、害虫、工具或喷水等渠道传播的。出菇室高温高湿、通风不良时发病严重，10℃以下极少发病。

（3）防治措施

① 出菇室应安装纱门、纱窗，出菇室、床架及用具应严格消毒，彻底杀灭病原菌及害虫。

② 覆土要消毒。可选巴氏消毒：60~70℃保持1h。

③ 培养料要经后发酵处理或进行巴氏消毒。

④ 栽培季节要选好，第一潮菇出菇期避开25℃以上的高温季节。

⑤ 栽培过程中发病，应停止喷水，加强通风，降温降湿；若发病严重，应及时销毁病菇，并清理料面，也可采取昼盖夜开方式尽量降低棚温，以抑制病原菌危害。

2. 褐斑病

褐斑病又称干泡病、黑斑病、轮枝霉病，主要危害双孢菇和平菇。

（1）病症　褐斑病蔓延很快，对子实体具有很强的侵染力，菇蕾受害后，形成质地较干的灰白色组织块，不能分化形成菌柄和菌盖。子实体中后期受侵染后，病原菌菌丝能侵入子实体的髓部，使菌柄异常膨大并变褐，菌盖发育迟缓，子实体呈畸形而僵化，菌盖上还产生许多不规则的针头大小的褐色斑点，以后斑点逐渐扩大并形成灰色凹陷，轮枝霉的分生孢子充满凹陷部位，但菇体不腐烂、无臭味，最后干裂枯死。

（2）病因　病原菌是菌生轮枝霉、菌褶轮枝霉和蘑菇轮枝霉。轮枝霉主要存活于土壤及空气中，其最适生长温度为22℃左右，低于12℃时生活力很弱。其分生孢子可黏附于土壤、工具、人体及昆虫上，所以，首次侵染可能是由于土壤和空气中存活的病原菌孢子萌发所致，而发病后的迅速蔓延则是通过人体、工具、昆虫甚至喷水所传播的。当出菇室通风不良、空气湿度大时易发病。

（3）防治措施　参照褐腐病的防治。

3. 软腐病及猝倒病

软腐病又称蛛网病、湿腐病、树状轮枝霉病，主要危害双孢菇、平菇和金针菇等。猝倒病也称为立枯病、枯萎病、萎缩病，主要危害双孢菇、平菇。

（1）病症　软腐病先在床面出现白色蛛网状菌丝，很快蔓延呈水红色。侵染子实体从菌柄开始，直至菌盖，先呈水浸状，渐变褐变软，直至腐烂。

猝倒病主要侵染菌柄，使菌柄髓部萎缩变褐。患病的子实体生长缓慢，初期绵软呈失水状，菇柄由外向内变褐，最后整菇变褐成为僵菇。

（2）病因　软腐病由枝孢霉引起，猝倒病由链孢霉引起，其侵染原因参照褐斑病。

（3）防治措施　参照褐腐病的防治。

4. 基腐病

金针菇品种危害较重。

（1）病症　该病在子实体发育过程中，菌柄基部中间变黑褐色，逐渐向表皮扩展到整丛株，发展到黑色腐烂，子实体倒状，停止生长，轻者影响产量和质量，发病严重的绝收。

(2) 病因　引起该病的主要病原菌为瓶梗青霉，属半知菌亚门、丝孢纲、丛梗孢目、丛梗孢科，该病原菌如在马铃薯蔗糖培养基上，菌丝白色，粉状，培养基呈红褐色，菌落呈粉红色，孢子梗从气生菌丝上长出，呈对称分叉，分生孢子呈椭圆形，单细胞，无色。多发生于培养料含水过高，菇房湿度较大，喷雾水分不均匀造成积水，长时间覆盖薄膜，通风不良等。室外大棚栽培发病较重。

(3) 防治措施　① 出菇室应安装纱门、纱窗，出菇室、床架及用具应严格消毒，彻底杀灭病原菌及害虫；② 栽培过程中发病，应停止喷水，加强通风，降温降湿；若发病严重，应及时销毁病菇，并清理料面，以防止病原菌传染危害。

(三) 细菌性病害的症状及其防治

在食用菌生产中，菌种或栽培料制作时，常发现以麦粒及粪草为基质的菌种瓶（袋）外壁局部出现"湿斑"和淡黄色的黏液（菌落）。打开棉塞或袋口有一股难闻的气味，类似有机物腐烂的腥臭味，使培养料变黏或变酸。这种现象大多属于细菌性病害。这些细菌多属于芽孢杆菌、假单孢杆菌、欧文杆菌类，其主要症状介绍如下。

1. 细菌性褐斑病

细菌性褐斑病又称细菌性斑点病、锈斑病，主要危害双孢菇和平菇。

(1) 病症　病菌只侵染子实体的表面组织，不危害菌肉。被感染后，菌盖表面出现小的圆形或椭圆形褐色（铁锈色）凹陷斑，在潮湿条件下，病斑表面有一薄层菌脓，发出臭味，当斑点干燥后，菌盖开裂，形成不对称的子实体。菌柄上偶尔也发生纵向凹陷斑块，但菌褶很少被感染。病菇形态变化不大，也不会引起腐烂。

菌丝体阶段感染细菌，一般产生黏液或黏膜，因细菌分解蛋白质产生废气，液体培养易产生气泡，并发出腐败臭味。

(2) 病因　病原菌有多种细菌（如托拉斯假单孢杆菌、芽孢杆菌等）。此菌在自然界分布极广，培养料、覆土材料以及不洁净的水中均有，在15℃以上、空气相对湿度大于85%时，病原菌非常活跃，通过人体、气流、虫类和工具等渠道广泛传播。常在春菇后期，逢高温高湿、通风不良，特别是菌盖表面有水膜时极易发生细菌感染症状。

2. 细菌性干腐病

干腐病又称为干僵病，主要危害双孢菇。

(1) 病症　发病的子实体畸形，菌柄基部稍膨大，菌盖歪斜，呈苍褐色，生长缓慢或停滞；病菇不腐烂，而是逐渐萎缩、干枯僵硬。

(2) 病因　病原菌是一种假单孢杆菌。一般认为病原菌是沿着双孢菇菌丝传播的，同时，土壤、气流、水滴、人体、害虫和工具都可传播此病原菌。干腐病多在秋菇上发生，在潮湿的菌块上发生严重。

(3) 防治措施　发病后采取隔离措施，防止病区与无病区之间菌丝的连接，病区内喷淋2%漂白粉液后用薄膜盖严，防止传播；其余可参照病虫害的无公害防治措施。

3. 细菌性褐腐病

(1) 病症　子实体感染病原菌后，在菌盖、菌柄上形成不定型的褐色斑点，然后腐烂。有时很多病斑连成片，包括菌柄均变为黑褐色，质软，不能直立，有黏液，最后整丛菇变褐腐烂。

(2) 病因　病原菌为欧文杆菌。金针菇不同品种间的抗病性差异较大，当温度超过

18℃，湿度较大，通风不良，特别是子实体表面处于水湿状态时易发病，蔓延快。

（3）防治措施　选用抗病品种；其余可参照病虫害的无公害防治措施。

4. 细菌性黑腐病

对生产影响最大，子实体发病后，轻者斑点多，生长不好，质量下降，重者及整个子实体变黑腐烂，失去食用菌价值，严重影响鲜菇产量和质量。

（1）病症　病斑褐色，发生部位在菌盖和菌柄上，菌盖上的病斑圆形或椭圆形，也有不规则形，病斑外圈色深，也有不规则形状，病斑外圈色深，呈深褐色，潮湿时，中央灰白色，有乳白的黏液，气燥干燥时，中央部分稍凹陷。菌柄上的病斑呈菱形、棱形和长椭圆，褐色有轮斑。条件适宜时，会迅速扩展，严重时，菌柄、盖变成黑褐色，最后腐烂。

（2）病因　引起细菌性黑腐病病原菌为假单孢杆菌，在马铃薯葡萄糖琼脂培养基平板上，23~24℃条件下，24h可形成菌落，48h左右可长满平板。在肉汁培养基上菌落呈念球状生长，单个菌落乳白色，近圆形，表面光滑稍隆起，边缘较整齐，大小不一般，大的直径0.3~0.5cm，小的呈一小点，较透明，不会使肉汁培养基变色，病原菌短杆状，有极生鞭毛，革兰染色阴性。

该病害发病是由于品种抗病性差，或栽培多年抗性下降，气候不适，遇高温高湿，温度20℃以上，相对湿度高于95%以上，CO_2浓度高出0.1%，就会大面积发病。

（3）防治措施　包括物理防治和化学药剂防治等，详见病虫害的无公害防治措施。

（四）病毒性病害的症状及其防治

病毒具有很强的侵染性，体积极微小，主要危害双孢菇、香菇、平菇、银耳等食用菌。病毒感染会使培养料中的菌丝退化，产生各种畸形菇，造成严重减产。

1. 病毒病的种类

（1）双孢菇病毒病　目前已从病菇中分离出多种病毒，它们的形状、大小差异较大，有球状、杆状、棒状等，能单独或混合侵染。双孢菇病毒寄生于菌丝体、子实体或担孢子上，被感染的菌丝退化、变褐、柔软，无菌丝束，不能形成子实体，严重时形成无菇区。

（2）香菇病毒病　香菇病毒有球状、杆状和丝状。香菇菌丝被感染后，出现"退菌"现象，形成无菌丝的空白斑块；子实体生长阶段，形成畸形菇，开伞早，菌盖薄。

（3）平菇病毒病　平菇病毒球状，被感染的菌丝生长速度减慢；菌柄肿胀近球形，弯曲，表面凹凸不平；菌盖边缘波浪形或具深缺刻，有的菌盖很小或无盖，只在子实体顶端保留菌盖的痕迹，后期产生裂纹，露出白色的菌肉；菌盖与菌柄表面出现明显的水浸状条斑。

2. 防治措施

（1）选用耐（抗）病毒的优良品种。

（2）保持出菇室卫生，安装纱门、纱窗，防止害虫传播病毒；及时清除废料，并彻底消毒；出菇室、床架、器具等用前应进行熏蒸或巴氏消毒。

（3）培养料进行后发酵处理或巴氏消毒。

（4）发现病毒的菇棚，必须在子实体散发孢子前及时采收，防止病毒通过孢子传播。

（五）杂菌污染的主要原因

1. 料瓶（袋）制作不当

料瓶（袋）制作不当包括原材料受潮发霉、培养料含水量过大、装料太满或料袋扎口不紧等。

2. 培养基灭菌不彻底

培养基灭菌不彻底主要表现为瓶壁和袋壁上出现不规则的杂菌群落。这往往是由于灭菌时间或压力不够；灭菌时装量过多或摆放不合理；或高压灭菌时冷空气没有排净等。

3. 菌种带杂菌

菌种带杂菌表现为接种后，菌种块上或其周围污染杂菌。此类污染往往成批出现且污染的杂菌种类比较一致。

4. 接种操作中污染

接种操作中的污染常分散发生在菌种培养基表面，主要是由于接种场所消毒不彻底，或接种时无菌操作不严格等导致。

5. 出菇期污染

出菇室环境不卫生，或高温高湿、通风不良，尤其是采完一潮菇后，料面不清理，很容易发生杂菌污染。

6 破口污染

灭菌操作或运输过程中不小心，使容器破裂或出现微孔；或由于鼠害等使菌袋破损而造成破口污染。

三、食用菌生理性病害

由于生态环境条件不能满足食用菌发育所需的最低要求时，就会发生生理代谢性障碍而使菇类畸变，这属于非侵染性病害或非病原病害，简称为生理性病害。

在菌丝体阶段表现为菌丝萎缩或徒长，在子实体阶段则表现为畸形、死菇、变色等。这类病害的特征：不具有传染性（无病原菌感染），但会造成栽培上不同程度的减产和产品质量的下降，甚至绝收，严重影响了菇农的经济效益和种菇积极性。

（一）生理性病害的典型症状

1. 菌丝体阶段的生理性病害

（1）菌丝徒长　主要发生在双孢菇栽培中的覆土层，俗称"冒菌丝"。这除了和菌种特性有关外（主要发生在气生型菌株），常因菇床的空气相对湿度过大，通风不良所致。遇到高温时，菌丝向上窜，在覆土层出现十分浓密的"菌被"，使形成的菇蕾窒息而死。出现"冒菌丝"的初期，应在早晚喷水，并大量通风，降低菇房的温度，及时用齿耙划破徒长的菌丝层。

（2）菌丝萎缩　在双孢菇栽培中，常在发菌与出菇阶段出现菌丝发黄、发黑、萎缩甚至死亡的现象。其产生原因是复杂的。料害：建堆时添加过多的氮肥，导致已萌发的菌丝"氨中毒"而死亡。水害：覆土层喷水过急造成培养料过湿而缺氧，致使菌丝萎缩。气害：高温、高湿下，菌丝易发黄死亡，即前述菌筒培养时产生的"烧菌"现象。

2. 子实体阶段的生理性病害

（1）菇体耳体畸形　其为子实体阶段生理性病害的主要表现，不同的菌类畸形状态还有所差异，常见的主要有以下典型症状。

平菇常产生粗柄小盖的"指形菇"、无柄小盖的"瘤盖菇"等。

灵芝栽培中易产生长柄无盖多分枝的"鹿角状"、粗柄小盖的"指形芝"等。

双孢菇畸形菇的表现形式也是多种多样，生产上常见的主要有："地雷菇"（图9-7）"空心菇""大屁股菇""早熟菇"等。

杏鲍菇的畸形菇主要表现形式为粗柄菇（图9-8）。

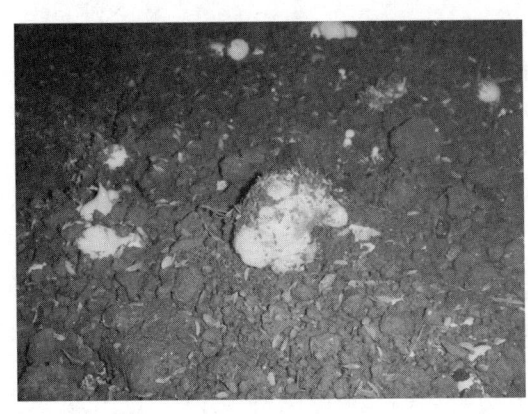
图9-7　双孢菇的畸形菇——地雷菇

图9-8　杏鲍菇的畸形菇——粗柄菇

猴头菇常见畸形菇有"花菜状"菇：有人称为"瘤状"菇，子实体表面像花菜，凹凸不平，有的生长20d左右，似瘤仍无菌刺，应尽早采摘，以免影响下潮菇的生长。珊瑚状菇：菇柄上长出好多分枝，菌盖小。"光头菇"：有些子实体近球形，不长菌刺等。

白灵菇常见的畸形菇有：菌盖紧抱不展，呈"拳头状"；柄长肥粗、盖小，呈"花瓶状"；盖凹陷、边裂外卷，呈"破碗状"；盖窄长，呈"牛舌状"；盖面斑点，呈"麻脸状"；盖中瘤肿突起，呈"胀腹状"；两盖并展、柄紧连，呈"蝴蝶状"；盖弯曲不平，呈"波边状"；盖圆包裹、菌褶收缩，呈"光头状"；盖面纵裂沟缝，呈"花菇状"；数菇并生，呈"莲花状"；此外还有菇体萎缩型、菇体偏黄变色型等。

还有毛木耳常产生似鸡爪的"鸡爪耳"，银耳栽培中出现的"团耳"等。

（2）菇体耳体死亡　指在无病虫害情况下，子实体变黄、萎缩、停止生长，最后死亡的现象。还有黑木耳常产生软腐的"流耳"，银耳栽培中出现的"流耳"，羊肚菌幼小个体大面积死亡等。

主要原因：出菇过密，营养不足；出菇室（大棚）持续高温高湿或低温刺激，通风不良，氧气不足；覆土层缺水，幼菇无法生长；采菇或其他管理操作不慎，造成机械损伤；或者使用农药不当，产生药害等均可引起子实体死亡。

防治方法：根据上述原因，采取相应措施，如改善环境条件，正确使用农药等。

（3）异常变色　有的菇体有正常转色现象。例如，羊肚菌的幼小菇的颜色由白色→灰色→黄色，长大后又变为黑褐色；蛹虫草、滑菇颜色变得很鲜艳，这是正常的。

平菇的幼菇菌盖局部或全部变为黄色、焦黄色或淡蓝色等不正常的颜色，子实体生长受到抑制，随着继续生长表现为畸形，如菌盖皱缩上翘，严重影响商品质量。

主要原因如下所示：

① 低温季节使用煤炉直接升温时，菇棚内CO浓度较高，子实体中毒而变色，菌盖变蓝后不易恢复。

② 质量不好的塑料棚膜中会有某些不明结构和成分的化学物质，被冷凝水析出后滴落在子实体上，往往以菌盖变为焦黄色居多。

③ 覆土材料中或喷雾器中的药物残留及外界某些有害气体的刺激等，也可导致该病发生。

（二）引起生理性病害的环境因素

大多数食用菌生理性病害产生的原因基本相近。由于不适宜的环境条件或不恰当的栽培措施引起，如培养料含水量过高或过低，pH的过低或过高，以及空气相对温度高低，光照的强弱，CO_2浓度过高，农药、覆土及生长调节物质不当等环境因素。

1. 湿度

水分影响食用菌孢子的萌发、菌丝体的生长及子实体生长。一般说来，培养料含水量在55%~70%，即60%左右为宜。在子实体生长阶段要求环境湿度在80%~90%。在出菇期水分影响更大。湿度过低，菌丝萌发缓慢，湿度过大，容易长霉而引起畸形菇。

2. 温度

一般菌丝体最适生长温度20~30℃，子实体适于12~25℃，温度过低，子实体生长慢，温度过高，菌柄伸长，菌盖变小，影响菇形和菇质。

3. 空气

菌丝生长需少量空气，但O_2过少，菌丝生长稀，缓慢，子实体发育阶段需要大量O_2，菌柄的伸长与CO_2积累有一定的关系，通风不良，幼菇发育缓慢，菌柄伸长，菌盖变薄变小成畸形菇。栽培环境O_2不足，CO_2累积量过高，因栽培品种不同，产生的症状表现差异较大。

4. 光照

菌丝生长不需要光照，黑暗条件下生长旺盛，强光对菌丝有抑制作用。子实体生长需要一定光照，微弱散射可使子实体生长肥嫩，颜色洁白，菇质好。但光照过强或过弱也会使子实体畸形。

5. 覆土的影响

不规则形的病菇有些是由于覆土过厚，细土过多，土质过硬，覆土时间过迟，覆土水分调节不当等。主要是影响那些覆土栽培的菌类，例如双孢菇、鸡腿菇、竹荪等。

6. 虫害影响

在栽培中注意加强管理，防止蚊蝇和螨虫等害虫的发生，否则也会影响菇形和质量。要注意调节适宜的温度和湿度，增强食用菌的抗病性，并采取措施防止害虫发生干扰。

四、食用菌虫害症状及原因分析

(一) 常见食用菌害虫

食用菌害虫种类很多，生活习性较复杂。

1. 昆虫类

危害食用菌的昆虫主要是双翅目、鳞翅目、鞘翅目和等翅目中的一些害虫，其中以双翅目害虫种类多，数量大，寄主广泛，危害最为严重；双翅目害虫主要集中于菌蚊科、眼蕈蚊科、瘿蚊科和粪蚊科等。

(1) 菇蚊类 别名牛蜢虫、菇蛆。

① 形态：幼虫多呈乳白或灰白色，似蛆，头黑色。咬食菌丝体，还可从子实体基部钻蛀，并伴有难闻腥臭味；成虫似蚊，飞行强，产卵，传播杂菌，不直接危害子实体。趋光、湿、糖。危害食用菌的菌蚊有10多种，以闽菇迟眼菌蚊（眼菌蚊）、小菌蚊较为常见。

眼菌蚊（*Sciarids* sp.），又称洒眼菌蚊、小黑蚊子、白蛆，属双翅目，蚊类昆虫。在畜禽养殖场较为常见。

成虫体小，长 2～3mm，褐色或灰褐色，有一对膜质前翅和一对特化的后翅，复眼发达，顶部尖，在头顶延伸并左右相接，形成眼桥，触角丝状，16节，雌虫腹末端尖细，雄虫外生殖器呈一对铗状。卵圆形，白色透明至乳白色，单生或成堆生，产于低洼潮湿处。幼虫，细长 6～7mm，白色透明至乳白色，头黑色（图9-9），骨质化，咀嚼式器发达。蛹为黄褐色裸蛹。

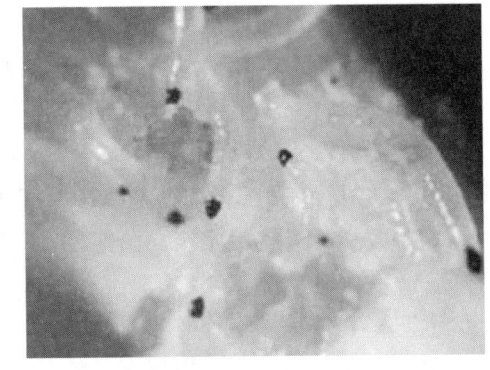

图 9-9 眼菌蚊的幼虫

② 危害：幼虫咬食菌丝体，钻蛀子实体基部，并带有难闻腥臭味，危害平菇、凤尾菇、双孢菇、草菇、木耳、银耳、香菇、猴头菇等多种食用菌。

(2) 菇蝇类

① 形态：卵长椭圆形，白色至淡黄色，幼虫为蛆形，白色，头尖尾钝，无足，初期幼虫白色，透明，无明显头部（图9-10）。成虫淡褐色或黑色，老熟幼虫体黄色，长 7～10mm，尾部有两个肉质突起，比菇蚊健壮，触角很短，似苍蝇（图9-11）。蛹为长椭圆形，深褐色，长 3～4mm。成虫淡黄色，触角3节，触角芒状，复眼红色，体长 3～4mm，展翅 7～9mm。成虫具有趋光性，对糖、醋也有趋性，营腐生，食性杂。总世代为 12～16d。特性与菇蚊相近，主要有黑腹果蝇、菇蝇、菌蝇等。在果园、畜禽养殖场较为常见。

② 危害：果蝇危害所有的食用菌。幼虫取食子实体，钻蛀子实体形成蛀食隧道，受害后变为红褐色。

(3) 螨类（菌虱） 属于节肢动物门、蛛形纲、蜱螨目，危害各种蘑菇、黑木耳等。

图 9-10　菇蝇的卵及幼虫　　　　　图 9-11　菇蝇的成虫

① 形态：体形微小（一般仅 0.2~0.6mm），常为圆形或卵圆形，一般由四个体段构成，即颚体段、前肢体段、后肢体段、末体段。口器分为刺吸式和咀嚼式两类。爬行慢，因个体小，分散时看不见，聚集时呈白粉或浅红粉状，趋温暖潮湿环境及肉香味。取食菌丝体及子实体，造成菌丝不萌发或萌发后出现退菌现象，使培养料变黑腐烂。螨类种类繁多，常见的是粉螨与蒲螨。蒲螨微小，长圆或椭圆形，淡褐色，体毛较短（图 9-12）。粉螨比蒲螨大，圆形，白色，体壁有若干长毛（图 9-13）。与昆虫主要区别是无触角、无翅、无复眼，体只分为头和腹两个部分，有 4 对足，其足由 6 节组成。

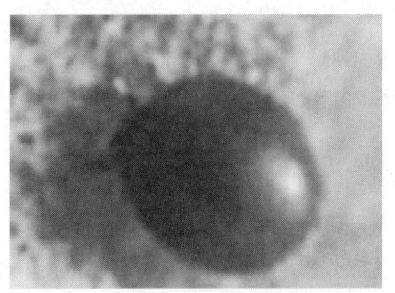 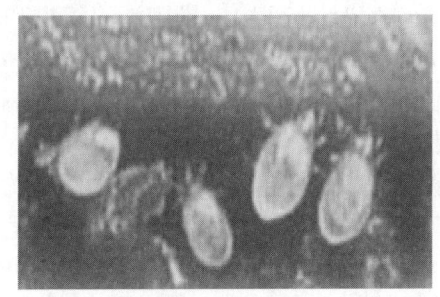

图 9-12　蒲螨　　　　　　　图 9-13　粉螨

② 危害：螨类主要以若螨或成螨危害菌丝，将菌丝咬断而食，也会将子实体蛀食成空洞，菇体色泽转为褐色或失去光泽，有的被害组织部位出现褐色病斑。危害菌种时稍不注意，会造成毁灭性灾害。

（4）跳虫（烟灰虫）　无翅低等小昆虫，似跳蚤（图 9-14），能爬善跳，聚集时似烟灰，趋阴暗潮湿，不怕水，俗称鱼饵料虫。常见的有紫跳虫、角跳虫、黑角跳虫、黑扁跳虫等。此虫一般随不洁净的水源进入菇房，危害较严重。

（5）伪步行虫　俗名为黑壳子虫、鱼饵料虫，属鞘翅目，伪步行虫科。

① 形态：成虫体黑色，具金属光泽，椭圆形，长约 1cm，胸足跗节 5-3-4-5。幼虫长约 2cm，形状像小鱼，故称鱼儿虫，此害虫数量多，危害重。

② 危害：一年发生 2 代，以成虫越冬，第二年 4

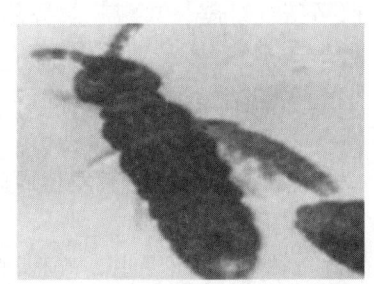

图 9-14　跳虫

月中旬成虫开始活动。白天一般躲在耳袋的下面3~5头群集在一起，多数达10头以上，夜间外出活动。成虫啃食木耳外表。4月下旬出现幼虫，幼虫危害耳片、耳根，也可钻进接种孔内危害耳芽。受害后的耳根不能长耳。此虫可随木耳带进仓库，在仓库内继续危害干木耳。食量大，粪便多，粪便黑褐色呈绒线状。此虫在南方发生较多，危害严重。

（6）蛀枝虫

① 形态：属鳞翅目害虫，成虫灰褐色，体长7.2~10.4mm，后翅有不规则的黑斑。幼虫体长15mm，头部浅红色或深黄色，腹部各节白色，上有黄色毛，排列不整齐。

② 危害：一年发生1代，以幼虫结长椭圆形茧越冬。茧一端封闭，另一端开口，从开口处伸出头取食，食后缩回茧内休息。当气温降至10~12℃时，茧中的幼虫基本停止取食，吐丝将茧口封闭，进入越冬休眠状态。直至第二年温度逐渐上升到12℃以上时，幼虫又咬破茧的一端外出活动，继续取食危害食用菌。幼虫排粪量多，粪呈灰白色或淡黄色颗粒状，聚集在一块。

2. 线虫及潮虫

（1）线虫　线虫属于无脊椎动物门的线虫纲，主要危害双孢菇、草菇、黑木耳、银耳、香菇、平菇等食用菌，严重影响其产量。危害食用菌的线虫种类很多，多数是腐生性线虫，少数半寄生，只有极少数是寄生性的病原线虫，种类极多，分布很广。常见的腐生性线虫有嗜菌丝茎线虫、堆肥滑刃线虫和小杆线虫。

① 形态：线虫是一种体形细长（长约1mm，粗0.03~0.09mm），两端稍尖的线状小蠕虫，虫体极细小，肉眼看不到，只能在显微镜下才能观察到。幼虫透明乳白色，似菌丝，成熟时体壁可呈棕色或褐色。

寄生性线虫危害性大，口器刺进菌丝吮吸内含物，被害处极易招致细菌生长，使培养料变黑、黏湿，有刺鼻的腐臭味；被害菇呈淡黄或咖啡色，有腥臭味。

② 危害：所有食用菌均能被危害，受侵害的症状是子实体腐烂，发出特殊的腥臭味。危害平菇类时，造成平菇大幅度减产。现蕾期受害，菇盖中央先变黄，渐及整个菇蕾。幼蕾期受害，菇体畸形，柄长，盖小，整个菇体呈软腐。子实体受害时，从菌柄到菌盖颜色由浅变深，软腐呈水渍状，黄褐色，最后枯萎。发病时可用500倍克螨特液浸泡栽培块，浸至透心为度，防治效果较好。

（2）潮虫类　危害食用菌的软体动物主要是蛞蝓，俗称鼻涕虫，属软体动物门的蛞蝓科。常见的有野蛞蝓、双线嗜黏液蛞蝓及黄蛞蝓三种。各种食用菌均会受害，以平菇、草菇、双孢菇、香菇、黑木耳及银耳受害较重。虫体柔软，裸露，无保护外壳，两对触角（图9-15）。生活在阴暗潮湿处，昼伏夜出，取食子实体，所爬之处留下一条白色黏滞带痕迹。

图9-15　蛞蝓

（二）食用菌虫害发生原因及防治

1. 环境卫生差

搞好出菇室卫生，并控制好环境条件。出菇期间要加强通风，防止菇房闷热、潮湿，远离畜禽养殖场。消灭各种媒介害虫，防止害虫传播。

2. 培养料处理不当

要注意培养料堆制场地的环境卫生，并提高培养料的堆温；培养料还需后发酵处理，以彻底杀死其中的线虫及虫卵；控制好培养料的含水量，防止培养料过湿。例如用于平菇栽培的生料，可用2%石灰水浸泡24h杀灭害虫。例如段木处理：段木栽培木耳时，可用1%石灰水（上清液）或5%的食盐水喷洒耳木，每隔10d喷一次；或在地面上撒石灰。

3. 覆土材料处理

覆土最好进行巴氏消毒，也可在使用前一周用农药熏蒸。

4. 使用水源不洁净

拌料和管理用水要使用自来水或洁净的井水、河水，防止水源被害虫污染的水喷到菇床和段木上。

5. 药剂防治

（1）如发现菇床局部受线虫侵害，应先将病区周围划沟，与未发病部分隔离；然后病区停止浇水，降低湿度使其干燥。

（2）清除蛞蝓白天躲藏的栖息地；菇房地面或周围撒一层石灰，也可用5%的食盐水或5%的碱水滴杀，以阻止蛞蝓爬入。

由于食用菌从培养基的配制到菇体的形成，都是在充满营养的基质内和适温的环境中完成的，而这些营养丰富的基质和环境条件也成为多种害虫生活和杂菌生长的优良场所，一旦暴发，药剂难以及时控制，对产量和质量造成极大的影响。

第二节　食用菌病虫害无公害防治

一、食用菌病虫害无公害防治的原则

食用菌病虫害的防治必须坚持"预防为主，综合防治"的原则。

提倡综合防治更要强调预防的重要性，落实各项预防措施。选用抗病、抗虫的优良品种；保持场地卫生；栽培技术（温度、湿度适宜）得当；采用物理（高温、高压、紫外线灭菌）及化学（各种杀菌剂和消毒剂的使用）处理方法；尽量采用农业防治手段，少用或不用农药。

多种防治措施的协调运用，才能起到综合防治的效果。随着生活水平的提高，人们对食品质量的要求也越来越严格，人们不仅要吃饱、吃好，更要吃出美味和健康。农药残留一直是消费者最关注的食品安全问题之一；另一方面由于食用菌生长速度快，从原基形成到子实体成熟采收，一般为几天至十几天，只要掌握了相关技术，精细管理，完全可以避免病虫害的发生，让菌菇带着营养和风味走向餐桌，让食客们放心品尝其美味菜肴。

（一）预防为主，综合防治

1. 选场建厂和设计要合理

菌种厂应远离仓库、动物饲养场。装料间、灭菌锅和接种间建筑设计要合理。现代化的食用菌生产线，菌种袋或菌种瓶要能直接进入接种间，以减少污染的机会。接

种室、培养室要经常打扫，进行消毒。要定期检查，发现有污染的菌种立即处理，不可乱丢。出厂的菌种要保证没有污染，不带病虫。栽培场引进菌种时要注意防止带入病虫害。

2. 注意栽培室和栽培场地的卫生

食用菌栽培室要远离仓库、饲养场、垃圾场。搞好环境卫生，防止害虫孳生。废料、料块、老菌袋不要堆在栽培室附近，并需经过高温堆肥处理后再用。栽培室的门窗和通风洞口要装纱网，在防空洞、地道、山洞栽培食用菌，出入口处要有一段距离保持黑暗，随手关灯，以防害虫飞入。

露地栽培时要清除栽培场的残株及附近的枯枝落叶、烂草及砖石瓦块。清理环境后，必要时场地还要进行杀虫，为防白蚁要挖诱蚁坑或做成环形沟隔离带。

栽培室、地道、山洞、防空洞在栽培食用菌前要清扫干净，架子、墙壁、地面要彻底消毒、杀虫。要特别注意砖缝、架子缝等处容易藏匿害虫的地方。对发病严重的老栽培室或大棚要进行熏蒸消毒，方法是用气雾熏蒸剂 $4g/m^3$ 进行熏蒸处理；也可以吊挂紫外线灯或粘虫黄纸板。进行熏蒸时要密闭栽培室，2d 后打开门窗通风换气 24h，再将菌袋送入排袋。

3. 把好菌种质量关

栽培用的菌种，不论是瓶装还是袋装菌种，总的要求是：高产、优质、菌种生活能力旺盛；纯正无杂，不携带病毒、病菌及害虫；菌种具有较强的抗逆性及抗病虫害能力。

4. 把好栽培管理关

（1）注意环境卫生　生产中要保证培养料及使用工具灭菌彻底，整个过程注重无菌操作；及时清除残菇，采菇后要彻底清理料面，将菇根、烂菇及被害菇蕾摘除捡出，集中深埋或烧掉，不可随意扔放。栽培所用覆土须经消毒处理后备用。

（2）新旧菌袋及工具要分开　栽培室的新旧菌袋必须分房隔开存放，绝不可混放，以免病菌、害虫交互传染；栽培工具也要定期消毒并分开备用。

（3）调控适宜的生长条件　不同的食用菌对其生长发育的条件有不同的要求，要按照各种食用菌的要求对营养、温度、水分、光照、pH（酸碱度）、O_2 与 CO_2 等进行科学的管理，使其适宜于食用菌的生长而不利于病原菌和害虫的繁殖生长。当食用菌生长健壮时，也可抑制病原菌和害虫的繁殖生长，即所谓促菇抑虫抑病。

（二）绿色环保，理化防治

（1）在出菇期间，慎用化学药剂。农药沾染在菇体上，会造成食品污染。现在世界各国对食品中的残留农药检验都非常严格，农药残留会影响产品的质量和市场竞争能力。

（2）禁止直接将有剧毒的有机汞、有机磷等药剂用于拌料、堆料；残效期长、不易分解及有刺激性臭味的农药，也不能用于菇床。特别是床面有菇时，绝对禁止使用毒性强、残效期长或带有刺激性臭味的药剂。

（3）防治食用菌病虫害，应选用高效、低毒、低残留的药剂，并根据防治对象选用药剂种类和使用浓度。如敌敌畏具熏杀和触杀作用，对菇蝇类的成虫、幼虫以及跳虫有特效，但对螨类杀伤力差；辛硫磷是一种新型高效、低毒、低残留的有机磷杀虫剂，除对菇蝇、跳虫有特效外，对螨类也有良好的触杀作用；若用辛硫磷加杀螨剂防治螨类，则效果优于其他农药。施药要选择合适浓度，辛硫磷加杀螨剂，从堆肥到出菇期前各用 1000 倍液防螨，但子实体发育阶段浓度应降到 500 倍液。

（4）使用农药时，要先熟悉农药性质。滥用农药，有时会在覆土层或培养料表面形成一层有毒物质，影响菌丝生长，造成减产。

（5）尽可能使用植物性杀虫剂和微生态制剂，如除虫菊、鱼藤精、增产菌等制剂。

（6）保护天敌，不可滥用农药。提倡使用新型高效、低毒、低残留的药物。

二、重视生态防治

（一）选用抗病虫、抗逆品种（菌株）和优良菌种

一是选用抗病虫性强、抗逆、产量高、商品性好的品种（菌株）。如针对不同的生产季节进行不同温型品种配套。二是选用质量好的菌种，菌种的来源要正规，严格控制扩繁的代数，菌龄适宜，无病虫的菌种。

（二）形成良好的生态环境，促菇抑病抑虫

针对不同的食用菌和不同的生长阶段进行不同的调控，建立一个良好的生态环境，达到促进食用菌菌丝生长和子实体发育，同时能有效控制病虫害发生的目的。一是选用无霉变、无虫害的新鲜原辅材料，调适培养料的营养成分，特别是调料的 C/N、pH、水分等，做好培养料的发酵、灭菌等前处理工作，形成适合于食用菌菌丝生长，且能有效抑制杂菌发生的基质环境。二是适宜的播种量，一般食用菌菌种的播种量能达到培养料干重的 2%~3%，有利于食用菌菌丝早日形成优势。三是在食用菌不同生长阶段进行相应的温度、湿度、空气、光照等环境因子的控制，形成最适合于食用菌菌丝和子实体生长发育的环境条件等。

（三）充分利用害虫的习性进行防治

1. 利用害虫的趋性进行防治

此法是利用害虫具有不同的趋化性、趋光性对其进行捕杀、诱杀或驱赶。如利用螨虫对肉骨头香的趋性进行诱杀或用杀虫药棉驱赶捕杀；对于跳虫等可利用其对糖醋香的趋性，用杀虫糖醋汁进行诱杀，制法为白酒 0.5 份、糖 2 份、醋 3.5 份、水 2 份、敌百虫适量；对蚊蛾可用黑光灯和频谱杀虫灯诱杀，也可配合粘虫板粘杀等。

2. 利用害虫的特殊习性进行防治

有些害虫有着特殊的习性，有昼伏夜出的害虫，有喜欢群居的害虫，对其进行针对性扑杀。瘿蚊有幼体繁殖的习性，一只幼虫从体内繁殖 20 头幼虫。瘿蚊虫体小，怕干燥，将发生虫害的菌袋在阳光下暴晒 1~2h 或朝虫撒石灰粉，使虫干燥而死，可降低虫口密度。另外，还有些鳞翅目的幼虫老熟后个体很大，颜色也艳，在采菇和管理中很易发现，可以随时捕捉消灭；有的幼虫留下爬行痕迹要沿痕迹寻找捕捉。

三、提倡物理防治

食用菌生产中常用的物理防治方法有：利用臭氧杀菌（在菌袋生产、菇房处理上应用）；紫外线、太阳光暴晒（对生产用各器具、材料进行处理）；流水冲洗、热力处理（如高温消毒、巴氏消毒技术）；防虫网、粘虫板的设置（图 9-16）；空气过滤技术等，在不同的环节进行防治控制，效果好，成本低，还能实现无公害防治。

图 9-16 蘑菇大棚吊挂粘虫黄板及蓝板防治病虫害

四、慎选化学防治

由于食用菌生长周期短,本身又是真菌,用化学农药防治易造成药害,并且容易产生农药残留,降低食用菌产品的安全性。因此,在食用菌生产中一般不提倡使用化学农药,只是在不得已的情况下作为一种应急措施。但所选用药物的种类必须符合国家的有关标准,杜绝使用高毒高残农药,用药的浓度、剂量、次数、安全间隔期必须在安全指标范围内,有菇在床时严禁用药。

(一)杀真菌药剂

食用菌的病害和竞争性杂菌大多是真菌引起的,它们对药物的敏感程度有许多相似之处,多采用多菌灵、托布津、苯菌灵、克霉唑、石硫合剂、波尔多液等杀菌剂。但要注意在食用菌栽培的不同阶段,其浓度、剂量都应按规定用量选用,防止发生药害;其次,多种药剂交替使用,以免产生抗药性。

(二)杀细菌药剂

漂白粉 $[Ca(ClO)_2]$ 是食用菌细菌性病害防治最常选用的药剂,如对平菇细菌性黄斑病,可在菇潮间采用漂白粉兑水 1:600 的药液喷施防治;或是局部发生较严重的细菌性病害,一般多用兽用抗生素和链霉素、金霉素、庆大霉素等,但一定注意使用浓度,如链霉素和金霉素一般用每毫升 200 个单位的药剂喷洒防治,效果理想。

(三)杀虫药剂

近年来,人们使用新型药物防治害虫效果较好。例如蘑菇的虫害主要有菇蝇、菇蚊。虫害发生时,幼虫钻进菇柄中,造成烂菇,严重的绝收。防治方法:用 2000 倍锐劲特药液(即 10mL1 袋兑水 20000mL)对覆土、菇床及周围环境进行喷雾,要注意水量要足,能渗透土层基部,才能达到防治效果。

香菇的虫害主要有蕈蚊、菌蚊类,常称为菇蛆。防治时将锐劲特配成 1500 倍,将菇筒放入配好的药液中浸洗迅速取出即可，或在菇蛆盛发初期，用针筒将药液（1500倍液）从接种口注射，用量为每筒注射 15~20mL。

五、探索生物防治

生物防治在食用菌上还处于起步阶段，但应用前景乐观，是实现无公害食用菌生产的关键技术。利用细菌制剂如苏云金杆菌可防治螨类、蝇蚊、线虫，用植物制剂如鱼藤精、烟草、辣蓼草、苦楝树浸出液对多种食用菌害虫具有较好的诱杀、驱逐防治效果。

总之，食用菌病虫害的防治必须贯彻"预防为主，综合防治"的方针。树立"绿色环保、低毒无公害"的理念，建立健全标准化、集约化配套生产技术规程，层层把关，重视预防。

随着食用菌周年化生产的实行和工厂化、机械化栽培规模的日益扩大，努力改善食用菌的栽培环境，提高技术水平，减少和杜绝病虫害发生机会，建立以生态防治为主、化学防治为辅的综合防治体系，推动产业创新转型升级快速发展，确保食用菌生产的高产、优质和高效，充分发挥食用菌产业在乡村振兴、脱贫致富奔小康方面的支撑作用。

第十章　食用菌产品加工与大健康

　　健康长寿是人类社会永恒的追求，尤其是随着中国老龄化的加剧，健康问题逐渐成为影响中国社会进一步向前发展的主要问题之一，为了解决这一问题，国家提出了"健康中国"国家战略，通过发展大健康产业，提升中国社会整体健康水平。随着"健康中国"国家战略的实施，"大健康"观念也逐渐深入人心，在"大健康"趋势下，人们越来越重视膳食的营养均衡，通过改善膳食结构维持健康已经成为人们的共识。食用菌不仅味道鲜美，含有丰富的蛋白质、脂类、维生素等营养物质，还含有多糖、三萜、生物碱、蒽醌、黄酮等化合物，这些化合物具有调节免疫力、降"三高"、保肝护肝、抗肿瘤等功效，符合现代人对健康养生的要求。因此，在单纯食用食用菌的同时，借助现代食品、化妆品、药品加工技术，按照药食同源和中医理论为指导，将食用菌加工成休闲食品、调味品、化妆品、保健食品、药品等已经成为食用菌产业的发展趋势。

第一节　食用菌产品加工的概述

一、食用菌产品加工的意义

　　食用菌加工的范围很广，指的是系列加工，主要包括：从食用菌子实体采收开始，到干鲜品的加工以及干鲜品加工过程中所产生的菇柄、菇脚、碎菇到加工的废液和栽培过后的废料的再加工和利用。因此，做好食用菌加工意义重大，可以提高资源利用率，增加产品的花色和品种，扩大消费量，减少变质损耗，延伸产业链条，提升经济效益等。

（一）充分合理地利用食用菌资源

　　过去只是单纯地利用食用菌子实体的一部分，浪费较大，通过食用菌系列加工，可以使一种资源多次利用、综合利用，如平菇、香菇在加工中有10种以上的产品。其产品可分为3类：① 优质菇加工成干制菇成品、罐头成品、盐渍菇成品、保健食品和风味食品。② 加工中的碎菇、菇片、菇柄和杀青液可加工为酒类饮料、酱油调味品、方便汤料、肉松、果冻、蘑菇酱、什锦菜等。③ 栽培后的食用菌残渣，也可经过加工作为饲料、肥料，菌丝浸出液作为植物生长素，喷洒蔬菜、果树，刺激生长，增加产量，增强抗病力。通过加工做到了物尽其用，充分利用了食用菌产品资源。

（二）满足人们的美好生活需要

　　食用菌历来投入市场的只限于鲜菇、干菇、罐头3种。产品单一，花色品种少，不能满足人们生活的需要。随着我国食用菌栽培事业的发展，随着人民生活水平的提高，市场需要生产更多的新型食用菌产品。如通过加工，生产出茯苓糕、茯苓夹饼、香菇肉松、香菇饼干、快餐银耳、银耳露、猴头补酒、猴头蜜饯、金针菇速溶汤料、金针菇饮料、茯苓软糖、虫草糖等。从饮料到糕点,从食品到药品,满足人们消费的需要。

(三) 有利于贮藏和运输

新鲜的食用菌易腐烂变质,即使冷藏保鲜,货架期也非常短,而且鲜品在运输过程中易破损。因此除双孢菇、香菇、金针菇、平菇、凤尾菇等少部分适宜鲜食的食用菌主要做鲜销外,大部分食用菌需要进行初加工。食用菌初加工方法有干制、盐渍、罐藏等,初加工后可以延长产品的贮藏期限,方便运输和长期销售,调节淡旺季的市场供应。

(四) 可以提高产品附加值

食用菌营养丰富,其所含的微量元素还具有多种功效。金针菇、香菇、猴头菇、灵芝、茯苓等所含的多糖是理想的天然免疫增强剂,具有抗癌作用,可以降低肿瘤发生率;灵芝、香菇中含有的皂苷、多酚和黄酮类微量元素对降低胆固醇有明显的效果;银耳、黑木耳能够降低胆固醇,调节血脂代谢。食用菌精深加工可充分发挥食用菌微量元素的效用,大幅提高产品附加值,是发展食用菌产业的内在要求。

(五) 实现绿色高效循环农业发展模式

食用菌生产加工过程产生的副产品主要有菌渣、菇脚和固液废物等,如果任其堆砌,极易孳生病虫害,污染周边环境。菌渣是食用菌菌丝残体和食用菌酶解后发生质变的纤维复合物,含有丰富的粗蛋白、粗脂肪、氨基酸等营养物质和大量有机质,可以用作燃料、生产饲料和再次用于制作培养基等。菇脚中的微量元素,可以提取制作食用菌饮料和保健品等,提高产品附加值。对食用菌副产品的合理开发利用,不仅可以避免副产品的浪费和对环境的污染,还能为农业生产和产品精深加工提供原材料,实现食用菌在农业生产中的循环利用,最终实现绿色高效循环农业发展模式。

二、常见的加工方法

当前,我国食用菌加工技术主要包括保鲜、干制、盐渍或糖渍、罐藏加工、深加工等。

(一) 保鲜技术

食用菌的保鲜:即采取一定措施,防止水分散失、控制呼吸强度、遏制褐变发生、预防微生物和害虫侵染等,从而延长保鲜期的方法。

食用菌的食用性在于它有新鲜的风味和特殊的口感,保鲜技术则是在食用菌贮藏时间以内最大限度地保持这种风味与口感不变所采取的一切技术措施。其中关键是要想方设法控制菇体的代谢活动,使代谢处于比较低的水平而又不丧失生命活动,这样才有利于菇体保持新鲜不衰。但是,保鲜措施不能使菇体完全停止所有代谢,所以保鲜措施只能延长贮藏期,而不能无限期地将菇体永远保存下来。

食用菌的保鲜方法很多,主要有自然鲜贮、冷藏保鲜、速冻保鲜、气调贮藏、薄膜包装贮藏保鲜、辐射贮藏保鲜和化学贮藏保鲜等方法。

1. 自然鲜贮

采收后的鲜菇经整理后立即放入干净的竹篮、竹筐或木桶等容器中,上用多层湿纱布或塑料薄膜覆盖,置阴凉处。鲜菇在室温下贮藏的时间受温度和空气湿度影响较大。若室温为 $3\sim5℃$,空气相对湿度为 80% 左右,鲜菇可贮藏 7d。

2. 冷藏保鲜

实践证明,若在低温下 ($0\sim5℃$) 贮藏,就能抑制食用菌菇体的呼吸作用和酶的活性，并延缓贮存物质的分解，所以冰箱、冰柜及冷库是常用的冷藏保鲜方法，如图 10-1 所示。冷藏是指用接近于 0℃ 或稍高几度的温度贮藏食用菌的一种方式。低温使得菇体内各种酶活性减小，呼吸作用减弱，因而减缓了基质的失水失重以及褐变的发生，利于食用菌的保鲜。不同菇类对温度的要求也不同，一般都有一个最低限度，超过这个限度会引起代谢反常，减弱对不良环境的抗性。如草菇的最适保藏温度为 0~2℃（可贮藏 14d），4~6℃ 下很快液化，10~15℃ 能贮藏 2~3d，30℃ 只能贮藏 24h。双孢菇 0℃ 下可贮藏 35d，5℃ 下可贮藏 28d，15℃ 时只能贮藏 12d。注意事项：食用菌的冷藏室内不能同时放置水果，因为水果可产生乙烯等还原性物质，使双孢菇、金针菇、香菇、猴头菇等食用菌很快变色。

图 10-1　低温冷库

3. 速冻保鲜

速冻是指用于 -18℃ 以下的温度使食用菌瞬间表面结冰，其内组织完好，从而贮藏的一种方式，见图 10-2 所示。超低温使得菇体内各种酶活性减小，呼吸作用减弱，因而减缓了基质的失水失重以及褐变的发生，利于食用菌的保鲜。

速冻加工工艺如下：

原料的选择→清洗→护色→热烫→冷却→分级→挑选→包装→速冻→冷藏。

为了使食用菌能长期保藏、抑制腐败，必须控制好包装环节，速冻加工的包装可分为以下两种方

图 10-2　冷冻的松茸

式：其一，在 -35~-30℃ 的温度下，将处理好的食用菌经速冻后立即用塑料容器包装；其二，将处理好的食用菌用塑料容器包装后再速冻，并放置在 -18℃ 的温度下冷藏，以达到抑制微生物生长的目的。不同菇类对温度的要求也不同，结合设备设施要求，菇体大小厚薄不同，调控适宜的速冻温度和时间，提高商品价值。例如，双孢菇、茶薪菇、香菇、猴头菇等食用菌速冻条件就不同。

4. 气调贮藏

气调贮藏是通过人工控制环境的气体成分以及温度、湿度等因素，达到安全保鲜的目的。一般是降低空气中 O_2 的浓度，提高 CO_2 的浓度，再以低温贮藏来控制菌体的生命活动。

适当降低环境中 O_2 的浓度，增加 CO_2 的浓度，不仅可以抑制呼吸作用，还可延缓菇体开伞和影响菇体中多酚氧化酶的活性。所以气调贮藏是现代较为先进有效的保藏技术。

常见的三种气调方法可以保鲜。

（1）抽真空 利用抽真空机进行抽真空包装，比如为了延长双孢菇的保质期，利用抽真空的方法进行包装，如图10-3所示。

（2）充入惰性气体 如 CO_2 的浓度为40%、N_2 的浓度为58%~59%（香菇在20℃下可保藏8d）。

（3）密闭空间自然气调 密闭塑料袋内 CO_2 的浓度与 O_2 的浓度互为高低消长关系，从而抑制呼吸作用和酶活性。不同种类的食用菌对环境中气体的成分要求不同。例如，香菇要求环境中 O_2 的浓度为1%~2%、CO_2 的浓度为40%、N_2 的浓度为58%~59%（在20℃下可保藏8d）；双孢菇要求 O_2 的浓度为1%~4%、CO_2 的浓度为10%~15%，或者 O_2 的浓度为0.1%、CO_2 的浓度为5%，或者 O_2 的浓度为10%~20%、CO_2 的浓度为50%；松口蘑要求环境中 O_2 的浓度在10%以下、N_2 的浓度为90%（在2~9℃时可贮藏4d）；平菇在低温下可耐25%的 CO_2。

图10-3 真空包装的双孢菇

5. 薄膜包装贮藏保鲜

薄膜包装贮藏是气调贮藏的一种方式。该方法在贮藏过程中 O_2 和 CO_2 的浓度变化不确定，因而多用于短期贮藏、运输以及作为鲜销的一种临时性贮藏方式。薄膜包装可减少菇体中水分蒸发，保护产品免受机械损伤，另外，包装材料来源广，保存费用低，而且既卫生又美观，是鲜销包装贮藏的良好方法。比如，鸡腿菇包装中常常采用薄膜包装，以达到保鲜目的，如图10-4所示。

图10-4 薄膜包装的鸡腿菇

6. 辐射贮藏保鲜

辐射贮藏是食用菌贮藏的新技术，与其他保藏方法相比有许多优越性。如，无化学残留物，能较好地保持菇体原有的新鲜状态，而且节约能源，加工效率高，可以连续作业，易于自动化生产。辐射贮藏对食用菌的影响有以下几点：

工厂化生产，产品量大，投资建设大型辐射源，保障安全可靠，方便快捷。

结合蔬菜的圆葱、生姜、土豆、大蒜的辐射贮藏杀芽胚技术，食用菌产品可以辐射贮藏保鲜。主要有以下作用：

（1）抑制呼吸　据报道，用 2.5~10Gy 剂量处理新鲜菇体，对其呼吸作用有显著抑制作用。

（2）抑制开伞　在一定剂量范围内，抑制开伞的效果与辐射剂量成正比。

（3）延缓变色过程　新鲜菇体颜色变深同多酚氧化酶、自溶酶活性增强有关。用 10~30Gy 处理后，酶活性受到抑制，延缓了菇体变色过程。

（4）杀死或抑制腐败性微生物、病原微生物活动　试验表明，用 10Gy 剂量辐射可抑制疣孢霉等杂菌生长。

7. 化学贮藏保鲜

可以用于贮藏食用菌的化学药品最主要的有山梨酸钾、苯甲酸钠、亚硫酸氢钠、多菌灵等，上述化学试剂作为单剂使用，一般配制浓度为 10~20mg/kg。

具体做法：将采摘的鲜菇进行修整后，放入上述无毒性药液中浸渍 1~5min，捞出，吸干表面的水分，装入 0.03mm 厚的聚乙烯薄膜袋中，扎紧贮藏。注意按照食品安全要求，药剂稀浓度不超标，控制在允许使用范围内。

8. 其他方法贮藏

除上述保鲜方法外，还有现代新技术的应用，例如减压保鲜、负离子保藏、微波保鲜等方法。

（二）干制加工

1. 食用菌干制的原理

食用菌干制的原理是通过干燥将食用菌中的水分减少而将可溶性物质的浓度增高到微生物不能利用的程度。同时，食用菌本身所含酶的活性也受到抑制，产品能够长期保存。干制是指脱出一定量的水分，而设法尽量保存食用菌原有营养保健成分及风味的加工方法。我国生产的食用菌，无论是在国内市场流通，还是出口，往往以干制品或盐渍品为主。

2. 影响食用菌干制的因素

影响食用菌干制的因素概括为干燥介质的温度、干燥介质的湿度、气流循环的速度、食用菌种类和状态、原料的装载量、大气压力等。

（1）在干燥过程中，菇体内的水分是一种动态平衡状态。当所含水分超过平衡水分的菇体与干热空气接触时，水分开始向外界环境和菇表扩散，直至内外含水量一致时，水分的运动才停止。

促使水分蒸发的另一动力是菇体内外的温度差造成的。水分借助温度梯度沿热流反方向迅速由高温区向低温区即往外移动而蒸发。

（2）影响干燥的因素

① 干燥介质的温度：通常菇体的干燥，是把预热的空气作为干燥介质。

② 干燥介质的相对湿度：在温度不变时，干燥介质（空气）的湿度越低，菇体干燥的速度越快。

③ 气流速度：气流速度越大，干燥过程越快，反之则越慢。

④ 原料的装载量和菇体的大小：菇体的大小和装载量影响干燥速度。

⑤ 大气压力：目前已发展了减压干燥法（真空干燥）。

3. 常用的干制方法

干制方法是最常用、最快捷的食用菌产品加工方法，成本低且保藏期较长。主要有晒干、烘干、机械化干制（冷冻干燥、热能干燥、真空冷冻干燥等）。

食用菌常用的干制方法，有自然干制和人工烘烤干制两类。在干制过程中，干燥速度的快慢，对干制品的质量起着决定性影响。干燥速度越快，产品质量越好。

机械化干制加工是指利用冷却干燥法或热能干燥法将食用菌进行脱水处理，使食用菌中的微生物难以在高浓度的可溶性物质中生长，从而使其可以长时间保藏。通常情况下，食用菌干制品的含水量一般为7%~8%。

（1）自然干制（晒干）　利用太阳光为热源进行干燥，适用于竹荪、银耳、金针菇、猴头菇、香菇等品种，是我国食用菌最古老的干制加工方法之一，也是最简单、实用、成本低的方法，但是易受天气的影响。晒干加工时将菌体平铺在竹制晒帘、竹席、农膜、彩条膜上（最好向南倾斜），相互不重叠，冬季需加大晒帘倾斜角度以增加阳光的照射。鲜菌摊晒时，宜轻翻轻动，以防破损，一般要2~3d才能晒干。这种方法适于小规模培育场的生产加工。

（2）人工干制（烘烤）　人工干制用烘箱、烘笼、烘房，或用炭火热风、电热以及红外线等热源进行烘烤，使菌体脱水干燥。此法干制速度快，质量好，适用于大规模加工产品。目前人工干制设备按热作用方式可分为：热气对流式干燥、热辐射式干燥、电磁感应式干燥。我国现在大量使用的有直线升温式烘房、回火升温式烘房以及热风脱水烘干机、蒸汽脱水烘干机、红外线脱水烘干机等设备。人工干制是利用烘房或烘干机等设备人为操纵，使菇体干燥，可以根据生产规模或投资能力确定干制所需的烘干设备。

① 大型烘干房：一般每炉次可烘干鲜菇2000~2500kg。可投资修建大型烘房或购买上述烘干机。

② 中型烘干设备：每炉次烘烤鲜菇500~1000kg。可采用塞进式强制通风烘干房。

③ 小型烘干设备：每炉次烘烤鲜菇250kg左右。可制作简易烘干房。

④ 家用烘干设备：每炉烤20~25kg。可购置小型烘干机，也可自制小型烘干箱。

（3）冷冻干燥法　先将菇体中的水分冻成冰晶，而后减小压力、供给升华热，使冰晶在真空状态下直接气化升华，在干燥处理后，将N_2冲入干燥室使其恢复到常压，最后对产品进行真空包装。该方法能够使预处理后的菇体直接用于加工，有利于保持菇体原有质感、口感，并且不会造成营养流失。

（4）热能干燥法　先将清洗干净的菇体切成厚度为3.0~3.5mm的薄片，放入亚硫酸盐中浸泡8~10min，而后再将其均匀平铺在烤机上进行干燥处理。将干燥后的菇片分级筛选、包装，一级品的菇片产品呈现出白或灰白的色泽，且切片较完整；二级品的菇片产品呈现出淡黄色泽，且切片稍有碎缺。

（三）盐渍加工

盐渍加工技术是指将鲜菌煮熟、冷却后，放进高浓度的食盐溶液中，利用食盐溶液具备的高渗透压，渗出菌菇组织细胞中的水分和可溶性物质，而后在盐水逐步渗入菌菇内部的状态下，使菌菇内的含盐量达到食盐溶液浓度。盐渍加工技术能够使菌菇体内的微生物受高渗透压的作用而停止生长，充分发挥高浓度食盐溶液的防腐作用。盐渍菌菇完成后，按照菌菇质量等级进行分类，装入封口严密、清洁卫生的塑料桶进行保藏或运输。

1. 食用菌盐渍的原理

盐渍的原理主要是利用食盐溶液的高渗透压使附着在菇体表面的有害微生物细胞内的水分外渗，致使其原生质收缩，质壁分离，导致生理干燥而死亡，从而达到防止菌菇腐烂变质、完成盐渍的目的。

2. 盐渍的工艺流程

鲜菇采收 → 等级划分 → 漂洗 → 杀青 → 冷却 → 盐渍 → 翻制 → 调整液 → 装桶或装袋。

（1）选菇　供盐渍的菇，都应适时采收，清除杂质，剔除病、虫危害及霉烂个体。菌菇要求菌盖完整，削去菇脚基部；平菇要把成丛的子实体逐个掰开，淘汰畸形菇；猴头菇和滑菇要求切去老化菌柄。当天采收，当天加工，不能过夜。

菇体分级应根据需方要求或各类食用菌的通用等级标准，依菌盖直径、柄长、菇形等进行分级。即使需方要求是统菇，也应把大小菇分开，在杀青时才能掌握好熟度，以保证杀青质量。从采收到分级必须时间短，不能挤压，减少菇体破损。

（2）漂洗

① 先用0.6%的盐水，以除去菇体表面泥屑等杂质。

② 接着用0.05mol/L柠檬酸液（pH 4.5）、$CaCl_2$漂洗。若用$Na_2S_2O_5$漂洗，则应先放在0.02%溶液中漂洗干净，然后再置入0.05% $Na_2S_2O_5$溶液中进行漂白护色10min。

③ 漂洗后用清水冲洗3~4次，洗去菇表的$Na_2S_2O_5$。

（3）杀青（煮烫）

① 杀青的作用：杀青是指在稀盐水中煮沸杀死菇体细胞的过程。杀青的作用主要有三点：抑制酶活性，驱除菇体组织中的空气，破坏酶蛋白，防止褐变，防止菇开伞；杀死菇体细胞，破坏细胞膜结构，增强细胞透性，排出菇体内水分，使气孔放大，以便盐水很快进入菇体，有利于盐水渗入组织；软化组织，增加塑性，便于加工。

② 杀青的方法：杀青要在漂洗后及时进行。使用不锈钢锅或铝锅，加入10%的盐水，水与菇比例为10∶4，火要旺，烧至沸腾，7~10min，以剖开菇体没有白心，内外均呈淡黄色为度。锅内盐水可连续使用5~6次，但用2~3次后，每次应适量补充食盐。

③ 鉴别杀青生熟标准有如下几种方法：菇体熟透时沉入锅底，生的则上浮；切开菇体，熟的为黄色，生的为白色；用牙咬试，生的黏牙，熟的脆而不黏牙；把菇体捞出放入冷水中，若下沉即为熟，若上浮则是生。

（4）冷却盐渍

① 盐渍前先冷却：冷却的作用是终止热处理，若冷却不透，热效应继续作用，会使菇体的色泽、风味、组织结构受到破坏，容易霉烂、发臭、变黑。冷却的方法是将杀青后的菇体放入流动的冷水中冷却或用3~4只冷水缸连续轮流冷却，到冷透为止。

② 装桶或袋：冷却菇装桶或缸中保存，一层盐一层菇，上面盖一层盐，加入适量的水，水浸没菇体 5cm 为宜。盐渍最终为饱和食盐水浓度（分三次加入）。

注意事项：容器要洗刷干净，并用 0.5%$KMnO_4$ 消毒后经开水冲洗；将杀青分级后沥去水分的菌按每 100kg 加 25~30kg 食盐的比例逐层盐渍；缸或池内注入煮沸后冷却的饱和盐水。表面加盖帘，并压上卵石，使菌浸没在盐水内。

（5）翻制　盐渍后 3d 内必须倒缸或池一次。以后 5~7d 倒缸一次。盐渍过程中要经常用波美比重计测盐浓度，使其保持在 23°Bé 左右（图 10-5）。

图 10-5　各种盐渍的食用菌

（6）装桶或装袋

① 盐渍 20d 以上即可装桶或袋。装桶前先将盐渍好的菇捞出控沥尽盐水。

② 一般用塑料桶分装，出口菇需用外贸部门拨给的专用塑料，定量装菇。然后加入新配制的调酸剂至菇面，用精盐封口，排除桶或袋内空气，盖紧内外盖。

③ 再装入统一的加衬纸箱，箱衬要立着用，纸箱上下口用胶条封住，打"#"字腰。

④ 存放时桶口朝上。注意防潮和防热，包装室严禁放置农药、化学药品及其无关杂物。

（四）食用菌的糖渍加工技术

1. 糖渍原理

利用高浓度糖液所产生的高渗透压，析出菇中的大量水分，抑制微生物的生命活动，从而达到长期保藏食用菌的目的。

2. 工艺流程

采收挑选→预煮或灰漂→糖渍→干燥或蜜制→上糖衣→包装。

3. 工艺要点

（1）预煮或灰漂　糖渍前，有些食用菌采用预煮处理，有些则采用灰漂处理，预煮的目的和方法与罐藏相同。灰漂就是把食用菌子实体放在石灰溶液中浸渍，石灰与食用菌组织中的果胶物质作用生成果胶物质的钙盐。这种钙盐具有凝胶能力，使细胞之间相互粘连在一起，子实体变得比较坚硬而清脆耐煮，所以又称为硬化。同时细胞已失去活性，细胞膜透性大增。糖液容易进入细胞中，析出细胞中的水分。灰漂用石灰浓度为5%~8%，灰漂时间为8~12h。灰漂后捞出用清水洗净多余的石灰。

（2）糖渍 糖渍的方法有两种即糖煮和糖腌。糖煮适用于坚实的原料，糖腌适用于柔软的原料。糖煮的方法南北不同。

南方多用的方法：把已处理的原料先加糖浸渍，糖度约38°Bé，10~24h后过滤，在滤液中加糖或熬去水分以增加糖度，然后倒入经过糖浸渍的原料，再浸渍或煮沸一段时间，捞出沥干。北方多用的方法：把处理好的原料，直接放入浓度为60%左右的糖液中热煮，煮制时间为1~2h，中间加砂糖或糖浆4~6次，以补充糖液浓度，当糖液浓度达到60%左右时取出，连同糖液一起放入容器中浸渍48h左右，捞出沥干。

（3）干燥 一般进行烘干是用烘灶或烘房（修建方法参考干制一节）。干燥时，温度维持在55~60℃直至烘干。整个过程要通风排湿3~5次，并注意调换烘盘位置。烘烤时间为12~24h，烘干的终点一般根据经验，以手摸产品表面不黏手为度。

（4）蜜制 有的糖渍蜜饯糖制后不经过干燥手续，而是装入瓶中或缸中，用一定浓度的糖液浸渍蜜制。

（5）上糖衣 如制作糖衣"脯饯"，最后一道工序就是上糖衣。方法是将新配制好的过饱和糖液浇在"脯饯"的表面上，或者是将"脯饯"在饱和糖液中浸渍一下而后取出冷却，糖液就在产品的表面上凝结形成一层晶亮的糖衣薄膜。

（6）食用菌盐渍或糖渍的注意事项 总体来说，盐渍或者糖渍常用设施、材料要卫生干净，符合食品质量安全标准。

（1）盐渍或糖渍加工场所 一般选择交通方便、近水源、排水良好、清洁卫生的地区。

（2）加工设施 盐渍加工场应设置选菇分级台、漂洗池、杀青锅、冷却槽、盐渍池或盐渍缸、盐库和成品包装库等配套设备符合卫生标准。

（3）盐渍用具 常备盐渍或糖渍加工工具有不锈钢剪或刀、锅、波美计、pH试纸、竹编盖、多孔盆、料盒、勺、包装桶等经常清洗消毒。

（4）常用药品、材料 鲜菇、精制盐、$Na_2S_2O_5$、HPO_3（偏磷酸）、柠檬酸、明矾等应为食用级别标准，添加量符合食品安全检验标准，不超标。

国内盐渍加工的食用菌主要有盐水双孢菇、滑菇、金针菇、平菇、姬松茸、牛肝菌、松乳菇等。盐渍加工的食用菌的含盐量可以达到25%，较高的盐度不仅使得一般的微生物无法从盐渍产品中吸收营养物质，而且这些微生物细胞中的水分还会往外渗透，从而使得这些容易引起食用菌腐烂的微生物基本上处于死亡或者休眠状态，从而使得食用菌的盐渍加工品得以长时间保鲜的目的。

（五）罐藏加工

1. 食用菌罐藏的原理

食用菌罐头是将食用菌的子实体密封在容器里，通过高温杀菌，杀死有害微生物，同时防止外界微生物的再次侵染，以获得食用菌在室温下长期保藏的一种方法。

2. 影响食用菌罐藏的因素

（1）食用菌罐头的灭菌程度 食用菌罐藏的目的是延长食用菌的保藏期限，如果灭菌不彻底，杂菌会大量孳生，影响罐头的保藏期限。在灭菌过程中，还要注意保证食用菌的形态、色泽、风味和营养价值不受损害。

（2）加工过程的排气和密封程度　罐头加工过程中排气的目的：① 除去罐头内容物所含的空气，以免金属容器受腐蚀，延长罐头的贮藏寿命；② 排气密封后，杀菌时罐体不易破裂或跳盖；③ 保持一定的真空度，抑制罐内残存微生物的生长；④ 避免食品氧化变质、变色，保持营养成分不被破坏；⑤ 排气密封后，保证罐头内部的真空状态，以维持罐头食品的外部特征。若罐头加工过程中排气不完全或容器密封性差，则易引起杂菌侵染，影响罐头食品品质，更有甚者会导致罐藏失败或食后食物中毒。

3. 常用的罐藏工艺

从理论上讲，所有的食用菌都可以加工成罐头，但加工较多的是双孢菇、草菇、金针菇、白灵菇、杏鲍菇、白玉菇等。食用菌（如双孢菇）罐藏工艺一般包括图10-6所示环节。

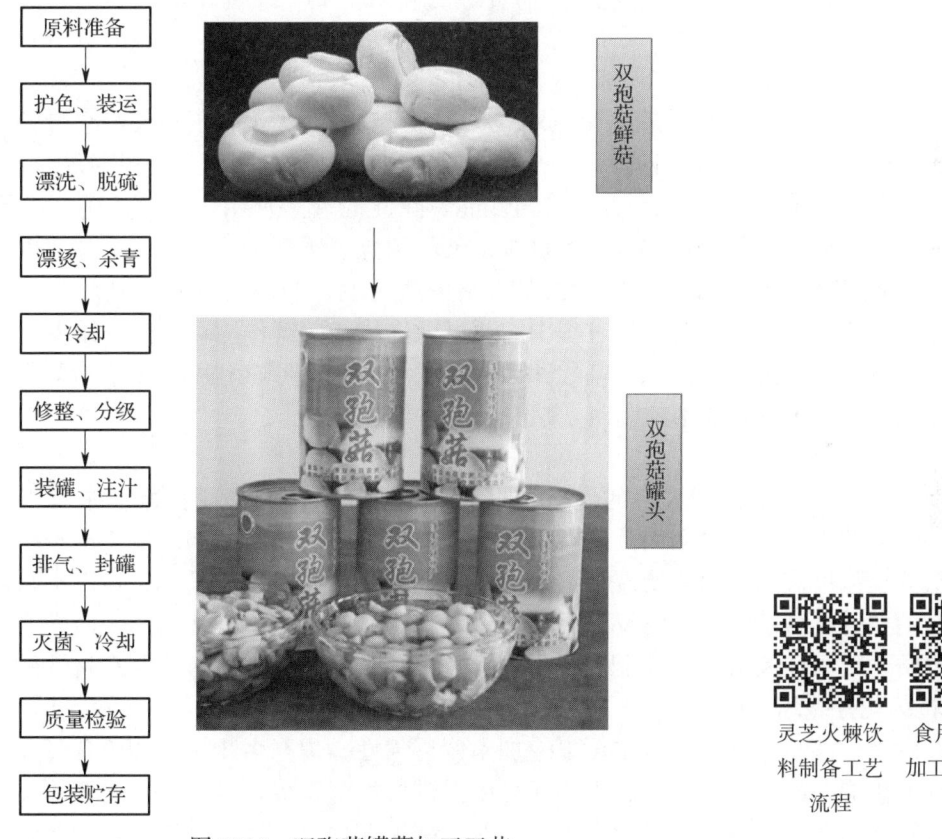

图10-6　双孢菇罐藏加工工艺

我国菌菇产品多数属于罐头产品，并且大量对外出口销售。必须注意的是，罐藏加工包括准备包装物、处理原料、装罐、排气、封口、杀菌、冷却等环节。罐藏菌要密封在容器里，经过高温灭菌处理，以保证罐藏菌不会腐败霉烂，与此同时在高温灭菌过程中还要保证罐藏菌的色泽、质地、形态、营养，因此，必须控制好灭菌时的温度和时间，以确保罐藏菌产品质量不受影响，美味可口。

（六）菌渣综合利用

目前，我国在食用菌的菌渣综合利用方面，已经形成节能、环保的再利用模式，主要集中于菌渣再次种菇、土壤改良、有机肥料生产、育苗和栽培基质、能源化利用、动物饲料、养殖垫料等方面。国外在菌渣菌糠综合利用方面主要侧重于生态环境修复、改良土壤和栽培基质生产。在菌渣二次种菇、畜禽鱼类饲料添加剂、生物活性酶提取及提高植物抗病性方面也有报道。

1. 菌渣循环再利用二次种菇

不同的食用菌对培养料的利用程度不同。菌渣可以部分替代棉籽壳、玉米芯、木屑等原料,从而降低生产成本,补充食用菌培养料的来源。目前,工厂化栽培的金针菇、杏鲍菇和蟹味菇等食用菌菌渣中不仅含有未完全降解的木质素等营养物质,还含有大量的食用菌菌丝体,晒干粉碎后补充其他一些栽培材料,不仅可以再次栽培双孢菇、草菇等草腐食用菌,还可以栽培秀珍菇、榆黄蘑、平菇等侧耳类食用菌。以杏鲍菇、白灵菇的菌渣为原料二次栽培食用菌,既提高农业废弃物资源的利用价值,减少环境污染,又提高经济效益。

2. 加工成动物饲料

食用菌栽培原料多为棉籽壳、玉米芯、木屑等,直接作为饲料因粗纤维含量较高,导致其饲用性较差。但是经过各种食用菌分解过后,其蛋白质、糖类、有机酸等含量增高,粗纤维得到降解,具备了成为优质饲料的性能。除此之外,食用菌的菌渣中还含有生物碱、黄酮类、三萜及皂苷类物质,这些物质是天然的抗氧化剂和抗炎剂,在添加进入动物饲料过程中能够预防疾病发生。以蛹虫草栽培菌渣为例,栽培时其主要基质为玉米、大米、小麦等,这些基质在菌丝生长过程中,通过微生物的酶解作用等产生一系列生物转化作用,使菌渣中富含菌丝蛋白、氨基酸和微量元素。因此,可以利用蛹虫草的菌渣代替部分饲料,在降低动物饲料成本的同时,减少环境污染。

3. 加工成有机肥料

目前,农业生产中化肥大量的使用严重危害了生态环境。食用菌菌渣中有机质含量高,各种养分较为齐全,食用菌菌丝在生长过程中还会分泌一些生物活性物质和酶类,能够抑制部分土传性疾病对植物的侵害。人们通常把食用菌菌渣进行发酵,生产出高效的有机肥料。例如杏鲍菇菌渣经高温发酵后,可杀死其中的有害微生物和虫卵,而本身含有丰富的有机质、N、P、K等,用作肥料可增加作物可吸收的养分,改善土壤理化性质。

4. 转为花卉栽培基质

研究发现,菌渣添加到土壤中可以增加土壤透气性,提高生物活性物质含量,改善水分和空气的供应,菌渣中的有益微生物还可以促进植物根系生长,改善植物营养成分。有人研究杏鲍菇菌渣复合基质对青椒生长的影响,结果发现:土壤:草炭:杏鲍菇菌渣:蛭石的体积比为5:3:1:1时,基质的理化性质均在适合青椒生长的范围内,且青椒植株生长指标、青椒果实产量和维生素C含量均与对照组的土壤:草炭:蛭石的体积比5:4:1,无显著差异。例如利用发酵后的菌渣栽培多肉等花卉,起到了很好的栽培效果,栽培的多肉植株健壮,生长迅速,效果较好。

5. 能源化利用

香菇、木耳、银耳、灵芝等菌类栽培时,其主要原料为木屑、玉米芯、棉籽壳等,这些基质富含纤维素、半纤维素以及木质素,其菌渣经过机械化、无烟化工艺处理,可以形成生物质燃料,补充能源之需。

第二节　食用菌产品深加工

一、产品深加工的意义

食用菌盆景图

（一）食用菌深加工

食用菌的深加工主要是指利用一定的设施设备，按照特定的工艺流程生产出具有更高附加值的产品，或提取食用菌中具有营养保健、药用或其他特殊价值的特定物质成分，进而拓展产业链，生产保健食品、药品、化妆品等。

（二）食用菌深加工的意义

1. 丰富产品类别，提高产品附加值

通过食用菌产品的深加工，进一步开发利用成品菇类及下脚料生产成不同风味的速成食品、休闲食品等，满足人们多样化的需求；食用菌有效成分提取后，成为原材料，进一步开发利用，可以加工成药品、保健食品及化妆品等，从而提高了食用菌产品附加值，拉动食用菌的栽培生产，促进产业发展。

2. 拓展产业链，实现"三产融合"的产业愿景

食用菌产品的深加工，进一步拓展了产业链，把栽培生产食用菌的第一产业与加工开发的第二产业紧密联系起来，还与加工形成的药品、保健食品及化妆品的营销服务、饮食文化宣传等第三产业紧密相连，实现"三产融合"的产业愿景，使食用菌产业更具有开发潜力，展现美好前景。

二、食用菌保健成分提取

食用菌中重要物质分子质量差异很大，从几百到几万，化学性质和生物学功能也多种多样，因此提取过程中所采用的技术手段也有着明显的变化。

大分子物质主要包括蛋白质、核酸、脂类和多糖等，相对分子质量在几万以上。小分子物质包括的种类繁多，包括三萜类化合物、核苷酸类、氨基酸类、寡糖或者单糖、固醇类、糖苷类、脂类等。

随着研究的逐渐深入，食用菌中越来越多的活性蛋白质被发现，生物学功能多样。凝集素具有免疫调节活性，也可临床检测肿瘤表面抗原标志物，在医学上有着广泛的应用前景。漆酶、木聚糖酶、蛋白酶、纤维素酶、植酸酶、核酸酶等在环境保护、工农业生产、卫生健康等领域，有着巨大的应用价值和潜在意义。

（一）食用菌蛋白质的提取

食用菌蛋白质分离纯化，主要是基于蛋白质的荷电性、分子质量、稳定性等生理生化性质和生物学功能来进行。食用菌水溶性蛋白质分离纯化的基础路线如图10-7所示。食用菌蛋白质纯化所选取的材料可以是子实体或者菌丝体。初始材料在缓冲体系中经过粉碎，在低温下进行抽提。抽提出来的蛋白质经过固液分离，固液分离可采用离心或者过滤方法。经过固液分离，水溶性蛋白质会保留在液相中，非水溶性蛋白质会保留在固相沉淀部分。保留在液相中的蛋白质浓度一般较低，需要浓缩。利用$(NH_4)_2SO_4$、Na_2SO_4盐析蛋白质是常用的蛋白质浓缩手段，利用蛋白质在不同饱和度的盐溶液中析出，可以起到浓缩的目的，也可以达

到部分纯化的目的。将蛋白质溶液装入透析袋，置于聚乙二醇或者蔗糖等固相中，聚乙二醇或蔗糖对水分的强烈吸收，可以将蛋白质浓度提高。超滤是利用半透膜，将水分在一定压力条件下，利用分子质量大小差异，从蛋白质溶液中分离出来，实现浓缩。三相分离是利用蛋白质在不同的pH、聚乙二醇和盐浓度下，分布量不同，而将蛋白质分离并浓缩出来。经过浓缩的蛋白质，充分利用蛋白质的物理化学性质和生物学性质，采用层析、超滤、盐析、三相分离、加热、有机溶剂沉淀等方法进行分离。层析法是蛋白质分离非常有效的手段，离子交换层析、疏水层析、亲和层析和分子排阻层析综合运用，可以把大量杂蛋白质去除，从而实现蛋白质的纯化。各种纯化手段的结合，需要从效率、成本和可操作性等多方面考虑，选择适宜的方式进行组合。蛋白质是否已经达到纯度要求，可以采用多种手段进行检测。活性电泳可以利用蛋白质的生物学性质，聚丙烯酰胺凝胶电泳可按照蛋白质的亚基分子质量，等电聚焦电泳可利用蛋白质的等电点，免疫印迹可以用蛋白质与抗体结合的性质，这些检测手段从不同的方面对蛋白质进行检测，综合评价才能最终确定蛋白质的纯度和生物学特点。纯化后的蛋白质一般需要在低温下进行保存。菌菇蛋白粉已经成为现代社会受人欢迎的畅销保健食品，比如猴头菇菌菇蛋白粉、香菇蛋白粉、双孢菇蛋白粉。

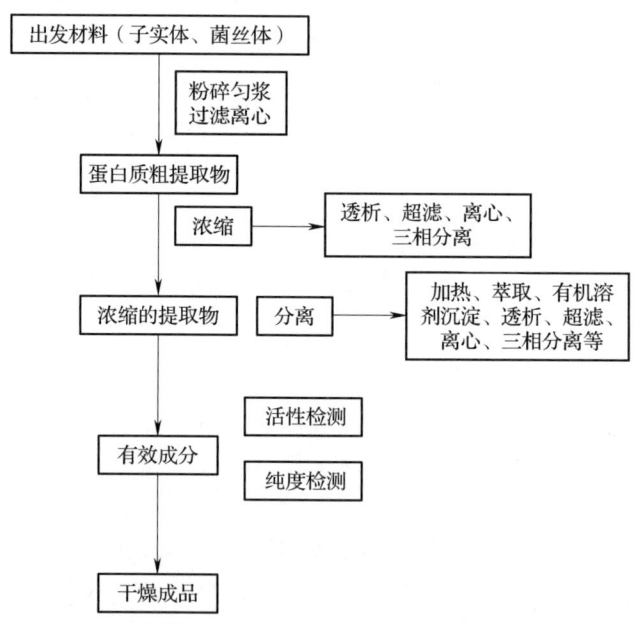

图10-7　食用菌水溶性蛋白质分离纯化工艺路线图

（二）食用菌多糖分离提取

食用菌多糖是目前食用菌深加工的重点内容之一。食用菌多糖可增强机体的免疫能力，促进机体对肿瘤的抗性，提高对病毒感染的抵抗能力，也表现出对于病原细菌的抵抗能力。此外，多糖还可广泛应用在食用菌加工的许多方面，如作为碳源可以作为加工食用菌发酵饮料的培养基质，用于食用菌糖果、调味品生产的基础材料等。食用菌多糖组分一般分为水溶性多糖和碱溶性多糖两大类。食用菌多糖的分离纯化基础工艺路线如图10-8所示。因其溶解性不同，分离提纯方法也有所不同。食用菌多糖可用食用菌子实体提取，也可采取食用菌菌丝体提取，但含量及多糖的组分有所差异。

子实体或者菌丝体粉碎大小应该在 100 目左右，过粗不利于多糖浸提出来，过细则由于表面积过大导致物理吸附多糖量大，难以获得较好的多糖提取率。真菌多糖随着温度的提高在水中的溶解度也相应地增加。一般提取多糖时，多采用热浴促进多糖的浸出。水溶性多糖可采取热水抽提，而碱溶性多糖因其在碱溶液中溶解度高，一般采用 NaOH 或 Ba(OH)$_2$ 溶液提取。经热浴浸提后，采用离心或者过滤方法进行固液分离，多糖即保留在液相。液相中的多糖可以用有机溶剂进行沉淀，常用的有机溶剂为乙醇和丙酮。乙醇和丙酮可按照提取多糖的性质，选择适宜的量沉淀多糖。沉淀后的多糖一般采用离心方法收集。

多糖的进一步纯化首先要去除色素，可采用活性炭、硅藻土，利用其表面吸附能力，将色素去除。活性炭或硅藻土需进行细度测试，选择适宜的细度来去除色素，降低多糖在活性炭或硅藻土上的吸附量，提高多糖的得率。多糖提取中，会有大量的核酸一起浸出，必须要将核酸去除。去除核酸采取 DNA 降解酶和 RNA 降解酶降解核酸成核苷酸。去除核酸后，再采用 TCA 法或 Sevega 法，用于蛋白质去除。去除蛋白质后的多糖样品，利用多糖和蛋白质、糖蛋白、糖肽荷电差异，采用离子交换层析方法，精制多糖。

经过精制的多糖，尚未能完全保障所需要多糖组分的含量和纯度，需要进一步精制。利用不同多糖组分分子质量的差异，采用分子排阻层析将需要的多糖组分做精细的分离。精制分离后的多糖，进行生物学检测。对满足要求的多糖，进行多糖特异的化学性质分析，包括傅里叶红外光谱分析（FT-IR）、核磁共振分析（NMR）、紫外光扫描（UV）、液—质联谱分析（HPLC-MS）、薄层层析分析（TLC）等，确定多糖的特征结构、多糖的组成成分、多糖的糖单元连接方式等。

纯化后的多糖，需要经过消毒处理后，进行密封包装，避免多糖组分吸潮，微生物孳生，导致多糖组分的生物学功能丧失，从而确保多糖组分的商品价值（图 10-8）。

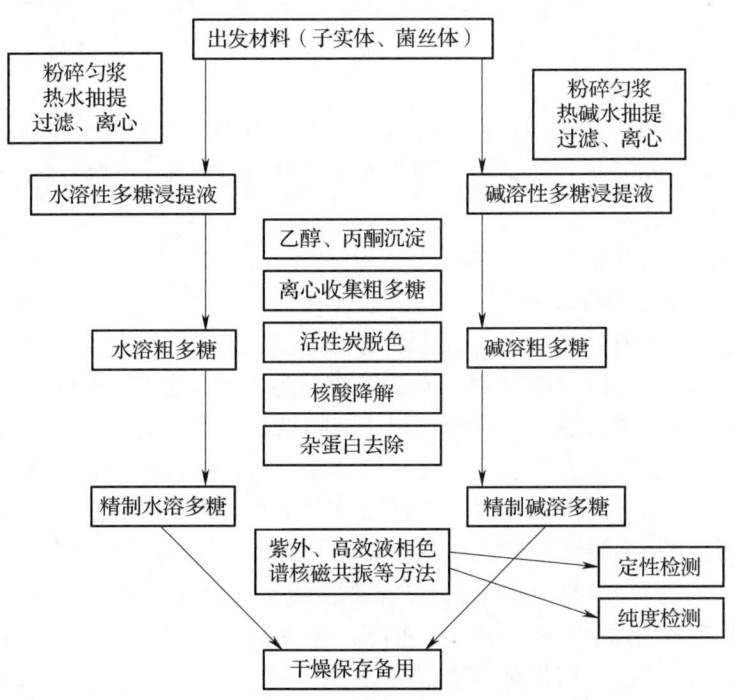

图 10-8　食用菌多糖分离纯化基础工艺路线图

（三）食用菌小分子物质的分离提取

食用菌中小分子物质种类繁多，也是深加工价值最大的产品种类。氨基酸、核苷酸、多肽、内酯类和三萜类等，都是食用菌中常常具有的小分子物质，也是深度加工的重点。虽然食用菌小分子种类繁多，但分离提取技术路线相近。按照它们在溶剂中的溶解性不同，采用有机溶剂或无机溶剂萃取。萃取后的混合物可采用离子交换树脂、大孔吸附树脂等进行分离。具有特殊性质或者重要价值的小分子物质还可采用临界萃取技术进行分离。分离纯化的小分子物质，除进行生物学检测外，也需要进行结构和组成分析，分析手段和多糖类似，包括傅里叶红外光谱分析（FT-IR）、核磁共振分析（NMR）、紫外光扫描（UV）、液—质联谱分析（HPLC-MS）、薄层层析分析（TLC）等。食用菌中小分子物质的开发尚处于初级阶段，未来将会成为食用菌深加工的重点内容。

三、影响有效成分提取的因素

（一）食用菌原料的处理

1. 鲜菇的处理

鲜菇易碎，易开伞，易变质，所以收菇前忌喷水；按商品要求分级后要及时加工；运输途中防止剧烈震动，并注意通风；存放时不宜用袋装，堆积厚度越薄越好。

2. 干菇的处理

为了提高食用菌深加工制品的质量，在干制时需要掌握以下几点。

（1）药用菌所含成分中有些成分不耐高温，如1-辛烯-3-醇，温度高时其基本消失，应注意温度的控制。

（2）烘干时应逐步升温，不可急速升温，以防外干内湿。

（3）有利于有效成分的转化。如香菇中的麦角固醇，经阳光中紫外线照射后，才能转化为维生素D，所以香菇的干燥加工不应单纯采用烘干的办法，宜经阳光适当照射。

3. 下脚料的处理

食用菌的下脚料包括菇柄、耳蒂、碎菇、次菇、菇屑、菌皮和加工废液等。处理时需要注意：不允许有培养料及其他杂质；剔除变质的菇类下脚料；易变质的菇类下脚料（如预煮水）要及时加工处理。

（二）提取方法的选择

1. 子实体有效成分的提取

提取方法是影响提取效果的主要因素，方法不当，会出现有效成分得率低，甚至得不到所要提取的成分。比如以提取药用菌中挥发成分为主则一般不采用沸煮法。多糖提取方法主要有热水浸提、乙醇沉淀、碱溶液浸提、有机溶剂萃取等方法。

子实体有效成分的提取方法有浸渍法、煎煮法、渗透法和回流法四种。

（1）浸渍法　采用各种溶剂，经浸渍将子实体有效成分提取出来。因对温度要求的差异，又可分为冷浸法和温浸法。

① 冷浸法：对遇热易破坏的成分，应采取冷浸法。取子实体粉碎过20目筛，装入不锈钢锅内，加入5~8倍的溶剂，拌匀后盖严，在室温下放置24h或更长时间（视具体情况而定），定时搅拌，过滤后滤渣再加适量溶剂浸渍，如此反复2~3次，最后将滤渣用压滤机压榨，挤出的汁液和滤液合并备用。

② 温浸法：是将子实体粉碎，装入不锈钢锅内，加 6～12 倍溶剂，加热至 80～90℃或更高温度（一般用水浴或置撤离火源的沸水锅中温浸 2～4h），过滤后滤渣再加溶剂温浸，反复 2～3 次。一般第一次加 12 倍溶剂浸渍 3h，第二次加 10 倍量溶剂浸渍 2h，第三次加 8 倍量溶剂浸 1h，经压滤后合并各次滤液，静置 4～8h，纱布过滤即可。

水浸提法是最常用的方法，该法实质上是利用渗透作用原理的固液萃取。一要保持细胞内外溶液的浓度差。采取的办法是更换水，重复浸提 2～3 次，用水量与原料之比要恰当，既保证被浸提成分最大限度浸出，又不致使浸出液太稀。第一次浸出水量最大，以后依次减少。二要掌握好浸提温度和酸碱度。食用菌中各种成分的转化均经相应酶类的作用才能实现，如香菇中的香菇酸、核酸、糖类等，在相应酶的作用下分别转化成香菇精、5′-核苷酸、香菇多糖等，赋予香菇制品以优良的成分，因此提取过程中要创造增强酶活性的条件。对酶活性影响最主要的因素是温度和酸碱度，而不同的酶类各有最佳活性条件，应区别对待，条件的差别会导致不同的结果。

（2）煎煮法　对食用菌中一些水溶性有效成分可采用此法。先将子实体撕成碎块，加水煎煮，然后过滤即得。

（3）渗透法　是采用动态浸出有效成分的提取法。此法得率高，节省溶剂。一般常用的溶剂为食用酒精、酸性或碱性水等。渗透法的装置是，用一只缸，缸底开一孔，塞上有孔橡皮塞，将玻璃管插在橡皮塞的孔内，玻璃管上接一皮管，管上夹一个盐水夹，用以调节流量，下面放一个收集渗透液的容器。提取时，先将子实体用食用酒精浸泡，膨胀后装入缸内（应预先在橡皮塞表面盖上纱布包裹的脱脂棉）逐层铺平，溶剂可加至高出子实体 3～5cm。渗透的流速可按每千克料每分钟流出 1～3mL 为宜。边渗透边添加溶剂，直至渗透液无色无味为止。最后将渣取出压榨，榨汁和渗透液合并后静置 24h，过滤备用。

（4）回流法　应用有机溶剂加热提取时，为防止溶剂挥发损失，或提取易挥发成分时采用此法。装置为在铝锅内盛水后，放入球形烧瓶一只，瓶内装入子实体和溶剂，塞上瓶塞，塞上打孔并接上冷凝管。提取时，先将冷凝管的水源接通；然后在铝锅下加热，沸腾后继续加热至规定时间后，停止加热，关闭水源，冷却后取下烧瓶倒出原料过滤，如此反复 2～3 次。一般第一次加热煮沸 2h，第二次 1h，第三次 1h，合并滤液、残渣，用力挤压或用少量溶剂洗涤 1～2 次过滤备用。

2. 菌丝体有效成分的提取

食用菌的菌丝体和子实体的有效成分基本相同，而菌丝体可采用液体深层法培养，周期短，易管理，成本低，产最高。因此，用菌丝体生产饮料及提取药用成分，经济效益很高。为使菌丝体具有食用菌的特有风味，在菌丝培养结束后，需对菌丝体进行冷热或超声波等物理处理或将培养液 pH 调到 5.0～7.0 进行化学处理。其中物理处理法较为理想，尤其以热处理和超声波处理效果最佳。热处理工艺是温度在 40～70℃，5min；超声波处理工艺是 10kHz 以上，3～30min。然后过滤收集菌丝体，再将收集的菌丝体进行水洗，脱水后采用适当的提取方法将其中的有效成分提取出来用于饮料生产。

（三）溶剂的选择

不同的成分能在不同的溶剂中析出，水溶性成分的提取就不必采用有机溶剂。相反，在有机溶剂中才能析出的成分就不能用水作溶剂。常用的溶剂包括如下几种：

1. 水

药用菌中很多成分溶于水,但对含胶质、淀粉较多的药用菌有效成分的提取,往往过滤十分困难,比如银耳、木耳等。

2. 乙醇

乙醇主要适用于游离生物碱、苷类、挥发油、有机酸等成分的提取。

3. 乙醚

乙醚选择性好,最适于游离生物碱、脂肪酸、甾醇、树脂等成分的提取。乙醚易燃,且具麻醉作用,需注意安全。

4. 丙酮

丙酮是脂肪酸、酯类、游离生物碱的良好溶剂。

此外,影响提取效果的因素还有:浓缩方法的选择、干燥方法的选择、原料粉碎的均匀度、提取时间的长短等。

(四)生产用水

生产用水包括发酵用水、浸提用水、冷却水和洗涤水等,要符合标准。例如,过滤棉洗涤用水应该澄清透明、无色、无悬浮物、有机物含量低,水质暂时硬度应较低,以免这些悬浮物、有机物、无机盐等被滤棉吸附,增加过滤阻力,造成干扰。

四、食用菌深加工实例

(一)香菇松的加工工艺

1. 基本设备和原辅料

制作香菇松的主要设备包括肉松炒制机、打丝机、擦菇松机、脱水机和塑料袋封口机。制作香菇松的主要原料是香菇菌柄,调味料主要是色拉油或花生油、白糖、精盐、料酒、味精、辛辣料等。

2. 工艺流程

香菇松加工的工艺流程如图 10-9 所示。

3. 技术要点

(1)香菇菌柄选择　挑选色浅、干燥、无霉变生虫、无木屑残留物的菌柄作为加工香菇松的原料。

(2)浸泡漂洗　将挑选合格的香菇菌柄称量后用水浸泡 5~7h。

(3)加热软化　将浸泡漂洗后的菌柄倒入沸水中煮制 20~30min,并不断搅拌,直至菇柄软化为止,捞出沥干水分,并用冷水漂洗。

(4)拣选去杂　剪去含有木屑的部分,搓出菇柄表面的黑色物质。

(5)打丝　将菇柄加工成丝条状。

(6)炒制　人工炒制或机械炒制,在炒制过程中不断搅拌,使菌柄丝均匀炒干。

(7)调味　按消费者的喜好进行调味处理。

(8)炒制　同前。

(9)搓松　将炒制后的半成品晾冷,搓松。

(10)包装　将香菇松成品定量分装于食品袋中,封口、保存。

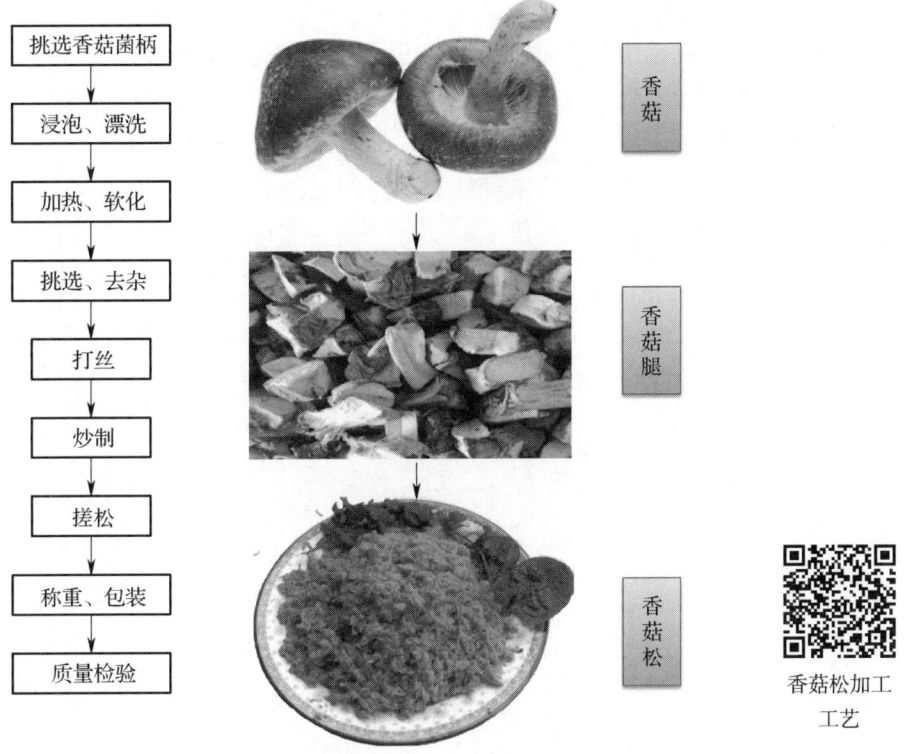

图 10-9 香菇松的加工工艺流程图

（二）香菇速溶冲剂加工技术

1. 粉碎与浸制

将香菇漂洗干净、烘干、粉碎至豆粒大小，以干菇∶糊精∶水＝1∶1.2∶1.5 比例浸渍，先将糊精放入水中，加热至 70～80℃，使糊精完全溶解，待温度下降至 40℃以下时，放入干菇粉，浸渍 6～12h。

2. 过滤与喷雾干燥

将浸渍后的溶液用适当的压力压滤，溶液在 50～60℃下喷雾干燥。

3. 配料混合

将获得的粉剂、干燥精盐、复合鲜味剂按 100∶15∶4 的比例，在干燥状态下混合。

4. 包装

采用适宜的包装容器称重包装。

（三）调味食品

调味食品主要有食药用真菌酱油、食药用真菌醋、食药用真菌酱、食药用真菌方便面调料、食药用真菌鸡精等。

（四）休闲食品

休闲食品主要包括各类菇类蜜饯、风味香菇脆、海鲜菇果脯；糕点类食品：茯苓糕、猴头酥、猴头饼干等。

（五）饮料类食品

饮料类食品主要有食药用真菌药酒、食药用真菌保健茶、饮料等。

（六）美容制品

利用食药用真菌中的特殊成分，满足人们的需要，向减肥、消脂、美白、祛斑等功能性产品的开发方面进行研究开发。可以制成各种类型的美容制品，包括内服和外用，具有很好的市场开发潜力，比如银耳珍珠霜、灵芝美白面膜等。

第十一章　食用菌传统营销与网络营销

第一节　食用菌产品营销概述

一、食用菌营销的意义

随着现代科学技术的发展和人类对菌类知识的增长及人民生活水平的提高，人们的营养保健观念正在发生显著变化。随着追求"回归自然""返璞归真"的新时尚，野生食用菌和大量的真菌产品被看作是天然、营养、多功能、增加肌体免疫力的健康食品，人们对食用菌的需求量正在逐年增加。食用菌的美味、营养、保健及经济价值也越来越受到人们的重视，所以食用菌生产已发展成与种植业、养殖业并重的农村三大产业之一。

食用菌具有高蛋白、低脂肪，含人体所需多种氨基酸和微量元素，被誉为21世纪的保健食品。因此，食用菌产业是具有引领健康、废弃物利用、生态循环的特色产业。

（一）产业链延长，产销对接增效益

食用菌具有风味独特、营养丰富、味道鲜美的特性，含有多种人体不能合成的必需氨基酸，自古就被视为"山珍"，近现代更是被世界各国誉为"健康食品、功能食品"，其营养、美味和保健价值备受人们青睐。

近二十年来，食用菌产业作为我国大农业中的一个重要组成部分，已成为仅次于粮、棉、油、菜、果之后的第6类大宗农产品，成为我国农业经济的一项重要产业，在国民经济中起着非常重要的作用。它可以把大量农作物秸秆、畜禽粪便和加工产品下脚料等转化成人类必需的高蛋白食品，减少对环境的污染，促进经济循环，具有点草成金、化害为利、变废为宝的特点，其生产成本低、周期短、效益高，有着广阔的发展前景。

我国是食用菌生产第一大国，产量占世界总产量75%以上，也是食用菌出口创汇的大国。我国是"一带一路"沿线国家食用菌产品出口供应的主力，我们的"欧亚班列"日夜不停地奔跑在"一带一路"沿线国家（图11-1），成为拉动内需、带动生产发展的新引擎，已经实现了"互利双赢"。

（二）经济效益明显，销售市场广阔

食用菌产业占地少，单位面积产出高，投资少、风险小、效益好，农民易操作，农户种植食用菌一般占用0.8~1亩（1亩≈666.7m²）空闲地搭建简易菇棚，年投入1.5万~2万元，细致管理，当年产值5万~6万元，年纯收入2万~3万元。投入产出比在1:2左右，为一般农作物的2~4倍，若生产珍稀名优食用菌品种则经济效益更高。

食用菌是一种绿色食品，适合现代人对膳食结构调整的需求。近20年来国内食用菌市场的需求直线上升，尤其是长三角、珠三角、环渤海湾等发达地区销量更大，仅上海地区而言，20世纪90年代初，食用菌日消费量不足20t，现在上海市日均消费各种食用菌

图 11-1　欧亚班列中食用菌产品出口创汇

100t 左右。这不仅大大丰富了市民的菜篮子，满足了人们对食品安全、卫生、健康的需求，也极大地推动了我国食用菌产业的加速发展，使我国成为世界上食用菌总产量最高的国家，年生产量占世界总产量的 75%。

二、国内外市场分析

（一）转变经营理念，开拓"小蘑菇的大市场"

过去"菇香不怕巷子深""自家门前可卖菇"的理念已不适应当前竞争激烈的"大市场"。小蘑菇如何闯出大市场，小蘑菇如何赢得大市场，小蘑菇如何拥有大市场，需要转变经营理念。

农产品品牌化经营在我国刚刚起步，要认识到农产品品牌的促销效应、获利效应、竞争效应、扩张效应，努力改变农产品品牌发展滞后于工业品品牌发展的现状。现在发达国家的农产品是一流的产品、一流的品牌、一流的价格，而我们国家的农产品都是一流的产品、二流的品牌、三流的价格，利润空间的差距可想而知。目前，食用菌企业和农民品牌意识较淡薄，因而从食用菌产业长远发展角度考虑，地方政府要积极为食用菌品牌企业、品牌产品做好宣传，扩大其知名度，增强其可信度，以提高市场占有率。

当务之急就是要积极引进和支持有发展潜力的食用菌加工企业扩大生产规模，开展精深加工，开发系列产品，延伸产业链条，使之充分发挥在产前、产中、产后服务中的辐射带动作用，提高产品质量档次，靠质量和信誉提高市场占有率，把食用菌产业化经营提高到一个新的水平。

协会或专业合作社应以加工企业、营销大户、种植大户为主体，发挥其在行业管理中的骨干作用，防止出现恶性竞争，并逐步向紧密型组织（如合作社）过渡。同时，积极发展壮大经纪人队伍，通过多种渠道组织他们培训学习，提高素质，增强了解市场、适应市场、开拓市场的能力，在确保产品质量的前提下，顾及生产和销售各方的利益，积极打造自己的品牌，让品牌小蘑菇真正赢得大市场。

（二）我国发展食用菌产业的有利条件

1. 气候适宜，资源丰富

我国是农业大国，幅员辽阔，有着得天独厚的资源优势，光照、降水、气温等条件十分优越，非常适宜各类食用菌生长。各地都有优质粮油棉和畜禽业养殖基地，拥有大量的稻草、麦秸、油菜秆、棉壳、棉秆、畜禽粪便等食用菌生产原料，为发展食用菌产业提供了必要的物质保证。

2. 历史悠久，菌基牢固

我国食用菌栽培的历史悠久，是世界上最早认识、食用、栽培食用菌的国家之一，知识积累源远流长。同时，也是世界上香菇、草菇、黑木耳、银耳、金针菇、茯苓、竹荪等食用菌人工栽培的发祥地。古代的食用菌专著，如陈仁玉的《菌谱》、潘之恒的《广菌谱》、吴林的《吴菌谱》以及散见于古代农书、本草书、地方志和杂记中的食用菌文献，至今仍为国内外食用菌界的学者所珍视。

如今，2000万从业人员越来越认识到食用菌在农村经济中的重要地位和作用，多年的生产实践使多数群众都能掌握食用菌的栽培管理技术，为进一步发展提供了技术条件，为食用菌发展提供了丰富经验和娴熟的技术。

3. 地域辽阔，交通便利

我国的道路交通发展迅速，航空、公路、铁路运输状况良好，可以在 3~8h 内将鲜菇送达周边各大城市。已形成大、中、小城市互联互通的销售网络，快速拉动食用菌产业的发展。

4. 从业人员多，产业发展快

食用菌产业呈现出稳步快速发展的趋势。据中国食用菌协会统计，近两年，中国食用菌总产量已超过 2000 万 t，占世界食用菌总产量的 75% 以上，产值 1100 多亿元。全国已发展有数千个食用菌种植村，数百个食用菌种植县，食用菌生产加工企业达 2000 多家，专业市场及营销网点 200 多家，全国食用菌从业人员 2000 多万人。

改革开放以来，在全国食用菌科技人员及从业人员共同努力下，我国食用菌产业得到了前所未有的快速发展，业已跻身于世界食用菌强国的行列，为我国农业循环经济的建设做出了巨大贡献。食用菌栽培已发展成与种植业、养殖业并重的农村三大产业之一。在许多区、县、乡、镇，食用菌产业也成为当地财政的支柱产业，有力地提高了第一产业的地位和作用。食用菌产业已成为我国新农村经济建设中最具活力的新兴的朝阳产业。

（三）我国食用菌产业目前存在的问题

近年来，中国食用菌产业也在发生变化。我国食用菌产业还存在着资源短缺、投入不足、地域之间不均衡等问题。

1. 原材料成本越来越高，劳动力成本越来越高，市场竞争越来越激烈

为了解决这些问题，创新改良生产的自动化和智能化、工厂化栽培都已把食用菌产业高度地机械化，食用菌产业成为最高效的农业行业，把一个产业从千家万户的田间生产搬进一个洁净的工厂环境中，效率大幅提高，实现农业的标准化和可控制化。

食用菌行业成为环保、高效的农业产业。从工厂里可以看到，前面的主要环节：拌料、装瓶、杀菌、种菌、培育及出菇管理等都采用了机械化，只有采摘、整理、包装装箱需要较大量的人工，因此，整个生产过程中，大大节省了劳动力成本。

2. 科研还很薄弱，有些企业市场博弈实力还不强

随着农村劳动力大量向城镇和工业部门转移，农业从业人员逐年减少，食用菌产业用

工季节性短缺和结构性素质下降现象逐步显现。目前，我国很多地方从事食用菌生产的劳动力主要是老人和妇女，再加上年轻一代农村劳动力种菇兴趣不高，将进一步加剧食用菌劳动力结构性短缺的矛盾。同时，由于外出人员增加以及物价上涨等因素，雇工工价均快速上升。食用菌生产人工成本的较快增长，在很大程度上压缩了食用菌产品利润空间，食用菌生产凸显了劳动力的结构失衡。

我国以往的食用菌产品经营环节，一家一户的"小生产"在面对"大市场"的时候，表现出极度的脆弱。食用菌价格上涨的时候，更多的利益被中间商和投机炒作者攫取；价格下跌的时候，菇农往往又成为了最大的受害者。食用菌产业升级转型虽有阻碍和阵痛，但已迫在眉睫。

我们必须面对全球市场环境。虽然我们有短板，但我们仍然拥有一个很大的优势——我国人口众多，有其他国家无法比拟的大市场。我们通过互联网实现了线上、线下两条腿走路，不仅将目光着眼于国内市场，也通过线上互联网销售产品到达国际市场，线下打造大型产品批发市场，打造了"互联网+企业+客户"模式。

三、食用菌产品营销优势

（一）食用菌的产业效益

1. 经济效益

菌物产品的高蛋白、低脂肪及种类齐全的高氨基酸含量和丰富的维生素、矿物质元素含量使之成为继植物、动物食品之后的又一优质食品源。随着科学技术的发展和人民生活水平的提高，人们开始追求"回归自然""返璞归真"的新时尚，野生食用菌和大量的真菌产品被看作是天然、营养、多功能、增加肌体免疫力的健康食品。前文已有所述，食用菌产业相较于其他类型的传统农业产业具有更佳的经济效益，是建设新农村发展循环经济中经济效益比较高的产业模式。

2. 生态效益

注重各种资源的综合开发，是在开发资源的同时促进生态环境的良性循环，即对资源要进行保护性开发利用。我国中西部大部分地区自然生态条件相对恶劣，属于干旱半干旱性气候，土壤沙化严重，不利于一般作物的生长、发育。对这部分地区的土壤改良、培肥地力并提高其生产力水平显得尤为重要。食用菌生产多在设施条件下进行，不占用良田，其生产所需要的原料，如锯木屑、玉米芯、豆秸、高粱壳、葵花盘、麦秸、柠条枝及牲畜粪便等农林副产物，廉价易取，这些农业剩余生物资源经过食用菌吸收转化采收子实体后的菌糠，粗纤维含量下降80%左右，氨基酸含量增加3~4倍，既可以作饲料，又可以直接还田，培肥地力。这一循环过程无污染物产生，净化了农村生活卫生环境，增加了产品产出量，使生物资源多级利用，提高了整个生态系统的生产能力，是发展农业循环经济的有效途径。山区农林牧副产物及下脚料丰富、土地多而贫瘠、劳动力充足，发展食用菌生产在改善人们生存环境的同时延长了农业产业链，是农民利用当地资源脱贫致富、发展新农村循环经济的有效途径。

多年来的实践证明，食用菌产业主要利用农林下脚料生产食用菌，具有不与人争粮、不与粮争地、不与地争肥、不与农争时的生态优势，是生物资源良性循环的节约型生态农业，是循环经济在农业上的具体应用。

3. 社会效益

随着人们生活水平的提高和保健意识的增强，对食品的需求由温饱型转为保健型，食品由谷物食品、高能量的肉蛋奶变为具有营养和保健功能的菌物食品，从而使人们的饮食结构更加合理。

食用菌是高蛋白低脂肪食品，一般鲜菇的蛋白质含量是2%~4%，介于果蔬和肉蛋奶之间，且氨基酸含量全面，9种必需氨基酸的含量占到了25%~40%；维生素的含量也很丰富，而且富含能够增强人体免疫力的菌多糖，所以说发展食用菌生产可以优化人们的膳食结构，增强人的体质和各种免疫力。更重要的是提高了农业副产品的再次利用率，能够解决农村剩余劳动力的就地安置问题。同时进行菌渣饲料、肥料、菌物营养食品的研究及开发，培植特色食用菌产业，使其成为各地建设环境友好型、资源节约型农业循环经济的新的增长点，为农业增效、农民增收、农村经济发展的新农村建设做出更大贡献。

随着技术的进步和普及、市场的需求，食用菌生产应向品种高档化发展。高档珍稀品种如真姬菇、杏鲍菇、阿魏菇、姬松茸、柳松菇、灰树花等，除其营养价值高于一般菇类外，所具有的保健作用是被国内外消费者所青睐的重要原因。高档珍稀菇类还具有口感好、鲜香诱人的特性，因此，一直供不应求且价格较高。国人自古就有"食药同源"的说法，食药兼用型的菌类产品受到欢迎，是市场发展的必然趋势。因此，高档珍稀菇类开发生产的发展空间很大，先形成基地型商品栽培，并逐渐发展为特色产业化生产，借此提高我们的食用菌产业化水平。

（二）结合自然生态特点，开创食用菌产品的品牌

各地可以因地制宜，创造食用菌产业大发展的环境。在科学规划的基础上，科学合理布局，优化产业结构，提升产品品质。

有些地域，夏季绿树成荫，雨量充沛，气候清凉，完全可以利用此地利优势，发展各类反季节时鲜食用菌，如秀珍菇、双孢菇、香菇、杏鲍菇等，做到"人无我有，人有我优"填补市场空白，以获取最大利润。

有些低海拔丘陵山区，可充分利用荒山废地，以农作物秸秆、废弃枝杈、野草杂棍等为栽培原料，按常规季节种植各类食用菌，如香菇、秀珍菇、木耳、灵芝、双孢菇、杏鲍菇等，以最大限度地降低成本，发挥地方特色优势。

平原地区地势开阔，土地肥沃，水资源充裕，农作物秸秆如稻草、油菜秆、棉秆、棉壳等十分丰富，可就近利用这些秸秆为原料发展草腐类食用菌。夏季可利用高温栽培草菇，秋冬季栽培常规品种，如秀珍菇、杏鲍菇、姬松茸、茶薪菇、双孢菇、金针菇等，实现"四季有菇，淡季不淡"，以获得季节差价利润。

目前，高档珍稀类品种在南方各大城市的销量增加很快，且售价很高。这其中除了消费水平的提高和高档珍稀菇类的营养保健作用之外，与人们重视健康和对健康食品的认识程度的提高有直接关系；这说明了食用菌尤其是高档珍稀食用菌日渐受市场欢迎，且潜在消费量极大，但作为科技开发及商品生产却严重滞后，远远不能满足日益增长的市场需求。

各地突出发展主打品种，争创地域标志品牌。如"银耳之乡"福建古田的银耳、香菇，"花菇之乡"河南泌阳的花菇及厚菇，河南"西峡香菇""濮阳白灵菇""西平双孢

菇"，东北"地栽黑木耳（图11-2）"，山东"泰安赤灵芝"，湖北"宜昌天麻""随州花菇（图11-3）"，广西"桑枝榆黄蘑"、织金"竹荪"，河北康保县"中国口蘑之乡"等。

一方面依托当地农村资源的优势，促进食用菌产业化的发展；另一方面，接轨食用菌国内外市场信息，国际化的农业标准化经营理念、运行机制、生产手段、经营模式，从根本上提升食用菌生产档次。

图 11-2　东北地栽黑木耳

图 11-3　随州花菇

第二节　食用菌产品的互联网营销模式简介

我国消费市场巨大，香菇、黑木耳、银耳等食用菌有着悠久历史和文化。近年来，我国内销市场菇价已逐步接近外销市场，开发前景广阔。国内市场潜力盘活了，可形成出口的缓冲地带，相对减轻出口的压力。

入世后，我国食用菌业优势将更加突出。为避免出口市场单一的风险，在巩固传统市场的基础上，应积极开拓新兴市场，以市场为导向，加大宣传促销力度，充分宣传我国食用菌的营养、健康食用价值。同时，努力提高保鲜技术。为此，应积极运用世贸规则，加大对行业组织在开拓市场、促销方面的政策支持力度，在市场拓展和服务（国际博览会参展、展销会参展、市场调研、广告促销宣传等）等方面予以资金支持。

一、食用菌国内市场的营销方略

食用菌生产出来之后，绝大部分要成为商品，进入市场营销过程。市场是食用菌生产的继续，而不是终点。食用菌生产者要以市场和顾客为中心，按需要组织生产，充分满足顾客物质和精神上的需要，为顾客服务，并且获得利润。因此，生产、经营者不但要关心产品的生产和销售，而且要十分关心重视售后服务和顾客意见的反馈。这是食用菌生产经营上的现代营销观念，食用菌的市场营销是一门科学，也是一门艺术。它包含的内容十分广泛，既包括市场研究与定位、价格与分销策略，也包括产品与标准化策略等多个方面。

（一）根据市场需求优化品种结构

食用菌的产业化生产，要达到最佳效果，必须彻底改变或调整现有品种结构，否则，将会重新回到季节性生产、单一性生产、单纯性生产的传统模式。

20世纪80年代，福建的古田被誉为"银耳之乡"，可谓声名远播，但是，古田人没有沾沾自喜于已经到手的声名，而是继续开拓新的品种和新的市场，利用自身技术、地利以及"名气"和人才的综合优势，香菇、茶薪菇、金福菇等相继被开发出来，取得了极好生产效益与市场效益的同时，仍不放弃银耳生产，并由"内地"生产转向北方地区进行合作性开发生产，其产品经分级或加工后贴上"古田"商标就成为"古田银耳"或"雪耳"，销量上升且价格坚挺；而北方某些地区如山东的梁山银耳，则由于单一性生产，市场效益较差，至20世纪90年代初即跌入8元/kg的低谷；加之没有相应的其他品种与之配合，销售也是等客上门，故盛兴一时的银耳生产也很快萎缩。

变单一性生产为多品种组合，变单纯性生产为栽培、加工一体化，是解决上述问题的有效措施。实行多品种组合，使菇农的生产由季节性生产自然转向周年化生产，单个菇棚转化为规模化、智能化的工厂化栽培，设施设备的利用率及其单位面积的产出价值，就可使生产者的效益得到大幅提高。但在选定品种之前，必须对市场及生产环境做广泛的调查研究及论证分析，才能做出较周密的发展计划，使生产效益得到切实的保证，使产业得以长久发展。

（二）明确产品市场定位

在市场研究的基础上，根据自己的营销目标和食用菌资源条件，选择适当的目标市场，确定市场营销战略，对产品进行市场定位。

市场经济的特色之一是竞争。就食用菌来说，品位低的食用菌占据了价廉的优势；品位高的食用菌也有品种之争、产地之别、价格及售后服务的差异；就是同一等级的食用菌精品，也有市场占有率的高低；经营水平的优劣，包装装潢的好坏等。因此，必须在目标市场上为自己的产品确定一个适当的市场定位，了解竞争者和消费者两方面的情况，这就需要有强烈的竞争意识、现代营销意识，制定一套科学的营销战略，为自己的食用菌、产地、企业树立形象，提高知名度。通过树立形象，在市场上确定一个适当有利的位置。

（1）根据营销方法和思路，可按以下三种方式对产品进行市场定位。

① 针锋相对式定位：当自己生产、经营的食用菌精品比竞争者更好，该市场容量足够容纳这两个竞争者的产品，自己有比较雄厚的实力和更充足的资源时，可采用此法。这就是把产品定位在与竞争者相似的位置上；同竞争者争夺同一市场，平分秋色。

② 填空补缺式定位：这就要在尚未被占领，而消费者重视的位置，即填补市场的定位；例如，当潜在的市场没有被发现，自己的食用菌精品很容易地去占领，或者许多竞争者发现了这一营销机会，但无力占领。这时我们需要足够的实力和信心去占领这个市场。

③ 另辟蹊径式定位：当自己意识到无力与同行业强大竞争者相抗衡从而获得绝对优势地位，可根据自己条件取得相对优势。这就需要宣传自己与众不同的特色，在某些方面的领先地位，成为某一方面的佼佼者，进而取胜。

（2）根据国内市场对食用菌的认知认可程度和消费者对食用菌的消费观念，以及各地的经济发展状况、居民的收入水平以及富裕程度等，也可对市场进行定位，可将市场划分为以下三个层次。

① 高端市场：大型中心城市及沿海发达城市市场。由于经济相对发达，居民收入水平、消费层次较高，一般消费趋势为高档品种和常年消费，如白灵菇、杏鲍菇、杨树菇、茶薪菇、姬松茸等。普通品种中金针菇的白色菌株、中等个头的鸡腿菇、小个头的白色平菇等普通品种，居民的消费量也很大。但要求菇品质量、包装档次等较高，供应要及时、货源有保证。

② 中端市场：大中城市的普通消费群体，居民注重营养、注重保健的观念及其品位，一般倾向于普通品种的常年消费和高档品种的大量消费，主要品种为：白灵菇、杏鲍菇、真姬菇、姬松茸以及普通品种中的金针菇、猴头菇、香菇、银耳、黑木耳、小平菇、草菇等。此外，各大城市中近年兴起的"蘑菇宴"系列食、菜谱，为食用菌的消费起到很好的促进作用。

③ 低端市场：中小城镇市场　该类市场受经济、文化及消费意识的制约，大多限于消费普通品种如平菇、金针菇（黄色菌株）、草菇、双孢菇以及鸡腿菇和部分杏鲍菇（柱状菌株）、阿魏菇（柱状菌株）等高档品种，白灵菇、杨树菇、姬松茸、灰树花等偶有消费，但无法形成基地型生产，只能作为品种补充。

（三）多渠道广泛宣传

由于经济的发展、通讯的普及和交通的便利，农产品不会出现"紧俏"局面了，这是有目共睹的。食用菌尽管是国际性保健食品，但"好酒不怕巷子深"的经营思路，却远远落后于现代生活，因此，大范围展开宣传，对于发展食用菌具有重要意义。

作为产业化生产基地，展开宣传的渠道极多，着重应抓好以下几点。

1. 价值宣传

关于价值宣传，例如以鸡腿菇为主导品种的产业化生产基地，则应着重于对鸡腿菇的营养价值，尤其是鸡腿菇保健价值的宣传，让人们认识到该品种的抗肿瘤、抗病毒、降血糖以及提高人体免疫等作用，再配合对其他辅助品种的宣传，让受众从心中建立起一种很深的印象，从"消费试验"到"消费习惯"。假设如果仅在某一百万人口的城市中，人均消费量每年增加仅仅是 1kg 的话，则可增加 1000t 的销售量，该数量是在 5 万 m^2 上历时 3 个月生产出来的，增加的销售量，即可使菇农增加收入近百万元。

2. 网上宣传

作为现代宣传渠道，网上宣传的效果显著，其速度之快、费用之低、覆盖面之大，是其他各类宣传方式均难以企及的。

网上宣传的注意事项：一是建好基地，网页经常更新，应有自己的特色，应突出自己的特色；二是广发信息，信息要准确、信息内容要真实，切忌弄虚作假。

3. 会议宣传

会议宣传包括国际性及全国性的学术研讨会、技术交流会、食用菌经贸展销会、贸易洽谈会等，以及地区性的上述各种会议，各省食用菌协会类组织自行召开的类似会议以及年会等。做好会议准备工作，包括：文字和图片资料、音像资料、产品样品等，但应注意一定要有自己的特点，并要重点突出这些特点，比如东北地区的黑木耳，其特点是段木栽培、仿野生生长、自然环境、没有内地城镇的污染源等。

4. 媒体宣传

借助于媒体进行产品宣传，是当今社会应用最普遍、受众面最广泛、效果最直接的方式，包括：电视、广播、报纸、杂志等。选择适当的时机，组织恰当的宣传材料，包括广告等，可在短期内达到最佳的宣传效果，无数的事实充分证明了媒体宣传的上述优势。

5. 产品宣传

产品宣传是采用"事实说话、一目了然"的方式，让受众亲身感受，并与产品的简要说明做"立竿见影"式的对比。该方式包括：产品包装的文字、图案，设立相应的现场让消费者亲自观看或品尝等，也可不拘形式，如派送小包装产品、免费品尝等方法。

6. 品牌战略

各地可根据地域、产品特色等，形成自己的品牌产品。

（四）生产过程标准化

从 20 世纪沿袭下来的种植方法尤其是在配料、病虫害防治以及产后加工等环节问题十分突出。因此，严格按照国家相关标准进行基地建设，并强化对菇农"绿色环保"理念的生产技术的培训，严格质量检测并形成制度，以确保食用菌干、鲜、盐渍等加工品的"绿色化"进市场、"绿色化"上餐桌，只有如此，才能使基地生产长久和持续，才能保证食用菌绿色产业的稳固发展。

近年来，我国农业农村部相继出台了一系列的食用菌相关生产技术标准，生产和加工食用菌产品已不再无章可循，而是溯源产地创品牌。随着国内食用菌企业的日益强大及出口量的逐年递增，越来越多的企业要面对一系列的食用菌国际标准。这些标准形成一道"门槛"，不合标准将被拒之门外。食用菌产品是否绿色，是否符合国内、国际相关标准，直接影响到食用菌企业的产品销量及出口量，与其经济效益密切相关。因此，实施绿色食用菌的标准化生产已不仅仅是食用菌行业的热点话题，而且已成为共识，具有十分迫切的行业战略意义。实施绿色食用菌的标准化生产成为食用菌产业化的必由之路。

1. 农业标准化与食用菌标准化

食用菌标准化属于农业标准化的范畴，是农业标准化的重要组成部分。因此，我们有必要了解农业标准化的含义。

农业标准化就是为在一定范围内获取最佳秩序，对实际的或潜在的问题制定共同的和重复使用的规则的活动，它包括制定、发布和实施标准的过程。农业标准化主要包括三个体系：一是农业标准体系，把产前、产中、产后诸环节纳入标准化管理轨道；二是农业监测体系，形成较为完善的农业生产资料、农副产品和农业生态环境等方面的监测网络；三是农产品评价体系，通过制定和完善质量认证标准和产品评价标准，实施农业品牌战略，扶持和培育优质农产品，提高农产品的市场知名度和占有率。

食用菌标准化的概念，即针对食用菌的特性，在其生产、加工以及包装、贮运等过程中，严格按照已有国家标准和参照欧盟等进口国的标准，形成无公害产品，制定出的一系列食用菌食品质量卫生安全的生产、监测以及评价规则。

在该规则的约束和指导下，人们在生产之初即对生产场所及其环境，包括土壤、用水、原辅材料等进行监测和选择；在菌丝体和子实体生长过程中，尚需对加入促其生长的营养、病虫害防治所使用的药物等进行严格控制，该种控制至少包括四个含义，即浓度问题、用量问题、肥料及药物的转化及其残留问题以及使用的时效问题等；在产品收获后，整理、加工、包装、贮藏、运输等一系列的后续环节中，仍需严格执行相关标准。

总之，标准化是一项"系统工程"，缺少其中任何一项，都无法达到理想状态。食用菌标准化，是为适应市场对食用菌食品的安全性，顺应国际食品消费潮流，促进国内食用菌产业化的正常发展而提出的。在我国很多省份，已将建立食用菌标准化生产基地作为今后的工作重点之一。

2. 关于标准化的作用

（1）可以有效地实施科学管理　无标准的生产结果，其后果必然是盲目发展，无序竞争，没有标准的产品必然是规格不一、质量不同、价格差异很大，甚至同一样产品因名称不同而使客商和消费者大受迷惑；并且，无标准的生产导致无法实施科学管理。实施标准后，大家共同遵守同一个条例，秩序井然，利于管理。

（2）为组织现代化的生产创造了重要的前提条件　现代的产业要求专业化生产，专业化生产离不开标准化的贯彻执行，只有在标准化基础上，才有可能组织现代化生产。

（3）合理利用有限资源，节约大量劳动消耗　比如食用菌规格问题，在标准化基础上，全国只有一个标准，无论内销外销，一个口径，统一准则，避免了过去那种规格不一、质量不同引起的"再加工"问题，节约了劳动力和时间。

（4）合理发展生产，有效调整产品结构　根据资源（物质、地理、技术等）情况，确定发展的适宜品种，在一个标准前提下，选择品种及调整产品结构均有较大的自由空间。

（5）保证产品质量，提高应变能力　只要我们按照标准进行生产，保证了产品质量，即使甲市场偶有不测，也完全可以去乙市场或丙市场，甚至在市场相对饱和时，可以居货待售，而不必担心质量标准问题。

（6）确保食品安全，维护消费者利益　随着生活水平的不断提高，人们对食品安全问题也越来越重视，过去那种"见蘑菇就买"的消费观念，将随着食品卫生安全意识的提高逐步改变。

（7）消除贸易障碍，提高竞争能力　尽管我们加入世贸组织后，贸易间已没有了过去那种明显的歧视性壁垒，随之而来的是，各国为保护其本国农业，大都提高了贸易的"门槛"，即"绿色壁垒"（又称"技术壁垒"），在此之前，使我国食用菌出口损失较大。如果我们实行了标准化生产，产品在国际市场上的竞争能力自然提高，将不再成为出口的障碍。

3. 如何实施标准化

首先，学习和掌握标准化的相关内容，并严格实施。我国现有食用菌标准主要包括平菇、香菇、双孢菇、木耳、金针菇等品种，据悉，国家农业农村部正在组织有关专家制定其他品种的相关标准，不久就会公布实施，作为生产者、生产组织者以及经营者将会"有法可依，有章可循"。

其次，提高生产技术，改变传统操作，树立全局观念，在标准的实施过程中，无论作为生产者还是加工者，起初均会有"不习惯"的感觉，这是一个标准化贯彻过程的"适应期"，要想使食用菌产品长久占领市场，赢得国内外消费者的认可和欢迎，必须有全局发展、持续发展的新观念。

最后，主动接受相关监测和评价。实施标准化生产，是为了获得"标准产品"，最终目的是使产品顺利进入市场获得效益，因此，必须取得有关部门的认可，拿到"通行证"。目前，最有效的"通行证"就是ISO-9000系列的认证，在遵守、实施联合国粮农组织（FAO）和世界卫生组织（WHO）的法规委员会（CAC）颁布的食品质量全面监控条例（HACCP）的条件下，只有取得认证，才能使食用菌产品符合国际化的质量标准，才能融入国际大市场，才能赢得市场的长久占有和较高占有率，才能进行持续化生产，才能获得高效益。

（五）**重视销售渠道建设**

农产品生产本身的工艺流程或技术操作并不是主要问题，关键在于销售渠道的畅通与否，而这销售渠道则又取决于销售网络是否建立和健全，食用菌生产同样如此。国内食用菌产业的发展，出现波折的原因，除一些人为或自然因素外，销售渠道的畅通与否是主要制约条件。如：在经历了一个大的市场波谷之后，1998年山东地区双孢菇鲜品价涨至5.60元/kg以上，至1999年春季升至6.40元/kg左右，较高的市场价格，促使菇农以及准菇农们准备秋季大上特上，有的地方也将双孢菇栽培作为产业结构调整的首选，在没有市场调查、没有销售网络、没有销售渠道的"三无"前提下，盲目跟风，结果至10月下旬，产出鲜菇后，先以3元/kg的价位上市，支持了不几天，迅速跌至2.4元/kg的低谷。事实说明，销售渠道对于发展生产的重要性，有时比组织生产乃至生产技术更重要得多。而销售渠道的建立，说来简单，实则不易，必须要从几个方面下手，并经较长时间的培育，才有可能得到稳固和进一步发展。

（1）组建相应的营销队伍，以薄利多销的原则，与各地蔬菜及食用菌市场的经销商建立合作关系。

（2）在大中城市设立办事处、销售点，尽管初期建设费用较高，但长期效益及效应有了保证，不但单纯作为营销的一种形式，即使作为本地驻外的营销企业，其经营利润的稳定和丰厚，也是企业比较稳妥和长久的财源。

（3）要在基本成本核算的基础上，坚持薄利多销的原则，较大的利润空间可"诱使"客商云集，先是"产销见面"的原始销售方式，继之形成"集散地"，从而带动生产的进一步发展。

（4）建立相应的加工企业，利用当地的蘑菇原料及人力资源，再利用自己的营销网络及渠道，先期取得了生产利润，中期又取得了加工增值利润，后期再获得销售利润，农民栽培的效益得到了保证，加工企业的工人得到了劳动工资，销售者也有相当的回报，共同获利，共同发展。

（5）市场供求规律是市场经济的基本经济规律之一。当食用菌供给大于需求时，价格下降，当供应小于需求时，引起价格上涨。只有供给和需求平衡时，价格才会稳定。

我们在定价时，要综合考虑食用菌的成本、季节变化、市场供求状况、竞争者价格、企业目标利润、应缴纳的税金、贷款利息、费用等，制订一个合理的价格。这个价格会随市场供求状况、服务对象、交易条件等因素的变动而发生变动。可供选择的定价策略有以下几种：

（1）折扣、折让定价策略　为了刺激顾客的购买欲望，鼓励大量购买和旺季购买、提早付款，可以实行折扣和折让价格。主要有：现金折扣、数量折扣、季节折扣等。

（2）地区定价策略　食用菌生产、经营者为不同地区的顾客定价，称为地区定价。这是为了灵活地处理食用菌在异地销售时所发生的运输、装卸、仓储、保险等费用支出。具体做法有如下几种。

① 产地定价：也称产地交货。卖方负责将商品装运到产地的运输工具上交货，并承担此前的一切风险和费用。交货后一切风险和费用由买方承担。这种定价使远途顾客承担了较高的运费，适宜商品紧俏时使用。

② 统一交货定价：这种定价没有地区差价，运费按平均运费计算；可用于争取远方顾客，在打开销售渠道时采用。

③ 区域定价：这是把销售市场划分为两个或两个以上区域，每个区域定一个价格，对较远区域定较高价格，在销售稳定的情况下常用；免收运费定价，用于打开某地市场，由自己负担部分或全部运费。这可能增加销售额，使平均成本降低而补偿部分运费开支，达到市场渗透，在竞争中取胜，可在货源充足时采用。

（3）心理定价策略

① 非整数定价：即食用菌零售时采取零头结尾，特别是奇数结尾的形式，以吸引顾客，给消费者的心理信息是定价认真，一丝不苟，增加心理信任感。

② 整数定价：对食用菌定价批发时采用整数，或在高档次商品零售时采用整数，以维护其在顾客心理上已形成的声誉。

③ 声望定价：在国际市场上有声望的优质商品或为了创出优质商品的声望，可以采用较高的定价技巧，这既可以弥补提供食用菌精品所花费的必要耗费，也有利于满足不同消费层次顾客的心理需要。

④ 单位标价：即在食用菌包装或标签上除标明单价外，还写明一个标准单位的品种、质量、产地等，这种方式便于顾客比较监督，也可获得顾客的信任。

（4）差别定价策略　这是根据交易对象、交易时间、地点等不同定出不同价格，以适应不同顾客的不同需要，扩大销售，增加收益。例如，对老顾客价格可比新顾客定得低些，以鼓励其重复购买。在不同季节实行差别价格，淡季可适当高于旺季价格，旺季则应低于淡季价格，鼓励中间商、批发商均衡进货，淡季不淡，旺季则可储备商品。

由承运人监管时，货物发生的丢失、损坏等风险以及由于货物交由承运人监管后发生的事件而引起的额外费用，即从对方转移至我方。

（6）EXW 是指工厂交货，我方将货物从工厂或仓库交付给对方，除非合同单独约定，否则，我方不负责将货物装运至对方安排的运输工具上，也不办理通关等手续，也不承担货物交割后的一切费用和风险。

（7）FAS 是指装运港船边交货，我方将货物运至规定的装运港的船边交货，并办理货物出口所需的一切海关手续。

（8）DAF 是指边境交货，我方将货物运至对方指定的边境地点。将仍在运输工具上没有卸下的货物交给对方，并办理货物出口清关手续，承担货物运至交货地点的一切费用和风险。该地点为毗邻边境的海关前。

（9）DEQ 是指目的港码头交货，我方将货物运至对方指定目的地港的码头，将货物交付给对方，但不办理货物进口清关手续，我方承担将货物运抵卸货港并卸至码头为止的一切费用和风险。

（10）DDP 是指进口国完税后交货，我方将货物运至进口国指定地点，将在运输工具上没有卸下的货物交付对方，我方负责办理进口报关等手续，并交付在需要办理海关手续时、在目的地应交纳的税费。

上述方式中，实际操作中多以 FOB 和 CIF 两种为主。

第三节　电子商务与食用菌的网络营销

一、电子商务

（一）电子商务概述

电子商务常称为 Electronic Commerce（简称 EC），它是指借助包括互联网在内的任何通信网络从事信息、产品和服务的营销、买卖和交换的过程。电子商务是依托网络的迅猛发展和普及而兴起的一种新型贸易方式，其最终目标是实现贸易活动的电子化，以达到网上商流、货币流和信息流以及物流的统一。

首先，电子商务是一种采用最先进信息技术的商务方式。交易各方将自己的各类供求意愿按照一定的格式输入电子商务网站，电子商务网站便会根据客户的要求寻找相关的信息，并提供给客户多种交易选择。一旦用户确定了交易对象，电子商务网站就会协助完成合同的签订、分类传递和款项收付、结转等全套业务，为交易双方提供一种双赢的最佳选择。

其次，电子商务的本质是商务。电子商务的目标是通过利用最先进的信息技术进行商务活动，所以它要服务于商务，满足商务活动的要求。商务活动是电子商务的永恒主题。从另一个角度来看，商务也是不断发展的，电子商务的广泛应用也会给商务本身带来巨大的影响，从根本上改变人类原有的商务方式，给商务活动注入全新的理念。

再次，从宏观上说，电子商务是计算机网络的又一次革命，是通过电子手段建立一种新的经济秩序，它不仅涉及电子技术和商业交易本身，而且涉及诸如金融、税务、教育等社会其他层面。从微观角度说，电子商务是指各种具有商业活动能力的实体，利用网络和先进的数字化传媒技术进行的各项商业贸易活动。

（二）农产品电子商务平台

电子商务可以提供完善的服务，包括线上的交易，以及线下的配送等，具有多种功能。从商业角度来看，电子商务的交易模式有多种，第一种是B2B模式，是企业与企业之间的电子商务模式，比如中国农业信息网、阿里巴巴网等。第二种是B2C模式，是企业与消费者之间的电子商务，是一种零售业的电子化方式，比如京东网、天猫网、苏宁易购、当当网等。第三种是C2C模式，是消费者与消费者之间的电子商务，个人借助网络平台进行商业交易或者合作，比如淘宝网、闲鱼等。

1. B2B模式

B2B是指企业与企业之间的电子商务（Business to Business，B2B），B2B是电子商务的主流模式。第三方B2B电子商务交易平台，即平台本身不参与企业交易，而是为交易活动中买卖双方企业提供信息发布、贸易磋商或在线交易服务的平台供应商。整体而言，B2B电子商务平台为企业所提供的主要是信息服务和交易服务。对于农产品生产加工企业可直接依托第三方B2B平台实施农产品的电子商务。该平台依托第三方，故作为农产品销售企业而言，应侧重于营销策略等建设内容。

B2B的电子商务模式反映的是企业与企业之间通过专用网络或者互联网进行数据信息传递，开展商务活动的运行模式，主要包括企业与其供应商之间的采购物料管理人员与仓储、物流公司的业务协调销售部门与其产品批发商、零售商之间的协调等。从全球电子商务市场交易份额看，B2B模式占电子商务80%以上的份额，是电子商务的主流业务模式。B2B电子商务通过互联网将企业与供应链上下游紧密结合起来，实现无缝的业务流程网络和协作机制，通过网络的快速反应，为客户提供更好的服务，从而促进企业的业务发展，大幅度提升企业的生产和经营效率。农产品销售电子商务网站的建立、应用和日常维护，对于资金丰厚的农业企业而言，是一笔日常的投资，但对于刚刚起步的小公司、小企业或者单个的农户而言却有些遥不可及。因此需要互联网企业、政府网站，或者合作组织等第三方组织为其提供了一个展示的舞台，充分利用这个第三方农产品销售平台，实现自己产品的网上信息传递和销售。第三方农产品销售电子商务平台可以按照以下分类。

（1）政府部门建立的农业电子商务网站　中国农业信息网（http://www.agri.cn/）。中国农业信息网是由农业农村部主办的政府网站，是为"三农"提供信息服务的重要载体和推进农业信息化的重要依托，涉及了众多农业信息要点，涵盖了农业的各个方面。

（2）互联网企业型第三方电子商务平台　阿里巴巴网站（https://www.1688.com/）。阿里巴巴是B2B型商务平台，所从事交易的双方多是有规模的中小企业，较之分散产品生产，阿里巴巴的农产品销售者也可以是组织起来的合作社、联合的市场等。它们在应季产品上市时出现，在某产品销售结束时解散，能够在特定时间里有效地利用有限的资源，合理地利用第三方的优势，提升自己的价值。值得一提的是，阿里巴巴为用户提供了比较友好的界面，稍有计算机知识的人就可以实现农产品的信息发布和网上交易，交易流程分为：注册→发布信息→达成订单→交易支付→物流配送→交易完成。

阿里巴巴网站提供的网上交易版块有工业品、消费品、原材料、商业服务。在原材料中设立了农业、粮食、蔬菜、水果、牲畜、水产品等部分，不仅包含农业机械也有生鲜农产品的销售。阿里巴巴网站上提供的供求信息大都是批量销售，而且直接对产品进行标价，可以实现农产品的网上支付实时购买。

二、食用菌国际市场的营销方略

我国面对开放度日益扩大的国际农产品市场，在传统贸易壁垒弱化的同时，以环境为主体的"绿色贸易"措施将越来越多地发生作用。我国物流成本较高，贸易便利化亟待推进，出口商品结构不够优化、企业管理水平滞后，制约行业可持续性发展。特别是入世后，企业面临更激烈的国际竞争，在国家政策的扶持和引导下，尤其是"一带一路"发展战略的促进和拉动下，要研究和熟悉世贸组织相关规则，通过提高自身的技术和管理水平，不断提高企业竞争力，在更大范围和更深程度上参与国际竞争和合作。

随着关税壁垒及非关税壁垒趋向消失，国家间的贸易更加自由和平等，意味着我国的农产品出口数量更多，价格将逐渐大幅提高，直至与国际市场价格持平，其结果必然是使我们的产品价格上升，生产和经营效益进一步提高。尤其像食用菌这种劳动密集型、技术密集型农产品，其生产效益大幅度提高是市场规律、价值规律的必然反映和结果，从中受益最大的当属我们这样的发展中国家，尤其像我们这样一个人口众多、劳动力过剩、秸秆资源丰富的国家，更是如此。要想抓住机遇，开拓国际市场，应从以下几个方面考虑。

（一）了解国外饮食习惯，投其所好

尽管食用菌属国际性健康食品，但不是每个品种在每个国家都时兴食用或畅销，这是因为各个国家居民的生活习惯、风土人情以及媒体宣传不同的缘故，各个国家对食用菌品种的爱好不同。比如，西欧国家对双孢菇情有独钟，但对某些野生菌类，如松茸等则不感兴趣。又如西欧国家对块菌青睐有加，尽管价格昂贵，但购者众多，但块菌在日本市场则备受冷落等。综合各种信息如下，仅供参考。

（1）西欧国家主要消费的人工栽培品种有双孢蘑菇、姬松茸、平菇及部分香菇、滑菇；野生品种或半人工栽培品种如块菌、羊肚菌、鸡油菌、珊瑚菌等珍稀菇类，也较受欢迎。自行栽培品种以双孢菇为主，在这些国家大多为工厂化生产，产量稳定，品质很高，但不能满足市场需求；珍稀品种、野生品种基本依赖进口。

（2）日本、韩国等亚洲发达国家主要消费的人工栽培品种有香菇、金针菇、姬松茸、真姬菇、杏鲍菇等，此外茶薪菇、鲍鱼菇、灰树花等在日本、韩国也很受欢迎。尤其在日本国内对香菇的技术研究及开发投入了大量的人力、财力，其生产技术包括菌种生产、人工栽培等技术在世界上处于领先水平。但在 2000 年前后，为保护本国森林资源，国家立法严禁采伐林木进行菇菌栽培，加之从我国大量进口的香菇等产品价格极其低廉，对其国内的香菇生产也是一个致命的打击；因此，目前日本国内的食用菌生产数量较几年前"退步"不小，这些现实，实际上给我国的食用菌出口创造了有利的条件。

（3）南非等国家对食用菌认识较少，就连一般常规品种的平菇、草菇也少有栽培，食用者更是很少，加之经济发展、消费水平等因素的制约，不是我国食用菌产品的出口对象。

（4）同一国家内的地域性因素，也是我国食用菌外销的重要因素条件，如日本对灰树花（舞茸）情有独钟，但这主要集中在北部地区消费，南部地区对其则兴趣不大。

（5）食用菌品种的口感，同样是外销操作中的重要考虑因素，如真姬菇，我国自日本引进的菌种多是具大理石花纹、无苦味的品种，由此可见，日本消费者喜食无苦味品种。

而东南亚地区的消费者则喜欢具苦味的真姬菇。所以，尽管我国内苦味真姬菇被日本客商要货，但大多被转口销往这些国家。

（二）接轨国际标准，提高竞争力

近十年来，我国食用菌业发展较快。但长期以来，香菇等食用菌生产、出口在质量、卫生等标准方面考虑国际市场要求不够，虽然相关部门相继制订了食用菌质量、卫生和检验标准，形成了初步的标准化体系，但与国外市场要求尚有一定距离，比较优势难以提升为竞争优势。

我国食用菌生产、出口在国际上具有举足轻重的地位，在国际市场上已占有相当份额。为应对国外市场越来越严格的以产品食用安全为由的技术和"绿色"壁垒，应高度重视参与相关国际标准的制定工作，用国际标准维护自身合理权益。应推行集约化规模栽培，尽快建立安全标准体系和监督检测体系，将标准化渗透到食用菌业产业化的全过程，从菌种培育、引进和管理、培养基配制、病虫害防治及栽培规程的源头标准化抓起，逐步在烘干和加工、包装、质量安全、贮藏保鲜和销售环节全面实施标准化管理，形成从产前到市场甚至到餐桌的完整的产品标准化体系，促进我国食用菌业的健康良性发展。同时，了解并借鉴国际食品法典中的食用菌标准，针对食用菌进口国的有关进口食用菌产品的标准，在生产、加工、包装等一系列操作过程中，严格按其标准进行，从而可有效避免进口国海关的不必要麻烦，最大程度地保证效益。

目前，扩大我国食用菌出口仍然面临着一些问题。首先，随着国际上对农产品贸易保护措施的不断加强，我国食用菌出口仍将面临各种"壁垒"。在海关口岸使用 DNA 分子检测设备，对我国食用菌出口日本构成严重的潜在威胁，也使我国输出日本食用菌产品面临着新的"知识产权壁垒"。其次，我国食用菌出口市场过于集中，高度依赖日本、美国、中国香港等市场，出口风险较大。另外，我国食用菌产品的质量还有待进一步提高。因此，我国虽然从产量、消费和贸易上已成为食用菌产业大国，但与食用菌强国相比还有不小的距离。目前，我国出口的食用菌产品仍以初级产品为主，精深加工的高附加值产品较少，加之缺乏龙头企业，生产和市场脱节，多数企业销售手段和能力不强，低价竞销现象较为突出。这些不足严重制约了我国食用菌产品的出口竞争力。

为了保证出口食用菌产品卫生安全，要继续发挥政府、行业组织和企业的联手互动机制的作用，发挥专家力量，加强横向联系与合作，帮助出口企业不断建立、完善符合国际标准的质量管理和卫生安全控制体系，使其出口食用菌产品的安全性随着技术手段的进步不断提高，突破国外不断高筑的技术性贸易壁垒。在巩固传统市场的同时，积极组织企业开拓国际新兴市场，并根据国际市场的变化，坚持人工栽培食用菌、野生食用菌和药用菌三条腿走路，以扩大我国食用菌产品出口。

（三）优化包装设计

我国外销食用菌产品的包装，大宗交货多以塑料桶 50kg 为主，兼之以干品包装的 5kg 盒装，小批量的还有罐制品的纸箱包装等，总体而言，用"一等产品、二等包装、三等价位"来评价确实不过分。面对国际市场，我们既要在原来水平基础上生产出更好的产品，更要设计并制作出上档次、符合国际市场要求的包装，以提高我国食用菌产品的竞争力，并同步大大提高价位水平，让一线生产者及经营者同步提高生产、经营效益。具体说来，应从以下几个方面进行综合考虑。

1. 实用性

有利于包装操作、长途运输。根据食用菌品种及其特性和运输特点等因素，设计具有既便于操作，又利于装运集装箱（货柜）的包装。

2. 美观性

有利于宣传产品，并让外商及国外消费者耳目一新。该项因素应综合考虑包装外观的图案、色彩、文字等因素，既要突出产品特点，又宣传我国企业，但其基础必须是遵守进口国的法律、政策以及民族习惯等，否则，结果只能是适得其反。

3. 安全性

有利于产品的安全保存，并让消费者安全食用。如食用菌产品的鲜品，需要包装具有一定的通透性，干品的包装应有良好的密封性等。

4. 环保性

包装材料的选择，应根据包装规格及产品流向等因素，综合考虑其环保性，如大规格包装，应在符合耐压、抗击等要求的前提下，以多次使用并可回收再生为原则；一次性包装或家庭装的产品包装，其材料以能降解或回收利用为原则，总之应以环保为前提和准则。

（四）掌握相关贸易知识

1. 外销出口交易实施前的相关名词

（1）询盘　当产品基本能计算出数量和交货期时，向对方询问该项交易的有关内容和条件。如已完成发菌或已现蕾，根据该批栽培品种的生物特性及栽培、管理等条件，即能够相对准确地计算出产菇数量及交货时间，此时即可询盘；询盘操作应有较明确的对象，主要通过传真和电话进行联系，当然也可上网询盘。由于询盘属信息发布性质的业务联系，故无法律效力。但是，切忌夸海口，拍胸脯，一定要实事求是，否则，将有失信于人的危险后果。

（2）发盘　接受询盘信息后，有成交意向的客商即可发盘，发盘内容涉及交易品种、规格等级、价格、数量等，属商业行为，因此，发盘对发盘人具有法律的效力。

（3）还盘　受盘人（一般是询盘人）或者不同意或者部分不同意发盘的内容，对发盘内容提出修改或有附加条件的表示意见。同样，还盘较之发盘而言，其商业性行为更为具体和明显，因而具有法律约束力。

（4）接受　交易的双方无论接到对方的发盘或还盘后，在有效期内，以声明或行为向对方表示同意成交，即为接受，接受的同时，交易合同即告成立。

（5）合同　合同属法律文件，合同的内容应当尽可能的明确、详细、具体，并便于操作，一般合同可分为四个部分。

① 第一部分，约首：即合同的第一部分，内容包括合同名称、合同编号、订立时间、签订地点、对方名称、地址等。

② 第二部分，主体：即合同的第二部分，内容主要包括合同涉及的商品名称、品质、规格、等级、数量、包装、单价、总价、结算币种以及交易方式、交货期、保险、货款结算方式、不可抗力的规定、索赔以及仲裁等事项。

由于食用菌产品的特殊性，合同主体中还应详细列明品种名称，并注明其学名（拉丁文）及进口国对该品种的认可名称，并须标明品种特征描述，以及菌盖、菌柄的规格及其范围，鲜菇交易时应注明采收时间及地点，干品则应标明含水率，盐渍品则应标明盐水波美度，以及其他成分含量等。

③ 第三部分，尾部：合同的第三部分，包括该份合同的实际份数、公证与否、使用的文字和效力，此外，还有双方的签字及盖章等内容。

④ 第四部分，说明：对合同的上述内容的进一步注明或附加，如外商委托人代表签字时，尚应出具法定代表人的委托书，并在该部分注明，委托书原件由我方装入备忘录保存备查。

（6）走货　走货程序的运作，是整个交易中至关重要的一环，必须十分注意，严谨操作，切忌草率从事，给交易留下隐患，主要有下列步骤。

① 租船定舱：严格按合同的起运期，到外轮代理公司订舱位。注意要点是选择手续齐全、信誉良好、服务周全而且价格低的海运公司。

② 报关报检：货物加工完毕，就要及时进行报关报检。企业自有报关员的可自行报关，否则应请代理报关。注意，代理报关员应有相应手续并出具委托书，这是必要的手续。

③ 发货：上述过程完成后，即将货物运至港口装船或飞机。发货程序如果操作得好，可节省大笔费用，比如，一般程序是将货物直接运到港口集装箱场地，再装至轮船公司所确认的集装箱或换箱，而换箱操作则须支付大笔费用；如果将轮船公司确认的集装箱从集装箱场地运回企业，在规定的时间内将货物直接装箱后运至港口装船或飞机，这样可节约一笔费用。注意要点是装、运间的工序时间一定要计算并衔接好，否则误了船、机期，则损失大矣。

④ 保险：在发货装船的同时，要办理保险。所选险种应根据实际情况如气候、运距、运行路线等条件而定。如前所述的几种风险均应仔细分析，然后选定险种。

⑤ 制单：装船完毕，即应准备各种单据，如装船提单、保单、装箱清单、产地证书、发票以及按信用证所要求的各种单据，备齐后即可一并发给外商。

（7）结汇　这是最后一个环节，也是该次交易的最终目的。目前我国大多都委托其开户银行去运作。大多企业的经验证明，作为一项专业性很强的工作，委托银行办理，较之企业配备专职人员要节省得多。

2. 有关贸易方式的相关名词

（1）FOB 是指在对方指定的装运港船上交货。我方必须在合同规定的时间将货物运到对方指定的装运港，并将货物装运到对方指定的船上，并承担该批货物在越过船舷以前的一切费用和风险。

（2）CIF 是指成本加保险和将货物运到对方指定港等费用。我方必须在合同规定的时间将货物运到对方指定的装运港，并将货物装运至对方指定的船上，承担货物越过船舷前的一切费用和风险，并负责办理货运保险和支付保险费，以及负责租船并支付该批货物从装运港到目的港的运输费用。

（3）CFR 是指成本加运费。即 CIF 中扣除办理货运保险和不支付保险费，其他同 CIF。

（4）FCA 是指交货至指定地点并交承运人。我方必须在合同规定的时间、在指定地点将经出口清关的货物交给对方指定的承运人监管，并承担货物交由承运人监管前的一切费用及风险。

（5）CPT 是指运费付至目的地。我方支付货物运至对方指定目的地的运费，在货物交

2. B2C 模式

企业对消费者（Business to Consumer，B2C）之间进行的电子商务活动称为 B2C 模式。这类电子商务的产生借助于因特网所开展的在线式销售活动。随着网络信息技术的飞速发展，互联网蕴藏的商机已被越来越多的企业接受和看好，而 B2C 电子商城就是企业拓展经营渠道的一种良好方式。农产品生产加工企业通过自主研发或委托第三方科技公司为其量身定做其电子商务平台，基于计算机网络技术和电子商务平台技术的农产品交易平台，将会成为传统农产品交易市场的一个延伸，也会让当前网络环境的农资信息得到共享。例如，在因特网上目前已出现许多大型超级市场，所出售的产品涉及面广，从食品、饮料到电脑汽车等一应俱全。B2C 典型模式都是互联网电子商务企业，包括京东网、天猫网、苏宁易购、当当网等。

3. C2C 模式

消费者对消费者（Consumer to Consumer，C2C）之间进行的电子商务活动称为 C2C 模式，此类模式侧重于小批量商品销售。淘宝网是阿里巴巴网站为方便个人用户上网而设立的第三方网上交易平台，延续了阿里巴巴的优势业务，开展个人对个人的电子商务，同时也为个人闲置的物品二手交易提供了市场（现在已经发展成闲鱼平台）。淘宝网采用会员制，只对注册会员提供交易服务，对交易的物品称为"宝贝"。淘宝网提供第三方支付工具——支付宝，帮助交易双方完成交易，提高网上交易的信用度。

4. 农户和涉农企业如何选择交易模式

农户和涉农企业如何从第三方农产品销售电子商务平台中选择适合自己的模式，至少应考虑以下几类。

（1）政府部门综合类网站　适合发布产品的供求信息，进行宣传，特点是更新速度较慢，可以长时间进行产品的宣传；一般收费较低或者不收费。

（2）淘宝、京东、阿里巴巴等综合类电子商务网站　直接进行网上交易，产品在线销售；一般收费较高，其服务相对较周到；适合经营多种产品。

（3）专业化电子商务平台　适合经营品种单一的农产品。

综上所述，B2B 电子商务平台是由第三方电子商务服务企业建立的一个通过互联网进行产品、服务和信息的交换平台。中小涉农企业以会员方式加入第三方 B2B 电子商务平台，就可以方便快捷地进行商业信息的发布和收集、农产品的推广、在线洽谈和交易等各类电子商务活动。第三方 B2B 电子商务平台是中小涉农企业网络营销的主要渠道，其优点是技术力量要求低，资金投入较小，交易安全，而且借助第三方平台的商业聚集效应，能获得更多的浏览量，帮助企业快速成长、树立品牌。

二、网络营销

网络营销是基于互联网和社会关系网络连接企业、用户及公众，向用户与公众传递有价值的信息和服务，为实现顾客价值及企业营销目标所进行的规划，实施及运营管理活动。它以现代营销理论为指导，利用互联网对产品的售前、售中、售后各环节进行跟踪服务，自始至终贯穿在企业经营全过程，寻找新客户、服务老客户，最大限度地满足客户需求，以达到开拓市场、增加盈利目标的经营过程。

（一）网络营销的功能

网络营销是企业整体营销战略的一个组成部分，是为实现企业总体经营目标所进行的、以互联网为基本手段,营造网上经营环境的各种活动。网络营销的核心思想就是营造网上经营环境。网络营销应该具有以下几项主要功能。

1. 品牌价值扩展和延伸

美国广告专家莱利·莱特曾预言:未来的营销是品牌的战争,拥有市场比拥有工厂更重要。拥有市场的唯一方法,就是拥有占市场主导地位的品牌。

互联网的出现不仅给品牌带来了新的生机和活力,而且推动和促进了品牌的拓展和扩散。网络营销的重要任务之一就是通过一系列的措施,在互联网上建立并推广企业的品牌。知名企业的线下品牌可以在网上得以延伸,一般企业则可以通过互联网快速树立品牌形象,取得客户和公众对企业的认知和认可,并提升企业整体形象。在一定程度上来说,网络品牌的价值甚至高于通过网络获得的直接收益。实践证明,互联网不仅拥有品牌、承认品牌,而且在重塑品牌形象、提升品牌的核心竞争力、打造品牌资产等方面具有其他媒体不可替代的效果和作用。

2. 客户关系管理

客户关系管理是企业利用相应的信息技术以及互联网技术来协调企业与顾客间在销售、营销和服务上的交互,从而提升其管理方式,向客户提供创新式的个性化的客户交互和服务的过程。其最终目标是吸引新客户、保留老客户以及将已有客户转为忠实客户,是网络营销取得成效的必要条件,是企业重要的战略资源。

3. 特色服务功能

网络营销具有和提供的是一种特色服务功能。服务的内涵和外延都得到了扩展和延伸。顾客不仅可以获得FAQ(常见问题解答)、邮件列表等各种即时信息服务,还可以获取在线收听、收视、订购、交款等选择性服务,信息跟踪、信息定制到智能化的信息转移、手机接听服务,以及网上选购、送货到家的上门服务等。这种服务及服务之后的跟踪延伸,不仅将极大地提高顾客的满意度,使以顾客为中心的原则得以实现,而且使客户成为了商家的一种重要的战略。

4. 信息搜索功能

信息的搜索功能是网络营销能力的一种反映。在网络营销中,将利用多种搜索方法,主动地、积极地获取有用的信息和商机;主动地进行价格比较,了解对手的竞争态势,主动地进行搜索获取商业情报,进行决策研究。

5. 信息发布功能

发布信息是网络营销的主要方法之一,也是网络营销的又一种基本职能。各种营销方式都是将一定的信息传递给目标人群(客户、潜在客户、媒体、合作伙伴、竞争者等)。网络营销在它特有的信息发布环境里,可以在任何时间将信息以最佳的表现形式进行发布,并且满足覆盖性和丰富性要求,更重要的是,在网络营销中的信息发布可以是双向互动的。

6. 销售渠道开拓功能

网络具有极强的穿透力。传统营销中,经济壁垒、地区封锁、人为屏障、交通阻隔、资金限制、语言障碍、信息封闭等,对信息的传播和扩散都起到了一定的阻碍,而网络营销则不然。新技术的诱惑力,新产品的展示力,图文并茂、声像俱显的昭示力,网上路演的亲和力,地毯式发布和爆炸式增长的覆盖力,将整合为一种综合的信息能力。能快速地疏通种种渠道,打开晋级的路线,实现和完成市场的开拓使命。

7. 经济效益增值功能

网络营销会极大地提高营销者的获利能力，使营销主体提高或获取增值效益。这种增值效益的获得，主要是通过提高网络营销效率，降低营销成本，增加商业机会，更由于在网络营销中，累加新信息量，使得原有信息量的价值实现增值，或提升其价值。

总之，开展网络营销的意义就在于充分发挥网络的各种功能，促进销售，提升企业的竞争力。

（二）淘宝开店流程

淘宝网是亚太地区较大的网络零售、商圈，由阿里巴巴集团在2003年5月创立，经过近二十年的发展，现已成为中国深受欢迎的网购零售平台，移动端月活跃用户达8.2亿人（易观千帆，2022）。结合当前智能手机与移动互联网蓬勃发展的现况，这里介绍淘宝开店的手机端操作流程。根据淘宝用户画像，我们以安卓平台为例说明，PC/iOS/macOS平台操作大同小异。用到的APP为手机淘宝最新10.10.10版和千牛最新V9.3.2.0版，手机淘宝是淘宝网的移动端应用，千牛是阿里巴巴开发的卖家移动端开店管理工具。在手机应用商店或相应官网下载手机淘宝APP和千牛APP并完成安装后，即可在线开通淘宝店铺，主要操作包括以下三个主要环节，具体步骤可以按APP提示逐步完成。

（1）打开淘宝APP注册淘宝账号。

（2）在淘宝APP中开设淘宝店铺。

（3）打开千牛APP发布商品。

三、我国食用菌网络营销的发展

（一）农产品网络营销的发展趋势

我国的农村电子商务、农产品网络营销要得到进一步发展和壮大，唯一的出路是找到适合我国国情的农村电子商务和农产品网络营销的发展道路与模式。互联网的开放性给农业生产和需求之间搭起了一座桥梁，给最分散、最不易沟通的农业、农村、农民带来了最大的便利。网络解决的不仅仅是产品流通信息的问题，也大大克服了传统农业的诸多行业弱点。事实上，农村信息化也并不是一门高不可攀的学问。农业企业创建一个网站，加上产品介绍、联系方法和地址，然后把这个时髦的域名印在总经理和销售人员的名片上，登上网络这个平台后，有人需要用这些产品时，就会主动地发来信息，在网站上实现在线订货与销售。发挥网络营销优势，提高市场占有率，不但能圆小商人的发财梦，同样也能成就经营农产品的大老板。

近几年，我国农业网站有了较快的发展，不仅各省、市、自治区普遍建立了农业信息网，还涌现了类似惠农网、中国农副网、农产品网等这样一些大型网上市场。网上经营的品种除了粮食、果蔬、花卉、菌菇、水产品、土特产、茶叶、畜禽等产品外，还有化肥、农药、农用物资等生产资料。在众多的农业网站中，中国农村农业部信息中心主办的中国农业信息网（http://www.agri.cn/）（图11-4）已成为中国最全面、最权威的农业信息网络。比较专业的食药用菌类网站有中国食用菌网（http://www.shiyongjun.biz/）（图11-5）、易菇网（http://www.emushroom.net/）（图11-6）、中国食用菌商务网（http://www.mushroommarket.net/）等网站，提供的信息和服务涵盖食药用菌生产菌种、原料、生产工具、药品、各类菌菇供求等全产业链。

图 11-4　中国农业信息网

图 11-5　中国食用菌网

图 11-6　易菇网

农产品网络的迅猛发展，使许多商家看到了商机。如成立于 2011 年的北京一亩田新农网络科技有限公司，着眼于农产品的原货市场，打造了全国农产品 B2B 电子商务平台，主要为具备一定规模的农产品经营主体提供交易撮合服务，平台的供应商主要有农村合作社、经纪人、种植大户、家庭农场等，采购商主要有农产品批发商、加工企业、超市、餐饮连锁企业、B2C 卖家、出口贸易企业、集团购买等。截至 2020 年 12 月，平台累计用户数量超过 3000 万，平台在售农产品数量超过 1.2 万种，产品覆盖全国 2800 多个县域，是国内领先的农产品 B2B 电商平台。

（二）食用菌网络营销的未来

我国发展网络营销的环境正逐步完善，网络基础设施、运行环境、法律环境、网上支付、信息安全、认证中心建设、物流配送等条件已经初步具备。网络带宽增加，宽带用户大幅度增长，网上支付系统的运行取得实质性进展，初步形成了一个全国性的跨银行、跨地区的银行信息交换网络。在物流配送方面，由于拥有全国最大的传递网络的中国邮政加盟了电子商务领域，再加上一些专业配送企业的参与，完善的商品配送系统已经建立。与此同时，各行业的电子商务迅速发展，在这种网络发展的大背景下，相信我国的农产品网络营销一定会越来越好。

由于政府重视互联网建设，各地都对农业信息化建设投入了很大的财力和物力，覆盖全国的农产品批发市场网络信息系统已经建立。一些农产品专业网站在运营中积累了丰富的经验，拥有一大批优秀网络营销人才队伍，诸如中国农业信息网、中国农业网、中国食品商务网、中国蔬菜网、中国农业商务网、365 农业咨询、农博网等，大大小小的可利用的网站有几百个。农业相关网络的高度发达创造了公平的竞争环境，为开展农产品营销搭建了广阔的平台。在网络上获取信息的渠道广，遍布全球的互联网每天都有几亿网民在上网，各个地方都有商机的信息在传播，而且 24h 供查询利用。营销者和购买者通过网络可以获得丰富的信息。给了解市场需求和供给、开展经营决策带来了很大的方便。网上的农业信息内容，涉及种植、畜牧、水产、林加工、销售、生产和生活等各个方面，几乎涵盖了农业农村经济乃至农民、农村生活的方方面面。不少农产品生产者在网上宣传产品，收集和发布供求信息，广告费用不高且效果好。

在网络经济时代，无论从网络对市场及其要素影响的角度还是从企业间的市场竞争的角度看，企业唯有选择网络营销才能适应网络经济时代的发展要求，才能在新一轮的市场竞争中跟上科技发展的脚步，获得竞争优势。可以说，网络营销是新时期企业关注的重点，也是营销发展的必由之路。

随着手机的普及以及无线通信技术的发展，无线网络营销的客户数量正逐年增加。根据CNNIC（中国互联网信息中心）第49次《中国互联网络发展状况统计报告》，截至2021年12月，我国网民规模为10.32亿，其中手机网民规模达10.23亿，占99.7%，这为企业进行无线网络营销奠定了坚实的基础，提供了无限潜在商机。但是到目前为止，无线网络营销还没有形成系统的理论和方法，也没有具体的网络营销策略，此处以目前国内最为流行的微博和微信两款社交软件为例略做分析以供参考。

1. 微博营销

微博一词源于英文micro-blogging（微型博客），通常被看作是传统博客的一种变体，是一个基于用户关系的信息分享、传播以及获取平台，用户可以通过Web、WAP以及各种客户端组件个人社区，以140字左右的文字更新信息，并实现即时分享。2009年8月新浪网最早推出了"新浪微博"，成为我国第一家提供微博服务的门户网站，随后，搜狐、网易、腾讯、人人网、凤凰网等国内主流门户网站都相继推出了自己的微博，但截至2002年3月，其他网站微博都已淡出用户视野，只有新浪微博月活跃达5.82亿，其中移动端占比95%。微博营销在企业微博、代言人微博与用户微博的有机结合下，通过微博主发布产品信息，宣传企业文化等进行一系列网络营销活动，逐步构建起一个有固定受众的互动交流平台。由于微博自身的特性，微博营销所进行的信息传播不同于传统营销方式的全面化，而是呈现碎片化传播，但拥有低成本、高传播效果的营销效果。利用微博进行营销的方式有：

（1）定期刷屏更新　微博作为即时信息交流平台，有着快速的信息流动性与广泛的受众覆盖面。注册微博进行营销的企业可通过这一平台发布最新企业信息，如企业新闻、行业动态、商品信息等。微博上快速更新的信息相当于便捷浏览的企业微型官方网站，可以吸引目标消费者关注，达到进行企业宣传的目的，是微博营销的最基本形式。

（2）广告隐性植入　植入广告在社会化媒体时代已广泛应用于社交网络、博客中，是一种常见的网络营销法。它的核心原则是通过将商品、企业符号于无形中融入媒介，令受众在不经意间对某品牌或产品产生印象，间接起到营销作用。植入广告运用在微博中，商家可将图片广告、视频广告等赋有创意的广告内容植入微博，使用户在日常浏览微博信息时，被广告内容吸引并给予关注，从而达到对商品或企业的宣传效果。目前微博植入广告具体可通过网络热点植入、段子植入、活动植入、话题植入等方式。段子植入是指将企业品牌、文化融入幽默、搞怪或实用的文字、图片或视频，以微博发布的形式传播吸引关注。好的段子会通过用户自发转发，获得广泛传播，吸引大众注意力，企业信息也在无形间被微博用户关注。

（3）用户活动营销　微博活动营销可分为线上活动和线下活动，指企业通过微博传播活动信息，包括具体的互动内容、活动方式、奖项设置、地点范围、时间限制等，通过举办微博活动，推广产品，迅速提高产品和品牌的知名度，吸引更多目标消费群体的注意。通过在微博平台上组织策划活动吸引用户参与，快速提高企业美誉度和品牌知名度，扩大影响力，在引起消费者关注同时进一步产生购买行为的营销模式。

（4）客服互动平台　微博的互动性、即时性等特点，成为了许多商家开展客服的极佳平台。用户可通过发布微博向企业注册的微博客服传递个人诉求，企业也可通过这一方式及时了解到客户的需求与自身不足。这种与消费者良性互动的营销方式形式拉近了买卖双方距离，在企业对消费者进行有效沟通反馈的同时，也有利于其完善商品或服务，提高企业美誉度。因此，注册微博客服也是企业微博营销的方法之一。

（5）软文迂回营销　软文营销往往不通过企业的官方微博发布，而是通过"第三者"在发布的微博内容中迂回提及企业或产品，消除消费者抵触广告的情绪。运用口碑营销原理，于无形间将所要表达的宣传内容传递出去，更具劝服性和煽动性。由于微博的传播是建立在关注与被关注之上的，拥有越多"粉丝"，其信息的传播范围就越广泛，营销效果就越好。因此，各界名人成为了"第三者"的最佳人选，许多所谓"网络大V"都是颇具价值的"流量明星"。

2. 微信营销

微信是腾讯公司2011年1月推出的一款社交软件，通过与QQ用户绑定导流，微信一经推出就取得了快速发展，根据腾讯官方的2022年第一季度财报，截至2022年3月，微信月活用户达到12.883亿。微博营销方兴未艾，微信营销又开始崭露头角。目前，微信营销有以下优势。

（1）企业微信营销　随着微信平台越做越大，很多企业乃至政府机关都在微信平台上注册了企业微信，作为企业新闻、行业动态、商品信息等发布的平台，方便网络营销或者与客户沟通等。

（2）微信好友　与QQ相比，微信首先走的是熟人圈子路线，用户之间的亲密度、熟知度高于微博。因为微信把QQ好友、用户手机通讯录的微信用户进行联动，也可加周边人为好友。微信这批用户是之前QQ不一定覆盖的相对高端用户，这批用户对于商家的价值不言而喻。

（3）位置社交　借助智能手机移动端的越发普及，微信社交、位置等优势会给企业营销带来更多便利，微信的"摇一摇"与"查找附近的人"都是移动营销的价值体现（运用LBS基站定位技术，借助互联网或无线网络，在固定用户或移动用户之间，完成定位和服务两大功能）。

（4）二维码营销前景　二维码发展至今其商业用途越来越多，将二维码图案置于取景框内，微信会帮你找到好友企业的二维码，将可以获得成品折扣和商家优惠。移动应用中加入二维码扫描，然后给用户提供商家折扣和优惠。这种O2O方式在国外早已普及开来，因应用的便利性与实用性，二维码应用在国内的未来前景非常可观。

参 考 文 献

［1］李玉.后疫情时代中国食用菌产业的可持续发展［J］.菌物研究,2021,19(1):1-5.

［2］张金霞.我国食用菌种业问题与技术创新的挑战［J］.食药用菌,2021,29(5):365-368.

［3］卢敏,李玉.中国食用菌产业发展新趋势［J］.安徽农业科学,2012,40(5):3121-3124+3127.

［4］李长田,谭琦,边银丙,等.中国食用菌工厂化的现状与展望［J］.菌物研究,2019,17(1):1-10+2.

［5］张金霞,陈强,黄晨阳,等.食用菌产业发展历史、现状与趋势［J］.菌物学报,2015,34(4):524-540.

［6］刘又高,蔡瑞杭,陈官菊,等.灵芝栽培技术研究进展［J］.农业科技通讯,2021(12):257-260.

［7］刘佳慧,刘毓婷,崔明辉,等.蛹虫草人工栽培技术研究进展［J］.南方农业,2021,15(27):17-18.

［8］李勇.食用菌加工技术与配方的创新研究探讨——评《食用菌深加工技术与工艺配方》［J］.中国食用菌,2020,39(4):17.

［9］荆丹,龙德祥,刘勇.茯苓椴木栽培技术［J］.安徽农学通报,2020,26(16):43-44.

［10］高晓东,郎文培,王丽杰,等.药用真菌桑黄的国内外研究进展综述［J］.种子科技,2021,39(6):8-9.

［11］边银丙.食用菌菌丝体侵染性病害与竞争性病害研究进展［J］.食用菌学报,2013,20(2):1-7.

［12］戴玉成,杨祝良.中国药用真菌名录及部分名称的修订［J］.菌物学报,2008(6):801-824.

［13］戴玉成,周丽伟,杨祝良,等.中国食用菌名录［J］.菌物学报,2010,29(1):1-21.

［14］图力古尔,包海鹰,李玉.中国毒蘑菇名录［J］.菌物学报,2014,33(3):517-548.

［15］陈世锋,周巍,等.河南省信阳市鸡公山自然保护区大型真菌多样性调查研究［J］.安徽农业科学,2007(2):421-422.

［16］贺新生,张能,赵苗,等.栽培羊肚菌的形态发育分析［J］.食药用菌,2016,24(4):222-229+238.

[17] 李红, 李超, 张敏. 金针菇菌株遗传多样性的 RAPD 分析 [J]. 江苏农业科学, 2018, 46（1）: 19-22.

[18] 李尽哲, 耿立, 黄雅琴, 等. 大别山地区野生食药用真菌资源调查 [J]. 食药用菌, 2018, 26（4）: 229-234.

[19] 李忠, 凌宏通, 王志达, 等. 灵芝优良菌株的品比试验 [J]. 食药用菌, 2013, 21（1）: 36-38.

[20] 刘振钦, 刘晓龙, 李玉. 香菇"9101"菌株选育研究报告 [J]. 吉林农业大学学报, 2002（2）: 18-22+41.

[21] 宋冰, 付永平, 李丹, 等. 食药用菌诱变育种研究进展 [J]. 微生物学通报, 2017, 44（9）: 2201-2212.

[22] 孙振涛. 《全唐诗》中的"灵芝"文化意蕴考 [J]. 集宁师范学院学报, 2018, 40（1）: 1-6.

[23] 王春晖, 易斌, 冯立国, 等. 平菇 DNA 导入草菇原生质体选育优良品种的研究 [J]. 中国食用菌, 2008（6）: 49-51.

[24] 王大莉. 香菇栽培品种 SNP 指纹图谱库的构建 [D]. 华中农业大学, 2012.

[25] 王伟, 李尽哲, 黄雅琴, 等. 超高压对高产洛伐他汀红曲霉菌株的诱变选育 [J]. 酿酒科技, 2014（1）: 30-32.

[26] 支彩艳, 乔俊, 赵建国, 等. 羊肚菌人工栽培技术研究进展 [J]. 北方园艺, 2021（15）: 143-150.

[27] 张金霞, 陈强, 黄晨阳, 等. 食用菌产业发展历史、现状与趋势 [J]. 菌物学报, 2015, 34（4）: 524-540.

[28] 朱斗锡. 羊肚菌人工栽培研究进展 [J]. 中国食用菌, 2008（4）: 3-5.

[29] 李长田, 李玉. 食用菌工厂化栽培学 [M]. 北京: 科学出版社, 2022.

[30] 李玉, 张劲松. 中国食用菌加工 [M]. 北京: 中国轻工业出版社, 2020.

[31] 李玉, 康源春. 中国食用菌生产 [M]. 北京: 中国科学技术出版社, 2020.

[32] 边银丙. 食用菌栽培学 [M]. 北京: 高等教育出版社, 2017.

[33] 张金霞, 蔡为明, 黄晨阳. 中国食用菌栽培学 [M]. 北京: 中国农业出版社, 2021.

[34] 张金霞, 赵永昌. 食用菌种质资源学 [M]. 北京: 科学出版社, 2017.

[35] 申进文. 食用菌生产技术大全 [M]. 郑州: 河南科学技术出版社, 2014.

[36] 边银丙. 食用菌病虫害鉴别与防控 [M]. 郑州: 中原农民出版社, 2016.

[37] 陈作红, 杨祝良, 图力古尔, 等. 毒蘑菇识别与中毒防治 [M]. 北京: 科学出版社, 2016.

[38] 黄年来, 林志彬, 陈国良. 中国食药用菌学 [M]. 上海: 上海科学技术文献出版社, 2010.

[39] 李玉, 李泰辉, 杨祝良, 等. 中国大型菌物资源图鉴 [M]. 郑州: 中原农民出版社, 2016.

[40] 李玉, 刘淑艳. 菌物学 [M]. 北京: 科学出版社, 2015.

[41] 罗信昌, 陈士瑜. 中国菇业大典 [M]. 北京: 清华大学出版社, 2010.

[42] 吕作舟. 食用菌栽培学 [M]. 北京：高等教育出版社，2006.

[43] 卯晓岚. 中国大型真菌 [M]. 郑州：河南科学技术出版社，2000.

[44] 宋金娣，曲绍轩，马林. 食用菌病虫害识别与防治原图图鉴 [M]. 北京：中国农业出版社，2013.

[45] 张金霞. 中国食用菌菌种学 [M]. 北京：中国农业出版社，2011.

[46] 常明昌. 食用菌栽培学 [M]. 北京：中国农业出版社，2003.

[47] 黄毅. 食用菌栽培 [M]. 北京：高等教育出版社，2008.

[48] 林志彬. 灵芝现代化研究 [M]. 北京：北京医科大学出版社，2001.

[49] 卯晓岚. 中国蕈菌 [M]. 北京：科学技术出版社，2009.

[50] 施巧琴，吴松刚. 工业微生物育种 [M]. 北京：科学出版社，2010.

[51] 王德芝. 食用药用菌生产技术 [M]. 重庆：重庆大学出版社，2015.

[52] 王贺祥. 食用菌栽培 [M]. 北京：中国农业大学出版社，2014.

[53] 中国食用菌商务网. http://jishu.mushroommarket.net/201905/15/14277.html.

[54] 中国食用菌协会网. http://www.cefa.com.cn/2017/10/11/10244.html.

[55] 易菇网. http://www.emushroom.net.

[56] 张想，李立郎，杨娟，等. 茶树菇发酵刺梨果渣制备可溶性膳食纤维工艺优化及其对小鼠润肠通便功能的评价 [J]. 现代食品科技，2021，37（3）：171-180.

[57] 王金枝，郭仲朴，刘瑾. 天津地区茶薪菇栽培技术 [J]. 食用菌，2009，31（05）：55-56.

[58] 丁湖广. 绣球菌生物学特性及驯化栽培 [J]. 食用菌，2006（增刊）：36-37.

[59] DOGAN A, UYAR A, HASAR S, et al. The protective effects of the Lactarius deliciosus and Agrocybe cylindracea mushrooms on histopa-thology of carbon tetrachloride induced oxidative stress in rats [J]. Biotech Histochem，2022，97（2）：143-151.